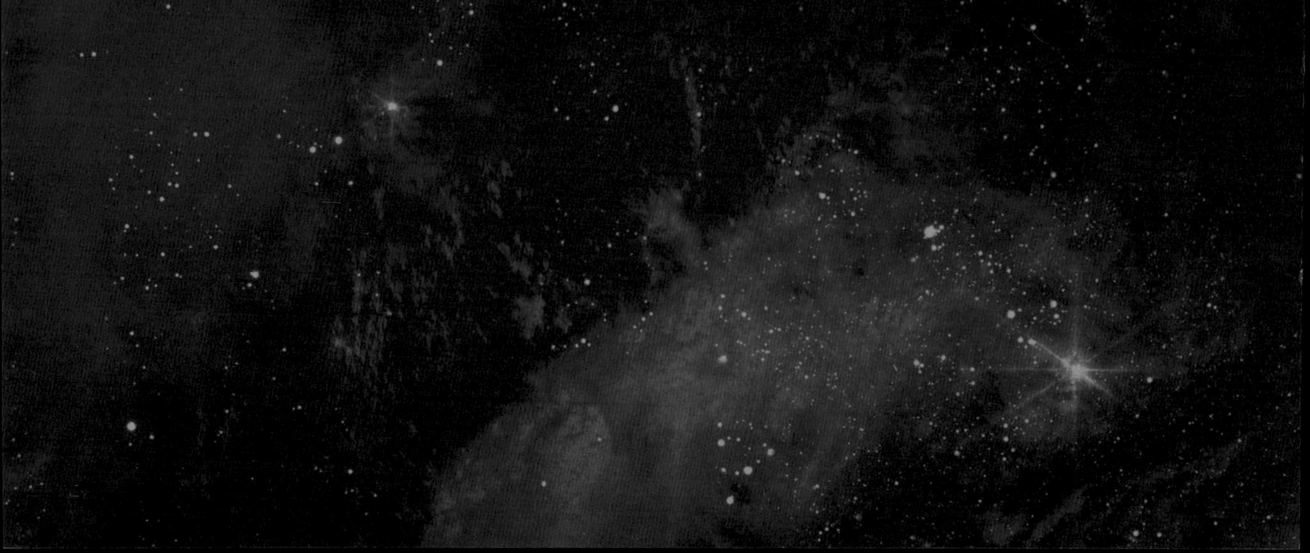

海底科学与技术丛书

洋底动力学

动力篇

MARINE GEODYNAMICS
FOR DYNAMICS

李三忠　郭玲莉　曹现志
李玺瑶　刘　博　索艳慧　等/编著

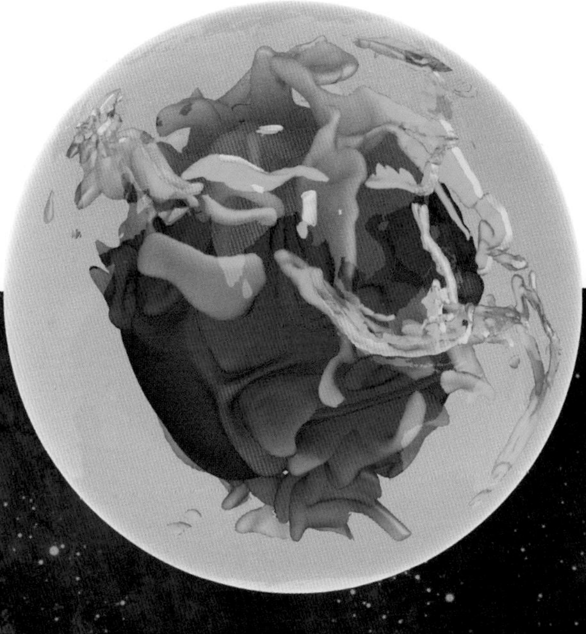

科学出版社
北　京

内 容 简 介

本书介绍了水平与垂直、绝对与相对的板块运动学特征及研究方法；从动力学角度，分析了地幔的固态流变特性和板块的受力系统，对比剖析了板块模式和地幔柱模式的两种地幔对流，阐明了全地幔对流系统的示踪与模拟技术及其揭示的地幔不均一性。本书以地球系统科学思想为指导，综合回顾了固体地球驱动机制探索的历史和论争，深入介绍了最新的相关驱动机制；最后，从多圈层角度，上升到探索地球系统驱动机制，分析洋底各种现象的多圈层耦合动力机制。这是一本既有基础知识，又有前沿研究成果的教学参考书。

本书资料系统、图件精美、内容深入浅出，适合从事海底科学研究的专业人员和大专院校师生阅读，也适合从事交叉研究的专业人员应用；部分前沿知识也可供对海洋地质学、地球物理学、构造地质学、大地构造学、地球动力学感兴趣的广大科研人员参考。

图书在版编目(CIP)数据

洋底动力学. 动力篇/李三忠等编著. —北京：科学出版社，2020. 11

(海底科学与技术丛书)

ISBN 978-7-03-066165-4

Ⅰ. ①洋…　Ⅱ. ①李…　Ⅲ. ①海洋地质学-动力学　Ⅳ. ①P736. 12

中国版本图书馆 CIP 数据核字（2020）第 176608 号

责任编辑：周　杰　王勤勤 / 责任校对：郑金红

责任印制：肖　兴 / 封面设计：无极书装

科学出版社 出版

北京东黄城根北街 16 号

邮政编码:100717

http://www. sciencep. com

北京汇瑞嘉合文化发展有限公司 印刷

科学出版社发行　各地新华书店经销

*

2020 年 11 月第　一　版　开本：787×1092 1/16

2020 年 11 月第一次印刷　印张：22

字数：520 000

定价：298. 00 元

（如有印装质量问题，我社负责调换）

序

地球科学近年来对秒级尺度的地震已有深入研究，对百万年尺度的造山运动、10亿年来的板块迁移也有较系统的重建与研究。不同时间尺度分辨率的年代学发展，提升了对千年尺度、万年尺度地质事件的识别能力，然而，迄今人类还是难以认知秒级到百万年级跨时间尺度的连续地质演变过程。计算机科学的发展为跨越时间障碍提供了机遇，数值模拟手段的应用给系统地连续刻画多时间尺度的地质演变过程带来了前所未有的绝好机会。因此，现今地球科学开始深度认知地球的秒级尺度地震动力学过程与百万年尺度造山运动的构造动力学过程的关联，其发展迎来了新曙光。

然而，地球系统是复杂的，由多个子系统构成，这些子系统具有不同的物理状态（气、液、固、超临界等，脆性、塑性、黏弹性、黏性等流变状态）、物理属性（温度、黏度、密度、孔隙度、渗透率等）和化学组成特性（成分、反应、相变）与过程（交代、脱水、脱碳、熔融、结晶、变形、变位），而且不同的子系统各有其动力学演变行为、机制和规律，因此，整体地球系统研究需要开展跨越多时间尺度的同时需要跨越不同相态系统和多空间尺度系统的过程分析，这种跨越性研究迄今存在重重障碍。不过，构建统一的地球系统动力学模型指日可待。为了未来多学科交叉、更精深地认知地球系统，有必要在关注地球表层动力系统研究的同时，侧重突破对地球系统运行有关键作用的固体地球系统动力学问题。

《洋底动力学》分为多卷，为全面认知复杂地球系统而撰写，是以构建整体地球系统为目标而编著的一组教材，工程量巨大，但面向未来，总体集中围绕海底过程及其动力学机制而展开。洋底动力学学科主要内容包括两部分：①地球浅表系统，涉及与物理和化学风化、剥蚀与流体动力侵蚀、搬运、沉积等过程密切相关的从源到汇、从河流到河口并跨陆架到深海的风化动力学、剥蚀动力学、沉积动力学、地貌动力学，特别是涉及与人类活动密切相关的河口海岸带、海底边界层关键带的过程和机制，需要开展广泛深入的总结与研究；②地球深部系统，构建跨地壳、岩石圈地幔、软流圈、下地幔等多个圈层的物质-能量交换过程、机制的海底固体圈层地球动力学，包括不同分类和级别的岩石圈动力学、地幔动力学、俯冲动力学、变质动力学、岩浆动力学、成矿动力学、海底灾害动力学以及宇宙天体多体动力学问题等内容。

《洋底动力学》隶属《海底科学与技术丛书》，受众是地质学和海洋地质学或一些交叉学科的多层次学生与研究人员，而不仅仅是针对地球物理学和地球动力学专门工作者撰写的关于地球动力机制的著述，但书中也不乏一些深入的数值模拟与结果的地质解释概述，它是多个学科领域研究人员沟通的桥梁，也是深入理解地球系统运行规律的工具。

当今，地球科学正进入动力学探索阶段，其最宏伟的目标就是建立整体全时地球系统动力学理论，然而，迄今板块构造理论还没有完全解决动力驱动问题，也没有建立固体圈层的板块动力与流体圈层的动力过程之间的耦合机制，更没有系统揭示板块构造出现之前的固体地球圈层运行规律，特别是传统地球动力学研究并不涉及地表系统流体圈层运行及其与固体圈层的相互作用，因而，迫切需要一个学科桥梁来桥接这个流固耦合方面的缺失知识环节。板块构造动力学问题，迄今仍是板块构造理论的三大难题之一，依然停留在探索研究假说和模拟验证阶段。为了推动相关研究，李三忠教授团队长期学习研究积累，在广泛收集前人已有成果基础上，结合最新动态，耗时巨大，整理编著了这组著作。

传统认为，地幔对流是板块运动的驱动力。但迄今，这仍是一个争论问题，仍然在探索、研究与讨论中的主要问题。不可否认，它可能是驱动地表系统和深部地质过程的基本营力之一。然而，关于地幔对流的本质及其根本机制如何，它又如何控制驱动地质过程等，迄今依然缺乏深刻理解和了解。当然，并不是所有过程都受到地幔对流的影响，但只有当地学研究者对此深入了解时，才会理解何时这些过程产生了关联，进而发现和理解那种相关又是什么。

关于现今地幔对流存在的争议，大部分的焦点争论通过改进模型便可解决，有些争论是合理的，但也有一些争论是无用的。关键是面对现实和实质问题，将来如何探索、积累与发展。

基于这些原因，提供一本可以被地球科学学习者和研究者理解或超越现有地幔对流或地球驱动力认知的书籍是值得的。这就意味着这本书需要有基本的数理基础和运算，但是，要面对未来、开拓新领域、创造新知识，就必须考虑、也要给予一定深度的必备数理知识和思维，以提供引导。所以，该套书可以供本科生到博士生等跨度很大的群体阅读，读者各取所需，可跳跃着阅读，都应有所收获，因此，服务多层次读者也是该套书的初衷。

该套书对基本参数有时以相当简单的术语提出和表达，有时也以深入的数学或者细节清楚地标出，其中无疑也有一些较艰深的数理问题及方程式推导。特别是，以往大量地球动力学专著多被视为地球物理学范畴，高深公式及推导太多，故而很少有地质学者精读。为此，期望该套书能达到让广大地球科学工作者，尤其地质科学工作者，喜读又都能理解的目的。

但是该套书不只是围绕固体圈层动力学问题，它另外一个特点是，还有大篇幅阐述恢复古地表系统的地质、地球化学、地球物理的新方法，为深时地球系统科学构建提供了工具；也关注水圈等圈层中相关的地质过程，如从源区、河流、河口、海岸带到大陆架、深海的沉积物输运动力学，以往，很少研究关注到这些地表系统过程还能与深部地幔动力学相关，即使知道相关，也不知从何处下手来揭示两者的关联。该书为这些新领域的研究提供了新工具和新思路。这些新发展应当也是油气工业部门感兴趣的，不仅是层序地层学由定性向定量发展跨出的一大步，而且由二维走向四维，这是突破板块构造理论囿于固体圈层、建立地球系统科学理论的必然途径，有望催生新的地学革命。

计算机科学快速迅猛发展、计算能力超常规快速提升到 E 级计算的当今，大数据挖掘、可视化分析、人工智能、虚拟现实和增强现实展示等新技术不断融合，推动不断发现现象间新关联的信息时代背景下，地质学家们和海洋地质学家等共同参与地球深浅部动力机制计算及论证显得尤为重要与必要。

总之，天体地球在不停地运动，在地球演变历史的长河中，其基本组成物质——不同深度的固体岩石材料常处在随时间而发生流变的状态下，因而从流变学角度重新认知大陆，乃至大洋，是当今大陆动力学和洋底动力学要共同承担的重大任务。从最本质的宇宙、天体、物理、化学、生物基础理论和定律出发，在地质条件约束下和地质思维考虑中，认识地球系统动力机制及其地质的连续过程，是动力学研究的根本。进行跨时间尺度、跨空间尺度、跨相态的动态多物理量约束下的复杂地球系统动力学探索研究与构建洋底动力学理论是洋底动力学学科要追求的目标。

中国科学院院士

2020 年 4 月 30 日

前　　言

“洋底动力学”（Marine Geodynamics）自2009年在两篇姊妹篇论文中提出，至今已整整十年。在这十年间，地球系统科学也从1983年以来的口号、理念，快速进入动力学数值模拟时代，大规模数值模拟将地球系统科学推到了状态清楚、过程明确、动力透明的认知层面。这十年间，我们不曾懈怠，不断积累，不断收集整理，并系统化洋底动力学相关的零零总总。国际著名学者们也以“工匠精神”不断深入而精细研究，提出了很多新概念、新理念，超越了概念的争论或宣传，持续不断地深耕细作和创新，编写了一些相关专著或教材，虽然一些专著依然存在缺陷和视野不足，但给本套《洋底动力学》提供了养分。在团队多年共同努力下，今天新学科著作《洋底动力学》终于付梓出版。本套书以系统而整体的形象面世，以反映当代洋底动力学的全面成就，书中试图以洋底为窗口，构建整体地球系统科学框架和知识体系。

洋底动力学是以传统地质学理论、板块构造理论为底基，在地球系统科学思想的指引下，以海洋科学、海洋地质、海洋地球化学与海洋地球物理、数值计算等尖新探测、处理或模拟技术为依托，侧重研究伸展裂解系统、洋脊增生系统、深海盆地系统和俯冲消减系统的动力学过程，以及不同圈层界面和圈层之间的物质与能量交换、传输、转变、循环等相互作用的过程，为探索海底起源和演化、保障人类开发海底资源等各种海洋活动以及维护海洋权益与保护海洋环境服务的学科（李三忠等，2009a）。可见，洋底动力学旨在研究洋底固态圈层的结构构造、物质组成和时空演化规律，也研究洋底固态圈层，如岩石圈、软流圈、土壤圈，与其他相关圈层，如水圈、冰冻圈、大气圈、生物圈、地磁圈之间的相互作用和耦合机理，以及由此产生的资源、灾害和环境效应。

洋底动力学学科主体包括两部分：表层沉积动力学（Sediment Dynamics）和固体圈层动力学（Solid Geodynamics），两个核心部分同等重要，因为沉积动力和洋底动力过程共同塑造着这个蓝色星球。其目标是将表层地球系统过程与深部壳幔动力过程有机结合起来，并使之成为地质研究人员参与地球系统动力学研究的新切入点。在地质学领域，地球系统的思想应当追踪到地震地层学和层序地层学的建立与发展。层序地层学被认为是20世纪70年代油气工业界和沉积学领域的一次革命，它将气候变化、海平面变化、沉积物输运与沉积、地壳沉降、固体圈层的构造作用等过程有机地紧密结合起来。与此同时，古海洋学在1968年开启的DSDP之后逐步建立起来，为认知全球变化性和深时地球系统拓展了思路，构建了大气圈、水圈、生物圈、人类圈和地圈之间的关联，也被誉为海洋地质学领域的另一场革命。其实，基于海底调查而于1968年建立的板块构造理论也开始渗入到各个地学分支学科，该理论是海洋地质学领域的第一场革命，同时是一场范围更广的地学领域理论统一的革命，被誉为第二次地学革命（第一次地学革命是唯物论战胜唯心论）。在轰轰烈烈的板块革命期间，中国错失良机，没有参与到板块理论指导下的对地球各个角落广泛对比的研究中，但就是在这场革命后期，广为普通民众关注的全球变暖或全球变化研究浪潮中，地球科学家潜意识中开启了对地球系统的研究。为此，特别需要大力培养具有全球视野并系统化认识地球的综合性人才，以抢占构建地球系统理论的新机遇。

地球系统科学理念到20世纪90年代逐渐明晰，凸显了中国古人的“天人合一”思想，进入21世纪后，众多学科开始推行“宜居地球”的发展理念，甚至拓展到宇宙中探索“宜居星球”和星际生命，地球系统科学因而被广泛倡导。然而，迄今为止，无论是层序地层学、古海洋学还是地球系统科学，都依然处于对地球表层系统的定性描述或半定量描述阶段，甚至有的还停留在理念思考上，没有真正实现对状态、过程和动力的整体定量描述、模拟、分析，这其中的原因就是自然科学的分科研究碎片化。如今，国内外都开始注意到这些不足之处，积极构建有机关联这些圈层间相互作用的新技术，在高速发展的计算机技术、计算方法、人工智能、大数据、物联网等基础上，大力发展智能勘探技术，开发相关数值模拟技术和物理模拟技术，依托这些强大的软、硬件工具，研究地幔或软流圈、岩石圈、水圈、大气圈和生物圈之间相互作用和耦合过程与机理，进而建立跨海陆、跨圈层、跨相态、跨时长的动态多物理量约束下的复杂地球系统动力学技术、方法与理论体系。可见，将所有圈层耦合一体的洋底动力学应是一个关键切入点。

《洋底动力学》分为多卷，包括先行出版的系统篇、动力篇、技术篇、模拟篇、应用篇和计划中的资源篇、灾害篇、环境篇以及战略篇，主要从物理学、化学、生物学、地质学等学科的动力学基本原理角度对《海底科学与技术丛书》中《海底构造原理》理论的深度解释，是深度认知《海底构造系统》各系统结构、过程和动力的理论指导，也有助于对《区域海底构造》中各海域特征的深度理解，同时介绍了开展相关调查的技术方法。本套书力求系统，试图集方法性、技术性、操作性、基础性、理论性、前沿性、应用性、资料性、启发性为一体，但当今洋底动力学调查研究技术，特别是数值模拟方法、数值-物理一体化模拟技术等发展迅猛，本套书难以全面反映当前研究领域的最高水平，权且作为入门教材或参考书，供大家参考。

本书初稿由李三忠、曹现志、郭玲莉、李玺瑶、索艳慧、王誉桦、赵淑娟等完成，最终由李三忠、郭玲莉、刘博完成编辑整理和系统化统稿。具体分工撰写章节如下：第一章曹现志、李三忠编写；第二章由李三忠、郭玲莉、李玺瑶编写，第三章由李三忠、索艳慧、王誉桦编写，第四章由李三忠、赵淑娟编写。

书中很多技术只是引导读者入门的基础知识或者高度简化的概括，相关数学、物理学、化学等高深知识，还需要读者自己查找专门书籍学习。为了方便读者延伸阅读，与《海底科学与技术丛书》的其他几本教材不同，这里强调的技术主要是开展洋底动力学研究的常用技术，但为了系统化，有所取舍。

为了全面反映学科内容，我们有些部分引用了前人优秀的综述论文成果、书籍和图件，精选并重绘了2000多幅图件。书中涉及的内容庞大，编辑时非常难统一风格，对一些基本概念的不同定义也未深入进行剖析，有些部分为了阅读的连续性，一些繁杂的引用也不得不删除，难免有未能标注清楚的，请读者多多谅解。

编者感谢为此书做了大量内容初期整理工作的其他团队青年教师和研究生们，他们是李阳、王鹏程、周洁、刘一鸣等博士后和唐长燕博士；尤其是，刘泽、兰浩圆、郭润华、刘金平等博士生和甄立冰、孟繁、王晓、赵龙、乔庆宇等硕士生们为初稿图件的清绘做出了很大贡献。同时，感谢专家和编辑的仔细校改和提出的许多建设性修改建议，本套书公式较多而复杂，他们仔细一一校对，万分感激。也感谢编者们家人的支持，没有他们的鼓励和帮助，大家不可能全身心投入教材的建设中。

特别感谢中国海洋大学的前辈们，他们的积累孕育了这一系列的教材；也特别感谢中国海洋大学从学校到学院很多同事和各级领导长期的支持及鼓励。编者本着为学生提供一本好教材的本意、初心，整理编辑了这一系列教材，也以此奉献给学校、学院和全国同行，因为这里面有他们的默默支持、大量辛劳、历史沉淀和学术结晶。我们也广泛收集并消化吸收了当代国际上部分最先进成果，将其核心要义纳入本书，供广大地球科学的研究人员和业余爱好者参考。由于编者知识水平有限，错误在所难免，引用遗漏也可能不少，敬请读者及时指正、谅解，我们团队将不断提升和修改。

最后，要感谢海底科学与探测技术教育部重点实验室及以下项目对本书出版给予的联合资助：国家自然科学基金（91958214）、国家海洋局重大专项（GASI-GEOGE-1）、山东省泰山学者特聘教授计划、青岛海洋科学与技术国家实验室鳌山卓越科学家计划（2015ASTP-OS10）、国家重点研发计划项目（2016YFC0601002、2017YFC0601401）、国家自然科学基金委员会-山东海洋科学中心联合项目（U1606401）、国家自然科学基金委员会国家杰出青年基金项目（41325009）、国家实验室深海专项（预研）（2016ASKJ3）和国家科技重大专项项目（2016ZX05004001-003）等。

2020 年 3 月 30 日

目　　录

第1章 洋底运动学

现有定量化的物理理论可以直接并很好地解释板块运动，特别是，火山热点和溢流玄武岩等地质现象揭示的板块运动。而且，理解这些基本物理理论，人们不必成为一个行家，也不需要大量的数学或物理运算，或者达到一个物理学博士的水准才可理解。这里关注的问题是：为什么板块会运动，什么引起了热点火山喷发和玄武质岩浆溢流，并以地质学家都能理解的方式作出一些解答。

板块运动和火山热点都是地幔对流的表达，因此，地幔对流可以简单地通过两种基本的物理过程来理解，即热传导和黏性流体对流。综合这两个过程，可以相对简单地计算板块运动速度，并得到一个与观测值相近的结果。在这个过程中，板块和地幔对流之间的关系会显得更为清晰，窄而热的地幔柱穿越地幔上升的可能性变得显著，地球其他构造系统的主要特点也可逐一得到理解。本章以地球进入板块构造运行体制阶段的洋底或海底运动力学过程为核心，并将其作为出发点，通过揭示各个圈层独立的和耦合的跨时长、多尺度运动学规律，探索各圈层的独立动力学过程，通过相邻圈层间的耦合机制分析，构建圈层之间的相互作用，进而推动统一的、流固耦合的地球系统理论构建。

1.1 板块欧拉运动

一个板块是指地球外壳的一部分，其在地表作为刚性块体运动，地质历史时期，板块内部不发生明显变形。根据欧拉定理，地表的板块运动都可以看作围绕穿过地心的虚拟旋转轴发生的旋转，因此，板块运动可以用起点在地心的角速度矢量来表示。板块角速度矢量的法线在地表的交点为该板块的旋转极，即欧拉极（Euler pole），故可以用旋转极的经纬度和旋转速率来表示该板块角速度矢量。板块运动轨迹为小圆，这些小圆与地球地理坐标系的纬线相似，地理北极旋转一定角度可与欧拉极重合（图1-1），这就是欧拉定理。板块运动的核心内容就是：板块作为刚性块体且其运动遵守欧拉定理，据此，人们可以定量地分析板块运动历史。

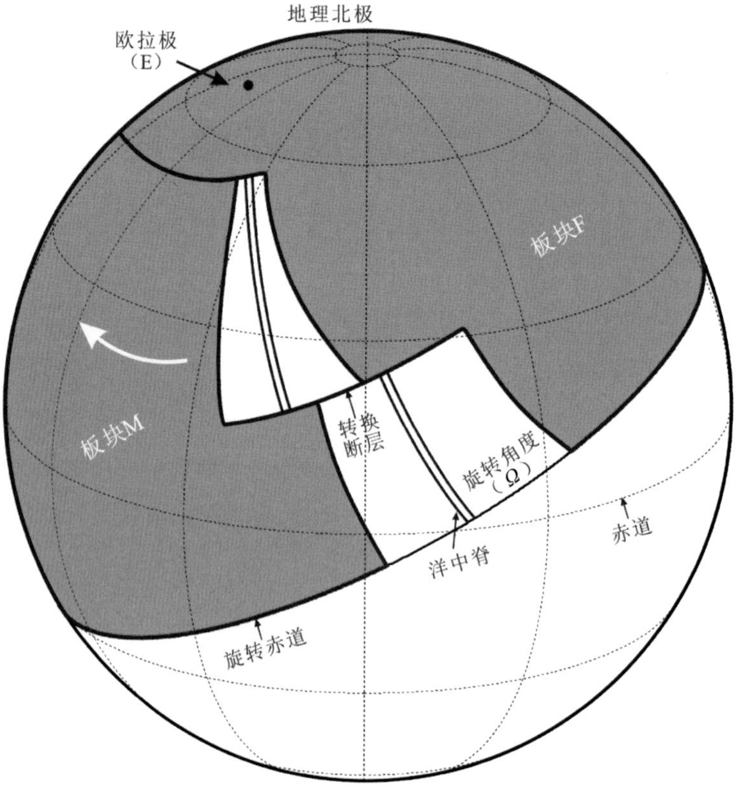

图 1-1　板块围绕欧拉极旋转的轨迹与纬线相似

M（moving）板块，移动板块；F（fixed）板块，固定板块

1.1.1　有限转动

通常，有限转动（finite rotation）就是板块相对欧拉极（E）旋转一定的角度（Ω），该角度等于某点围绕欧拉轴转动的弧长，通常表示为 ROT[E, Ω]。旋转角度（Ω）的正负可通过右手法则来判别，拇指指向欧拉北极方向，沿着手指弯曲方向旋转（即逆时针旋转）为正值，相反为负值。

在分析有限转动问题之前，描述清楚参照系是非常重要的。例如，分析大西洋两侧非洲（AF）和南美洲大陆（SA）之间的相对运动，如果将非洲选为固定参照系，那么有限转动前后，非洲的经纬度是不会发生变化的，而南美洲的经纬度将会发生相应的变化，这个旋转可以表示为${}_{AF}ROT_{SA}$。左侧下标表示非洲（AF）为固定参照系，右侧下标表示南美洲（SA）相对固定板块发生旋转，在两个板块所在的参照系坐标下，欧拉极是这个过程中唯一不发生变化的点。

有限转动可以通过兰勃特（Lambert）等面积投影或者赤平投影来计算，也可以通过矩阵方式计算，后者较适合计算机运算。如果 A 点笛卡儿坐标为（A_x，A_y，A_z），经过旋转 ROT[E，Ω] 后至 A'，点 A'坐标为（A_x'，A_y'，A_z'），欧拉极坐标 E=（E_x，E_y，E_z）。那么 $\boldsymbol{A'}=\boldsymbol{R}\,\boldsymbol{A}$（Cox and Hart，1986），其中 $\boldsymbol{R}$ 是一个3×3 矩阵，关系如下

$$\begin{bmatrix} A'_x \\ A'_y \\ A'_z \end{bmatrix} = \begin{bmatrix} R_{11} & R_{12} & R_{13} \\ R_{21} & R_{22} & R_{23} \\ R_{31} & R_{32} & R_{33} \end{bmatrix} \begin{bmatrix} A_x \\ A_y \\ A_z \end{bmatrix} \tag{1-1}$$

根据矩阵运算，

$$A'_x = R_{11}\,A_x + R_{12}\,A_y + R_{13}\,A_z \tag{1-2}$$

$$A'_y = R_{21}\,A_x + R_{22}\,A_y + R_{23}\,A_z \tag{1-3}$$

$$A'_z = R_{31}\,A_x + R_{32}\,A_y + R_{33}\,A_z \tag{1-4}$$

根据欧拉极坐标 E=（E_x，E_y，E_z）和旋转角度 $\boldsymbol{\Omega}$，矩阵 $\boldsymbol{R}$ 的各个元素可以表示为

$$R_{11} = E_x\,E_x(1 - \cos\Omega) + \cos\Omega \tag{1-5}$$

$$R_{12} = E_x\,E_y(1 - \cos\Omega) - E_z\sin\Omega \tag{1-6}$$

$$R_{13} = E_x\,E_z(1 - \cos\Omega) + E_y\sin\Omega \tag{1-7}$$

$$R_{21} = E_y\,E_x(1 - \cos\Omega) + E_z\sin\Omega \tag{1-8}$$

$$R_{22} = E_y\,E_y(1 - \cos\Omega) + \cos\Omega \tag{1-9}$$

$$R_{23} = E_y\,E_z(1 - \cos\Omega) - E_x\sin\Omega \tag{1-10}$$

$$R_{31} = E_z\,E_x(1 - \cos\Omega) - E_y\sin\Omega \tag{1-11}$$

$$R_{32} = E_z\,E_y(1 - \cos\Omega) + E_x\cos\Omega \tag{1-12}$$

$$R_{33} = E_z\,E_z(1 - \cos\Omega) + \cos\Omega \tag{1-13}$$

有限转动 ROT[E，$-\Omega$] 可以认为是-ROT[E，Ω]。如果先后经历 ROT[E，Ω] 和 ROT[E，$-\Omega$] 这两次旋转，将会恢复至原点。如果 ROT[E，Ω] 可以表示为矩阵 $\boldsymbol{R}$，那么 ROT[E，$-\Omega$] 相应矩阵为 $\boldsymbol{R}^{-1}$，而且

$$\boldsymbol{R}^{-1} = \boldsymbol{R}^{\mathrm{T}} = \begin{bmatrix} R_{11} & R_{21} & R_{31} \\ R_{12} & R_{22} & R_{32} \\ R_{13} & R_{23} & R_{33} \end{bmatrix} \tag{1-14}$$

矩阵中 $\boldsymbol{R}_{11}$、$\boldsymbol{R}_{12}$等都来自矩阵 $\boldsymbol{R}$。

1.1.2 欧拉极跃迁

板块在地质历史时期不会永远围绕同一个欧拉极旋转，欧拉极位置会发生变

化。可以通过破碎带（fracture zone）的几何形态判断欧拉极是否发生过跃迁，如果破碎带的形态是小圆弧，表明欧拉极没有发生跃迁；如果破碎带的形态不是小圆弧，而且洋中脊两侧老的破碎带圆弧的圆心不重合，则表明欧拉极发生过跃迁。如果两个板块之间的欧拉极随时间发生过变化，恢复板块的古位置一般就是先根据最年轻的欧拉极和相对应的有限转动，反向旋转至过去的欧拉极；然后根据次年轻的欧拉极和相对应的有限转动，再反向转动，直至达到需要的时间点。另外一种方法是将多次旋转结合，计算成一次旋转。例如，两次连续旋转 ROT[E，ω_E（t_3-t_2）] 和 ROT[F，ω_F（t_2-t_1）]，会有一个欧拉极 P 和角速度 ω_P，满足

$$\mathrm{ROT}[P,\ \omega_P(t_3-t_1)] = \mathrm{ROT}[E,\ \omega_E(t_3-t_2)] + \mathrm{ROT}[F,\ \omega_F(t_2-t_1)] \tag{1-15}$$

右侧为真实的有限转动历史，而左侧则是通过一次旋转恢复板块的古位置。上面讲述了通过 $\boldsymbol{A}'=\boldsymbol{R}\,\boldsymbol{A}$ 可以将 $\boldsymbol{A}$ 旋转至 $\boldsymbol{A}'$，同样可以用矩阵 $\boldsymbol{R}'$将 $\boldsymbol{A}'$旋转至 $\boldsymbol{A}''$，即 $\boldsymbol{A}''=\boldsymbol{R}'\,\boldsymbol{A}'$。这里可以找出矩阵 $\boldsymbol{T}$，将 $\boldsymbol{A}$ 直接旋转至 $\boldsymbol{A}''$，即 $\boldsymbol{A}''=\boldsymbol{T}\,\boldsymbol{A}$。

$\boldsymbol{A}'' = \boldsymbol{R}'\,\boldsymbol{A}' = \boldsymbol{R}'\,(\boldsymbol{R}\,\boldsymbol{A}) = (\boldsymbol{R}'\,\boldsymbol{R})\,\boldsymbol{A} = \boldsymbol{T}\,\boldsymbol{A}$，所以 $\boldsymbol{T} = \boldsymbol{R}'\,\boldsymbol{R}$

$$\boldsymbol{T} = \begin{bmatrix} T_{11} & T_{12} & T_{13} \\ T_{21} & T_{22} & T_{23} \\ T_{31} & T_{32} & T_{33} \end{bmatrix} = \begin{bmatrix} R'_{11} & R'_{12} & R'_{13} \\ R'_{21} & R'_{22} & R'_{23} \\ R'_{31} & R'_{32} & R'_{33} \end{bmatrix} \begin{bmatrix} R_{11} & R_{12} & R_{13} \\ R_{21} & R_{22} & R_{23} \\ R_{31} & R_{32} & R_{33} \end{bmatrix} \tag{1-16}$$

矩阵 $\boldsymbol{T}$ 各个元素可以表示为

$$T_{11} = R'_{11}R_{11} + R'_{12}R_{21} + R'_{13}R_{31} \tag{1-17}$$

$$T_{12} = R'_{11}R_{12} + R'_{12}R_{22} + R'_{13}R_{32} \tag{1-18}$$

$$T_{13} = R'_{11}R_{13} + R'_{12}R_{23} + R'_{13}R_{33} \tag{1-19}$$

$$T_{21} = R'_{21}R_{11} + R'_{22}R_{21} + R'_{23}R_{31} \tag{1-20}$$

$$T_{22} = R'_{21}R_{12} + R'_{22}R_{22} + R'_{23}R_{32} \tag{1-21}$$

$$T_{23} = R'_{21}R_{13} + R'_{22}R_{23} + R'_{23}R_{33} \tag{1-22}$$

$$T_{31} = R'_{31}R_{11} + R'_{32}R_{21} + R'_{33}R_{31} \tag{1-23}$$

$$T_{32} = R'_{31}R_{12} + R'_{32}R_{22} + R'_{33}R_{32} \tag{1-24}$$

$$T_{33} = R'_{31}R_{13} + R'_{32}R_{23} + R'_{33}R_{33} \tag{1-25}$$

通过矩阵 $\boldsymbol{T}$，可以计算相对应的欧拉极 E（ϕ_E，λ_E）和旋转角度 Ω，使 $\boldsymbol{T}=$ ROT [E，Ω]

$$\phi_E = \tan^{-1}\left(\frac{T_{13} - T_{31}}{T_{32} - T_{23}}\right) \tag{1-26}$$

$$\lambda_E = \sin^{-1}\left(\frac{T_{21} - T_{12}}{\sqrt{(T_{32} - T_{23})^2 + (T_{13} - T_{31})^2 + (T_{21} - T_{12})^2}}\right) \tag{1-27}$$

$$\Omega = \tan^{-1}\left(\frac{\sqrt{(T_{32}-T_{23})^2+(T_{13}-T_{31})^2+(T_{21}-T_{12})^2}}{T_{11}+T_{22}+T_{33}-1}\right) \tag{1-28}$$

有限转动计算遵循以下规则：

1）空间上，在分析有限转动过程中，需要固定一个板块，分析另外一个板块的相对运动，如板块 B 相对板块 A 运动，表示为${}_A\mathrm{ROT}_B$。

2）时间上，通常的原则是时间（time）和地质时代（geological age）相反，即时间从古到今的过程中，地质时代从大变小。${}^{40}_{A}\mathrm{ROT}^{0}_{B}$ 指的是板块 B 相对板块 A 从 40Ma 至 0Ma 的旋转量。

3）有限转动如果起始或者终止于现今（0Ma）为完全旋转（total rotation）。完全旋转是特殊的，因为它的参照系为现今位置，所以选取任意板块为参照系都是一致的。公式表示为 ${}^{t}_{A}\mathrm{ROT}^{0}_{B} = {}^{0}_{B}\mathrm{ROT}^{t}_{A}$ 。

4）两个板块历史中某一时间段的相对运动，起始时间都不包括现今（0Ma），如 ${}^{t_2}_{A}\mathrm{ROT}^{t_1}_{B}$ ，被称作阶段旋转（stage rotation）。通常情况下（不绝对），欧拉极在一个阶段旋转里是固定的，在两个阶段之间发生跃迁。但是 ${}^{t_2}_{A}\mathrm{ROT}^{t_1}_{B} \neq -{}^{t_2}_{B}\mathrm{ROT}^{t_1}_{A}$ 。

5）两个板块之间，两个相连时间段的有限转动可以相加，即 ${}^{t_1}_{A}\mathrm{ROT}^{t_2}_{B} + {}^{t_2}_{A}\mathrm{ROT}^{t_3}_{B} = {}^{t_1}_{A}\mathrm{ROT}^{t_3}_{B}$ 。

6）有限转动前可以加负号，$-\mathrm{ROT}[E, \Omega]$ 可以是指 $\mathrm{ROT}[-E, \Omega]$，或者 $\mathrm{ROT}[E, -\Omega]$，两者是相同的。两个板块 A 和 B，${}^{t_2}_{A}\mathrm{ROT}^{t_1}_{B} = -{}^{t_1}_{A}\mathrm{ROT}^{t_2}_{B}$ 。

7）有限转动不满足交换律等一些基本的代数运算。如果板块 A、B 在 t_2-t_1 和 t_1-0 之间经历两次相对运动，欧拉极分别为 ${}^{t_2}_{A}E^{t_1}_{B}$ 和${}^{t_1}_{A}E^{0}_{B}$（假设板块 A 为固定参照系），那么 ${}^{t_2}_{A}\mathrm{ROT}^{t_1}_{B} + {}^{t_1}_{A}\mathrm{ROT}^{0}_{B} \neq {}^{t_1}_{A}\mathrm{ROT}^{0}_{B} + {}^{t_2}_{A}\mathrm{ROT}^{t_1}_{B}$ ，因为根据矩阵运算，矢量点 $\boldsymbol{A}'' = (\boldsymbol{R}'\boldsymbol{R})\boldsymbol{A} \neq (\boldsymbol{R}\boldsymbol{R}')\boldsymbol{A}$，$\boldsymbol{R}'$和 $\boldsymbol{R}$ 为两次旋转对应矩阵。而且 ${}^{t_2}_{A}\mathrm{ROT}^{t_1}_{B} + {}^{t_1}_{A}\mathrm{ROT}^{0}_{B} = {}^{t_2}_{A}\mathrm{ROT}^{0}_{B}$ ，但是 $-{}^{t_2}_{A}\mathrm{ROT}^{t_1}_{B} - {}^{t_1}_{A}\mathrm{ROT}^{0}_{B} \neq -{}^{t_2}_{A}\mathrm{ROT}^{0}_{B}$ ，因为 $-{}^{t_2}_{A}\mathrm{ROT}^{t_1}_{B} - {}^{t_1}_{A}\mathrm{ROT}^{0}_{B} = {}^{t_1}_{A}\mathrm{ROT}^{t_2}_{B} + {}^{0}_{A}\mathrm{ROT}^{t_1}_{B} \neq {}^{0}_{A}\mathrm{ROT}^{t_1}_{B} + {}^{t_1}_{A}\mathrm{ROT}^{t_2}_{B} = {}^{0}_{A}\mathrm{ROT}^{t_2}_{B} = -{}^{t_2}_{A}\mathrm{ROT}^{0}_{B}$ 。

1.1.3 相对板块运动和板块运动链

相对板块运动通常指的是两个板块的相对运动。现今相对板块运动一般用“瞬时旋转”（instantaneous rotation）来描述，如角速度矢量${}_A\omega_B$和${}_B\omega_C$分别表示板块 B 相对板块 A 的旋转和板块 C 相对板块 B 的旋转，两者相加即得到${}_A\omega_C$板块 C 相对板块 A 的旋转。卫星技术可以用来测量现今板块的运动状态。而对于地质历史时期的相对板块运动，需要分析板块的有限转动来进行恢复（Cox and Hart，1986）。计算相对板块运动速率时会用到以下几种方法：

1）用转换断层或破碎带约束板块运动方向。以洋中脊为边界，两个板块的相对运动方向与破碎带一致。破碎带几何形态通常是一个小圆弧，因此垂直破碎带的大圆弧的交点就是欧拉极所在的位置。

2）大洋板块就像一个巨大的录音机磁带，新生成的洋壳会被当时的地磁场磁化，由于地质时期地磁场经历了多次倒转，海底岩石被正常和倒转的古地磁场磁化，形成正负交替的条带状海底磁异常，在洋中脊两侧表现为近对称出现。通过对洋中脊两侧的磁异常和破碎带进行对比匹配，可以重建洋中脊两侧板块的相对运动。利用磁异常条带可以计算板块运动速率，而且板块运动速率可以用来约束欧拉极的位置，因为板块运动速率与各点到欧拉极之间的弧长呈正弦曲线关系。

3）板块边界地震的震源机制解可以用来分析板块运动方向，同转换断层类似，垂直于板块运动方向的大圆弧交点，就是欧拉极所在位置。

4）对于陆地的板块边界，可以用传统构造地质学的方法分析板块运动速率，也可以用卫星观测（如 GPS）分析现今板块运动。

有时，需要分析以俯冲带为边界的两个板块的相对运动历史，由于板块之间缺少相应的磁条带及破碎带等，无法直接进行分析。假如想要知道在 60Ma 时印度板块相对欧亚板块的位置，则可以通过间接方法分析，如分析欧亚（EU）-北美洲（NA）、北美-非洲（AF）、非洲-南极洲（AN）、南极洲-澳大利亚（AU）、澳大利亚-印度（IN）之间的相对板块运动。这里，选择欧亚板块为固定参照系。

$$ {}^{0}_{EU}ROT^{60}_{IN} = {}^{0}_{AU}ROT^{60}_{IN} + {}^{0}_{AN}ROT^{60}_{AU} + {}^{0}_{AF}ROT^{60}_{AN} + {}^{0}_{NA}ROT^{60}_{AF} + {}^{0}_{EU}ROT^{60}_{NA} $$

这种通过多个板块来分析两个板块的相对运动，被称为板块运动链（plate motion chain）。在创建全球板块运动链时，涉及的板块越多，累计误差就越大，尤其要注意板内变形以及隐藏的板块边界。例如，如果南极冰盖之下存在一条板块边界，在新生代早期（如 60～45Ma）还在活动，之后边界闭合停止活动，那么这个板块运动链就不会成立。

相对板块运动主要靠海底磁异常条带来分析，然而已知最老的海底磁异常条带为侏罗纪（～175Ma），因此，更早的板块运动历史需要通过其他方法来进行。例如，根据造山带、沉积盆地、火山活动和古生物等其他特征来推断板块的亲缘性。200Ma 之前的相对板块运动有时可以通过板块之间的视极移（apparent polar wander）曲线的相似性来推断。如果多个板块在一段时期内具有相似的视极移曲线，那么它们当时可能是拼贴在一起的。

1.2 绝对板块运动

绝对板块运动一般指板块相对于一个被认为是固定参照系的运动，如地球的下地幔或地核等。相对板块运动其实是绝对板块运动的结果。海底磁条带及转换断层等海底数据比较精确地约束了主要板块中新生代的相对运动，然而对于板块的绝对运动争议还较多，目前主要通过古地磁数据和热点轨迹来约束，而且 130Ma 之前的轨迹只能用古地磁数据来约束，因为 130Ma 是目前已知热点轨迹记录的最老年龄（Torsvik et al., 2008a）。

（1）古地磁模型

古地磁数据可以用来约束板块的方向和古纬度，然而由于地磁场径向对称，古经度信息无法约束，不过可以找个参考板块来解决。首先选择一个在经度方向上最稳定的板块，然后以该板块为参照系，分析其他板块相对该板块的运动。非洲从潘吉亚（Pangea）超大陆裂解以来，四周被洋中脊环绕，在没有俯冲板片拉力、周围洋中脊推力基本抵消的情况下，该板块被认为比较稳定（Burke and Torsvik, 2004），而且在裂解之前，非洲位于潘吉亚超大陆中间，根据大陆板块越大，其运动速率越慢（Forsyth and Uyeda, 1975），超大陆运动速率应该非常慢。

Torsvik 等（2008a）收集了全球范围 419 个晚石炭世到现今的古地磁数据。他们根据相对板块运动模型，将所有数据旋转至南非参照系，建立了 320Ma（潘吉亚超大陆刚开始拼贴）以来的全球（南非参照系下）视极移曲线（图 1-2）。不同的相对板块运动模型，将会得出不同的结果；相同的相对板块运动模型，以不同的板块为参照系也会得出不同的结果。如果欧拉极位置不变，那么大陆移动、视极移曲线、热点轨迹（如果热点固定）和洋底破碎带都应该是小圆弧（图 1-3）。这里可以合理地假设：大陆围绕同一个欧拉极的运动可以持续几十个百万年，驱动、阻止板块运动的力保持平衡。如果力平衡被打破，在视极移曲线上表现为拐点。在南非参照系下，300Ma 以来全球视极移曲线表现为 7 段小圆弧（300 ~ 250Ma、250 ~ 220Ma、220 ~ 190Ma、190 ~ 170Ma、170 ~ 130Ma、120 ~ 50Ma、50 ~ 0Ma）（Torsvik et al., 2008a）。

有些模型在建立绝对参照系时还考虑“真极移”（true polar wander）（Torsvik et al., 2008a）。真极移被认为是由长期的俯冲导致地幔物质分配的变化（Steinberger and Torsvik, 2010）。当真极移速度超过板块运动平均速度时，它会表现为同一半球的所有板块沿着相同的方向旋转。这个方法可以用来校正古地磁建立的绝对参照系（Steinberger and Torsvik, 2008）。

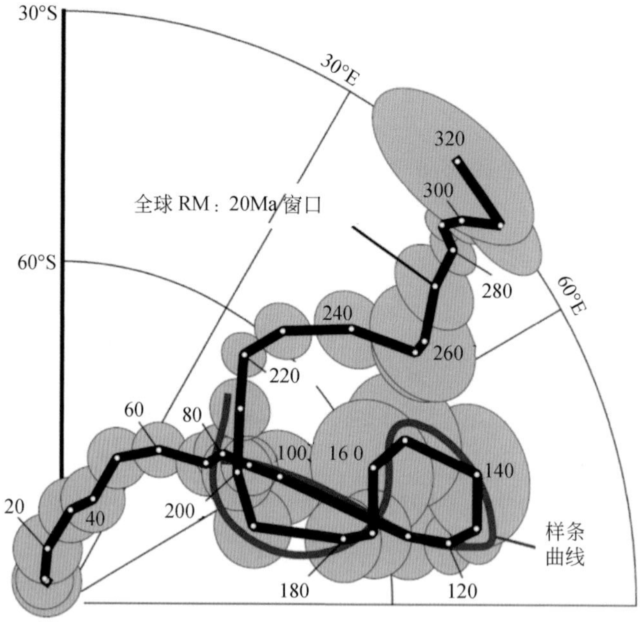

图 1-2　320Ma 以来的全球（南非参照系下）视极移曲线（据 Torsvik et al.，2008a 修改）

RM 指滑动平均（running mean）；浅蓝色圆圈为 95% 置信区间，红线为球面样条法（Spherical Spline Method）获得的球面样条路径

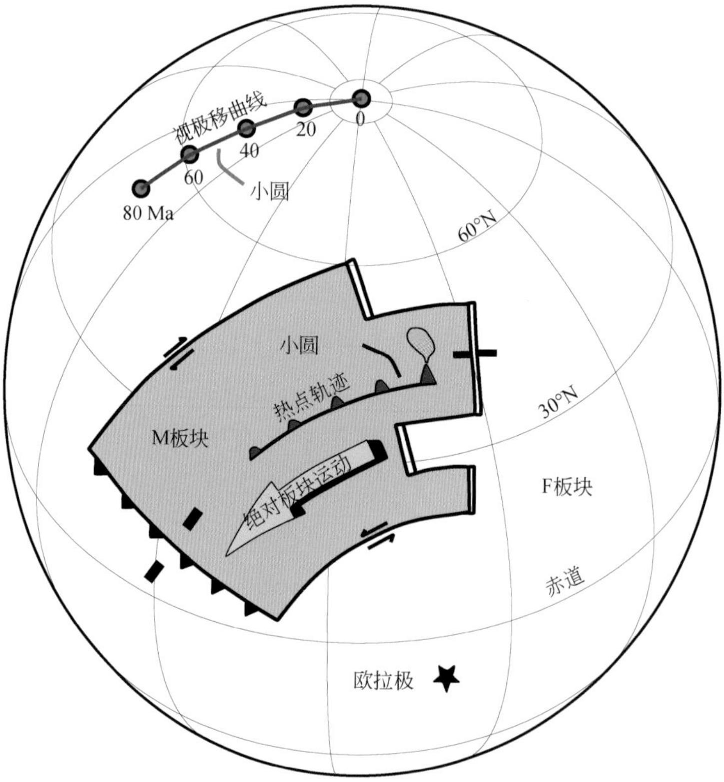

图 1-3　欧拉极、视极移曲线和热点轨迹之间的关系（据 Torsvik et al.，2008a 修改）

M（moving）板块，指移动板块；F（fixed）板块，指固定板块

（2）固定热点模型

Wilson（1963a）认为，夏威夷-皇帝海山链是由于太平洋板块在深部静止的热点上方运动形成的，该热点就位于现今夏威夷岛的下方。热点对上覆岩石圈的持续加热导致部分熔融形成岩浆，岩浆穿透大洋岩石圈，在海底形成火山。板块的运动导致火山离开热点，随后在热点上方形成新的火山，新老火山构成火山链（地貌上为海山链）。根据 Wilson（1963a）的热点理论，远离热点的火山年龄比较老，而靠近热点的火山年龄比较年轻。Morgan（1971）提出“固定热点理论”（fixed hotspot hypothesis），即热点是固定的或者不同热点之间相对位置基本不变，由于海山链是板块运动留下的火山遗迹，这些海山链可以在地表形成一组欧拉极相同的小圆。因此，海山链可以用来恢复板块的古位置。

较早的绝对板块运动模型多数是基于非洲板块相对于其下部热点的运动，然后计算其他板块相对于非洲板块的运动，进而计算相应的绝对板块运动。然而这会导致其他板块运动形成的热点轨迹与现实不符，尤其是东经 90°海岭（Müller et al., 1993）。随后，有人利用全球热点的研究，发现太平洋地区的热点和大西洋、印度洋地区的热点存在较明显的相对运动（Duncan and Richards, 1991）。不过大西洋、印度洋地区的热点之间相对运动非常弱。基于此，Müller 等（1993）收集了大西洋和印度洋地区的主要热点轨迹及相关年龄数据，基于较完善的相对板块运动模型，依据“固定热点理论”，建立了一个绝对板块运动模型。

该模型后期被广泛引用，然而由于当时数据的缺乏，它也存在一些缺陷：①热点数据缺乏。年龄小于 30Ma 的热点轨迹测年数据缺乏，因此，新近纪以来的板块运动没有得到较好的约束。80Ma 之前，大西洋和印度洋地区仅有的热点轨迹数据为新英格兰海山链（New England seamount chain）和沃尔维斯脊/里奥格兰德海隆（Walvis Ridge/Rio Grande Rise），所以印度、澳大利亚和南极洲等板块的运动只能通过板块运动链进行计算。而且古地磁参照系和该热点参照系之间存在矛盾，对比表明，白垩纪中期（122 ~ 80Ma）北美和非洲在两个参照系的位置存在 11° ~ 13°的差别，这表明大西洋地区热点在 80Ma 之前可能存在运动，Torsvik 和 Van der Voo（2002）提出在 130 ~ 100Ma 热点向南移动了 18°，也有学者认为这可能是由真极移造成的（Prévot et al., 2000）。②相对板块运动模型不准确。海底数据的缺乏导致一些区域海底扩张历史不清楚。例如，80Ma 之前的印度洋地区数据较少，尤其是南极洲大陆周围，包括恩德比（Enderby）盆地和凯尔盖朗（Kerguélen）高原北侧，在 Müller 等（1993）的模型中也存在问题。在 Müller 等（1993）的板块运动模型中，澳大利亚和南极洲板块运动在 80Ma 存在一个较大的转向，主要是由于大西洋中新英格兰海山链和科纳（Corner）海山链在年龄为 80Ma 的海山处发生弯曲。然而，太平洋和印度洋并没有相应的转换断层的弯曲记录，因此，这个转向可能与大西洋以及周围陆地之下地幔（热点）在80Ma时流动速率变化有关。

（3）移动热点模型

另有学者（Steinberger and O'Connell，1998）将板块运动和地幔对流模型结合，提出地幔对流会引起地幔柱的弯曲，海山链的形成是由于板块运动和非静止热点的相互作用，这种模型被称作“移动热点模型”（moving hotspot models），即通过分析热点运动历史建立的地幔对流模型，并用相对板块运动模型约束地表边界条件。

模型依据现今层析成像解释的密度结构以及黏度结构进行反演计算，将地幔柱嵌于地幔中，假设地幔柱初始为竖直，并随着地幔流动而弯曲，热点的移动是浮力和对流共同作用的结果。但当模型恢复至白垩纪时，温度异常发散使结果变得不可靠。O'Neill等（2005）用“交互式”反演的方式模拟地幔柱的移动，他们利用对比匹配磁条带的方法（Hellinger，1981），基于热点轨迹年龄、位置和地幔柱在模型中的移动来分析印度-非洲地区，所获得的120Ma以来最佳绝对运动模型，被称为非洲移动热点参照系（African moving hotspot frame），该模型没有考虑太平洋地区的热点轨迹。

之前的研究表明，非洲固定热点模型与太平洋固定热点模型差别大，难以兼容，这说明两个地区热点之间存在明显的相对运动。所以，Steinberger等（2004）考虑了全球主要热点轨迹，在修改相对板块运动模型的基础上（主要是非洲到太平洋板块这一条板块运动链）建立了新的全球移动热点模型。该模型可以吻合65Ma以来的全球热点轨迹，65Ma之前夏威夷海山链和模型之间还是存在不吻合。随后，Torsvik等（2008a）在Steinberger等（2004）的基础上，修改了相对板块运动模型，模型热点轨迹与实际轨迹在75Ma时距离小于300km。跟固定热点参照系相比，移动热点参照系跟古地磁参照系更一致，表明移动热点参照系与现实更吻合（图1-4）。

（4）混合模型

非洲在两个移动热点参照系（尤其是非洲移动热点参照系）和全球古地磁参照系中的位置非常相似（图1-5），而在固定热点参照系中差别较大。古地磁参照系可以在经度上进行调整，因此，Torsvik等（2008）在100Ma将古地磁参照系调整5°，使其与非洲移动热点参照系一致，然后将两个模型合并，建立了一个混合参照系（hybrid reference frame）。大火成岩省、热点、金伯利岩（图1-6）和层析成像（图1-7）揭示的俯冲板片分布等数据，都可以用来约束板块的古经度。

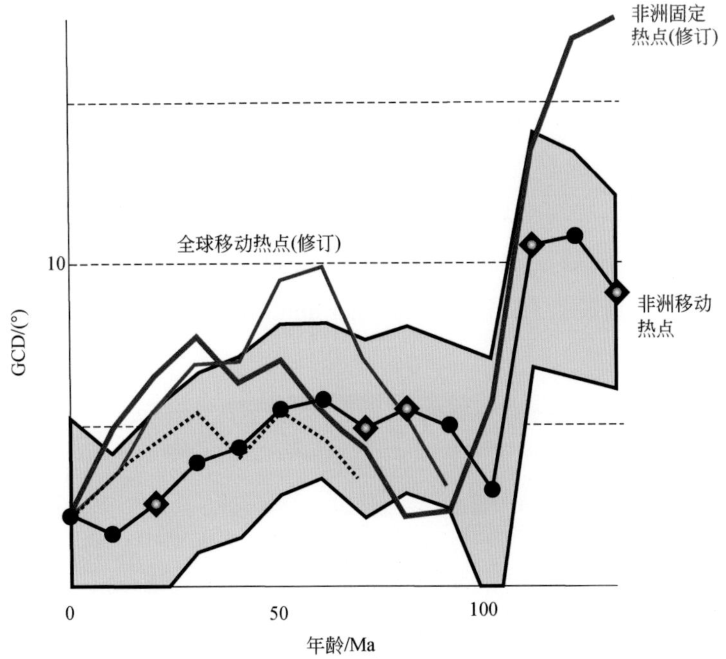

图 1-4　非洲固定热点（African fixed hotspot）参照系、非洲移动热点（African moving hotspot）参照系、全球移动热点（Global moving hotspot）参照系与全球古地磁参照系之间的差别（GCD 为 great circle distance，即大圆弧长）

非洲固定热点参照系参考 Müller 等（1993），图中虚线为较早的非洲移动热点参照系（Steinberger，2000），用以作为对比；黄色区域为全球古地磁参照系 95% 置信区间，图件改自 Torsvik 等（2008a）

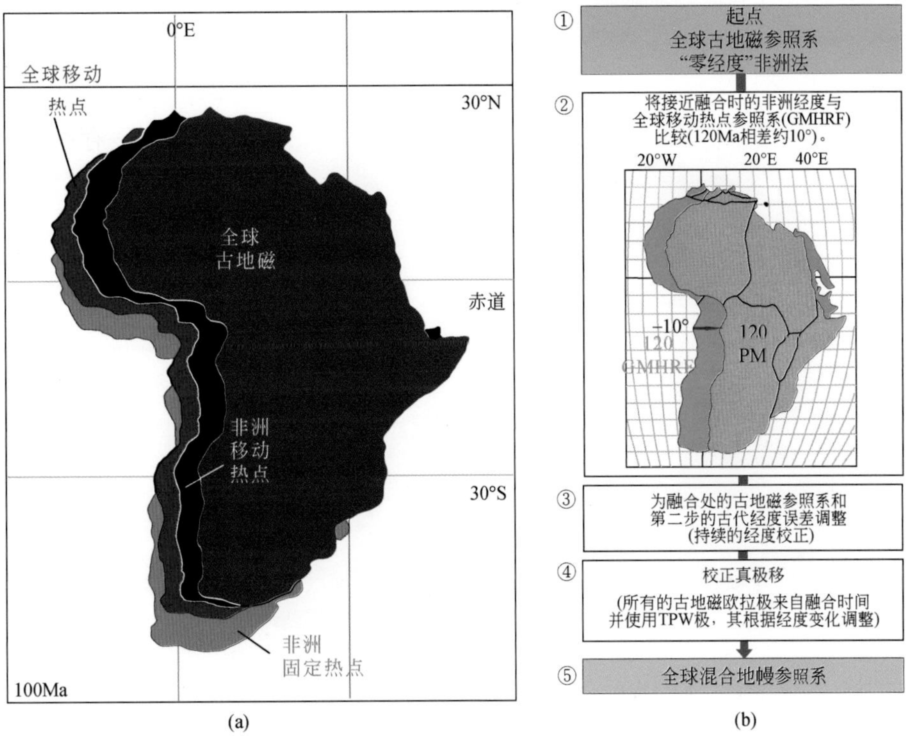

图 1-5　非洲在 100Ma 在不同参照系中的位置

（a）非洲固定热点参照系参考 Müller 等（1993）与其他参照系（Torsvik 等，2008a）对比；（b）为混合参照系建立程序（Torsvik and Cocks，2017）。图中 PM 指古地磁近年来发表的全球重建模型基本都兼顾了相对板块运动和绝对板块运动（Seton et al., 2012；Müller et al., 2016）。以 Seton 等（2012）为例，该模型采用了混合参照系，100Ma 以来，采用了移动的印度/大西洋热点参照系（O'Neill et al., 2005），200～100Ma采用的是真极移校正的古地磁参照系（Steinberger and Torsvik, 2008），这个参照系通过非洲板块与全球板块关联。Müller 等（2016）同样采用了混合参照系，70Ma 以来采用非洲移动热点模型（Torsvik et al., 2008a），70～105Ma 逐渐过渡为真极移校正的古地磁参照系（Steinberger and Torsvik, 2008）。

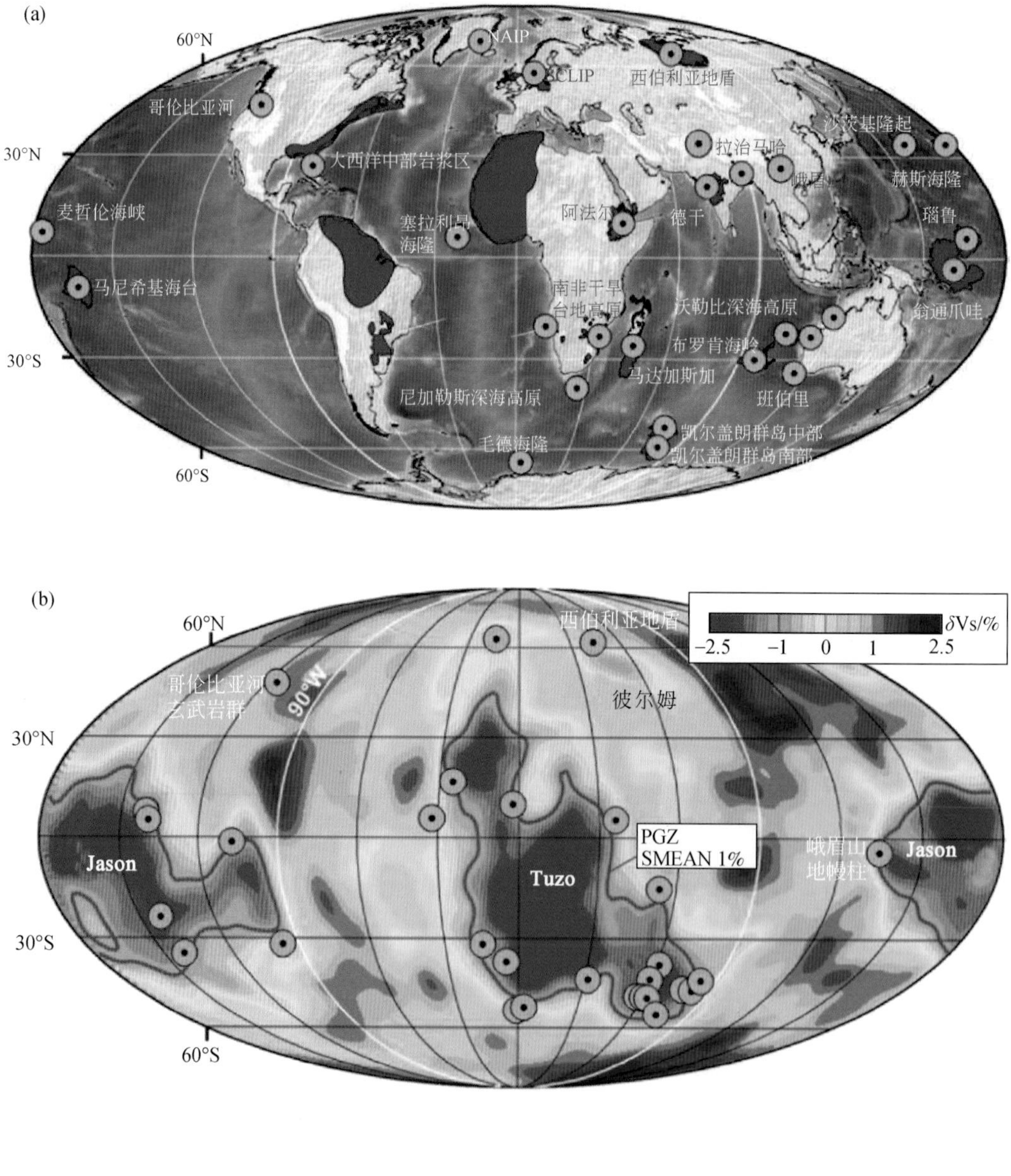

(c)

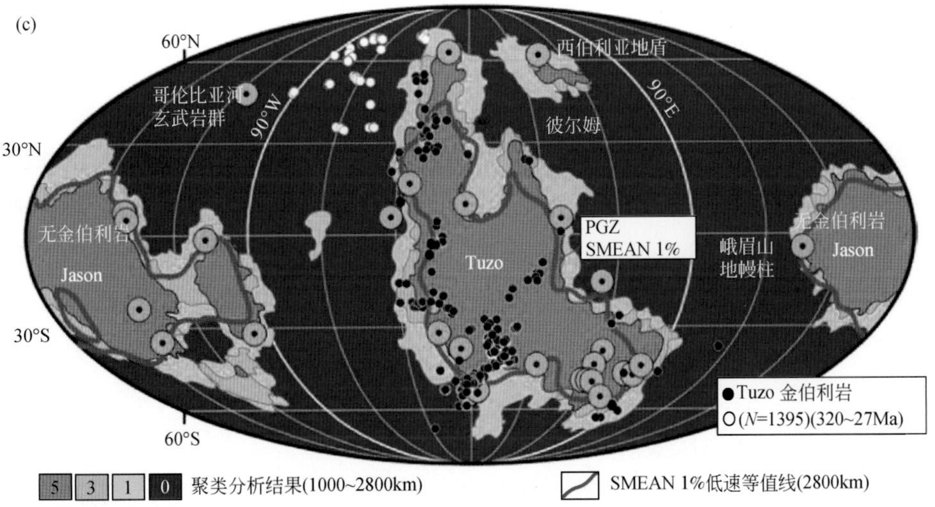

图 1-6　大火成岩省与核幔边界大型横波低速异常区的关系

(a) 大火成岩省（LIPs，297～15Ma）及其大致的喷发中心。广阔的大西洋中部岩浆岩区（CAMP）比较复杂，包括所有约201Ma的玄武岩、岩床和岩墙。(b) LIPs通过移动热点参照系或真移极（TPW）校正古地磁参照系重建恢复至喷发时的位置，叠加在2800km深度SMEAN层析成像模型之上（δVs 指 S 波异常）（Becker and Boschi，2002）上。在这个模型（SMEAN）中还显示了1%低速异常等值线，其被广泛用来代替地幔柱生成带（PGZ）（Torsvik et al.，2006）。非洲 Tuzo 和太平洋 Jason 大型横波低速异常区（LLSVPs）几乎对应，并且都大致以赤道为轴。西伯利亚圈闭覆盖了彼尔姆（Perm）地区下方地幔底部一个较小异常（Lekic et al.，2012）。峨眉山 LIP 在经度上进行了校正，因此其落在 Jason 的西部边缘上。(b)(c) 中重建的 LIP，与过去 320Myr[①] 重建的金伯利岩结合起来，并且投影在下地幔的地震投票图（seismic voting map）上（Lekic et al.，2012）。区域5-1（为了清晰起见，这里仅显示了区域5、3 和1）限定了除了较小的彼尔姆异常之外的 Tuzo 和 Jason（地震慢速区域）。区域0（蓝色）表示下地幔中高速异常区域。过去320Myr，80%的重建金伯利岩位置（黑点）在 Tuzo 地幔柱生成带的附近或上方十分密集。最异常的金伯利岩（17%）来自加拿大（白色圆点）（Torsvik and Cocks，2017）。图中 NAIP 指北大西洋火成岩省（North Atlantic Igneous Province）；SCLIP 指斯卡格拉克为中心的大火成岩省

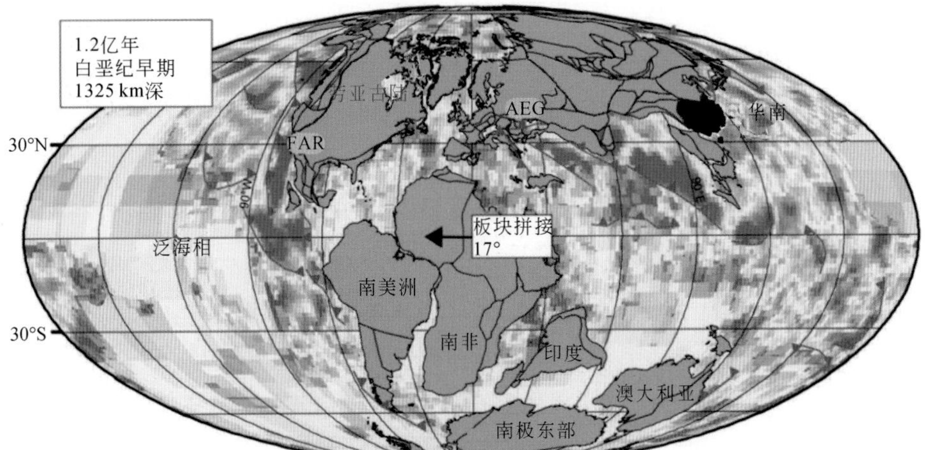

图 1-7　基于古地磁数据沿经向校正的 120Ma 板块重建（van der Meer et al.，2010）

当一个绝对板块运动模型（Torsvik et al.，2010a）向西移动17°时，1325km层析深度切片和法拉隆与特提斯洋板片得到了合理的拟合。俯冲带用红色齿线表示；AEG 代表爱琴海板块；FAR 代表法拉隆板块（Torsvik and Cocks，2017）

① 本书中，Myr 代表时间段，与 Ma 区分。

1.3 板块水平与垂直运动

地球内热化学驱动构造运动，并导致动力地形（dynamic topography）和构造地貌的演化、不同尺度断裂和褶皱的形成等。地球内热从根本上控制了大部分地质过程。热和构造之间是通过对流联系起来的，地幔对流通过地球内热的驱动，引起的运动即表现为构造运动。板块构造运动是主要的构造营力，已被广泛接受。火山热点（指的是表层地貌的火山活动，如夏威夷或冰岛火山中心）及与之相关的玄武质岩浆溢流，是第二种构造营力，其存在及特点也已被广泛识别。可能还存在其他的地质构造营力，但已属次要。

人们已熟知从大陆漂移学说到其最终转化为板块构造理论的历程。不过，那些导致萌发板块运动设想的特定观察并不为人所熟知。同样，能说服大多数地球物理学者和更多的地质学者关于板块运动的事实证据，也还值得反复讨论。所以，需要基于大量观察来深入认知一个理论，而不是仅仅接受几十年来教科书中的权威说法。

阿尔弗雷德·魏格纳基于大西洋两侧大陆边缘几何轮廓可大体上拼合，于 1912 年左右提出了大陆漂移学说。尽管他不是第一个注意到这个海岸线大体重合的人，但他采用地质和古生物证据来佐证他的设想，通过合理的物理学驳斥了“陆桥学说”中的板块只是上升和下沉的固定论观点。值得注意的是，如果后者正确，应该存在可观测的与那些上升和下沉有关的较大的重力异常。然而，他的观点也被人反对，尤其是哈罗德·杰弗里斯（Harold Jeffreys）。哈罗德·杰弗里斯因对固体相关属性知之甚少，并且他没有充分理解当时很好的地质论争。1930 年魏格纳在格陵兰冰盖去世，他的理论在英语国家变得一无是处，但英国的亚瑟·霍姆斯、美国的雷金纳德·戴利、南非的亚历克斯·杜托瓦和澳大利亚的山姆·凯里却支持魏格纳的设想。

在 20 世纪 50 年代后期，大陆漂移的设想因为明显的地磁极移观测而得到回归，但它并没有得到广泛认同。第二次世界大战后，海底探测发现了在陆地上未曾发现过的现象，如长达数千千米的洋中脊系统及大量破碎带。反过来，这些思想的产生或许可以解释这些现象，其中一个就是地球膨胀和大陆漂移。最终，海底证据使得 Hess（1960）和 Dietz（1961）分别独立提出海底扩张的想法。在他们的想法中，在海沟处必须发生俯冲，但当时并没有明确的证据。

地幔对流是这一时期的思考热点，然而科学家在对其理解上也遇到一些障碍。例如，Heezen（1960）追踪了非洲以南的大西洋洋中脊，发现其进入了印度洋，然后发现了问题。因为洋中脊是伸展的，如冰岛和红海附近，在它们的顶部一般也都有沟槽，这与伸展地堑的出现是一致的，因此洋中脊一般被推断为地壳发生水平伸展的地方。然而，假如大西洋和印度洋洋中脊都正在扩张，那么对 Heezen 来说，非洲应该应当正在遭受挤压缩短，但是没有地质证据表明非洲正在遭受挤压缩短。Heezen 对这个问题的解释是，地球一定正在膨胀。

Heezen 和那个时期大多数地质学家一样，是在“对流胞”的范畴思考地幔对流，即一侧活跃的上升流和另一侧活跃的上升流［图 1-8（a）］。图 1-8（a）表示了大陆和洋中脊的位置。美洲西侧的俯冲消减调节了东太平洋海隆（EPR）和大西洋洋中脊的扩张增生，所以看上去是合理的。但是，在大西洋洋中脊和印度洋洋中脊之间没有俯冲消减。因此洋中脊之间的扩张一定导致它们之间的面积加大。Heezen 由此推断，地球一定正在膨胀。

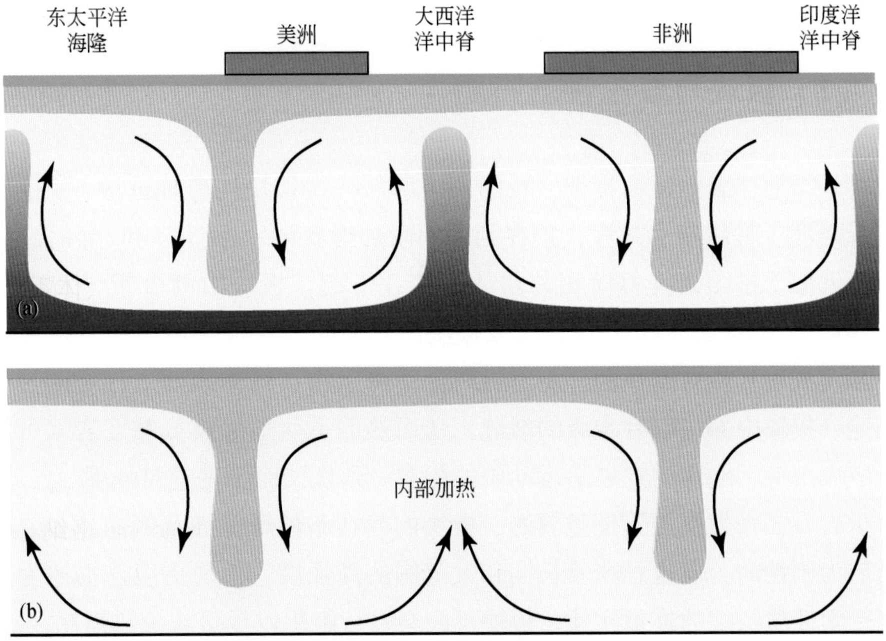

图 1-8　两种对流胞模式（Davies，2010；Bercovici et al.，2000）

（a）Heezen 的洋中脊下部加热的对流循环胞模式；（b）内部加热的循环模式，有一个活动的下降流而无活动的上升流，因此，洋中脊可自由移动

另一种可能是洋中脊之间正在彼此相对运动，即印度洋洋中脊正逐渐远离大西洋洋中脊。然而 Heezen 认为，这个模式看上去不大可能，他推测在洋中脊下部有热的、活动的上涌地幔流，并且如果洋中脊移动，它就会脱离上涌区并且停止扩张。为此，解决这个困惑的方法是：地幔对流不必按图 1-8（a）中教科书式的“对流胞”形式进行，因为这种形式仅当流体在下部受热，且只在受热不是太强烈时，产生热上涌时才出现。如果受热强烈，上升流和下降流倾向于来回移动。更重要的是，如果流体内部受热，那么就没有热上升流，而是在活动的下降流之间形成被动的上升流［图 1-8（b）］，这可能是地幔更精确的实际情况。如果没有热的主动上升

流，那么洋中脊可能出现在任何位置，或者来回移动。

1.4 板块、转换断层和地幔柱

本节回顾并深入理解板块构造原理（见《海底构造原理》一书）的一些基本概念。板块构造的概念涉及板块、岩石圈、克拉通根和热边界层（thermal boundary layer，TBL），这些概念都有所不同。岩石圈指岩石壳层或高强度圈层。它可以支撑较大的地质荷载（如山脉处），可以挠曲（如海沟处），随时间变化无显著变形，主要表现为弹性，但板块并不一定有较大的强度或弹性。热边界层将深部的热量传送到地表，由特定的热梯度界定。

1.4.1 板块与多属性岩石圈

板块是指地球表面运动特征一致的一个区域。在板块构造理论中，“板块”一词意味着强度、脆性和永久性，常在其前面附加形容词“刚性”和“弹性”。地球上的板块近似于拼图，应力使相邻块体连接在一起。板块由缝合带（古老板块边界）、破碎带、俯冲带、洋中脊和次级板块边界分隔，在板块边界经常形成火山链或火山弧。板块是相对刚性的，相对板块运动可以用在球体表面上相对欧拉极的旋转来描述。板块内部可以有米级的裂缝，从而热的下伏地幔及低黏度岩浆可沿其上涌，形成火山链。刚性的意思是运动中的相对一致性，而不是绝对强度。

由于岩石在张力作用下是脆弱的，板块的存在条件可能涉及侧向压力。板块一般被描述为刚性的，但这意味着长期和大范围的高强度。板块更应该描述为由应力场和流变学性质组织的连贯实体。板块可能会自行组织以尽量减少热损耗。

迄今，“板块”本身没有统一的正式定义。如果板块被定义为运动一致的一部分地球外壳，那么以下解释可能正确：

1）传统上，板块被认为是坚固且刚性的。

2）由于板块受到相似的力或相似的约束，板块作为整体一致运动。

第一个定义中，如果扩张和火山作用要发生，局部加热或拉伸必须克服局部强度。这种推理催生了地幔柱假说。第二个定义中，由板块边界、次级板块条件以及板块冷却决定了全球应力场，全球应力场控制着岩脉、火山链以及初始板块边界形成的位置而下伏地幔则处于或接近熔点。这就是板块假说。

板块并非永久不变，它们是次级板块的临时结合。全球板块重组过程会周期性地改变扩张中心的方向、板块的运动方向和速度，并重组板块。板块会被相邻板块吞并并改变原有“大小”，板块也可发生分裂。新的板块边界不是瞬间形成的，而是像海山链的增长一样逐渐演变的。如果侧向伸展转变为挤压，海山链活动也可能会停止。可见，应力变化可能引起火山作用的起始或停止，然而使地幔柱火山作用停止或地幔温度快速降低并不容易。

板块构造的重要特征是：当边界条件变化时，必然发生洋中脊与海沟迁移、三节点和边界条件演化、板块相互作用及板块重组。板块和板块边界的二级特征（如破碎带、增生地体、转换断层、蠕变带、隆起、缝合带、岩石圈结构和微板块）及板块边界重组实际上是固有特征，这相对于“刚性板块–固定热点体系”观点，为更全面地了解板块构造提供了关键信息。

岩石圈是地球外壳的一部分，包括地壳和上地幔顶部，受到外力作用时，会发生弹性形变。岩石圈可由其流变学行为来界定。地球外壳也有一些组成部分因横向运动、浮力、化学、矿物学或传导性变化而可能属于、也可能不属于岩石圈的一部分。所以，岩石圈与热边界层或板块不同。地幔硅酸盐在高温下易于流动，在应力较高时流动性更强，故而，岩石圈在短期低应力状态下比在长时间高应力环境下更厚。因此，用地震技术或冰后回跳测量时，弹性岩石圈很厚。随着时间的延长，瞬时弹性岩石圈下部松弛，有效弹性厚度减小。在海山和高地形等长期荷载地区，弹性岩石圈相对较薄；在经受数百万年载荷的地区，岩石圈的弹性厚度估计在10～35km。岩石圈更完整的定义是：在特定的载荷与时间尺度下，以弹性变形为主的地壳和上地幔的部分。

地幔的黏度和强度取决于成分（包括含水量）、矿物学和晶体优选方位以及温度与应力。如果上地幔成分呈分层状，那么岩石圈–软流圈边界可能受温度以外的因素控制。例如，如果地壳之下是干的富含橄榄石的方辉橄榄岩，那么在给定的温度下，它可能比含水的橄榄岩或富含单斜辉石–石榴石岩层强度更大，如果后者（单斜辉石–石榴石岩层）强度足够低，岩石圈–软流圈边界可能代表化学边界，而不是等温线。同样，晶体优选方位的改变也可能对蠕变阻力有显著影响。岩石圈边界可能代表脱水边界——含水矿物强度很弱。岩石圈的有效弹性厚度取决于许多参数，但这些参数不一定包括限定板块、热边界层和克拉通根的参数。

板块构造理论的板块，通常与弹性岩石圈是一致的。如果用来限定弹性挠曲厚度的实验应力及时间尺度，与板块构造的应力及时间尺度相似，这可能是一个有效的近似。然而必须注意，在流动性和热特性上，地幔硅酸盐是各向异性的，板块构造中涉及的应力，可能与表面加载实验中涉及的应力具有不同的方向和大小。人们不知道板块的厚度，也不知道它与下伏地幔的耦合程度，甚至不知道基本阻力的符号。

对流或冷却的地幔表层覆盖着一个热边界层，热量必须穿过它向上传导。热边界层的厚度受传导率和热流等参数的控制，与弹性厚度或板块厚度的关系并不简单。由于温度随传导层深度的增加而迅速升高，黏度随温度的升高而迅速降低，热边界层的下部很可能位于弹性岩石圈的下方，即只有热边界层的上部才能承受大而持久的弹性应力。然而，传导层也经常被称为岩石圈。在化学成分分层的地球中，内部各层之间可能存在表面热边界层，这些热边界层起着热屏蔽作用，减缓了热损失，否则对流地幔就会发生冷却。

大陆克拉通具有高地震波速的岩石圈根，延伸至200~300km，它们之所以能保存数十亿年，长久持续稳定存在，是因为其密度低、黏度高，不受高应力破坏，因而作为坚固外壳的一部分得以保存。

地球地幔的大多数模型都有一个上地幔低速层，其上覆盖着一层高速层，即岩石圈。地震应力和周期分别远远小于构造应力与地质周期。如果利用地震波测量上地幔低速层中的松弛模量和上覆高速层中的高频或非松弛模量，那么在化学成分均匀的地幔中，该高速层应比弹性岩石圈厚得多。如果上地幔低速层和上覆高速层在化学成分上不同，那么两者界面的流变学长期行为可能会发生变化。如果该高速层和弹性岩石圈的厚度相同，那么表明上地幔力学性质受化学、水或晶体性质控制，而并非受热控制。

总之，下文的“岩石圈”理解常出现在地球动力学文献中。

1）弹性、挠曲或流变岩石圈。这是最接近坚固外壳的经典定义，被定义为：在给定的时间段内，地壳和上地幔可以支撑一定弹性应力的部分。岩石圈的厚度取决于应力和载荷持续时间。

2）板块。这是指在板块构造演变过程中，具有连贯性的地壳和上地幔的部分。板块厚度受化学、浮力因素或应力以及温度控制，但目前还没有已知的方法来测量板块的厚度。板块存在时间是短暂的。

3）化学或成分岩石圈。岩石圈的密度和力学性质受化学成分、晶体结构及温度的控制。如果化学和晶体结构的影响占主导地位，那么弹性岩石圈与地震波高速层可能是相同的。如果地壳以下的岩石圈主要是亏损橄榄岩或方辉橄榄岩，那么它相对于下伏的地幔较轻。克拉通根常被称为大陆岩石圈地幔（sub-continental lithospheric mantle，SCLM），常当作地球化学储层。

4）热边界层或传导层不应称为岩石圈，因为岩石圈是一个力学概念，但如果岩石圈厚度是由热控制的，那么岩石圈的厚度应与热边界层的厚度成正比。如果热边界层太厚，那么它们会下沉或拆沉。

5）地震波高速层是一个覆盖在低速层之上的地震波高速区。在高温下，地震波测得的地震模量可能变得松弛，导致其比高频或未松弛的模量小10%。高温位错松弛和部分熔融是地震波速降低的两种机制。如果热松弛是其机制，那么上地幔低速层和高速层之间的边界将发生蠕变，并且与频率有关。如果两者间存在尖锐的界面，则表明是化学或者矿物相变界面。海水水深随相应海底年龄加深的函数是大洋板块冷却或热边界层增厚的最好证据。该函数对 70～80Myr 前的洋壳失效，这表明热边界层已达到平衡厚度，或者说，～80Ma 之前的热事件影响了用于计算水深-年龄关系的大洋岩石圈部分。岩墙和岩床等侵入体可能会重置热年龄。有证据表明，地震高速层在最古老的大洋岩石圈地区仍继续遵循 $\sqrt{t}$（t 为年龄）关系。这意味着密度和地震波速之间没有直接关联。

6）有效弹性厚度：岩石圈厚度比人们普遍认知的概念更为复杂。图 1-9 给出了大洋流变岩石圈厚度与地壳年龄及载荷持续时间的函数关系（使用海底地温梯度和 1000bar① 的应力）。流变软流圈顶面的深度可定义为特征时间（characteristic time）等于荷载持续时间的深度。例如，如果岩石圈随后没有冷却，或者冷却时间比松弛时间长，施加在 80Ma 洋壳上持续时间 30Myr 的载荷将产生 45km 的厚度。相同条件下，一个持续时间 30Myr 的载荷施加在 50Ma 的洋壳，将产生一个 34km 厚的岩石圈。

图 1-9 同时呈现了覆盖在低速层之上的地震高速层的厚度。在数百万年的持续荷载下，假设岩石圈是各向同性的，那么流变岩石圈的厚度大约是以往估计的地震岩石圈厚度的一半。需要注意的是，受历史荷载影响的流变厚度会逐渐减薄。另外，年轻荷载作用下岩石圈显得很厚，随后厚度迅速减小。弹性或挠曲岩石圈厚度约为热边界层厚度的一半。

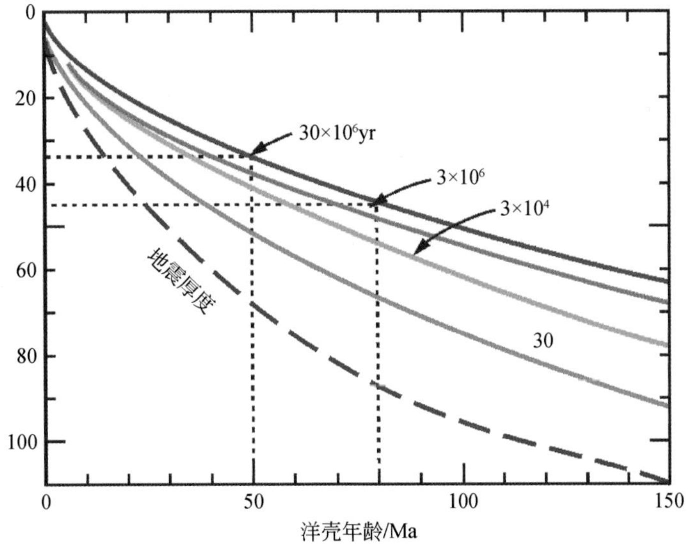

图 1-9　有效弹性厚度（也称为流变岩石圈或挠曲岩石圈）、大洋板块年龄和 1000bar 应力的加载时间的关系

对于给定的载荷，有效弹性厚度随时间减小。弹性厚度一般遵循 600～700℃ 的等温线，大约是热边界层厚度的一半。虚线是根据面波在各向同性条件下所定高速层厚度的上限值

① $1bar = 10^5 Pa = 1dN/mm^2$。

1.4.2 软流圈与热边界层

地幔的物理性质取决于应力、矿物学、晶体取向或优选方位、温度和压力。少量的水和二氧化碳也会对其产生显著影响。在 100～200km 深度以内，随深度增加的温度比压力增量更重要。地幔熔点随压力升高而升高，黏度、密度和导热系数也随之升高。对于均质地幔，其黏度、密度、地震速度和热导率在 100～200km 深度附近最小，这个地区被称为软流圈。

热膨胀系数在 100～200km 也达到了一个最小值，且因浅部地幔中部分熔融和其他相变的影响，温度的微小变化也会引起浮力的较大变化。热导率的最小值意味着这个区域会出现一个陡峭的热梯度，直至地幔开始对流。最小黏度意味着地幔很容易流动。在 200km 以下，压力使地幔变硬，熔点提高，使其更容易热传导。所有这些效应都促进上地幔在 100～200km 发生集中变形，并至少部分促进板块运动与地球内部脱耦。这同时解释了为什么地震低速层相当于软流圈。

对于从上部冷却或从下部加热的流体，其热边界层厚度（h）会逐渐增加，可表示为

$$h \sim (\kappa t)^{1/2} \tag{1-29}$$

式中，κ 为热扩散系数；t 为时间。当局部或子层瑞利数

$$Ra_c = \alpha g (\delta T) h^3 / \kappa \nu \tag{1-30}$$

式中，α 为热膨胀系数；g 为重力加速度；ν 为运动黏度；δT 为通过热边界层的温度差。Ra 超过约 1000，热边界层会变得不稳定，并发生分离。$\alpha/\kappa\nu$ 随体积（V）降低而降低，所以，在高压强或低温度时，瑞利数会变小。

局部瑞利数基于热边界层厚度，然而在地球表面这个问题很复杂，因为水、地壳和难熔橄榄岩部分不是通过传导冷却形成的（它们本质上是低密度的），而是与黏度、导电性和低压的 α 值及温度（T）具有很强的相关性。对于适合于地幔顶部（可视为恒定黏度流体）的参数，顶部热边界层厚度在约 100km 时变得不稳定。时间尺度约为 10^8a，约为大洋板块的寿命。顶部热边界层黏度大、坚硬且部分密度低，不稳定性（称为俯冲或拆沉）部分由断层控制，因此黏度不稳定性计算并不完全适用。对于底部热边界层，变形更可能是纯黏性的，但也可能存在固有的稳定密度效应。与实际相符的对流数值模拟必须包括上述所有效应且热力学上应自洽。

在忽略辐射传热的情况下，底部热边界层的临界厚度约为顶部热边界层厚度的 10 倍，即 1000km 左右。如果热传导存在明显的辐射成分，或者密度差起因于化学成分，那么地幔底部的尺度-长度可以大于 1000km。地幔底部三分之一的层析异常非常大，比上地幔俯冲板片（冷幔柱）大得多，这符合尺度理论。通过与上地幔值

对比，底部热边界层的寿命约为30亿年。由于热学性质的尺度，顶部热边界层会迅速冷却，并变得不稳定。基于同样的理论，根据随深度密度增加的比例，推测深部地幔特征具有规模大和长期存在的特点。

1.4.3 俯冲板片

当板块（plate）开始俯冲后，板块就称为俯冲板片（slab）。按流体动力学惯例，低温下降流和高温上升流都被称为地幔柱。俯冲板片进入地幔时是冷的，但它们的两侧开始受热，会立即升温。与相同成分的地幔相比，低温板片可能具有较高的地震波速，并且可能比正常地幔更致密。板块由洋壳、亏损橄榄岩和蛇纹石化橄榄岩组成，上部存在二氧化碳和水，其中一些二氧化碳和水降低了板片的熔点与地震波速（与干的难熔橄榄岩相比）。玄武岩转化为榴辉岩后，其熔点仍较低。即使仅含少量的流体或熔体，其密度仍然很高，但这也会大大降低其地震波速。与温度较高的橄榄岩相比，低温榴辉岩本身具有较低的横波速度和较高的密度。

玄武岩和挥发分靠近俯冲板片的顶部，因此将板片加热到脱水和熔点以上的时间，与板片俯冲时长相比，只是一个短暂阶段，因而俯冲板片可能是富集的且地震波速低，这都是与地幔柱有关的特征。就板片而言，周围的地幔是一个无限的热源，但地幔中的低速物质也可能是低温的，因为地震波速受成分、矿物组成、挥发分含量和温度的控制。如果熔体和挥发分完全离开板片，那么板片可能成为一个高速异常体。拆沉的大陆地壳也会进入地幔，但其成分、密度和温度与俯冲的洋壳不同。地幔中富集的部分（如拆沉的陆壳）可能具有较低的地震波速，并可能引起异常熔融，不需要地幔柱提供热量。

进入俯冲带的物质其年龄、地壳厚度和浮力变化范围很大（图1-10和图1-11）。因此，它们会在不同的深度达到平衡。众多证据表明，俯冲板片可能在660km和1000km处堆积起来。一些板片可能在较浅的深度就会达到平衡位置。约15%的海底由年轻的（<20Ma）、密度可能较低的岩石圈组成，这些物质正以大约0.2km^3/a的速率沿海沟俯冲消减。部分玄武岩进入地幔的速率与板块内部岩浆产生速率大致相同。

洋底高原、无震海岭等地区，其地壳厚度也很厚。俯冲或拆沉的地壳物质可能永远不会俯冲很深。过厚陆壳的拆沉速率相当于洋壳俯冲速率的10%。这些俯冲和拆沉的地壳物质促进地幔的化学与岩性产生不均一性，也有可能通过转换断层、岩石圈伸展和洋中脊迁移等地区的部分熔融而再次返回地表。相比之下，年龄老、厚度大的大洋板块和较冷的岩石圈，更有可能沉入地幔更深部。仰冲蛇绿岩或平板俯冲后出露的来自200km深处的板块碎片证实，一些过程本质上发生的深度浅且时间

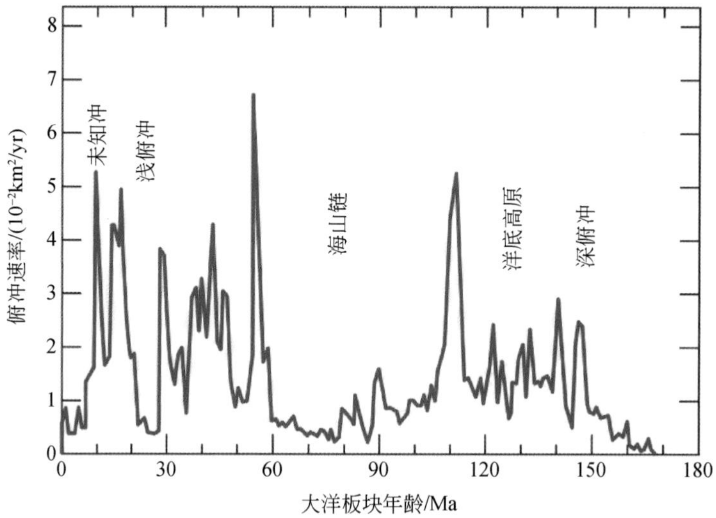

图 1-10　即将进入俯冲带的大洋板块年龄分布

结果来自基于板块形成和俯冲速率的研究（Rowley，2002）。较年轻的俯冲板片下沉不深，会迅速达到热平衡。同样的情况也适用于拆沉的大陆下地壳，它比俯冲的洋壳温度更高。较老的大洋板片会下沉得更深，需要更长的时间达到热平衡

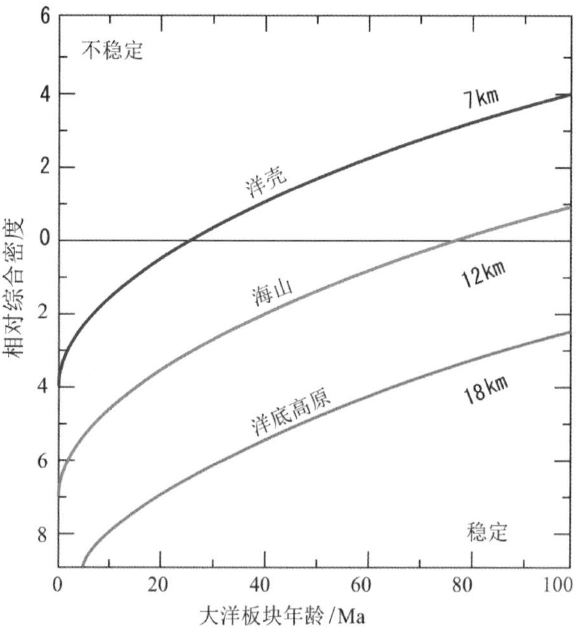

图 1-11　板块的浮力是大洋板块年龄和厚度的函数

年轻和厚洋壳（海山链、洋底高原）板片可能停留在浅层地幔中，并引起熔融或富集异常（van Hunen et al.，2002）

短暂。一些厚度大（代表较老）的大洋板块穿过了660km不连续面，但并不表明所有俯冲板片都如此，不同俯冲板片有不同的命运。人们通常认为，俯冲的洋壳组分通过地幔再循环，而在大洋岛屿和热点喷发至地表。但是俯冲速率和地幔储存能力的任何质量平衡计算都不需要这种循环，证明这种循环的存在还需要来自其他构造单元的证据。

1.4.4　板块拓扑结构

现今地球表面由十几个可在地表移动的大板块组成，这些板块的形状和大小不规则，被相交于三节点的板块边界分开。此外，板块之间还有许多较宽的变形带。地球上7个主要板块约占地球总面积的94%（表1-1）。欧亚大陆和北美大陆是由大量地体组成的“拼图”或拼合体；太平洋板块曾通过吞并相邻的微板块增长，但现在正在萎缩消减。非洲和太平洋板块是目前最大的板块，非洲板块随着洋中脊的迁移而增长，太平洋板块由于大陆的相向推进和板片的回卷而消减萎缩。表1-1给出了当前板块的一些参数。

表1-1　板块参数

板块	缩写	面积/10^6km^2	生长速率/（km^2/Myr）
太平洋	PAC	108	-52
非洲	AFR	79	30
欧亚	EUR	69	-6
印度-澳大利亚	INA	60	-35
北美洲	NAM	60	9
南极洲	ANT	59	55
南美洲	SAM	41	13
纳兹卡	NAZ	15	-7
阿拉伯	ARA	4.9	-2
加勒比	CAR	3.8	0
科科斯	COC	2.9	-4
菲律宾	PHI	5	-1
索马利亚	SOM		
胡安·德富卡	JdF		
戈尔达	GOR		
斯科舍	SCO		
东南亚	SEA		
合计		507.6	0

地球上三个较大的板块有很大一部分面积被蠕滑变形带占据，这不符合整体刚性板块的原则。事实上，至少15%的地球表面违背了刚性板块和应变局部化边界的板块构造理论规则。有趣的是，在一个球面上填充类似大小的多边形或球形盖正好也会留下大约15%的空隙（n为6或12时除外，图1-12）。

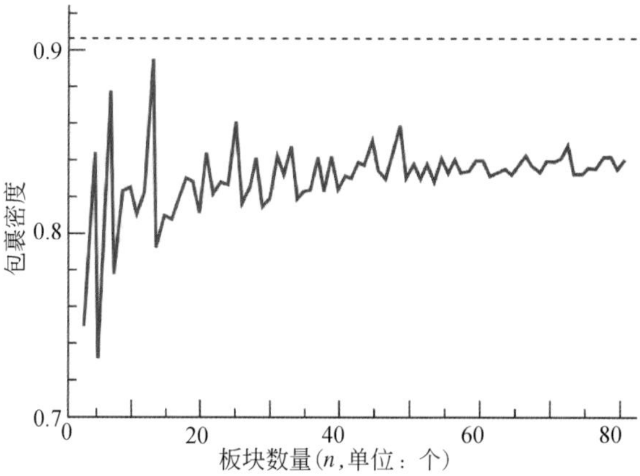

图1-12　不同大小的球形盘在球面的最大包裹密度

当给定尺寸和形状的多边形镶嵌包裹在球体上，且没有重叠时，包裹密度取决于数字n。$n=12$时达到最佳包裹密度。此图适用于“球面盖”，但其他形状也给出了类似的结果。多边形之间的空隙面积为多边形所占面积的10%～15%，因此只有小多边形球面板盖可以放置在空隙中（Clare and Kepert，1991）

印度-澳大利亚板块可分为印度板块、澳大利亚板块和凯普瑞康板块（Capricorn Plate）和蠕滑挤压变形带。沿着这些边界几乎没有地震或火山。太平洋板块内有几条地震和火山带，它们可能被认为是蠕滑或初始的板块边界。其中，一个区域从萨摩亚（Samoa）和波利尼西亚（Polynesia）延伸到东太平洋海隆，然后再延伸到智利，包含了太平洋板块的大部分板内地震和活火山活动。然而，几乎没有证据表明，太平洋板块北部和太平洋板块南部之间存在相对运动，且欧亚板块、南极洲板块和非洲板块之间现今的相对运动也非常缓慢。因此，现今大板块数量只有8～20个，其中12个已被大多数人采纳。古板块重建也能识别大约12个稳定持续的大板块。每个大板块平均有5个相邻的大板块和5个次相邻的板块。

洋中脊和俯冲带约占板块边界的80%，其余为转换断层。大多数板块与俯冲板片并不相连，边界也不存在转换断层。因此在现实世界中，无论是尺寸还是板块格局上，各板块都不同。因为多数板块与俯冲板片不相连，所以它们的移动也受到周围板块的约束。

板块边界，如洋中脊和俯冲带，并不是静止的或固定的，事实上必须发生移动。全球板块格局周期性地自我重组，即发生自组织，形成一些新的板块边界，与此同时，一些板块边界也会消亡。在某种意义上，板块就像漂浮的“气泡”或“泡沫”，不断地合并，并改变形状及尺寸。岛屿组成的“泡沫”可能会在一段时间内连贯移动，即使它们远非刚性。“气泡”甚至可以支撑小的载荷，并局部表现为弹性变形。

1.4.5 理想的板块构造理论

(1) 板块组织形式与个数

自然界倾向于自我组织，而很少注意物理细节。大型交互系统倾向于自组织，所以泥裂纹、蜂巢、冻土、对流流体、柱状节理的玄武岩、泡沫、陶瓷釉中的开裂纹等自然特征，平面上都呈现出相似的六边形图案，球面上则有五边形和六边形曲面体的镶嵌体。多数情况下，做功过程有一个最小或经济的原则：最小能量、面积、压力、周长、做功等。动力学系统，包括板块构造，可能涉及动态最小化原则，如最小耗散。自然过程自发地寻求某种最小值，这些最小值可能是局部的；在达到全局最小值之前，系统可能会临时停止运转，大型复杂的交互系统可以形成明显的简单模式，且行为上达到稳定状态。

在均质球体上，预期由物理过程产生的表面镶嵌结构，将含有少量相同或相似的区域（类似美国足球或欧洲足球的表面）。只有几种方法可以用规则的球面多边形对球体进行镶嵌充填，且以测地线和三节点为边界。无论地球表面是因深地幔对流动力还是表面动力分割为多边形曲面，均质球体的表面都应该呈现出近似的规则模式，如果三节点不稳定，这种模式也将不稳定。图 1-13 说明了用大圆和三节点来镶嵌球体的一些方法。

与蜂巢、周长等其他问题以及气泡问题相比，人们不清楚板块构造中最小化的是什么值，如果该值存在的话，它可能是边界能或表面能、环形能或能量损耗。尽管如此，将板块最初形状做平铺、填充或等周长等处理，可能会更有成效。板块的镶嵌结构和全球构造模式的问题是值得研究的，目前还没有一种理论能解决这些问题。自由对流球形外壳的表面布局与板块的尺寸、形状和数量几乎没有关系。假如外壳包含了系统的大部分浮力和大部分耗散，这些板块可能自组织，并作为“模板”组织地幔对流，这一点是完全可以肯定的。

在地球科学中，地表的多边形曲面体形式历来被用于支持全球收缩、扩张和漂移理论。但是相同的几何形式可以由完全不同的动力产生，不可能仅从观察到的模式中推断出哪些动力在起作用。据此，推论模式的形成在某种程度上可以被理解或预测，然而其中的物理细节无法被完全理解。

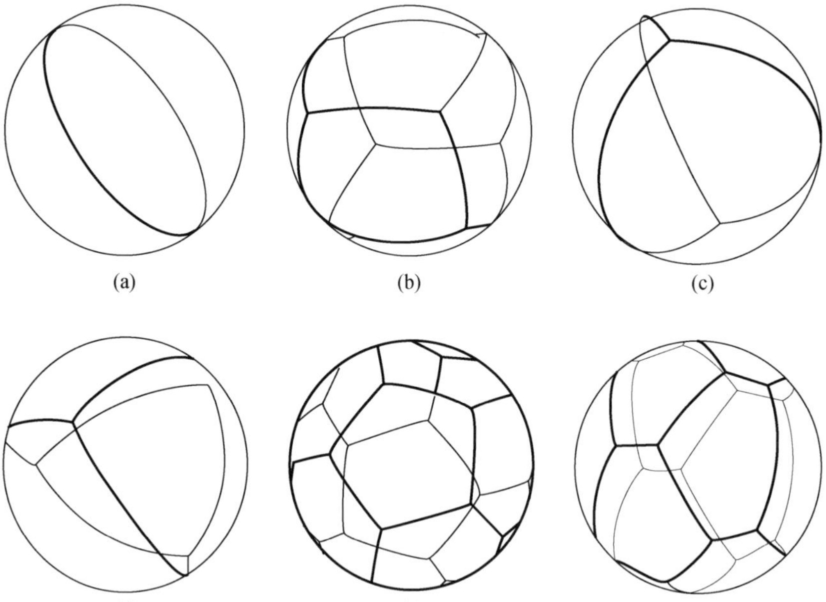

图 1-13　在所有三节点处三边夹角均为 120°、边界为大圆弧的球面上可能的多边形曲面盖分布格局

一共有 10 种分布格局，这里图示其中 6 种。10 种中只有 5 种由相同的多边形曲面盖组成，代表了板块和板块边界可能的最佳形状。(a) ~ (f) 这 6 种板块格局分别有 2 个、6 个、3 个、4 个、12 个和 10 个曲面多边形或板块

经典的对流问题可以追溯到 1900 年 Benard 的实验。他观察到的六边形模式，几十年来一直被认为是热对流的结果，然而现今认为，这种模式是由流体顶部随空间变化的表面张力引起的（即马兰戈尼对流）。泡沫的平面图也表现出这种模式。在所有这些情形中，空间必须被填满，可见，经济原则也在发挥作用。

球体上曲面多边形的最佳排列与许多不同的物理问题（碳团簇、络合物、硼氢化物、准晶、原子围绕中心原子的分布和泡沫中的气泡）有对应关系。直线（或球面上的大圆）和等径单元（正方形、五边形或六边形，而不是矩形）有助于最小化周长、表面积、能量等。产生新板块边界需要消耗能量，因而大型构造块体或大板块的增长往往以合并小构造块体或微板块为代价。在由表面张力、表面能、应力、弹性和对流控制的现象中，人们发现三分边界（即三节点）和六边形图案最为常见。

（2）气泡和最小表面

在板块构造演变中，人们可以看到板块的形状和大小在不断变化，就像啤酒上的泡沫。泡沫是有限的体积时，使面积最小化的表面集合。受限气泡有 12 个五边形面，由基本的五边形十二面体和 2 ~ 4 个额外的六边形面组成。这些结构只有五边形和六边形的面，没有相邻的六边形。络合物和分子筛也采用这些结构。碳笼合物包

括基本的五边形十二面体单元，由六边形面补充，大分子则遵循独特的五边形规则。这些结构受约束以形成最小能量的表面，这可以作为地球镶嵌结构的模型。这些结构的所有顶点都是三节点，两两边界夹角 120°，所有面都是五边形或六边形。当然，泡沫中被剪切的气泡可能有复杂的形状，如回力镖形状，但它们仍然满足最小表面的原则。在密集排列的气泡中，主要的六角形配位被以五配位为特征的线性缺陷隔断。球面上堆积的物体之间的中点，通常也组成五边形网络。

气泡筏（bubble rafts），或称二维泡沫或斑块筏，是典型的最小能量系统，与板块构造有许多相似之处，它们是软物质的例子，容易变形和再结晶（直径变大）。泡沫是由表面张力连接在一起的平衡结构，包括颗粒介质和胶体悬浮液在内的各种系统都是脆弱的；它们表现出以物质颗粒阻塞（jamming）为特征的从流体状到固体状的非平衡转变。阻塞的固体可通过加热、振动或施加的应力重新液化。尽管板块通常被视为刚性物体，但从长时间地史尺度来看，它们更像易碎或软弱物质，具有连续变化的形状和边界。

颗粒材料和胶体倾向于自组织，以便与它们上面的荷载相兼容。在压应力作用下，它们被压缩在一起，并具有刚性或弹性，而其他应力的作用会使其破坏和重组，直到再次以与新应力相适应的模式发生阻塞。系统对不兼容的荷载敏感而脆弱。孔隙度、温度和应力的变化具有等效性，可以引起物质重组和硬度的明显变化。这些材料的阻塞阻止了材料寻找相空间（phase space），因此它们的自组织能力受到限制，但在自组织发生时却非常明显。

在板块构造背景下，挤压作用（或缺乏侧向伸展）使板块保持在一起。当应力变化时，在建立新的应力平衡之前，板块可能会发生伸展和破坏，必然形成新的合理板块边界。如果地幔接近熔点，这些非完全阻塞和重组过程中会引发广泛的火山作用。这些事件伴随着应力、板块边界、板块位置和性质的变化，而不是板块运动的突然变化。火山链可能被认为是张应力背景下的产物，即使板块运动并没有明显变化，也将重新定向。阻塞理论（jamming theory）可能与板块的尺寸、形状和相互作用有关。目前的板块格局可能与形成它的应力场一致，但如果应力发生变化，则会形成不同的板块格局。

在理想世界中，假设板块的轮廓或者它们的“刚性”核心近似于圆。平面上密集排列的圆占据的面积比例是 0.9069。球形盖（circlular caps）在球体上的填充效率，取决于曲面体的数量（球形盖）。$n \leq 12$ 时，覆盖面积比例在 0.73～0.89，随后在 0.82 附近波动（图 1-12）。在一个没有间隙的球面上，除了 12 个相等的曲面五边形可以平铺一个球体表面外，其他超过 6 个的相同形状（球形盖或多边形）在球体表面的填充效率都很低。填充效率、空隙的大小及其累计面积在一定范围内几乎不取决于规则填充外壳的尺寸或形状。当紧密填充时，球体上规则填充的盖子之间的空隙通常为球形盖半径的10%。一般来说，大小相等的圆形或无重叠多边形只能覆盖球体表面的70%～85%。即使大量圆形或五边形覆盖密集排列，也会有15%的空隙。然而，在一个球体上，人们可以有效地安排12个规则外壳，这样只会留下0～10%的空隙，这比10个、13个、14个或24个外壳更有效。此外，对于12个规则外壳来说，最有效地填充（遗留最小空隙）和最经济地覆盖整个表面（最小重叠面积）的外壳尺寸之间差异相对较小，如对于规则球面五边形，差异为零。

理想的板块构造情形可能有 n 个相同的外壳（板块），边界为大圆弧，由三节点相连。这个简单的假设极大地减少了可能的球面镶嵌布局的数量，也可能限制了板块构造的基本形态。在气泡和板块构造中，四个或四个以上的边界相连是不稳定的，因而，可将其排除在外。在球面上，存在10个可能符合要求的球面镶嵌布局，其中一些如图1-13所示。如果板块边界大约是一个大圆，并以夹角120°的三节点相连，最多可以有12个板块。理想板块可有5条或6条边界，理想边界近似于大圆，以120°夹角相交于三节点。

对流平面图和模式选择是热对流与复杂性理论中一个非常基础的研究领域。即使在复杂的对流几何中，规则多面体模式也很常见。然而，板块构造系统中的模式选择与施加的地幔对流模式几乎没有关系，尽管通常假定它们有关系。

密集镶嵌的物体网络是阻塞的或坚硬的。然而，即使是开放式物体网络也可能因承载应力链而阻塞，而应力链冻结了物体的组合，导致不能将开放空间最小化。这些网络可以通过改变压力状态重新运动起来。板块是由挤压力网络连接在一起的，因此它们有效地组合在一起是非常重要的。另外，它们必须是可移动的，不能是永久性充填的系统。兼具这种刚性-流体性质的物质——易碎物质，可能比“外壳”或“板块”这两个术语，所暗示的含义更符合地球外壳。

1.4.6 板块系统的自组织与耗散

作用在行星表面的力是如何细分的？力包括热收缩、俯冲拉力、洋中脊推力（图1-14）、板片撕裂（俯冲角度的变化）、拉伸（边界走向的变化）、弯曲、挠曲、对流、充填、应力链、共振摄动、潮汐力等。在远离平衡系统的情况下，最小原理（如果存在的话）并不总是那么明显。发展理论的第一步在于识别模式和识别规则，即范式。迄今为止，发展板块构造理论的大部分内容都侧重内部驱动和下部驱动的理想流体热对流。如果板块是自身驱动和自组织，并控制地幔对流，或者板块是半刚性且可能发生阻塞，那么就需要一种不同的解释。

板块和板块边界的定义是人为主观界定的，而事物是客观连续变化的。传统板块构造理论中16种可能的三节点结构只有少数几种是稳定的，因此不太可能存在板

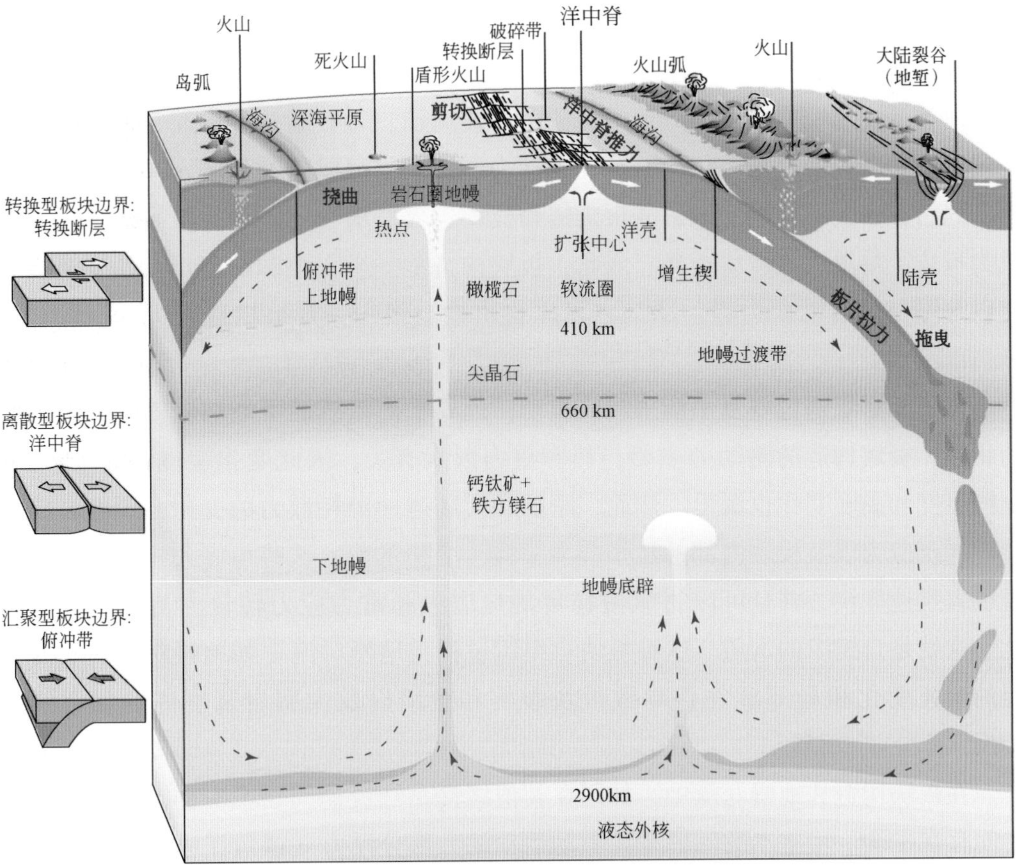

图 1-14　板块构造与地幔对流耦合过程

与板块构造及地幔对流有关的大部分能量和（负）浮力发生在表层。地幔提供能量和物质，但板块和板片将自组织与耗散。远离平衡的自组织系统虽然需要外部能量和物质源，但其结构和动力学是自我控制的（Meschede and Warr，2019）

块的稳定或者均衡结构。尽管如此，板块镶嵌结构中似乎有一个合理模式，并且与最小表面积原理相符 。从严格的静态和几何学考虑，理想（柏拉图式）世界可能由12 个部分组成，其中有 5 个最近邻（nearest neighbor，NN）和 5 个次最近邻（next nearest neighbor，NNN）配位组合。真实的动态世界暗含这种理想结构。一个具有坚硬表面的规则五角十二面体，将是一个阻塞的结构。可能需要较少或更多的板块、变形板块和双峰式分布来移动表面镶嵌结构。震动（即地震）可以引起部分板块边界的暂时移动。

（1）远离平衡的自组织系统

在复杂性理论中，具有多重相互作用和反馈的系统，可以自发地组织成一系列复杂的结构，这与热力学第二定律明显矛盾。一个远离平衡的系统可以作为一个整体，就像一群鸟飞翔一样，尽管相互作用的范围较小。板块构造被认为是一个非平衡过程，因为系统中的一个小扰动可以导致板块结构和尺寸及地幔对流形式的完全重组。这种扰动包括板块的应力变化、洋中脊-俯冲带相互作用、陆-陆碰撞和分离等。边界条件的变化在整个系统中基本上是瞬间传递的，引起新板块和新边界形成。地球表面这些变化可导致地幔对流重组或反转。岩石圈并不像通常假设的那样坚硬，而是断裂的或断块化的，抗伸展能力弱。它重组成新的板块，并通过侧向挤压又固结在一起。伸展区域形成火山链和板块边界。水平应力场的符号决定了哪里成为板块，哪里成为板块边界。因此，板块构造是一个自组织的范例。如果地幔对流以等温自由滑动面为界，那么它可以自由地自组织，并组织地表运动，但它不是，也不能。

亚平衡系统通过恢复平衡来响应波动，远离平衡系统的可能响应就是演变为新的状态。板块构造的驱动力主要与热和重力因素有关，因此变化缓慢，质量分布、地幔温度和黏度变化也缓慢。然而，摩擦和大陆碰撞等耗散力的变化，同次级板块边界的正应力以及板块内部的拉张应力一样，变化迅速。这些与应力相关的波动幅度也大且速度快，并且可以将缓慢稳定的热应力和重力应力转化为幕式的快速变化。这就是自组织的本质。这种板块自组织过程与地幔对流（如地幔对流或核幔边界的快速变化和局部事件）导致板块裂解和重组以及大型岩浆事件的观点恰恰相反。

在板块构造和地幔对流中，如同在其他缓慢黏性流动问题中一样，浮力和耗散之间存在平衡。最基本的问题是：驱动运动的大部分浮力（或负浮力）在哪里？这些运动的大部分阻力在哪里？在正常的瑞利-贝纳尔对流中，浮力产生于热边界层，由热膨胀引起。耗散——对垂直流的阻力——是地幔的黏性。底部受热而表面冷却的均质流体层中，顶、底热边界层对浮力的贡献是相同的，基本上具有对称性。在一个内部生热的球形容器中，顶部比底部散失更多的热量，加热区域不断移动，所以内部的所有热量都能传递到表面。如果黏度和强度与温度有关，那么冷却的表层比热的内部更能抵抗运动和变形。因此，板块运动和地幔对流的主要阻力可能在地表。在一个极端条件下，表面为一个刚性壳，不做运动。在另一个极端条件下，板块为低黏度流体，对内部运动几乎没有影响。

板块运动受重力驱动，而受地幔黏度、板块弯曲和板块次级单元间摩擦的阻碍。驱动力变化缓慢，但板内和板间的阻力和耗散力变化迅速，并且基本上在整个系统中瞬间传递，因而不定期的全球板块重组不可避免。即使是缓慢而稳定的变化也能逆转断裂带的正应力，并能引起火山链启动或者死亡。岩浆喷发和侵位会改变应力场，并能产生自生自灭的火山链，其中一个负荷会引发下一个负荷。所有这些现象都是由岩石圈自身控制的，而不是由下伏地幔的热对流环或地核-地幔柱侵入相对浅层地幔所控制。

当系统远离平衡，且存在一个可用的巨大外部能量驱动时，自组织系统会通过耗散而演变。这种自组织显然违反了热力学第二定律。这个过程称为耗散控制的自组织。从底部均匀加热的流体是远离平衡自组织的一个范例，静态流体自发地将自身组织成对流单元，但无法预测其时空分布或运动特征；相反，如果加热或冷却不均匀，边界条件就会控制对流的格局，流体不再自由地自组织。在大多数的地幔对流模拟中，边界条件是一致的，各种模式和样式的演变无法成功再现地球内部或表面的条件。许多已发表的模拟成果常忽略压力对材料特性的影响。少数用更真实的表面边界条件和压力依赖性参数进行的模拟，更像地球真实过程，但板块行为和真实的板块构造无法从流体力学方程自然演变而来。二维模拟，在平面或圆柱形参照系中，也无法捕捉到复杂的三维地幔对流。

远离平衡系统有一些奇怪的特征。它们对外部或内部影响异常敏感。小的变化可以引起巨大的、惊人的影响，甚至包括整个系统的重组，即蝴蝶效应。在缓慢驱动的交互作用主导的系统中，可能存在自组织。复杂系统的动力学主要受相互作用主导，而不是个体的自由度影响。逐渐变化或平静的静止期被强烈活动期打断，地质记录中的这种变化可能是由板块相互作用和板块重组引起的，而不是由地幔对流（地幔翻转、地幔崩塌）引发的。

（2）耗散

虽然现在人们已经很好地理解了板块驱动力，但是阻力或耗散力是自组织的来源。通常认为，地幔的黏性是抵抗板片或板块和对流运动的原因。但是，诸如板块中的挠曲力可能控制地幔的冷却速度。耗散源包括沿断层的摩擦、板块内部变形、陆-陆碰撞等。这些力也会产生局部热源。耗散力和局部应力条件可以快速地发生改变。

板块构造的一个重要特征是：与环向剪切（走滑和转换断层）运动（toroidal motion）有关的大量能量。这不是直接由正常对流中的浮力引起的。在对流系统中，浮力势能由流体中的黏性耗散来平衡。在板块构造中，浮力和耗散都是由板块自身产生的。板块提供了大部分的驱动浮力，这几乎完全由板块挠曲和转换断层摩擦阻力来平衡，其特点是板块运动的环向/极向（toroidal/poloidal）能量分配。这进一步证实了地幔对流的被动性。

在远离平衡的自组织系统中，如热对流，人们并不清楚什么参数应最小化或应最大化（如果存在）。曾经有研究认为，加热流体中的对流模式通过自我选择，以使热流最大化，但事实并非如此。板块系统可能通过自我重组，以使耗散最小化，但这只是许多可能性中的一个猜想。耗散最小化可以通过改变转换断层的长度及方向和正应力、减少板块运动的环向剪切分量、局部化变形加热、增加板块尺寸、改变板片后撤和洋中脊迁移速率等来最有效地实现。如果板块系统处于远离平衡状态，对初始条件或波动敏感，那么推测每个行星都有自己的行为方式，地球在过去和在不同的超大陆周期中的行为就可能有所不同。

小尺度对流的形式也涉及耗散。上升中的紊流或层流逐渐演化至三维地幔柱式的上升流时，对流会发生演变。纵向和横向旋转流在运动的板块下面形成，或许可以最大限度地减少耗散。二维对流模拟无法捕捉三维效果。这就是为什么经常使用一种独立的对流方式和热源来解释“热点”的一些原因。球体表面的板块构造受到二维剖面以外的岩石圈作用力时，可能导致线性海山链形成。

复杂性理论是一个新词，但却是一个古老的概念，它适用于板块构造。板块构造系统是一个缓慢驱动、相互作用主导的系统，其中许多自由度相互作用。板块内部的应力变化比板块运动要快得多，因为后者是由缓慢变化的浮力控制的。因此，海山链方向及活动状态的变化更可能是由于应力的变化，而不是板块运动的变化。应力裂缝假说似乎适用于大多数海山链，而地幔柱假说仅能解释板内岩浆作用的一小部分现象。全球部分地区板块构造的变化（如潘吉亚超大陆解体）可能伴随着全球重组（如太平洋和法拉隆板块形成新的板块边界与三节点）和新板块的形成。耗散最小化似乎是全球板块构造中的一个有用概念。显然，新的裂缝、洋中脊或缝合线的形成会降低转换断层或碰撞阻力，并可能改变或逆转地幔对流。

像其他复杂动力学系统一样，板块把自己组织成相互作用的结构。它们从地幔中获得能量，并在驱动力和相互作用力的影响下演变。板块没有单一的特征尺寸或特征时间尺度。这样的系统可以自组织，受外部作用影响较小。在地幔动力学和地幔热历史中，最基本的问题是：地幔主要是自上而下（板块构造），还是由内向外（简单边界条件下的正常地幔对流）或自下而上（炉子上的锅炉、地幔柱）的系统。在这些问题中，即使大量的计算介入，结果也可能完全是假设的结果。人们只有通过探索大量复杂问题的实例才能获得认识，一次实验或计算通常没有任何意义。

1.4.7 热点与地幔柱：垂向运动

火山链和板内火山作用（midplate volcanism）推动了板块构造假说的校正。Wilson（1973）提出沿夏威夷-皇帝海山链随时间演变的火山作用，可以解释为岩石圈驮载着夏威夷岛之下源自地幔的“溢流熔岩”的移动。火山岛是热异常，因此用“热点”一词来解释它们，高温是其控制因素，因而岩浆体积可用来推测地幔温度。地幔富集程度、岩浆聚集、被动非均质性、裂缝和岩石圈应力也能使熔融局部化，但“热点”一词已被很好地确立。热点也被称为“板内火山作用”、异常熔融和地幔柱。Anderson（2007）认为，这些都是有点误导性的术语，因为异常意味着背景均匀性和应力、地幔组成及温度的恒定性，但板块构造并非如此。热点与其他火山特征相同，无论是板块边界还是板块内部，均出现在岩石圈的伸展区域。许多“板内”火山在洋中脊上启动，随后洋中脊相对于“异常带”移动或被遗弃，而有些火山作用可能标志着初始或未来的板块边界。

板块范式（paradigms）和地幔柱范式提供了与热点相关的火山、构造和地球化学特征的识别及位置标定，包括可能起源于板块构造浅部或软流圈的。人们提出的许多热点，包括海山链的孤立构造和活动部分或推测的起点，并没有明显的隆起、大量的岩浆输出或层析异常。熔融异常或热点的形成可能与局部地幔高温，或软流圈局部富集或易熔有关。有些被称为“湿点”，有些被称为“湿线”。这种局部化可能与岩石圈应力或结构有关。

（1）热点谜题

Morgan（1971）识别出大约20个火山之下存在下伏深部地幔柱，其强度相当于假设的夏威夷地幔柱，大多数是岛屿或在陆地上的，且大多数位于已知的主要破碎带上。现代海底地形和全球地质图具有更多的特征，包括破碎带和海山区域，在这些地方还识别出比 Wilson 和 Morgan 提出热点及岛链概念时更多的活火山或近期活动的火山。大多数提出的地幔柱/热点位于岩石圈或应力控制的构造部位，如黄石（Yellowstone）、萨摩亚（Samoa）、阿法尔（Afar）、复活节岛（Easter Island）、路易斯维尔（Louisville）、冰岛（Iceland）、亚速尔群岛（Azores）和特里斯坦-达库尼亚（Tristan da Cunha）。从层析成像、热流或岩浆温度来看，几乎没有证据表明这些热点下的地幔特别热。

Wilson 将热点的概念描述如下，“在400～700km深度的上地幔热传导效率低，因此热量在此缓慢积聚，直到由于局部不规则性，柱状地幔流开始上升，就像地幔上部的底辟一样”。这些地幔柱到达地表，引起地表抬升，过剩的热量会引起火山作用。这些隆起处的熔岩是由几百千米深处上升的物质所产生，因此在化学特征上不同于浅层的物质。这些地幔柱被认为在地幔中稳定存在了数百万年。这一假说与 Morgan 的假说非常不同，且两者都与现代相对较“纤弱”的深部地幔柱的概念非常不同，后者很容易被地幔风（mantle wind）“吹走”，只一小部分提供地表热流和岩浆。热点假说的共同点是：它们是由源自深部热边界层（远深于上地幔下方）的地幔热上升流引起的；上升流是主动的，也就是说，它们是由自身的热浮力驱动的，而不是被动响应板块构造和俯冲。深部热边界层不稳定引起狭小的上升流。尽管没有地幔柱，火山、火山链、年龄递进的火山作用和地表隆升也都能发生，但“地幔柱”和“热点”的概念在早期的论文中就被结合在一起，因而被动上升流（如由扩张或俯冲引起的上升流）并不被认为是地幔柱，由岩浆浮力引起的岩脉等侵入体也不是，然而，所有这些现象在流体动力学意义上都是地幔柱。

Anderson（2007）认为，“热点”和“地幔柱”这两个术语尽管指的是不同的概念，但它们通常可以互换使用，因为地球科学界没有“统一”明确它们的含义。与洋中脊系统的某些部分相比，某些热点只是不同位置、体积或化学特征的岩浆活动区域，有时也没有太大区别。地球化学家使用“地幔柱”一词来指任何具有地球化学特征“异常”的地区，而这些“异常”并没有任何统计学上的一致性。地球化学地幔柱通常只是地表玄武岩地球化学特征不同于洋中脊玄武岩（MORB）的区域；在同位素地球化学文献中，因为对温度、熔融温度或起源深度没有约束，术语“富集斑块”（fertile blob）完全可以用来代替地幔柱。在流体动力学中，地幔柱是热上升流或下降流。由于“地幔柱”这个词现在也指层析成像、地球化学和其他几乎没有地表证据的“异常”，因此，人们应将热点和异常熔融的概念与地幔柱概念区分开。一些地震学家用地幔柱来指地幔中任何低于平均地震速度的区域。这种解释背后的一个假设是，任何低速结构都是热的和低密度的。早期的层析成像使用红色和其他暖色来表示地震速度低，这被后来的工作人员解释为低速区必然是热的。然而，地震波低速区也可能起因于挥发分或低熔点或化学性质的不同，与周围的地幔相比，不需要具有低密度，甚至不需要温度高。例如，拆沉陆壳中的致密榴辉岩在地幔中可以表现为低剪切波速特征。

一些被认可的“热点”，要么缺少或没有地表证据，要么其中一些是推测的火山链起点，或者根据火山链年龄规律推测年龄为0Ma的地点（假设这些火山来源于固定的热点或地幔柱）。甚至一些多个中心火山区域也被认为是独立热点。Foulger等（2005）以及网站 http：//www. mantleplumes. org 讨论了单独的热点、火山链、机制和解释。很少有热点具有相关的上地幔或下地幔层析异常，其中大部分没有实质性的隆起或火山链。大多数热点，包括许多具有地表隆起和稀有气体异常的热点，都缺乏深源证据。夏威夷、冰岛、黄石、加拉帕戈斯（Galápagos）、阿法尔和留尼汪（Réunion）等最让人信服、地球化学特征最为明显的热点地区，下部也没有下地幔P波地震异常。

（2）热点形成机制

线性火山链是板块构造和活动板块边界的重要特征。在板块边界的形成与衰亡阶段以及板块的形成和破坏时期都可能出现。热点或板内火山活动的共同特征表明它们存在潜在的共同成因。与洋中脊相比，高温或共同的化学组成似乎不是必需的。岩石圈结构和应力以及地幔多变的富集性等相关机制，可能符合大多数热点的观测结果。通常认为，洋中脊和板内火山活动的大多数熔融异常，并不是由深部地幔柱造成的，因而，热点和地幔柱不相同。然而，地幔柱是热点或地球化学异常的默认解释，特别是在地球化学领域，即使是较小的火山特征，也经常论及“Shona地幔柱”“Hollister地幔柱”等。实际上，这只意味着样品中的某些同位素特征与传统上认为的洋中脊玄武岩特征不一致。

岩石圈是破裂的，且厚度存在变化。板块底部到深度约200km的地幔温度十分接近其熔点，故低熔点物质通过俯冲和大陆下地壳拆沉可以循环到浅层地幔中。板块边界不断形成、改造和再活化，因此火山作用也广泛分布，这主要由近地表条件控制，但既不是均匀的，也不是随机的。在没有到达地表的岩床、侵入和底侵地区，局部应力的微小变化可导致岩墙侵入、火山喷发等，除压力外，这个过程中什么都不需要改变。含水量的变化也可能改变喷发形式。

板块构造可解释大多数火山特征。沿板块边界异常熔融或与活动板块边界不明显相关的岩浆形成机制，包括破裂带拓展、自生火山链、板块边界再活化、初始板块边界、拉伸应力、重力锚（gravitational anchors）、再加热板片、拆沉、地幔不均匀物质减压熔融、岩墙生长、转换断层泄漏和与抬升无关的裂陷作用。可见，岩石圈和软流圈控制着许多（若不是全部）板内火山和火山链的位置（Foulger et al., 2005）。

（3）热地幔柱与冷地幔柱构造

地球表面的异常熔融，如火山链或洋中脊，可能是由浅层地幔的高温区或富集区—热点或富集点—或热上升流-地幔柱造成的，但它们可能是板块的厚度变化或应力变化的结果。聚集效应、边缘效应、水化以及表面特征与部分熔融软流圈之间的相互作用，可导致地表异常熔融。绝热减压熔融可能是由于被动上升流，如俯冲板片下沉引起物质上涌、岩石圈厚度变化，或是由于低熔点玄武岩再次俯冲至深部。对异常熔融，通常的解释是：它们是由来自深部热边界层的主动热上升流造成的。在实验室中，与之类似的上升流通常是通过注入热流体，而不是通过流体的自由环流产生的。

在流体动力学中，由热浮力维持的流体上涌和下沉皆称为地幔柱。热地幔柱（thermal plume）形成于热边界层，并从下部受热的边界上升。当它们上升时，沿着边界发生水平迁移，诱发小规模和大规模的流动，包括整个流体层的旋转，即一种“对流风”（convective wind）。地球科学中的“地幔柱”一词并没有一致的用法或准确的定义。地球物理学家所指的地幔柱常无法被地球化学家、地质学家或流体动力学家所理解。

地幔不是完全从下部加热或从上部冷却的理想均质流体，而理想均质流体通常是流体动力学和地幔动力学教科书中所设想的。地幔流体的正常对流尺度非常大，在尺度上与板块的横向宽度和地幔的厚度相当。在地球物理学中，地幔柱是一种特殊形式的小规模对流，起源于从下部受热的较薄热边界层。从这个意义上讲，上升地幔流，甚至由它们自身浮力驱动的上升流，并非所有的都是地幔柱。地球上狭窄的下降流也是流体动力学意义的地幔柱，但它们在地质学中称为板片。地幔柱的尺寸由热边界层的厚度控制。在核–幔边界（core-mantle boundary，CMB）可能有一个热边界层，在地球表层也有一个热边界层，然而没有理由相信仅有这两个热边界层。对地球而言，在上部热边界层倾向于聚集地幔分异的低密度产物（大陆地壳、方辉橄榄岩），而在下部热边界层则聚集密度相对较大的物质。因此，它们不是严格意义上的热边界层，而是热化学边界层。

深部热边界层的存在，并不要求它们形成上升至地球表层的狭窄地幔流。正如地球物理学和地球化学文献中所描述，热边界层是形成地幔柱的必要条件，但不是充分条件。同样，在地表形成异常熔融，或形成浮力上升流，也不需要深部热边界层。

地幔内部和底部热边界层的尺寸与时间常数，不必与顶部热边界层的相同。板块的冷却、板块下沉和长期冷却可以维持板块构造与地幔对流，而不需要底部的热边界层，尤其是与顶部热边界层具有相同时间常数的热边界层。在没有底部热边界层的情况下，上升流引起的浮力也能产生减压熔融。由于内部生热和压力的影响，顶、底热边界层既不对称，也不相同。在对流方面，炉子上的一壶水下部受热、上部冷却表现出来的对称性对流，在地幔中并不具有。

地幔中的上升流可由洋底扩张、水化、熔融、相变和下沉物质引起的位移触发，属被动上升流。在具有不同熔点和热膨胀系数的非均质性地幔中，可以形成没有热边界层的上升流。地幔中的对流不需要涉及主动的上升流。主动或驱动要素可能是高密度的下降流和伴随的被动上涌。上地幔对流是被动的，而板块和俯冲板片才是主动要素。

地表冷的热边界层会产生致密的板片下沉，而岩石圈伸展会引起岩墙的侵入。这些都是严格的流体动力学意义上的地幔柱，但在地球物理学中，地幔柱仅限于植根于底部热边界层的狭窄高温上升流，其规模比正常的地幔对流和板块的横向尺寸小得多。有时地球物理地幔柱被认为是地核散失热量的方式。其推论必然是：板块构造是地幔释放热量的方式。而实际上，地幔、地表和热边界层是耦合的。

如果上地幔大部分位于或接近熔点（这似乎是不可避免的），那么火山链、广泛的岩脉和大火成岩省的形成就有一个简单的解释。岩脉的成因是岩石圈的最小主应力轴是水平的，熔融浮力可以克服板块的强度。岩浆相比其他情况，以较低的偏应力破坏岩石圈。岩脉沿垂向和走向拓展，通常由隆起区域的静水压力驱动。岩脉和破裂一样，可以侧向扩展。典型的破裂拓展速率为 2 ~ 10cm/a，与板块运动速度相当。这些速度是通过研究洋中脊生长和洋中脊伸入大陆的地段而得知。这些拓展裂缝与火山岩相关，所以它们可能是岩浆渐进填充裂缝或形成岩脉的例子。

（4）地球物理地幔柱

在地球科学文献中，有许多种地幔柱：底辟（diapiric）、空洞（cavity）、启动

(starting)、孵化（incubating）、地幔柱头（plume heads）、地幔柱尾（plume tails）、带状地幔柱（zoned plumes）、小地幔柱（plumelets）、巨柱或超级地幔柱（superplume）等。当整个底部热边界层变得不稳定时，形成底辟地幔柱。比例关系表明，底辟地幔柱尺度巨大、发展缓慢且长期存在。当靠近地核的一个较薄的低黏度层形成地幔柱头时，就形成了一个空洞地幔柱，物理上类似于一个热气球。黏度的温度依赖性，对于形成具有大柱头和细柱尾的空洞地幔柱至关重要。然而，温度依赖性和内部加热，降低了底部热边界层的温度差和黏度比，而这个温度差和黏度比对于地幔柱来说是必不可少的。压力使底辟地幔柱和空洞地幔柱头的尺寸变宽。这种“压力变宽”，使得基于未经校正的实验室模拟得到的关于地幔柱的直观概念存在偏差。

下地幔热不稳定性临界厚度约为地表热不稳定性的 10 倍，或 1000km 左右。根据上地幔值计算的深部热不稳定性时间尺度为 $\sim 3\times10^9$ a。辐射传热和其他效应可能会提高热扩散率，进一步增加时间尺度。但顶部热边界层迅速冷却，并迅速变得不稳定。同样，根据地幔密度和压力的增加比例，地幔底部热边界层预计具有尺度大且长期存在的特征。

地球物理地幔柱理论是基于将热流注入静止低黏度流体中的实验建立的。这些注入流与底部加热的流体形成的不稳定性不同。计算机模拟通常通过在流体底部置入一个热球体来模仿实验室实验，并观察它在上升到表面的过程中随时间的演化。这些不是循环或稳态对流实验，因为它们忽略了压力对物理性质的影响。由于地幔对流和岩石圈应力对地表条件异常敏感，在引用不稳定的深部热层和狭窄上升地幔流之前，有必要对幕式活动、板块重组、火山链、大规模岩浆活动时期、大陆解体等做出不同的板块构造解释。

(5) 布西内斯克近似

在流体动力学中，布西内斯克近似有着广泛的应用。简单地说，假设所有物理性质与深度和压力无关，除密度外的其他性质，都与温度无关。对于深部地幔来说，这不是一个很好的近似。有些研究试图通过给某些物理性质设定深度或温度依赖性，来解决这种近似的局限性。但如果该校正不是以热力学的自洽方式完成的，则可能会使情况变得更糟。高普朗特数基本上意味着高黏度和低导热性，这是地幔的特性，但不是实验室流体的特征。

(6) 冷地幔柱

地幔柱是由与温度有关的瑞利-泰勒不稳定性引起。一个化学层可以比下伏层密度更高，或比上覆层密度更低。例如，盐丘就属于后者。许多由核-幔边界热边界层的热不稳定性引起的现象，也可以用顶部热边界层的岩性不稳定来解释。地球物理文献中使用的地幔柱，是由地核从下部加热引起地幔底部热边界层的热不稳定性。冷地幔柱是由上部冷却的顶部热边界层的相变触发的化学不稳定性所致，通常是由大陆下地壳的拆沉所造成的。

如果大陆地壳太厚，致密的榴辉岩（或石榴石辉石岩）底部会分离，导致地表抬升、软流圈上升和减压熔融。下地壳的拆沉解释了许多地质观测，如隆起、欠补偿的高海拔、高热流和岩浆作用。这些是热软流圈地幔被动上升流对下地壳作用的结果。拆沉可能对形成地幔中的成分不均一性很重要。拆沉也可能在被认为是“热点”区域的岩浆形成方面具有重要意义。当榴辉岩层足够厚时，就会因其高密度而拆沉，这导致了隆升、伸展和岩浆作用。一个10km厚的榴辉岩层的分层，可能导致2km的隆升和10～20Myr的大规模岩浆熔融。当下地壳转变为榴辉岩时，其密度超过地幔密度的3%～10%。地壳拆沉是一种非常有效的、非热的岩石圈减薄方式，产生大规模的熔融和地表抬升。与热模型相比，火山活动期间和之后地表都会发生隆升，地壳减薄速度较快。拆沉也可能与洋底高原的形成有关，如翁通爪哇（Ontong Java）洋底高原。

有两种机制可以产生大规模熔融；一种是从深部将热物质绝热地向上移动，直到熔融；另一种是从上方将低熔点富集物质（如拆沉的火山弧地壳）沉入到地幔中，并经受地幔加热。这两种机制都可能与大火成岩省的形成有关。下地壳物质加热和循环的时间尺度，比俯冲洋壳要短得多，因为前者开始的温度更高，下沉的深度也不深。

过厚陆壳中致密的镁铁质壳根的拆沉，可能不是由瑞利-泰勒不稳定性引起的，而是被剪切、断裂、剥落或夹带，但与同地幔富集或局部熔点降低有关的结果是相同的。

1.4.8 转换断层

Wilson（1965）在追踪地球地表特征时，解答了当时很盛行的大陆是否存在水平运动的困惑，而且不用考虑地表之下将会发生什么。Hess和Dietz的海底扩张论文让Wilson改变了他的想法。因为直到那时，他还一直是个“固定论”者，相信大陆不会水平移动，只有垂直上、下的升降运动，但那篇论文使他确信，大陆一定是水平移动的。因此，他开始着手找到更多的证据。这使他有了不止一个新想法，且这些新想法都有助于理解地幔对流。第一个想法涉及地表之下的思考，第二个没有。

正如前文所说，Wilson首次考虑用海岛作为海底探针，认为海岛应该是从扩张中心开始发生了远距离水平迁移，并逐渐变老。这个想法很好，但因为一些海岛包含陆壳碎片，一些测年也并不代表海岛形成的主要阶段，当时资料数据比较凌乱且有一定误导性，甚至一个海岛形成时期的精确年龄只给出了海底之上部分的年龄下限。但是，如果海岛形成在扩张中心上，海底年龄与海岛年龄一致；如果海岛远离扩张中心形成，海底年龄就比海岛年龄老。

尽管当时可用的数据有限，Wilson 这阶段的工作使他产生了第一个新的想法，即解释岛链年龄递增的机制。达尔文依据一个海岛的近岸礁，穿过海岛的堡礁，到海岛最外围的环礁，进而首先发现太平洋海岛年龄呈现的明显递增现象。但是，丹纳（Dana）是第一个观察到海岛年龄递增规律的人。Wilson 意识到夏威夷岛链是一个经典的例子，尽管当时只能定性地知道海岛的年龄。遵循海底侧向移动的想法，他意识到丹纳对夏威夷群岛年龄序列的推断一定可能发生，如果地幔深处有一个相对固定的岩浆源，就会随着海底移动陆续形成海岛。他推测这些“热点”源可能位于缓慢移动的对流“单元”中心附近。尽管这个特别的机制很快被地幔柱的想法取代，并且这个相对固定的深地幔源的火山作用的想法是假想的，但很快精确的海岛测年对这个想法提供了强有力的支持。

Wilson 识别出与北美卡伯特（Cabot）破碎带相当的苏格兰大峡谷断裂，刺激了他对大陆漂移的兴趣。1963 年，他发表了关于岛链的文章，同年他也发表了另一篇引起广泛讨论的关于大陆漂移的文章。这篇文章清楚地叙述了他全面掌握的大量地质观测资料及地壳均衡、冰期后海面上升和跨海沟的重力观测数据，探讨了地幔变形和近于合理的地幔对流。

Wilson 也对在海底发现的大型破碎带感到困惑，因为它们看上去是发生过巨大位移的平移断层，但戛然终止于大陆边缘，在邻近大陆上没有这种现象。他敏锐地认识到，如果部分地壳作为刚性地块，局部没有保持相对彼此移动的话，观察到的这些大断层就与洋中脊或是“山脉”（即岛弧或俯冲带）相连到一起。这使他定义了“转换断层”。图 1-15 举例说明了一种转换断层，震源机制解揭示了其为右行走滑特征。Wilson 认为，如果洋中脊冠部是左阶排列，且洋中脊两侧的板块分离，那么洋中脊连接处的运动应当是右旋（图 1-15）；在断层遇到洋中脊段的地点，右旋运动则转换为沿洋中脊的水平扩张；转换断层也可以与俯冲带联系起来，转换断层可以是一种平移断层，所以走滑移动终止时可转为水平伸展或压缩。

Wilson 1965 年的论文《一类新的断层及其对大陆漂移的影响》，也许仍然没有得到它应有的赞赏。但在这篇论文里，Wilson 不仅定义了转换断层，也第一次描述了全球性的活动带，这些活动带把地球表面分割成巨大的移动块体格局，被他称为板块。换句话说，他首次设想了板块构造。

许多地质学家认为，地壳的活动集中在活动带，可能表现为山脉（造山带）、洋中脊或伴有较大水平位移的大断层。让人困惑的是，这些特征的活动带和地震活

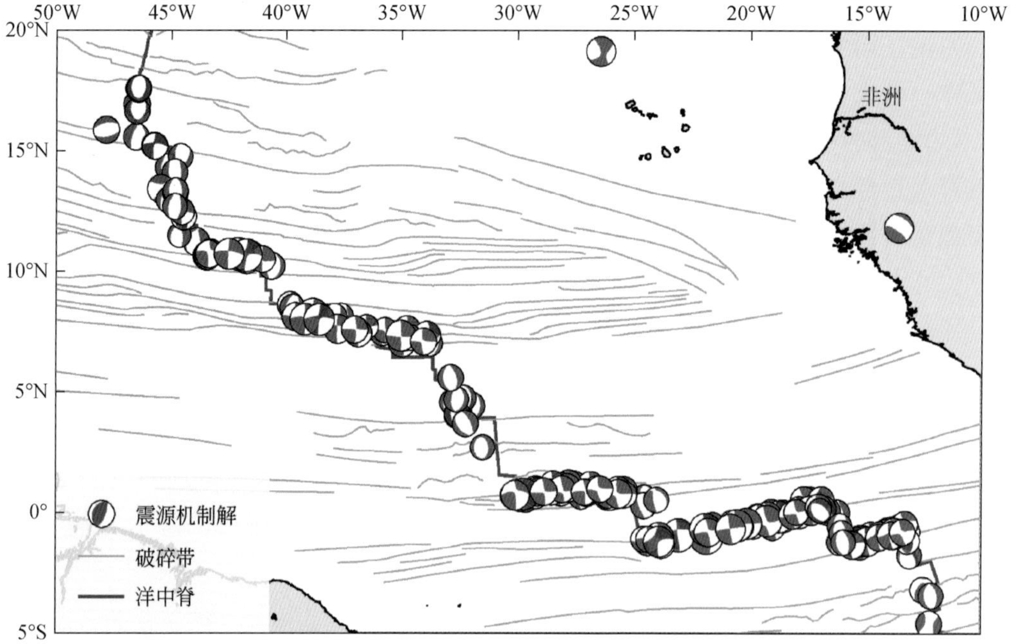

图 1-15　大西洋洋中脊的地震分布

动经常突然中断，而且这类活动通常终止于大洋盆地而难以调查。不过，这些特征都不是孤立的，且与地球的连续而网状的活动带有联系，这些活动带把地球表面分割成许多大型刚性板块［图 1-16（a）］。

Wilson 设想刚性块体被三类边界控制（图 1-14），这与三种标准类型的断层一致：走滑断层（转换断层）、正断层（洋中脊）和逆断层（俯冲带）。从概念来说，他把活动带原来的概念缩小为突变的边缘，明确采用原来长期固定含义的术语，即活动带之外没有变形，从概念上限制它没有变形。他明确指出板块是刚性的。这一点在论文中也明确指出："这些设想应该更多归功于山姆・凯里的想法，但不同的是：我认为，活动带之间的板块，除它们的边缘外，不容易发生变形"。

作为一名构造地质学家通过观察和思考，Wilson 能够通过简单的方法发现板块，区分地幔对流与其他形式对流的特殊和关键的特征，认为对流体有时候表现为黏性流体，有时候表现为脆性固体。这是前人尝试归纳叙述关于大陆漂移、海底扩张和地幔对流理论的一个主要困惑。从前人研究可以看出，通过亚瑟・霍姆斯关于新大洋横穿海底存在广泛变形的早期观点，反映出黏性流体的特征，与 Hess 和 Dietz 的狭窄扩张中心伴随棱角状、分段的洋中脊观点对比，就可以发现上述困惑。通过地球表面可识别的运动遗迹，Wilson 辨别出了脆性固体，成功定义了板块构造。

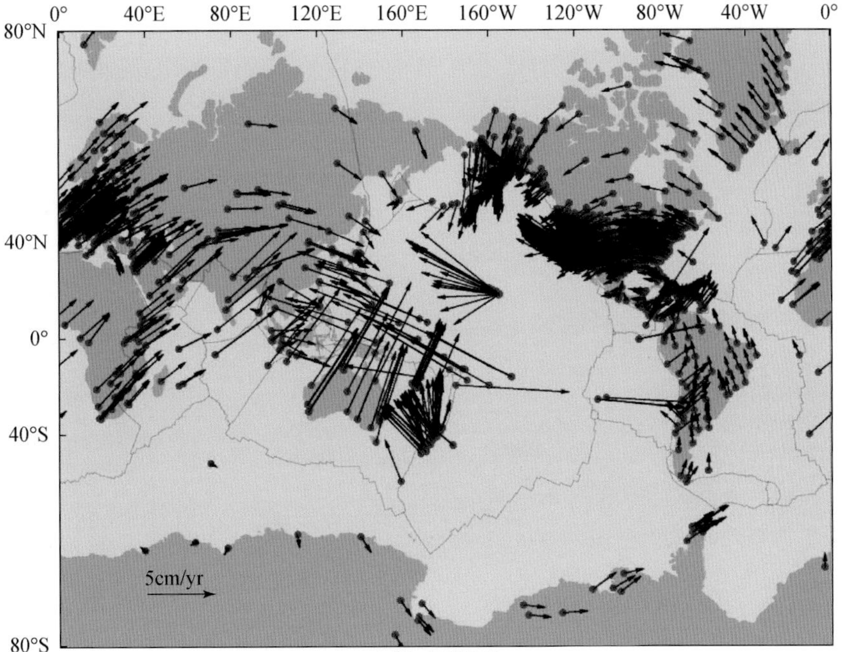

(a) 水平运动

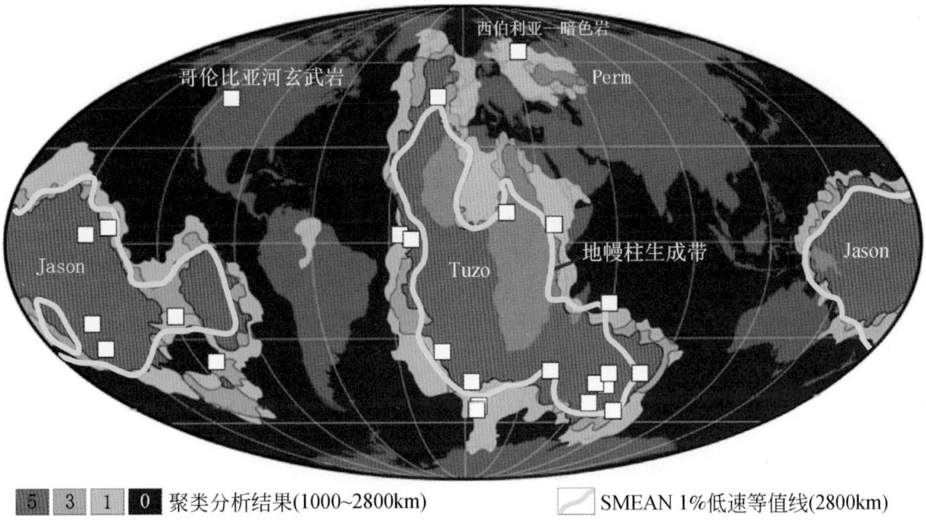

(b)垂直运动

图 1-16 全球现今板块格局、水平运动、垂直运动和活动性

图（a）中蓝色线为板块边界，黑色箭头为 GPS 测量的板块运动速度，可见现今地表具有两个板块汇聚中心，一个为东南亚，另一个为加勒比海；这两个中心正好介于图（b）Tuzo 和 Jason 两个地幔柱生成带（PGZs）之间，展示了地表动力系统与深部地幔动力系统的关联，但到底如何耦合还不清楚

当 Wilson 发表他的理论时，已有重要的证据支持了他。众所周知，沿着破碎带的地震只发生在连接洋中脊之间的部分（图 1-17）。这与 Wilson 描述的两个板

块一致。洋中脊脊段之间的转换断层是活动的，而洋中脊段之外，破碎带两侧是同时同向运动的（图 1-17），因此没有相对运动，也就没有地震。支持 Wilson 观点的其他证据很快被发现，特别是 1.5 节前三种直接的证据，值得向地球科学界不同学科人员进一步诠释。

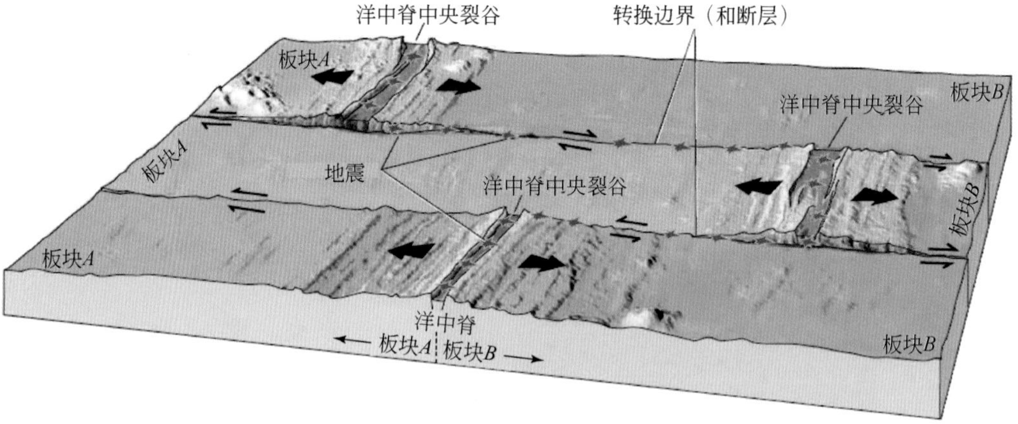

图 1-17　连接两个扩张中心的转换断层

1.5　板块水平运动的证据

1.5.1　地磁反转与对称的海底扩张

20 世纪 60 年代，古地磁学研究主要集中在证明地史时期地磁场是否发生过改变，尤其是有没有极性反转？这起因于 1929 年，松山研究了一座日本火山喷发的一系列熔岩流。他发现靠近山顶处较新的熔岩流磁性与当时的地磁场磁力线一致，但山脚下较老的熔岩流磁性却与之相反。20 世纪 50 年代，这个问题围绕是与地磁场反转有关，还是与一些岩石的特殊响应有关，争论激烈。虽然看上去可能与地磁场反转有关，但这很难做出令人信服的解释。1963 年，美国地质调查局（United States Geological Survey，USGS）和澳大利亚国立大学（Australian National University，ANU）开始用磁化强度测量和 K-Ar 测年法组合尝试解决这个问题，并建立了一个地磁场反转年代表。他们建立了全球各地磁性岩石的正逆磁性年表，这支持了地磁场确实发生过反转的观点。到 1969 年左右，通过不够精确的 K-Ar 测年法定年，确定了地磁场反转的时间大约为 4.5Ma。

与此同时，斯克利普斯海洋研究所（Scripps Institution of Oceanography，SIO）

的罗恩梅森正试图对海洋沉积序列的磁性反转进行鉴别。他在美国西海岸离岸的磁力调查中发现了一个惊人和困惑的磁场强度变化模式：在海底呈现带状强弱交替的磁场强度。这种模式平行于海底地形构造，后来发现被 1000km 的门多西诺破碎带 (Mendocino fracture zone) 错移。推测这种模式可能解释为不同强度的条带状海底磁异常（图 1-18)，但是当时对其成因尚不清楚。不幸的是，这个地区海底扩张中心已经不存在，所以这些发现没有与洋中脊构建起明显的联系。

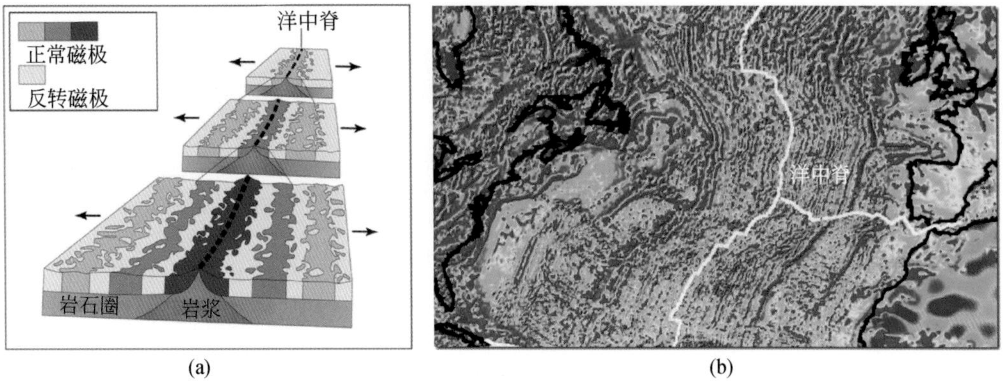

图 1-18　海底磁异常条带形成机制

(a) 为海底扩张立体图示，海底扩张形成反转的磁条带，磁条带是正负交替磁化的，如果扩张形式也是对称的，意味着等量的新洋壳添加到两侧板块上，其磁条带是平行洋中脊对称的。(b) 为大西洋真实对称的磁条带分布

资料来源：(a) 为 http://www.cliffshade.com/colorado/images/mag_stripes.gif；(b) 为 http://freegeographytools.com/wp-content/uploads/2007/11/magnetic.png

在随后的调查中，任何洋中脊的脊顶处都发现了正磁异常（仅仅是磁场强度比平均值大，一些人假定为正磁异常)。在洋中脊冠部两侧更靠外的位置，有负磁异常（低于平均值)。1963 年，剑桥大学研究生弗雷德·瓦因分析了穿越印度洋卡尔斯伯格海岭的调查结果。他注意到，洋中脊冠部附近的海山磁化方向相反。这对海山来说更容易解释，因为它们更像是点源，形成更加与众不同的三维空间模式异常，而长条形海底形成二维模式，更加模糊。当他的导师，即收集这些数据的德拉蒙德·马修斯去世后，瓦因对磁条带做出了一个解释。

加拿大的劳伦斯·莫雷参与了覆盖加拿大的航磁测量，其擅长地磁学各方面的研究。与莫雷同时代的 Dietz 在他的海底扩张论文中，对远离美国西海岸的磁条带在大陆坡下是怎样分布的做了评述，认为它们是被大陆俯冲搬运的并在随后的热运动中被破坏。众所周知，如果岩石被加热到居里点温度，磁场不会保存下来。相反，一旦变冷，它们就会获得磁性。据此，莫雷意识到，在洋中脊岩浆形成和冷却时，可能形成了被磁化的洋壳。

把海底扩张假说和地磁场反转结合起来，就形成了著名的瓦因-马修斯-莫雷假说。洋壳在扩张中心形成时被磁化，累积成记录当时地磁场方向的条带状海底[图 1-18（a）]。如果地磁场反转，海底扩张继续，在老的磁条带海底中间会形成一条新的磁条带[图 1-18（a）]，在洋中脊冠部两侧，老的磁条带分别向两边运动，因此，地磁场反转会形成一种正负条带相间的模式，且这种模式相对洋中脊冠部两侧对称分布[图 1-18（b）]。

瓦因后来认为这个假说需要三个假设条件，在当时，每个假设都遭到激烈争议：海底扩张、地磁场反转和洋壳是玄武岩且没有固结沉积物（地震上称为“第二层”）。这种激烈争论背景下，有人幸运，有人失望，如莫雷在 1963 年初提交了一篇论文，接连被两个期刊拒稿；而瓦因和马修斯在 1963 年 7 月提交了一篇论文，幸运而顺利地于 9 月出版。

后来的探测揭示海底存在大量的磁条带，且相对于洋中脊冠部有惊人的对称度（图 1-18），这与根据陆地建立的地磁场反转年代表有对应关系。这些磁异常条带给海底扩张假说提供了强有力和令人惊讶的证据，也为基于反转序列对广阔的海底定年指明了方向，这为不同海洋海底之间的快速对比提供了方法。

岩石年龄的分布一直是地质学家的关注点，但不论是放射性元素衰变测年，还是与化石相关的方法，都是一项艰苦的工作。20 世纪一直在发展确定岩石可靠年龄的多种方法，希望能精确到几个百万年或是更窄的范围内。正如梅纳德谈论的：令人惊讶的是，地磁场反转为长期寻找全球地层标志物提供了新思路，这是地质学的革命。在海洋中，不用去采集一块岩石样本，磁异常就给出了海底年龄。

1.5.2 震源机制与活动的海底扩张边界

地震学甚至在 Wilson 的转换断层提出之前就已经提供了海底扩张的关键证据。莫里斯·欧文领导的哥伦比亚大学拉蒙特·多尔蒂地球观测站，倡导了大西洋海底的探测工作，随后又探测了其他大洋。Dietz 那篇关于海底扩张的论文发表之后，欧文将大部分精力转移到验证这个假说上。欧文工作的一部分就是研究海域地震，并且已经知道地震大多发生在洋中脊。到 1963 年，全球范围内地震仪广泛布设，包括新部署的全球标准化地震台网。这使得偏远地区地震的定位精度比之前提高 10 倍。

在拉蒙特·多尔蒂地球观测站工作的林恩·赛克斯发现，地震主要沿着洋中脊之间狭窄范围内和连接破碎带的段落分布，这些地方是已知的或是可以推测的。他对在破碎带上地震发生的主要分段进行了明确标注，与洋中脊冠部相联系，在洋中脊冠部之外的段落几乎没有地震（图 1-15）。当考虑到破碎带沿走向通过运动错断了洋中脊冠部，这让人感到困惑不解，但是，通过转换断层概念进行了明确预测，这被 Wilson 作为证据来支持他的观点（图 1-17）。

当赛克斯看到自己的同事关于对称磁异常的证据后，他开始支持海底扩张学说了，但他也意识到可通过地震学做出另外决定性的实验。地震释放出的弹性波是个很有特色的四瓣模式。在两个相对的方向，首先到达的波是压缩波。介于中间的两个方向，初至波是膨胀的。这些波在地球内部向各个方向传播。随着地震仪在全球部署，对这些波进行充分的密集取样，重建波的分散方向“辐射方向图”和它的两个波“节面方向图”是可能的。这些面之一相当于断层面，其他的是正交的，不过仅从地震波不能知道哪个是哪个。直接推断出震源的应力方向也是可能的。这个分析的结果被称为“断层平面解”或“震源机制解”（图 1-15）。

赛克斯知道，以前关于洋中脊断层平面解释不清晰，他能通过新的全球地震台网获得更可靠的结果，结果发现在洋中脊段上发生的地震都指示正断层性质，与洋中脊段正向外扩张是一致的；连接破碎带的活动段发生的地震，其沙滩球上有一个节面大体与破碎带平行，与走滑断层性质一致（图 1-15）。更重要的是，走滑运动的方向与根据转换断层假说预测的是一致的，与简单的横向走滑断层解释相反。这是支持海底扩张的另一重要观测。

1.5.3 深海钻探与渐变的沉积物厚度

欧文在同一时期利用地震波折射方法，确定了大西洋沉积物厚度。如果确实发生海底扩张，沉积物厚度应该随与洋中脊的距离增大而增加。欧文的结果是具有迷惑性的，部分原因是大西洋粗糙的海底地形，欧文的结果勉强支持海底扩张假说。

后来，一种不同方法——深海钻探计划（Deep-Sea Drilling Project，DSDP），使恢复长尺度的沉积物岩心成为可能。早期，在南大西洋的航次目标中明确要检验海底扩张假说。结果是惊人的，在玄武岩基底上发现了最古老（由微体古生物化石确定）的沉积物厚度，随距洋中脊脊顶距离的增加成比例增加，与基于海底扩张学说预测的速率差不多（图 1-19）。这个结果也给地磁场反转年代表提供了校正依据，而那之前只能对 1Ma 以来的很好地校正。

梅纳德等评论到，大多数科学家基于自己专业的观测，提出了新的观点。古地磁极性迁移只改变了少数地球物理学家对大陆漂移学说的认识。后来，引人注目的海底磁异常条带、地震分布和震源机制解的证据，改变了大多数地球物理学家对大陆漂移学说的看法。但是对于更多的传统地质学家来说，那些地球物理观测仍然是陌生的，他们不知道如何对待。但是，在地质学中，化石年龄是个长期古老的概念，这是大多数地质学家所认同的。因此，对很大一部分致力于大陆地质学的地质

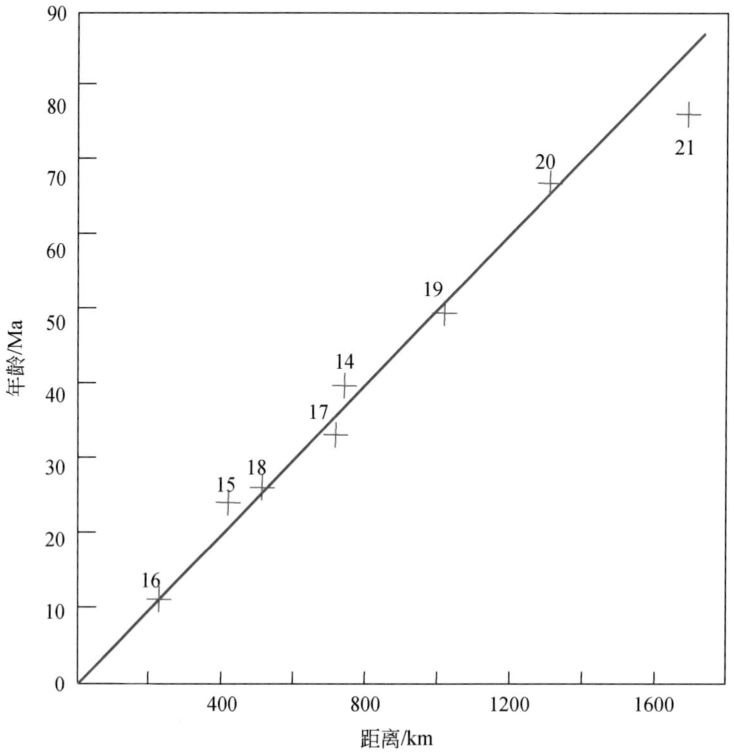

图 1-19　南大西洋玄武岩基底上最古老（由微体古生物化石确定）的沉积物随距洋中脊脊顶距离的增加成比例增加

学家来说，深海沉积物年龄是很重要的，然而直到 1970 年，这个结果还没有公开。不过，上述这些观测已经打下了坚实的基础，进而充实了板块构造理论。

1.5.4　现今 GPS 测量

除上述三个直接证据外，由于 20 世纪 80 年代 GPS 技术的快速发展，人们可以直接测量分布大陆形变区域内各点或大洋岛屿间的相对运动速度。现今 GPS 测量也进一步证明了地球表面板块发生了广泛的水平运动。然而，这些测量只是朝着量化板块运动学的目标迈出的第一步。人们有必要对空间大地测量所测得的相对运动与分布式变形带有关的应变率和旋转速率（或速度梯度张量）之间的关系进行综合理解。同样重要的是，需要量化应变场与远场板块运动之间的关系，与所有活动构造相关的综合应变率必然产生自远场相对的板块运动，如 DeMets 等（1994）发表的 NUVEL-1A 模型，根据海底扩张数据、转换断层走向和地震滑动矢量数据，推断活动年龄均值为 2 ~ 3Ma。在任何基于区域的地震危险性评估研究中，完整地描述容纳板块运动的应变率和应变类型是首要目标（Shen-Tu et al.，1999）。

速度梯度张量场的量化也是理解影响现今变形动力学的一个重要步骤（England and Molnar，1997）。也就是说，应变率的形式和大小取决于变形介质的应力场与流变学强度。影响岩石圈应力场的主要来源有三个：密度结构的横向变化（Fleitout and Froidevaux，1982）、岩石圈底面牵引力（basal tractions）（McKenzie，1969）和边界应力（Richardson，1992）。岩石圈密度的横向变化会引入对变形的大小和方式有重要影响的体积力（Fleitout and Froidevaux，1982）。例如，Jones 等（1996）认为，美国西部大盆区的大部分变形可归因于与岩石圈密度结构横向变化有关的体力。然而，美国西部大盆区的 GPS 观测显示，西部大盆区的速度梯度很大，与密度结构横向变化相关的应力应该很小（Thatcher et al.，1999）。在此基础上，Thatcher 等（1999）认为，与板块边界相互作用有关的应力（太平洋板块-北美板块运动）在美国西部大盆区西部的变形中所起的作用比岩石圈内的横向密度变化更为重要。

大多数研究人员一致认为，岩石圈底面牵引力、侧向密度变化或边界应力本身不足以解释所有变形现象（Wdowinski and O'Connell，1991；Flesch et al.，2001）。相反，这些驱动机制共同作用，影响活动变形的样式和大小。

GPS 数据丰富，可用于约束大陆形变区域内或可变形板块内的变形梯度，因此可以对一类新的动态问题进行约束。现在可以解决诸如中亚、爱琴海和美国西部等地区的岩石圈底面牵引力、侧向密度变化和边界应力的相对作用（Flesch et al.，2001）。然而，利用 GPS 技术推导出的相对速度矢量并不足以解决这些动态问题。研究人员需要量化全速度梯度张量场，因为动态解的集合要求量化应力张量场、有效流变学及其与速度梯度张量场的关系（McKenzie and Jackson，1983；England and Molnar，1997；Flesch et al.，2001）。为此，Holt 等（2000）提出了一种利用空间大地测量学、第四纪断层滑动率和地震矩张量观测来估算水平速度梯度张量场的实用方法。

（1）连续速度场参数化

当平均时间为 $10^4 \sim 10^5$a 时，地壳形变带在每条断层上都有相对速度的离散跃迁。然而，当相对运动的水平距离是脆性弹性层厚度的几倍时，这个速度场可以近似为连续的（Jackson et al.，1992；Holt and Haines，1993）。大陆岩石圈内的分布式变形区有数百至数千千米宽，所以可以将地球表面的形变场参数化为一个连续的水平速度场

$$u(\hat{x}) = r\boldsymbol{W}(\hat{x}) \times \hat{x} \tag{1-31}$$

式中，$\boldsymbol{W}(\hat{x})$ 为矢量旋转函数；r 为地球半径，就纬度 θ 和经度 ϕ 而言，

$$\hat{x} = (\cos\theta\cos\phi,\ \cos\theta\sin\phi,\ \sin\theta) \tag{1-32}$$

是地球表面上每个点的方向余弦向量（Haines and Holt，1993；Haines et al.，1998）。

在曲线网格上，用双三次贝塞尔插值（de Boor，1978）扩展了旋转矢量函数 $W(\hat{x})$，与 Haines 和 Holt（1993）所使用的多项式不同，这些函数可以容纳应变场中潜在的快速空间变化（Haines et al.，1998）。球体上的水平应变率可以用向量函数的空间导数来表示

$$\dot{\varepsilon}_{\varphi\varphi} = \frac{\hat{\boldsymbol{\Theta}}}{\cos\theta} \cdot \frac{\partial \boldsymbol{W}}{\partial \boldsymbol{\varphi}} + \frac{u_r}{r} \tag{1-33}$$

$$\dot{\varepsilon}_{\theta\theta} = -\hat{\boldsymbol{\Phi}} \cdot \frac{\partial \boldsymbol{W}}{\partial \theta} + \frac{u_r}{r} \tag{1-34}$$

$$\dot{\varepsilon}_{\theta\varphi} = \frac{1}{2}\left(\hat{\boldsymbol{\Theta}} \cdot \frac{\partial \boldsymbol{W}}{\partial \theta} - \frac{\hat{\boldsymbol{\Phi}}}{\cos\theta} \cdot \frac{\partial \boldsymbol{W}}{\partial \varphi}\right) \tag{1-35}$$

式中，$\hat{\boldsymbol{\Theta}}$ 和 $\hat{\boldsymbol{\Phi}}$ 分别为指向北和向东的单位向量，同样，旋转率的局部垂直轴的分量是

$$\dot{\omega}_r = \hat{\boldsymbol{x}} \cdot \frac{1}{2}(\nabla \cdot \boldsymbol{u}) = \hat{\boldsymbol{x}} \cdot \boldsymbol{W} - \frac{1}{2}\left(\hat{\Theta} \cdot \frac{\partial \boldsymbol{W}}{\partial \theta} - \frac{\hat{\boldsymbol{\Phi}}}{\cos\theta} \cdot \frac{\partial \boldsymbol{W}}{\partial \varphi}\right) \tag{1-36}$$

速度 u_r 的垂直分量对水平应变率的贡献可忽略，因为对于 10mm/a 的快速抬升速率，这一贡献小于 2%。Haines（1982）证明，如果应变率的空间分布是任意定义的，则全速度梯度张量是唯一定义的。这里用 Kostrov（1974）矩速率张量和，推断区域内的应变率，然后将应变率的分布与双三次函数相匹配，从而推断连续的水平速度场。在 Kostrov（1974）的文章中，给定体积的变形地壳的应变率是

$$\overline{\dot{\varepsilon}_{\theta\theta}} = \frac{1}{2\mu VT}\sum_{k=1}^{N} M_{ij} \tag{1-37}$$

式中，M_{ij} 为由断层方向和滑动矢量定义的矩张量；μ 为地壳剪切模量；V 为包含断层结构的体积；T 为时间间隔。

在将水平应变率与连续函数相匹配的同时，空间大地测量的速度观测也可以在指定的参照系内进行匹配。在最小二乘反演中，应变率分布的拟合度可以得到确定。反演中最小化的目标函数是

$$\sum_{1}^{N} (\bar{\dot{\varepsilon}}_{ij}^{\text{fit}} - \bar{\dot{\varepsilon}}_{ij}^{\text{obs}})(\bar{\dot{\varepsilon}}_{pq}^{\text{fit}} - \bar{\dot{\varepsilon}}_{pq}^{\text{obs}})\,(V)_{ij,\ pq}^{-1} + \sum_{1}^{M} (u_i^{\text{fit}} - u_i^{\text{obs}})(u_j^{\text{fit}} - u_j^{\text{obs}})\, C_{ij}^{-1}$$

其中，ij 和 pq 为应变率张量分量；$\bar{\dot{\varepsilon}}_{ij}^{\text{obs}}$ 为每个区域的平均应变率，用 Kostrov 方法求和；$\bar{\dot{\varepsilon}}_{ij}^{\text{fit}}$ 为给定区域拟合应变率的平均值，由双三次贝塞尔插值定义；V 为推导应变率的先验方差矩阵；N 为网格面积数。

当 GPS、甚长基线干涉测量（VLBI）或卫星激光测距（SLR）速度 u 作为观测量与模型速度场相匹配时，使用目标函数的第二部分，其中，C_{ij} 为观测速度向量的方差-协方差值；M 为速度观测的个数。在反演中，可以将矢量旋转函数 $\boldsymbol{W}$ 的空间

导数设为零，使已知板块上的区域表现为刚性。在这种情况下，该区域的矢量函数变成单个旋转矢量，即欧拉极。这个旋转矢量的值可以在反演中求解，或者可以指定一个旋转值。后者是一种方便的施加速度边界条件的方法。

（2）自洽速度场

自洽是指与速度场相关联的应变场，无论该速度场是连续的还是不连续的（即与断层有关）。有这样一个速度自洽的应变场

$$\frac{\partial^2 \dot{\varepsilon}_{xx}}{\partial y^2} + \frac{\partial^2 \dot{\varepsilon}_{yy}}{\partial x^2} - 2\frac{\partial^2 \dot{\varepsilon}_{xy}}{\partial x \partial y} = 0 \tag{1-38}$$

这种相容关系的优点是，在寻找适合可观测的速度场时，必须考虑所有构件的应变率大小。通常，虚假的观测需要应变不相容的应变场。因此，在函数兼容性约束下，可以对数据观测进行合理的插值。

Holt 等（2000）利用第四纪断层滑动速率、GPS 和 VLBI 速度，对太平洋–北美板块边界变形带内的运动学进行了研究，且基于这种对自洽速度场的分析，确定了变形区的应变率和应变类型，但也可能说明现有地质滑动速率数据集的不足。也就是说，从已知活动构造推断的综合应变率必须充分考虑到预期板块运动模型（如 NUVEL-1A）（DeMets et al.，1994）或根据 GPS 观测推断的板块运动模型（Larson et al.，1997）。

利用 Kostrov（1974）公式的一个变体，可推导出多网格化区域的平均水平应变率

$$\bar{\dot{\varepsilon}}_{ij} = \frac{1}{2}\sum_{k=1}^{n} \frac{L_k \dot{u}_k}{A\sin\delta_k} m_{ij}^k \tag{1-39}$$

式中，n 为网格化区域 A 中具有长度L_k、倾角 δ_k 和滑移率 u_k 的断层段数；m_{ij} 为由断层方向和单位滑移向量定义的单位矩张量。注意，当断层滑移率被用来推断区域内的平均应变率时，在计算水平应变率时剪切模量 μ 或弹性厚度可忽略（Holt and Haines，1995；Shen-Tu et al.，1995）。

为了研究小地震（如对应于 M_s = 5.95 的震级）的影响，对于地震震级大于 5.95（对应于力矩 M_o^a）且小于该地区可能最大震级（对应于力矩 M_o^b），所需的力矩调整是

$$\overline{M}_o = M_o + \frac{M_o}{\left[\left(\frac{M_o^a}{M_o^b}\right)^{1-B} - 1\right]} = \frac{M_o}{\left[1 - \left(\frac{M_o^a}{M_o^b}\right)^{1-B}\right]} \tag{1-40}$$

式中，B 通常约为 2/3，指频率–矩关系中的 b-value（Haines et al.，1998）。

$$\lg N = A - B\lg M_o \tag{1-41}$$

人们发现，爱琴海地区的地震总应变率，包括小地震的贡献，对选定的上界值

不敏感。人们还发现，对小地震释放应变的调整并不严格依赖于 B 的精确值，这里使用的 B 值为 0.6，这是从哈佛矩心矩张量（CMT）目录中 $M_o>10^{17}$ Nm 的地震中得到的，这里选择 M_o^b 为 1.23×10^{19} Nm（对应于 $M_s=6.85$，略大于 1982 年希腊中部最大地震）。

分析的一个重要结果是，$M_s<6.0$ 的小地震中释放的地震应变在希腊中部是最大的，$M_s>6.9$（$M_o>1.23\times10^{19}$Nm）的地震目录中没有任何事件，小地震约占地震应变的 50%。在其他地区，$M_s<6.0$ 的地震占地震应变的 15%～20%，$M_s>6.9$ 的地震引起 60%～70% 的地震应变释放。

图 1-20 显示了爱琴海地区光滑模型速度场和地震应变率。平均应变率（Kostrov，1974）用 10km 的发震厚度推断，在爱琴海中部较快的应变区为 $1\times10^{-15}s^{-1}$ 级。第一阶中，欧亚参照系中的速度场与地震应变率的平滑拟合相关联，显示出类似于空间大地测量学（Reilinger et al.，1997）的模式，其中，包括将土耳其西北部大致西向运动的速度向西爱琴海中部转变为西南向运动速度场（McKenzie，1972，1978；LePichon and Angelier，1979）。虽然在更局部的尺度上，爱琴海的部分地区在 20 世纪与地震矩释放有关的流场同大地测量观测推断的相对运动之间有明显的差异（Davies et al.，1997），但这些差异可以用相对较短的 1982 年地震目录来解释（Jackson et al.，1994；Haines et al.，1998）。

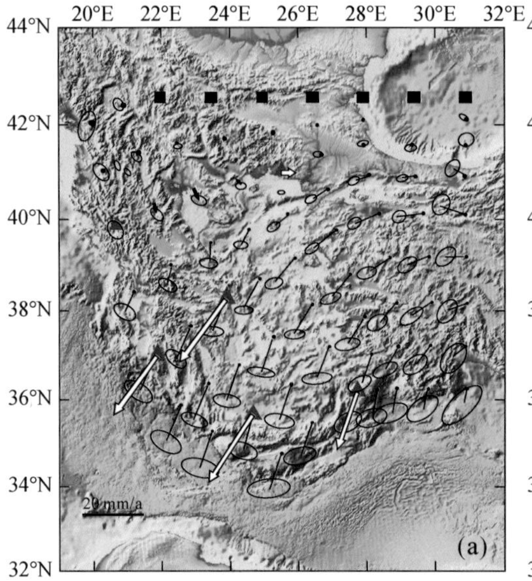

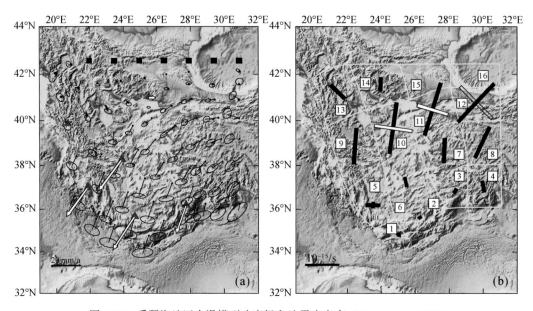

图 1-20 爱琴海地区光滑模型速度场和地震应变率（Holt et al.，2000）

（a）从样条函数拟合到（b）1911～1992 年发生的 $M_s\geqslant6.0$ 地震的地震应变率（区域的主要平均应变）的分布获得的爱琴海地区相对于欧亚大陆的速度场。还确定了小地震的相关贡献。列出（a）中的 SLR 速度（三角形位置的开放向量）以同其他项目进行比较。地震应变率详见表 1-2

表 1-2　爱琴海的应变率亏损

区域	观测值 /10^{-15}s	计算值（EQ） /10^{-15}s	计算值（SLR） /10^{-15}s	亏损 /10^{-15}s	M_s=6. 5/100a
1	0. 00±1. 1	0. 12±0. 9	0. 12±1. 0		
2	0. 00±0. 5	0. 12±0. 5	0. 97±0. 6	0. 9	10
3	0. 22±0. 5	0. 19±0. 4	0. 43±0. 4	0. 2	2
4	0. 41±0. 45	0. 35±0. 4	0. 34±0. 4		
5	0. 46±0. 35	0. 43±0. 3	0. 49±0. 3		
6	0. 29±0. 35	0. 30±0. 25	0. 65±0. 25	0. 35	7
7	0. 93±0. 4	0. 72±0. 3	1. 12±0. 3	0. 3	5
8	0. 98±0. 4	1. 01±0. 35	1. 33±0. 35	0. 35	5
9	1. 02±0. 35	1. 04±0. 3	1. 88±0. 35	0. 85	20
10	1. 44±0. 4	1. 51±0. 3	2. 46±0. 35	1	18
11	2. 02±0. 4	1. 63±0. 3	2. 31±0. 3	0. 5	7
12	1. 6±0. 45	1. 56±0. 4	1. 88±0. 4	0. 3	4
13	0. 44±0. 35	0. 56±0. 3	0. 54±0. 3		
14	0. 51±0. 4	0. 39±0. 3	0. 43±0. 3		
15	0. 00±0. 5	0. 10±0. 4	0. 12±0. 4		
16	0. 00±0. 6	0. 16±0. 45	0. 6±0. 45	0. 5	5

注：表中各列分别为区域号［对应图 1-20（b）］、地震应变率观测值、通过双三次贝塞尔插值法计算的应变率（EQ）、通过 SLR 速度插值计算的应变率、亏损值、弥补给定区域亏损所需的 M_s = 6. 5 地震的数量（取决于亏损值和面积的大小）

第2章 洋底动力学

2.1 地幔的固态流变性

地幔是易变形的固体，而不是熔融的流体。这是怎么确定的呢？这就需要估计地幔的黏性、认识固体变形与温度的关系以及了解对流。

20世纪以前，地质学家推测地球内部是可弯曲的，因而产生了山脉的隆升。对此，一些地质学家假设地球内部是熔融的，而另一些学者认为，固体地幔发生弯曲的证据比较充分。后者的观点清楚地表达在艾里（Airy）1855年发表的文章中，文中他提出山脉的存在大概是因为地壳发生了均衡，即在山脉下面有增厚的地壳。艾里也引用了一个关键观测以支持地球固体内部可变形的认识。

地幔内部若是流体，就应了解其黏度，若是可发生弯曲，就应认识其屈服强度（the degree of yielding）。人们对黏度知之甚少，对屈服强度也只是知道其会随深度变化而改变。

此外，学界始终存在一个争论：地球内部现今是流体，还是地史期间其内部始终只是流体。Hall通过大量观察，注意到较厚的沉积建造都沉积在浅水区，这就要求沉积物堆积时，沉积区必须连续沉降，据此，他在1859年建立了连续形变理论。这似乎表明，地球内部长期处于流体状态。

19世纪晚期，地震学研究发现，地幔可传播两种类型的地震波：压缩波和剪切波。流体没有剪切强度，不能传播剪切波。因此，地幔一定是固体，只有这样才可以传播压缩波和剪切波。通过观察发现，地震波传播的时间尺度很短，最长几十秒，但是地质过程的时间很长，可达几百万年，因此，在地质时间尺度上，一种物体可以同时表现为固体和流体，是这对明显矛盾的统一体。固体是经过数百万年的时间产生的，不会在几秒钟内突然形成。流体是指材料处于流态，如水和岩浆。概括地说，流动性是描述材料在固态下发生缓慢弯曲的能力。或许这个流动性不是很准确的术语，或者它仅仅是黏性。

早在20世纪初，人们认识到地球有一个坚固的表层，大约150km厚，即使在内部弯曲时，其在地质过程的时间尺度上也不会发生变形。这个坚固的表层即岩石圈。Barrell 在 1914 年将岩石圈之下较弱的区域称为软流圈，但 Davies（2010）认为“软流圈”这个术语与早期的板块构造理论相矛盾。一些学者认为，在岩石圈下面有一个大约 100km 厚的弱润滑层，对流只发生在上地幔，暗示这个上地幔即为软流圈。而另一些学者认为，现在已清楚证明，对流作用可以深入到下地幔，所以“软弱层”也会存在于大部分或者全部的地幔中。因此，Davies（2010）坚持只讨论岩石圈和对流地幔，因为即使在岩石圈下方有一个“软弱层”，它也很难用来解决板块相关联的大规模流动，且不会对大规模对流产生什么影响。

可变形地幔仍然是定性的概念。为了量化地幔黏度或者弯曲程度，研究者需要观察地球最近发生的形变。这些观测来自大约 11 000 年前末次冰期结束时的较厚冰层发生消融后地球表面表现的回弹。但在考虑这些之前，应该了解流体抗变形性的特点。

（1）黏度

在力学术语中，流体材料可以无限变形。固体变形很有限，但是如果变形量增大，固体有可能断裂。两者的另外一个区别就是：很多固体只会在某一特定大小的力作用下变形，如果不持续施加这个力，固体将回到初始形态，称为弹性材料。另外，当有外力施加在流体上时，流体将产生连续变形，如果这个力被移除，它也会停止变形，但是不能回到原来的形状。

这些区别在人们平常的生活经验中也是很常见的，不过，在一些情况下，它们不是那么清晰。一些金属材料在很小的力作用下是弹性的，当施加的力很大时，将会产生弯曲和永久性变形。但延展性金属导线的永久性变形在某种程度上表现得类似流体。如果加热它们，许多材料表现得更像流体，如金属材料。即使材料实际上是固体，它也在经历很缓慢的变形，所以在数百万或者数千万年尺度上，可以把它当成流体。

黏性流体的变形速率和作用力是成比例的，黏性流体又被称为牛顿流体。简单地说，术语“黏性”适用于那些作用力和变形速率为线性关系的材料，但是这个术语使用时很宽泛。更常见的流体行为，如塑性，也称为黏性、可塑性或者非线性。严格地说，延展性是指材料在张力下有足够的伸缩性，可以被拉长或者压缩。对于地质材料，塑性可能是一个更加合适的术语，不过，黏性也已经使用的相当广泛了。

为了量化黏性流体的变形，需要描述变形和作用力。图 2-1 简单地描述了这个现象。图 2-1（a）描述了在两个水平层中的流体如何变形，如变“硬”、变“厚”或者“有黏性”，其性质类似蜂蜜或者糖蜜，但与水的流动性差异较大。x 和 y 坐标分别表示水平速度 u 和垂直速度 v（尽管这里都是零）。上部板块向右移动的速度是 U，底部板块是固定的。流体速度随高度 H 增加而稳定增加，从 0 到 U，因此，速度可以沿着垂线 AB 增加，到后来它将会变为斜线 AB'。同样，垂

线 CD 将会变成斜线 CD'。

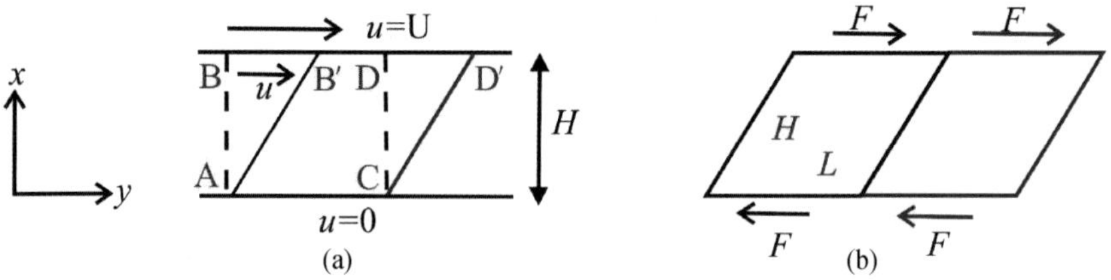

图 2-1　黏性流体层的剪切流动

流体通过体积改变或者形状改变而发生变形，同样，也可产生旋转，但是不会发生内部的变形。尽管地幔在极限压力下，底部产生了明显的压缩，但在这里不予考虑。如果它是必要的，之后会用一个相当简单的办法将压缩量引入计算中。所以，考虑流体问题时，一般认为它是不可压缩的，只产生变形。

长方形 $ABDC$ 变形成平行四边形 $AB'D'C$［图 2-1（a）］，可以利用这个长方形外形的变化来测量流体的变形。一种测量长方形变形的方法是测量 BB'/AB 的长度比率。如果线 AB 到 AB' 的时间间隔为 Δt，从 B 到 B' 的距离将会是 $U\Delta t$。然后，可能得到形变：形变 $= U\Delta t/H$。这里，H 是变形层的厚度。然后用角 BAB' 的正切来测量变形。对于黏性流体，需要知道形状改变的速率或者形变速率。这可以除以 Δt 来计算，所以形变速率为 U/H，可以看到这个量是一个速度的空间梯度，即水平速度在垂向位置上变化的速率。起初可能会让人有些迷惑，但是，看图 2-1（a）就会明白，速度变化的方向（垂向）和速度的方向（水平方向）是不同的。

速度梯度是一个有用的量，可用来衡量形变率。度量形变的专业词汇称为应变。由此可见，形变速率也被称作应变速率，这就是速度梯度的另一个名字。这里用 s 来表示应变速率。为了与应用到二维和三维空间的相一致，在图 2-1（a）中表示了应变速率，因此可以得到形变速率或者应变速率的定义

$$s = \frac{U}{2H} \tag{2-1}$$

在顶部板块施加作用力，使板块发生运动。运动的板块将作用力传递给相邻的流体。图 2-1（b）描述的是长方形顶部受到的作用力 F。作用力的大小取决于长方形的长度 L。例如，相邻的长方形同样有一个作用力 F 施加在上面，总的作用力施加在两个长方形上的是 $2F$ 才能造成相同的应变率。然而，每个长方形的形变是相同的，因此 F 是流体上每个单位面积上施加的作用力。F 类似于压强的概念，压强指单位面积上的力，一般情况下，特指应力，因此这里使用这一术语，即用应力来描述驱动力。

应力比压强使用更普遍，这是因为它容许用于不同方向上的作用力。例如，

图 2-1（b）作用力与顶部表面相切，会产生剪切应力，但垂直于该表面的另一作用力也可能起作用，从而产生更为常见的压强。同时，在长方形侧面也有与顶部相似的作用力，但与顶部作用力的量级不同，但此处不考虑张量问题。

此时需要注意的是，图 2-1 是一个横截面，沿页面向外可延伸为三维结构。假设这个长方形在第三维度中有 W 的宽度。应力 τ 对于顶部流体来说

$$\text{应力} = \frac{\text{力}}{\text{面积}} = \tau = \frac{F}{LW} \tag{2-2}$$

这个量将作为测量造成形变的作用力的量度。

现在定量分析形变速率和图 2-1 中的驱动力，并分析它们之间的关系。黏性流体的定义中应变量与应力成正比。为了与更普遍的情形相适应，在应力定义中加入两个要素

$$\tau = 2\mu s \tag{2-3}$$

式中，s 为式（2-1）中的应变率；比例常数 μ 称作黏度。式（2-3）为本构方程，描述了材料的物理性能。黏度是材料的物理性质，表征流体的抗变形性能。一个具有高黏度的流体需要一个较大的压力来产生形变。因为应变率尺度为 1/时间，应力或者压强等于作用力/面积，黏度的单位是帕斯卡每秒（Pa・s）（1Pa = 1 N/m^2）。在室温条件下，蜂蜜的黏度在 10 ~ 100Pa・s，水的黏度约是 0.001Pa・s，地幔则具有相当大的黏度。

（2）地幔的黏度

如果地幔是形变岩石组成的固体，那么它的黏度可能会十分大。但是有多大？是蜂蜜黏度的 100 万倍？10 亿倍？不用一定的方法计算，很难猜它是什么数量级。

基于一系列浪蚀基准面抬升到目前海平面水平，推算出加拿大、斯堪的纳维亚和芬兰的陆地表面正以相对于海平面每年数毫米的速率上升。浪蚀基准面保存了这些地方海平面变化的记录，并且代表了与海平面相比的现代年龄［图 2-2（a）］。

重且厚的冰盖在末次冰期消融，导致陆壳持续抬升。当冰川积累时，给陆地表面施压，然而当冰川融化时，陆地表面会上升或者“回弹”。事实上，这个回弹是漫长而不是瞬时的过程，因为在这个区域的地幔表现为高黏性流体而不是一个弹性固体。

冰架在距今大约 11 000 年前快速融化了。自那时起，这个地区以缓慢的速率抬升［图 2-2（a）］。事实上，图 2-2（a）下图显示数据呈指数曲线分布。这个指数的时间常量是 4.6kyr①。

① 本书中，kyr 指时间段。

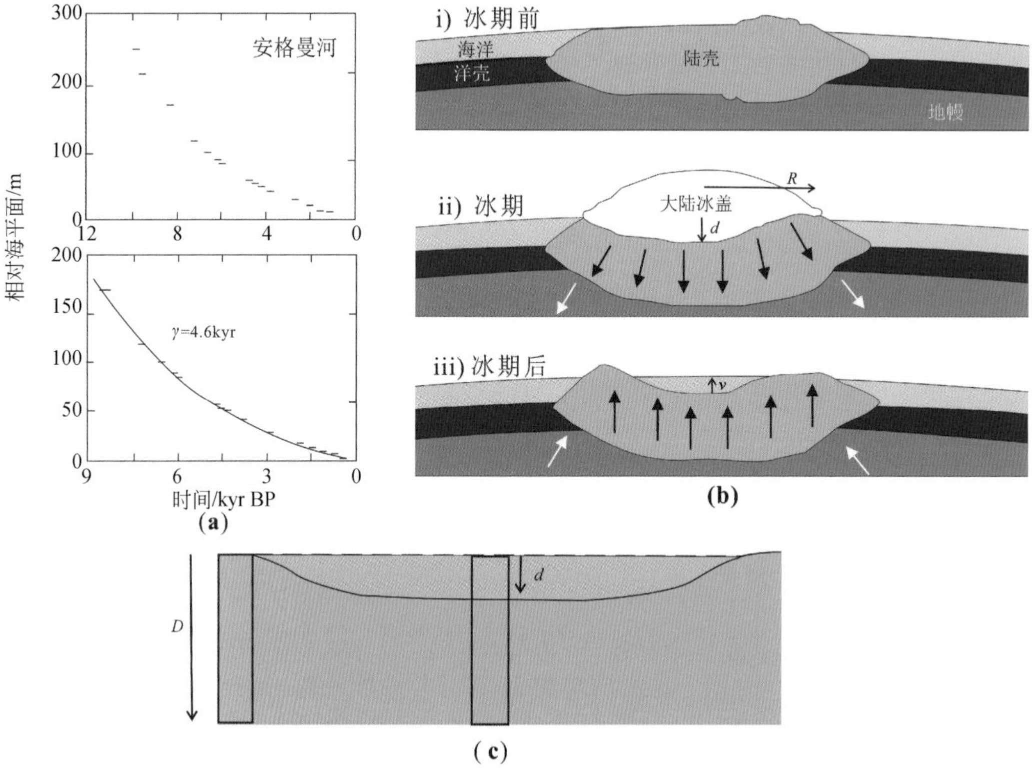

图 2-2　冰期前-冰期相对海平面变化特征与陆壳冰后均衡回弹

(a) 加拿大、斯堪的纳维亚和芬兰的陆地表面的相对海平面变化统计。(b) 陆地（黄色）表面变化过程：i) 冰期前，随着均衡补偿，大陆地壳在地幔上面达到均衡时，使得部分陆地物质隆升而高出海平面；ii) 冰期，随着大陆冰盖形成后，冰盖的重量（几英里①厚）由于均衡作用，大陆地壳物质沉入地幔；iii) 冰期后，随着大陆冰盖融化后，冰盖的重力（几英里厚）消失后，大陆地壳物质由于均衡回弹作用而向上抬升。(c) 由纵截面 $1m^2$ 的两个立柱在相等深度的压力，可以计算出冰川的负载压力

这个事件发展的过程在图 2-2（b）中做了简略的图示补充。冰期前一个平坦的陆地表面作为初始参考面（i），至冰期（ii），冰川质量较重，产生荷载压力，陆地表面下降了距离 d，冰川施加的载荷峰值出现在距今 18 000 年前，并持续了 10 000 年]。当冰川融化后，这个参考面开始趋向静态均衡面（iii）上升，且以速度 v 上升持续至今。为了让陆地表面垂直移动，下伏地幔必须首先发生流动，然后向着低洼的方向流动，如箭头所指。

物理通过精确的科学计算或者复杂的数学计算，获得精确的结论。然而，对地球而言，很多信息常常具有不确定性，所以很多物理学问题需要用非常粗糙和简单的计算完成。冰期后地壳回弹问题，一方面，可以利用偏微分公式来分析不

① 1 英里＝1. 609 344km。

同的黏性流体流动，考虑到许多细节情况，并从这些分析得到芬兰下部地幔的黏度。另一方面，地幔黏度也可以通过使用应力、应变和黏度的定义粗略地进行估算而得到。

若沉陷是由 2～3km 厚的冰架重量造成的。冰架在原地加载时间足够长，静态均衡力将会在冰层向下的载荷压力和地幔向上的支撑力之间达到平衡。当冰川融化时，非均衡的作用力就可能发生，因而地幔仍然上升。在洼地之下的地幔有一个负压力，因为洼地是被水或者是空气填满的而不是较重的岩石。据此，通过考虑纵截面 $1m^2$ 的两个立柱在相等深度的压力［图 2-2（c）］，就可以计算出冰川的负载压力。

图 2-2（c）中左边立柱不在洼地区，全部由岩石组成。它的体积是 Dm^3，所以，它的质量是$\rho_m D$，重量是 $g\rho_m D$，ρ_m是地幔的密度。事实证明，在两个立柱之外，地壳的影响抵消了，只需计算地幔的密度。因此，每单位面积上的力，或者压强 P_l，在左侧的立柱上是 $g\rho_m D$，这些重量施加在 $1m^2$ 的基底上。假设洼地区被密度为 ρ_w 的水填满。右边立柱位于洼地区中间，水的深度是 d，剩余的是岩石的深度$D-d$。因此，它的质量是 $\rho_w d + \rho_m(D - d)$，重力是重力加速度 g 乘以质量。现在可以通过右边立柱的压力和左边立柱的压力来获得洼地区的负载压力

$$\Delta P = P_l - P_r = g\rho_m D - g[\rho_w d + \rho_m(D - d)] = g(\rho_m - \rho_w)d$$

g 乘以亏损质量是由低洼地区岩石被水置换产生的。现在压力是应力的一部分，所以可以写成

$$\tau_d = g(\rho_m - \rho_w)d \tag{2-4}$$

通过粗略计算，当沉陷区底面上升到冰期之前的水平时，必然产生驱动地幔流动的应力。图 2-2（b）中（iii）的箭头方向描述的就是流动方向。

假设洼地是一个半径为 R 的圆，驱动应力或者压力在洼地产生作用，它们的大小约为 πR^2，如果压力是单位面积上的力，压力乘以面积就是产生弯曲的总作用力，则驱动力就是

$$F_d = \pi R^2 g(\rho_m - \rho_w)d \tag{2-5}$$

驱动力受到地幔中黏滞力所阻碍。根据式（2-3），黏滞力和应变率成正比；根据式（2-1），应变率和速度梯度成正比。如果能确定地幔的典型速度梯度，就可以估计黏滞力。如果低洼地区地壳上升的速度是 v，那么在低洼地区地幔向上的速度接近 v 是合理的。同样可推断，远离低洼地区，上升速度减小，所以远离低洼地区的速度接近 0。走多远才能发现速度大幅度的下降，取决于低洼地区的宽度。芬兰低洼地区的半径大约是 1000km，所以如果离开 1000km，速度将下降很明显。另外，北美低洼地区的半径大约是 2500km，所以对地幔产生的影响无论是垂向还是水平方向均延伸很远，因此要离开 2500km，速度才有明显的下降。这表明地幔流动具有代

表性的速度梯度是v/R，通过距离 R，速度 v 发生了重要的变化。当到了距离为 $2R$ 的地方时，速度将会下降 80% 。

如果有一个典型的速度梯度 v/R，根据式（2-1），典型的应变率是 $s=v/2R$ 。根据式（2-3），典型的黏滞力是

$$\tau_r = 2\mu s = 2\mu v/2R = \mu v/R \tag{2-6}$$

这就是地幔内通过负载压力来抵制驱动力的应力，由式（2-4）给出。它可以作用于与低洼地区相当的地区，所以可以粗略地得到阻力

$$F_r = \pi R^2 \mu v/R \tag{2-7}$$

驱动力和阻力必须是平衡的。这遵循牛顿第二定律：力=质量×加速度。如果加速度是零，那么力也是零。严格地讲，上升的速度是变化的，通过图 2-2（a），加速度不是零，但是速度十分小，并且它只在百年内发生变化，所以加速度也很小。将数值代入上面的公式。从图 2-2（a）可以看出，海平面在 10 000a 中上升了100m，所以，平均上升速率是1cm/a。一年大约是 3.12×10^7 s，速度是3×10^{-10}m/s。这个速度变化发生在3000a 里，总时长大约 10^{11}s，加速度是 3×10^{-21}m/s^2，这是一个很小的量，对地幔流动来说完全可以忽略。由此可见，地幔中作用力和阻力在任何地方都是平衡的，即作用力和阻力是相等的。因$F_d-F_r=0$，所以，$\pi R^2 g(\rho_m-\rho_w)d-\pi R^2\mu v/R=0$，可以把它整理成

$$\mu = g(\rho_m - \rho_w)dR/v \tag{2-8}$$

使用前面提到的值 $\rho_w = 1000\text{kg/m}^3$ ，$d=100$m 并且得 $\mu = 8\times10^{21}$ Pa·s。式（2-8）严谨计算后，$\mu = 3.3\times10^{21}$ Pa·s。Haskell 在 1937 年讨论芬兰地区的地幔黏度时，μ 为 10^{21} Pa·s。Mitrovica 在 1996 年分析确定了 Haskell 的观点，尽管在地幔上部的几百千米，黏度较低，但在一定深度后，其黏度较大。

地幔黏度到底有多大? 答案悬殊，甚至是蜂蜜黏度的几亿倍到万亿倍。早期推测的倍数数量级为 12 是错误的，尽管这里的估计也是粗略的，但它已经给出正确的数量级。简洁的计算方法可以使物理量清晰明了，而不会被数学所迷惑。

（3）黏度的温度依赖性

冷的蜂蜜比热的蜂蜜黏度更大。在天气比较热的时候，冰箱里的蜂蜜比室温中的蜂蜜黏度大。温度从 20℃ 上升到 30℃，黏度也可能改变一个数量级。地幔中岩石在高压或者高温下有类似的表现，温度从 1300℃ 上升到 1400℃，黏度减小至 20% 。

黏度对温度依赖的原因是，岩石变形时，岩石矿物的晶体结构发生空缺（晶格缺陷）移动，原子不断运动，在晶体中围绕平均位置摆动，温度升高，摆动次数增加。晶格缺陷的运动是原子偶尔摆动到相邻的位置，跳跃或跃迁迅速增加的概率相

当于原子摆动增加的概率。这个过程被称作热活化，热活化过程具有对温度依赖的典型公式。通过实验校正，可以用来推断黏度对温度 T 的依赖性

$$\mu = \mu_r \exp\left[\frac{E^*}{R}\left(\frac{1}{T} - \frac{1}{T_r}\right)\right] \tag{2-9}$$

式中，μ_r 为参考温度 T_r 时的黏度；R 为气体常数；E^* 为活化能。

两个不同活化能下黏度对温度依赖性见图 2-3。上地幔的活化能值值得进一步商榷，活化能不是简单就能确定的，因为这个值取决于地幔是线性黏性流体，还是在应力下是非线性的（Kohlstedt et al.，1995）。压力越大，活化能越大，因此地幔深度越深，温度对黏度的影响越大。

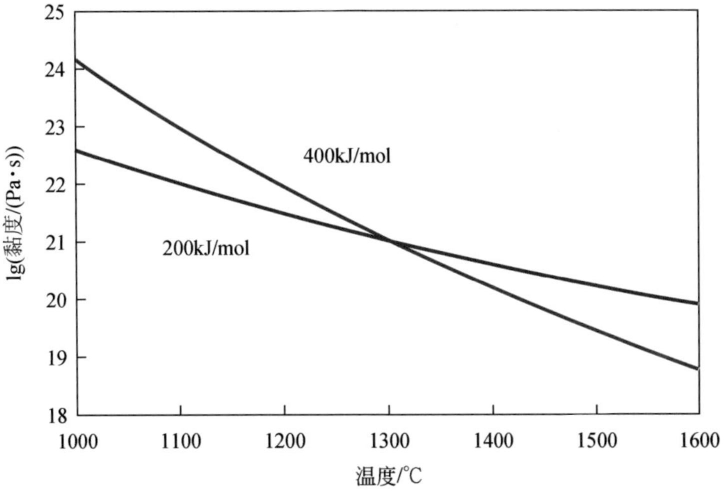

图 2-3　地幔在两种活化能下温度依赖性的黏度曲线

（4）地幔对流

温度对黏度的强烈影响在地幔对流中起到重要作用，这也是岩石圈比下地幔坚硬的原因。它同时也控制地幔柱的形成。但是直到 1965 年，人们对全地幔对流还有争议，如 Tozer 当时就认为：地幔黏度的温度依赖性使得地球大小的行星不可避免地会发生全地幔对流。

Tozer 的论据大概是，行星加热到一定程度就释放引力能，随着从太阳轨道来的碎片增生，放射性物质会慢慢加热地球。但是岩石的热传导率很低，以至于在地球的整个年龄范围内只能将行星冷却到 500km 左右的深度。因而，地球内部更深处迟早会变得足够热，以至于熔化，黏度会减小到能产生对流的阈值。此后，地幔温度和黏度会自动调节，以便将地幔内产生的所有热量消除。因此，如果地幔被过度降温，它会变得更加黏稠，对流和热损耗进而会变慢，使地幔再一次热起来，这也是对流环中下降流初始较慢到地球深部后下降流会加速垮塌的原因。相反，如果地幔

被过度加热，它的黏度会下降，对流和热损耗会加速，使地幔再一次冷却，这也是上升流在地球深部初始较快到地球浅部减速的原因。这一理论已通过地幔热演化计算所证实。

2.2 地幔对流模式

许多人对对流并不熟悉，所以在讨论地幔对流之前，应先了解一下一般的对流。

对流的关键就是：对流是由边界层驱动的。这里聚焦热对流，也就是构造对流，热边界层驱动热对流。如果能识别一个热对流边界层，并了解它是如何发挥作用的，那就能很好地理解它所驱动的对流。

在地幔中，相关的热边界层形成于水平边界处。后文将详述它是如何形成的。图 2-4（b）是最简单的模型，沿着流体层底部有一个高温热边界层。一般教科书中用两个热边界层来描述热对流，一个是在底部的高温层，另一个是在顶部的低温层。然而，这仅仅是一系列可能性中的一种，且并不是地幔中的准确情形。因此，将这个情况尽可能简单地呈现在图 2-4 中，以证明也许有一个热边界层，或者有其他边界层，或者两者都有。

另一个解释对流的基础就是：对流是由浮力驱动的。浮力源于重力作用下的密度差异。密度差异可能源于成分的不同或温度的不同，对流可区分为成分对流和热对流。由于热膨胀的现象，温度不同造成了密度不同。如同暖气流膨胀后，密度变小，单位体积重量变小，相对于其他气体上升；相反，冷气流收缩后，密度变大，单位体积重量变大并下沉。因此，地幔对流与热空气上升现象相似，是浮力驱动的。

如果将两类现象放在一起看，热边界层的流体就是有浮力的（正的或负的），浮力使流体上升或下降，并且这种由上升或下降流体所促使的流动就是对流。图 2-4（c）描绘了一个上升的柱状浮力流，它所引起的流动用细箭头表示。由于一些流体上升，其他流体就必须下沉来弥补，进而产生相反的动力地形。但是，如果流动是时间相关的或者是三维的，这种回流并不一定会发生在简单的封闭循环模式里。热的上升流携带了更多的热量，因此它通过流体将热量向上传输。可见，热对流也是一个热传输机制，这就是热对流的本质。以上概述可以用来理解对流过程每一部分的细节过程，将这些细节整合到一起也可以描述热对流。

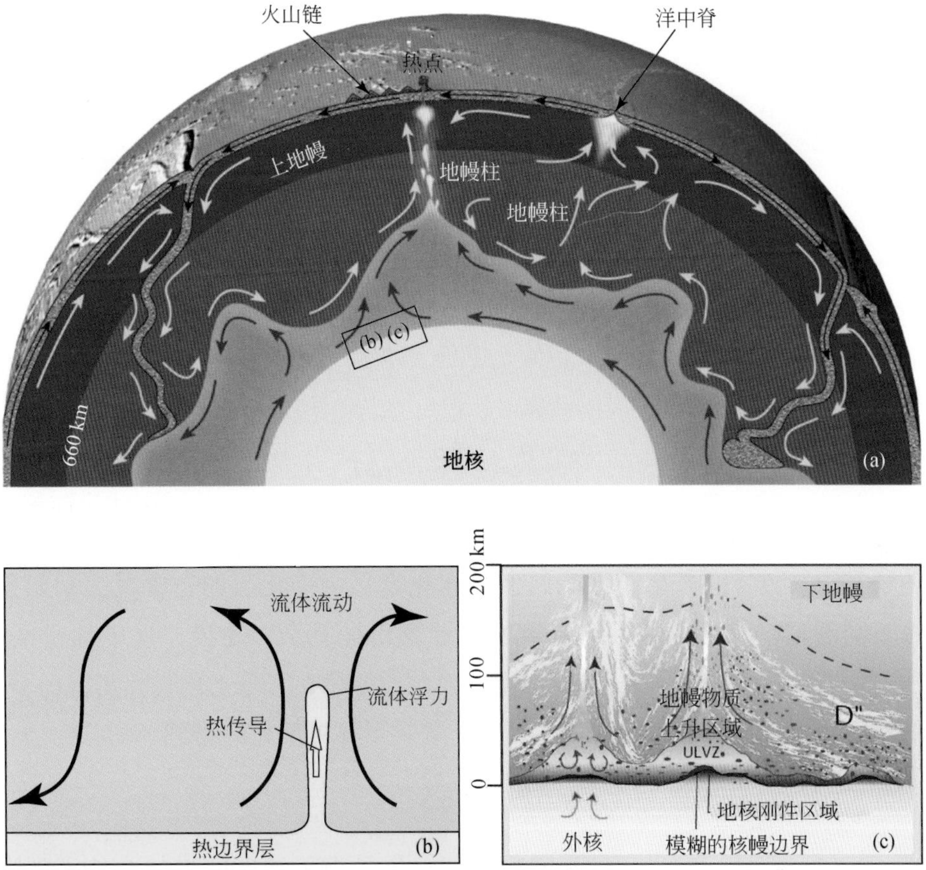

图 2-4　流体层中对流的基本要素

介质属性在对流中十分重要。热膨胀依赖于有关的特殊介质，称为介质属性。密度是另一个介质属性。黏度可以衡量流体抵御变形的程度，可用来计算流体在给定浮力作用下的流动能力。同时，需要考虑导热系数，它控制热边界层的厚度。此外，这部分也将讨论比热。

(1) 热膨胀性

比容是密度的倒数，密度和比容都是重要的参数。密度 ρ 是物质单位体积的质量。上地幔岩石的密度约为 3300kg/m^3。上地幔岩石的比容是

$$V = 1/\rho = 1/3300 \approx 3 \times 10^{-4}\ \text{m}^3/\text{kg} \tag{2-10}$$

热膨胀发生在介质温度升高时。假设开始时体积是 V_0，温度是 T_0，随着温度升高到 T，体积达到 V。热膨胀的原理是：体积变化与温度变化成正比，可以写成

$$V - V_0 = \alpha V_0 (T - T_0) \tag{2-11a}$$

也可以写成

$$\frac{\Delta V}{V_0} = \alpha \Delta T \tag{2-11b}$$

式中，$\Delta V = V - V_0$，$\Delta T = T - T_0$。因此，ΔV 是体积的变化量，$\Delta V/V_0$ 是体积的变化比。式（2-11）中的 α 为热膨胀系数。每种介质的热膨胀系数都不同，所以它也是介质属性。根据式（2-11）可知，体积的变化比与温度变化成正比，比例常数为热膨胀系数。

热膨胀也可以用密度变化来表达，根据式（2-11a）得

$$\frac{1}{\rho} - \frac{1}{\rho_0} = \frac{\rho_0 - \rho}{\rho \rho_0} = \frac{\alpha}{\rho_0}\Delta T$$

可以重新整理成

$$\frac{\rho_0 - \rho}{\rho} = - \frac{\Delta \rho}{\rho} = \alpha \Delta T$$

这与式（2-11b）的形式很接近，但这有一个负号，分母是变化后的密度，而不是初始密度。负号的产生是因为将密度变化定义为变化后的密度减去初始密度。另一个不同的是，分母中的最终密度使得计算稍显复杂。地幔环境中的密度变化（在大多数对流中）是非常小的，约 1%。因此，如果在分母上用初始密度而不是变化后的密度，不会造成很大的误差。因此，数学运算可简化并得到

$$\frac{\Delta \rho}{\rho_0} = - \alpha \Delta T \tag{2-12}$$

式（2-12）与式（2-11）的形式很相似。负号表示温度的增加会使密度降低。为了更清晰化，采用近似值，分母上用初始密度代替变化后的最终密度，这只会造成 $\Delta\rho$ 产生 1% 的误差，而并不是 ρ 的误差。如果是 ρ 的 1% 误差，那有可能造成 $\Delta\rho$ 产生 100% 的误差，那就问题严重了。

在上地幔，α 大约为 3×10^{-5}/℃，单位是每摄氏度。当式（2-12）乘以温度差后，结果是无穷小。这是密度的变化比，因此也是无穷小。

上地幔温度大约为 1300℃。地表温度大约为 0℃，这说明地幔岩石从地表到上地幔会经历密度的变化，根据式（2-12）

$$- \alpha \Delta T = - 3 \times 10^{-5} \times 1300 = - 3.9 \times 10^{-2}$$

或者−3.9%，这是在地幔对流中看到的最大的热密度差。密度的绝对值变化为 $-0.039\times3300 \approx -1.3\times10^2 \mathrm{kg/m^3}$。

要注意的是，这里只保留了两位有效数字。这就足够了，因为还不知道热膨胀更大的准确性。这也是为什么在式（2-12）中用近似值并不是一个严重问题的另一个原因。

(2) 浮力

岩石密度比水大，如果把石头放到水里它就会沉下去。但是石头的下沉力归因于石头在水里的重力小于其在空气中的。比较岩石内部和外部的垂直气压梯度，就会得到这个结论。然而效果上，这个简单的结果是重力作用下水和岩石的密度差异所致。这是阿基米德原理的延伸：合力是岩石的重量减去溢水重量。

冰的密度比水小，如果把一块冰放到水里，冰会浮起来，因此冰是有浮力的。在流体动力学中，浮力（B）指流体内部不同密度的物质在重力作用下产生的力。有浮力的物体会上浮，故定义浮力向上时为正。因此，在水中体积为 V 的一块冰块，浮力可以表示为

$$B = -g(\rho_i - \rho_w)V \tag{2-13}$$

式中，g 为由于重力产生的加速度；ρ_i 和 ρ_w 分别为冰和水的密度；V 为冰的总体积，不是前述部分的比容。

单位体积温度高的流体的密度小于周围温度低的流体的密度，因而有浮力，利用式（2-12）得出

$$B = -g\Delta\rho V = g(\rho_0\alpha\Delta T)V \tag{2-14}$$

假设将图 2-4 中的浮力柱，近似为一个高 h 为 2000km，直径 r 为 50km 的圆柱，且其温度比周围流体的高 300℃。那么，它的浮力为

$$B = g(\rho_0\alpha\Delta T)(\pi r^2 h) = 4.6 \times 10^{17}\mathrm{N}$$

式中，g 取 9.8m/s²，其他值和前文一致。力的单位是牛顿（N）。浮力 B 的数值很大，但只有在它与其他有关数值相比时才有意义。

(3) 板块速度的简单力学分析

图 2-5（a）是一条构造板块横断面示意，图中间的板块发生了俯冲。因为板块俯冲，它转移了地幔物质并引发了地幔流动。板块的厚度是 d，俯冲速率是 v，地幔内部温度是 T，黏度是 μ 和深度是 D，表面温度 $T=0$ ［图 2-5（b）］。如果板块是由于自身温度低且重量大而俯冲，那么这就是之前定义的对流的一个例子。假设在流体顶部有一个低温的热边界层，而且其中的活动组分是具有负浮力的低温介质，那么它俯冲后会远离热边界层，图 2-5（a）中右侧活动组分是洋中脊下上升的岩浆。

“俯冲板块的运动速度能有多快？”如果对板块构造理论一无所知，可能完全不知道答案。可能是每年移动几十米或者每百万年移动几毫米，又或者是任何速度。根据图 2-5（b）的简化，可以对这个答案做个估计。如果谨慎地采用代表值，这个估值有可能在一个数量级里，比精确的答案差别小一些。

图 2-5（b）中，方框中左手边薄板中温度更低、密度更大的流体会下沉。这会转移方框中的流体，导致方框中发生对流。它也会缓慢拖曳其中的表层板块。随着板片到达底部，它在底部扩散，并且随着表层板块移动到左侧，底部介质会进入右

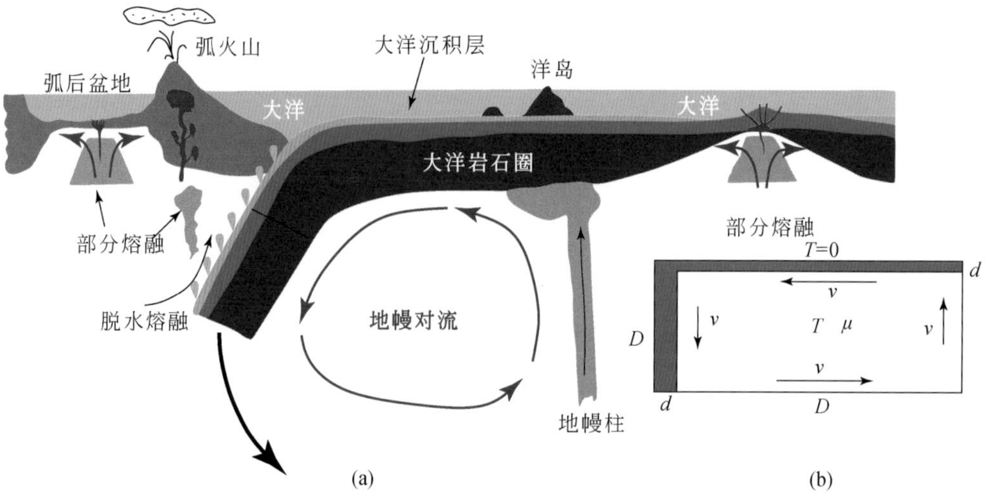

图 2-5　构造板块横断面示意

侧的扩张中心。这样，表层板块和其俯冲的组分会不断更新，这个过程可稳定持续不断。

垂直板片会俯冲是因为自身重量，具有负浮力。正如图 2-5（b）描绘的，没有别的驱动力使流体流动。因此，俯冲板片就是活动组分，它会给邻近的流体施加力。流体由于其黏性将抗拒运动，所以会施加一个阻力在俯冲板片上。由于预测的运动十分缓慢，加速度是负的。如果加速度为 0，根据牛顿第二定律，俯冲板片上的合力一定为 0，阻力 F_R 与浮力 B 平衡

$$B + F_R = 0 \tag{2-15}$$

要计算驱动力（浮力），需注意下沉板片的体积 $V = D \times d \times 1 = Dd$。简略图虽是横断面，但板片可以延伸到三维空间中，因而可以计算三维空间中单位长度上的力。浮力依赖相对于地幔温度的平均降低值。下降板片的温度从表层板块中继承而来。表层板块在地球表面的温度为 0，在底面的温度为 T。因此，用简单的近似法来计算板块平均温度，为 $(T + 0)/2 = T/2$。温度的降低值为 $\Delta T = (T/2 - T) = -T/2$。那么，根据式（2-14），浮力为

$$B = -g\rho_0\alpha TDd/2$$

所以，浮力是负的，是一个向下的力。

或许有人会疑惑，板片随着俯冲而温度升高，那么就不能从上到下都用恒温的 $T/2$。但是，这里有充分的理由这么做。因为板片通过吸收周围的热地幔来升温，所以邻近的地幔就会降温，其自身的浮力就变成负的了。由此，热量的总量不变，只能重新分配，所以这里将热量视为仍然是下降的，并不会产生太大的误差。实际上，可以更准确地说，热量的亏损并不是偶然。

现在，来考虑一下阻力。阻力是由地幔的黏性产生的，它与速度梯度成比例。在图 2-5（b）中，左手边的流体以速度 v 下降，而右手边的流体以速度 v 上升。因此，在水平距离 D 上垂直速度的变化就是 $2v$（为了简便，假设这个框是正方形的）。因此，就会有一个 $2v/D$ 的速度梯度。速度梯度表现出一个事实，流体被剪切了，图 2-5 中垂直箭头代表变形。这种变形会产生流体中的压力 τ，从式（2-1）和式（2-3）得到

$$\tau = 2\mu v/D$$

这一压力作用在下降的板片上，并产生一个阻力。阻力等于压力乘以它作用的区域面积。对于三维空间中板片的单位长度，作用区域的单位长度为 D。所以作用在下降板片表面的阻力为

$$F_{R} = D2\mu v/D = 2\mu v$$

这个力的作用是向上的，因此为正值。实际上图 2-5 表明，也可以计算系统中其他底面的阻力。例如，板片另一侧的下降流体产生一个相似的阻力，而且由于水平箭头表示剪切，流体也会阻碍表层板块的运动。在理想化的方框中，这三个力是相等的。因此，可以用一个简单的表达式来估算总的阻力

$$F_{RT} = 6\mu v \tag{2-16}$$

已将力的平衡方程中的两项都算了出来，得出

$$-g\rho_0\alpha TDd/2 + 6\mu v = 0$$

这个等式可以整理为

$$v = g\rho_0\alpha TDd/12\mu \tag{2-17}$$

这里有一个计算近似正方形框中的俯冲板片速度的公式，其速度与表层板块的速度相同。用已有的数据对速度进行估计，地震学中观察到板块厚度大约为 100km，所以 $d=100$km。地幔深度 $D=3000$km，而且考虑到在下地幔中黏度更大一些，即 10^{22} Pa · s（Mitrovica and Forte，1997）。计算获得的速度为 3×10^{-9} m/s，大约是 10cm/a。

实际观测的板块速度范围为 2 ~ 12cm/a，其平均速度为 5cm/a。这里的估计值在观测的平均值之中。因此，用一个估计值代替了对于初始完全没概念的状况（板块速度是每年移动几十米或者每百万年移动几毫米，又或者任何速度），虽然这个估计值是基于粗略的分析，但这个估计值在精度上保持在同一个数量级。这体现了物理分析的价值，即使是简单的分析，它也提供了可使用的合理特征值。

（4）热传导

实际上，相比于上一节的简单理论，这里可以根据观测结果估计板块厚度 d。但是在对流过程中，热边界层的厚度是作为对流过程一部分由内部决定的，因此用这个理论来测定厚度 d 应该不需要任何额外的输入。在了解热对流（也称作热扩

散）之后，将会把对流理论延伸到下一节中。

热量从温度高的物质向温度低的物质流动。实验已经证明，热量流动的速率与物质的温度梯度成比例。例如，一个介质层的底部处于高温 T_h 中，其顶部处于低温 T_c 中。假设温度变化是呈线性的，介质层厚度为 h，那么，热流动的速率 q 为

$$q = -K(T_c - T_h)/h \tag{2-18}$$

温度差就是 z 轴上数值大的 z 值对应的温度减去数值小的 z 值对应的温度，所以，正的温度差会对应一个正的斜率。尽管热量流向正的区域，斜率实际上是负的。因此，需要在前面写上负号，来保证热量从热向冷流动。比例常数 K 是导热系数，是另一个介质属性。式（2-18）表明热量流动的速率与温度梯度成比例，有时这称作傅里叶定律。在式（2-18）中，q 实际上是一个热流通量，代表通过介质表面单位面积的热流的速度。热量是能量的一种形式，所以单位是焦耳（J）。热流的速度就是用每秒的焦耳数来测量的，或者瓦特（W）。因此 q 的单位是 W/m^2。

为了处理热边界层，需要考虑温度随时间的变化，如图 2-6 所示，即使热量流经边界层，温度仍保持恒定。要做到这一点，需考虑热物质置于冷的热边界层的情况。最初，热物质温度 T_m 从深度 $z=0$ 向下延伸。$z=0$ 处的表面温度保持 $T=0$。可以认为，这是刚刚在洋中脊扩张中心形成的新洋壳和地幔的温度分布：热地幔涌出后接触到冷的海水。接触后，温度如图 2-6（b）中标注 $t=0$ 的短虚线所示。

现在要解决的问题是温度分布将会如何随时间改变。热量经过冷的热边界层从热物质中流出，在稍后的时间t_1，温度可能类似图 2-6（b）中的实线。其原因是，最初热流梯度大。但热量不会随深度流动，因为那里的温度分布仍然统一，根据式（2-18），热流梯度为零。因此，表面附近的热将被移除，但表面温度仍是 $T=0$，更深的温度仍保持T_m，所以，这个剖面必须关联这两个温度。这里简单地假设这个剖面在浅部只表现线性，更真实的剖面将在后面给出。这里可以重复这个逻辑：更多的热量将以缓和的新梯度流走，冷却区域将向下扩展，但一些更深处的温度仍将保持恒定。因此，温度在稍后的时间 t_2 将如图 2-6（b）中长虚线所示。

热边界层紧跟着温度值从边界变化到内部的区域。因此，这是一个过渡区域，通常其温度梯度相对较陡。下面讨论热边界层将如何随时间发展。

为了得到温度分布的变化率，需要得到温度从最初到变化所需时间 t_1。通过估算热量流失速率和热量流失量，可以得到 t_1时刻的热量流失速率是

$$q_1 = K T_m/d \tag{2-19}$$

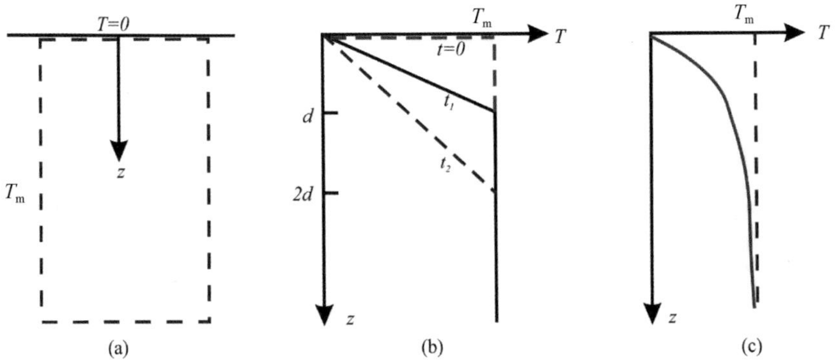

图 2-6 热边界层温度变化特征

（a）热材料放置在一个冷的边界处。（b）温度随深度 z 变化的粗略近似图，同时随时间变化。标记显示这种分布出现三次。（c）冷却物体的实际温度曲线图

由于梯度陡，起初热量损失的速率将比这更大，这是下限。如果还知道已经丢失了多少热量，可以得到一个流失热量所需的时间上限。

物体的热量取决于其温度、质量和比热（C_P为定压比热容，它允许一些材料被加热时发生热膨胀。热力学家也定义了定容比热容C_V）。比热是单位质量的物质提高 1°C 所需的热量。对于地幔岩石，大约是 1000 J/(kg · ℃)。热边界层物质已平均下降 $T_m/2$。因此，单位质量热含量的变化是 $C_P\ T_m/2$。密度是单位体积下的质量，所以每单位体积热含量变化是$\rho\ C_P\ T_m/2$。式（2-19）中的热损失是热通量，即单位面积上表面（研究大洋岩石圈时为海底）的热损失速率。因此，需要单位面积上的热含量变化，即厚度 d 且单位截面面积为 $d\times1\times1$ 的岩石热量变化。最终得到表面单位面积上流失的热量为

$$\Delta H = \rho\ C_P\ T_m d/2 \tag{2-20}$$

如果热损失速率如式（2-19）所示，所需时间为

$$t_s = \Delta H/q_1 = \rho\ C_P\ T_m\ d^2/2K\ T_m = \rho\ C_P\ d^2/2K \tag{2-21a}$$

$$t_s = d^2/2\kappa \tag{2-21b}$$

表达式还有几项要说明。温度抵消，时间与温差无关，只取决于深度和材料属性。热扩散系数表达式量化了材料属性

$$\kappa = K/\rho\ C_P \tag{2-22}$$

标准的岩石导热系数大约为 3W/(m · ℃)。当密度在 3000kg/m^{3}左右，比热为 1000 J/(kg · ℃) 时，$\kappa=10^{-6}$m^2/s。可以通过这些数据的量纲验证，κ 量纲为长度^2/时间，它一定与式（2-21b）的量纲平衡。

冷却 10m 深的物体需要多久？没有先验知识，就没什么概念。可能是几分钟甚至几个月。如果 κ 值已经给定，答案是 5×10^{7}s，即一年多，这是一个上限。但它表

明冷却 10m 深的岩石需要相当长的一段时间。在天气寒冷时，房屋的地基在地下约 2m 处，即在冬天结冰的位置之下。这就是为什么地下室通常很冷。

冷却 20m 深的物体需要多久？由式（2-21b）中的 d^2 给出，需要 4 倍的时间，即 2×10^8s，超过 6 年。为什么一倍的深度导致时间增加到 4 倍？如果遇到图 2-6 中层深 $2d$ 的情况，就会发现，温度梯度只有一半，热损失速率只有板片的一半，因此时间翻倍。

冷却的体积变大一倍，需要损失两倍的热量，而热损失率只有原来的一半，因此需要 4 倍的时间来冷却。

式（2-21）中的时间 t_s 是一个上限，但它仍然有助于理解冷却时间的变化，即时间如何随深度或材料属性的改变而变化。这是因为实际的冷却时间是一个上限为 t_s 的常数。如果注意到层厚 $2d$ 的对数值与最薄的板厚相同，那么有可能会认为一切与 d 等比例变化。因此，在这个问题上，t_s 不是实际的时间，而是一个有用的时间尺度。

严格的数学分析得出，实际冷却时间为 $d^2/4\kappa$。正如预期的那样，实际的时间小于上限，但它的尺度相同，所以实际的时间总是上限的一半。温度曲线如图 2-6（c）所示，随深度渐增，温度接近初始温度，这增加了测量冷却层厚度的难度。具体而言，d 被定义为温度达到初始温度的 84% 时的深度（84% 可简化误差函数中的意义）。

这里获得的结果非常好，可用两个不同的形式表达

$$t \sim d^2/\kappa \tag{2-23a}$$

$$d \sim (\kappa t)^{1/2} \tag{2-23b}$$

符号“~”表示“大约”或“约等于”。因此，如上文所述，如果知道在热扩散问题中的深度尺度，可以简单估计相应的时间尺度。可以很容易应用式（2-23a）研究如岩浆岩床或岩脉的冷却、深成岩体的冷却或其他地质构造事件后地壳的冷却。

反之，如果知道时间尺度，可以估计深度尺度。例如，对约一亿年的古海底，可以使用式（2-23b）来推断，大洋岩石圈已经冷却到 57km 的深度。严格的算法得出两倍深度（114km），接近在古老大洋岩石圈观测到的厚度。

这里先介绍热传导，随后考虑温度曲线如何随着时间变化，进而介绍热扩散系数，给出式（2-23）中两种形式的简单关系。这些可以直接在下一节的对流理论中使用。

其他情况下发生的扩散，尤其是化学扩散，化学物质沿着浓度梯度移动。类似的关系适用于化学扩散系数，通常比热扩散系数小得多。因此，这里发展的概念和关系有更广泛的适用性。

(5) 板块速度的热-黏性分析

现在，可以回到板块速度计算上。在前文得到式（2-17）：$v = g\rho_0 \alpha TDd/12\mu$ 。d 是表面板块厚度，定义其为顶部热边界层［图 2-5（b）］。在洋中脊扩张中心，热地幔上升到表面，然后水平移动，离开扩张中心［图 2-5（a）］。它慢慢离开时，接触冷的海水，从顶部通过热传导冷却。冷却层随时间增厚，直到它达到一个俯冲带并返回到地幔。可以把冷却层看作热边界层，它的厚度取决于时间 t_p。板块在地表冷却时间取决于板块的速度和它移动的距离。图 2-5（b）中的简单盒子模型，移动距离 D。如果板块速度为 v，那么

$$t_p = D/v \tag{2-24}$$

现在，可以用这个时间计算式（2-23b）中厚度 d。这里将使用从严格分析中得出的结果，所以

$$d = (4\kappa t_p)^{1/2} = (4\kappa D/v)^{1/2} \tag{2-25}$$

可将这个表达式代入式（2-17），得到 v。美中不足的是，v 出现在公式右侧，是试图计算的未知量。这个情况可通过数学解决。等式两边同时平方，得

$$v^2 = (g\rho_0 \alpha TD/12\mu)^2(4\kappa D/v)$$

因此，

$$v^3 = (g\rho_0 \alpha TD/12\mu)^2(4\kappa D) = D^3(g\rho_0 \alpha T2\kappa^{1/2}/12\mu)^2$$

最终，

$$v = D\left(\frac{g\rho_0 \alpha T\sqrt{\kappa}}{6\mu}\right)^{2/3} \tag{2-26}$$

式（2-26）仅涉及 g、温度和一些材料属性。这里根据 $T = 1300℃$ 和其他已知量，估算了式（2-26）中的速度，$v = 3.6\times10^{-9}$m/s，或 0.115m/a 或 11.5cm/a（不足 0.5 按 0.5 算）。因此，理论推断结果是板块速度观测值（大约 5cm/a）的两倍。

假定板块运动由俯冲板片的（热的、负的）浮力和地幔流体的黏性阻力之间的平衡决定，这就再现了构造板块速度的观测值。这一理论的扩展形式也假设板块是一个由导热的地表冷却形成的冷的热边界层（cool thermal boundary layer）。唯一的输入是已推断出的地幔温度、黏度和其他一些由实验确定的材料属性。因此，采用简单的对流理论就可以估算构造板块速度，并在近似理论预期的不确定性和输入的不确定性上取得一致。至此，什么驱动着板块？一个合理的答案是：板块自己，它们是地幔对流的主动方。

这是否“证明”了板块为什么移动？答案是没有，也可能存在一个涉及其他动力的理论，并能与观测结果吻合。但它确实表明，这一简单理论可以解释观测结果，所以，这是一个解释板块移动的很好的候选理论。这里检验了黏性流体的流动、热膨胀和热浮力。然后，通过观测或实验的输入，评估所需的条件共同演算板

块速度。对流可以理解为简单的物理术语，而不仅仅是发生在地球深部的神秘事物。

这里，构造板块不是被动地浮在一些神秘运动的东西上。板块是地幔对流的主动方，是地幔对流系统的冷的热边界层。一旦清晰地理解了什么是对流，板块和地幔对流之间的关系就变得简单了。

地幔物质的循环，从洋中脊上升，在表面冷却后形成板块，板块横向移动并分离，随后又被加热，并再次被地幔吸收，这是一种对流的形式。运动由系统内部而不是底部的热浮力驱动，这里会明确地看到它进一步传输热量。

对许多人来说，对流是一个相当神秘的过程，也被广泛认为是复杂的，需要超级计算机模拟。但这里，这种处理使对流不那么神秘。这种简单理论表明，当以明确概念和判断正确的近似处理时，对流就不那么复杂，事实上更容易与观测值取得良好的一致性。

（6）瑞利数和其他流体动力要素

流体动力学家喜欢用无量纲数描述流体，如读任何关于对流的文献，都会遇到瑞利数。通常会遇到难懂的表达，这些表达可能会但不一定会有简短的解释，让人可能理解或不理解。

这里，无须提及瑞利数，就能很好地了解对流理论。然而，为了给出应有的流体动力学解释，瑞利数非常有用，因为它使相关联的系统非常简洁，让人们知道对流是停滞的还是活动的，或实验室水箱中的对流是否与海洋或地幔对流类似。

这里有一个得到瑞利数的方法，即使用式（2-26）得到一个不含 v 的 d 的表达式。式（2-25）为

$$d = (4\kappa D/v)^{1/2}$$

两边同时平方并用式（2-26）替换 v

$$d^2 = 4\kappa\left(\frac{6\mu}{g\rho_0\alpha T\sqrt{\kappa}}\right)^{2/3}$$

现在两边同时开 3/2 次方，重新调整一下

$$d^3 = 8\kappa\left(\frac{6\mu}{g\rho_0\alpha T}\right)$$

除以 D^3 并整理

$$\left(\frac{d}{D}\right)^3 = \frac{48\kappa\mu}{g\rho_0\alpha T D^3}$$

左边是长度的比率，无量纲，这表示右侧必须无量纲。瑞利数的定义是这个数量集的倒数，忽略数字因子，即

$$\mathrm{Ra} \equiv \frac{g\rho_0\alpha T D^3}{\kappa\mu} \tag{2-27}$$

三横等式表示这是一个定义：左边=右边的定义。瑞利数是一个无量纲的量。在定义其他几个数值后，其全部作用将变得明显。不过，首先注意前面的表达式可以写成紧凑的形式

$$\frac{d}{D} = \left(\frac{\mathrm{Ra}}{48}\right)^{-1/3} \tag{2-28}$$

再来看看速度。热扩散系数 κ 的量纲为长度^2/时间。因此，κ/D 与速度（长度/时间）同量纲。这里使用速度尺度：$V = \kappa/D$。用式（2-26）表示，并稍加处理

$$\frac{v}{V} = \left(\frac{\mathrm{Ra}}{6}\right)^{2/3} \tag{2-29}$$

所以，也可以把对流速度的形式写得非常紧凑。

最后看看热流。如果热边界层厚度为 d，据傅里叶定律［见式（2-18）］，通过热边界层的热通量为

$$q = KT/d$$

这也是通过流体的总热量，即为表面出现的热量。如果热量必须通过流体层，没有对流，那么传导热量 q_c 为

$$q_c = KT/D$$

热通量 q 与传导热量 q_c 之比就是 D/d，所以从式（2-28）得出

$$\frac{q}{q_c} = \left(\frac{\mathrm{Ra}}{48}\right)^{1/3} \tag{2-30}$$

这为另一个非常紧凑的形式。

可以看到，除数值因素外，瑞利数包含热边界层的内部信息，如厚度、对流速度和对流产生的热交换量。Ra 较大时，对流更快且能输送更多的热量。式（2-28）表明，更有力的对流会产生更薄的热边界层。这是因为越快的流体在表面花的时间越少，并且在很大的深度都不会冷却。

式（2-29）中的速度比称为贝克莱数，写作 Pe。式（2-30）中的热通量比称为努塞尔数，写作 Nu。式（2-28）中的厚度比尚未命名。因此，可以总结上述结果：

$$\begin{aligned} d/D &\sim \mathrm{Ra}^{-1/3} \\ \mathrm{Pe} = v/V &\sim \mathrm{Ra}^{2/3} \\ \mathrm{Nu} = q/q_c &\sim \mathrm{Ra}^{1/3} \end{aligned} \tag{2-31}$$

常用的地幔 Ra 值为 3.5×10^6。被认为是中等大小的值，表示合理的强烈对流。Ra 超出 1000 才出现对流，地幔 Ra 值将用于进一步讨论地幔柱问题。如图 2-4（b）所示，在低 Ra 值处形成的上升流，在大幅度上升之前都可以通过热扩散消除。

流体的扰动消失，热量通过静态流体传导，所以地幔的 Ra 值远高于初始对流的水平。

假设想在实验室建立地幔对流实验模型，如何知道用什么尺寸的水槽和什么性质的流体？如果水槽实验也有类似的地幔瑞利数，那么流动应该有类似的活动性。假设实验室流体密度与水相似，为 $1000kg/m^3$，热扩散系数为 $10^{-7}m^2/s$，热膨胀系数为 $5\times10^{-4}/℃$，黏度为 5Pa·s。如果能制造 50℃温差，水槽必须有多深才能达到地幔瑞利数？答案是 19cm。这是一个可行的范围：实验得到的活力将与地幔的活力相似。

然而，拥有同样的瑞利数值并不能保证实验的一切都像地幔对流。例如，能很好地模拟构造板块的相似材料很难找到。作为地幔对流的一部分，板块对于对流型式和地幔对流中观测到的一些主要因素有很大影响。

2.2.1 板块模式的地幔对流

从脆性板块到塑性地幔，然后再回到脆性板块，力学性能随温度变化。这强烈地影响其动力学行为并影响对流。板块控制流动，内部热量和底部热量的对抗也影响对流型式。板块循环（生成、冷却、俯冲、再吸收）就是对流。板块模式的地幔对流输送了地球很大一部分的热量。据此，可以定量解释海底地形和热流。

前文提出的对流理论适用于多种型式的对流，应用于地幔对流时，需要一些重要的限定性条件。地幔对流具有独特的型式，这些型式与发生于常见流体中的对流完全不同。这是由于地幔岩石的力学行为在处于地表温度和地幔温度时发生了巨大的变化。

2.2.1.1 坚硬的岩石圈

如图 2-3 所示，黏度对温度的依赖性表明，温度从 1300℃降低到 1000℃会使地幔岩石的黏度增大 3 个数量级。但是，如果地幔岩石的温度大大低于 1000℃，它们就不会像黏性流体一样变形。它在特定温度范围内发生韧性剪切，变形集中在相对狭窄的区域，而不是均匀地发生在流体中。温度低于几百摄氏度时，剪切带变成脆性断层，这时，物质表现为脆性固体而不是流体。

材料对力和应力的力学响应，称为流变性（rheology）。岩石的流变性相当复杂，它不仅取决于温度，也取决于围压、引起变形的剪切应力、特殊矿物及其晶粒大小和化学组分（如百万分之几百的溶解水）。因超出岩石圈的温度和压力范围，地幔岩石的流变性很难阐明。然而，几个常见的观点还是可以确定的。

在地球表面，岩石是脆性的，它们沿着裂隙破碎，并且也会沿着裂隙产生滑动，发生位移后，形成断层。随着深度逐渐增加，围压增大，摩擦力增大，应力会导致滑动距离增大。另外，在足够高的温度条件下，岩石会像流体一样变形。如果韧性变形足够快，应力会在断裂作用或滑动发生之前减小，流体变形将成为变形模式的主导因素。在深度更大、温度更高的区域，岩石更容易变形，因此对于变形的阻力会再次降低。

图 2-7 为大洋岩石圈和大陆岩石圈的总体流变学结构模式，展示了应力与深度的关系。对于大洋岩石圈来说，从地表开始，应力随着深度的增加而增加。如图 2-6（c）所示，在大洋岩石圈内，温度也会随着深度的增加而升高。温度的升高促进韧性变形，因此，深度大于 40km 时，韧性变形成为主导，岩石强度随着深度的增加而减小。10 ~ 40km 深度时，为半脆性变形。脆性、半脆性及韧性三种变形方式界定了大洋岩石圈的强度包络线，大致表明了在每个深度岩石所能承受的剪切力。

大陆岩石圈的强度包络线相对有所不同，因为陆壳岩石强度小于地幔岩石强度。如图 2-7 所示，深度为 15km 时，韧性变形是主导因素，下地壳相对易于变形。陆壳厚度为 35km，并且由于地幔岩石的强度更大，35km 深度以下的强度再次急剧增大，大陆岩石圈的顶部和底部要比中部及大陆下地壳要硬。

岩石变形实验证实，大陆岩石圈的中部相对较弱，因此大陆岩石圈总体上要比大洋岩石圈弱。构造板块的大陆部分发育更多的内部变形，如遍及中国和美国西部的宽广的板内变形带。相比之下，远离板块边界的大洋岩石圈几乎没有经受变形。

Wilson 通过观察地球表面的构造特征来构想板块构造运动。他将地球表面分割为大大小小的区块，就像拼图游戏，并将这些破碎的区块称为板块，且认为虽然它们可以移动，但是是刚性的。事实上，地球表面的大部分地方是不会变形的，而且变形通常局限于狭窄的区域，意味着岩石圈就像脆性固体。这就是 Wilson 能够把活动带的概念用作几何约束边界，并认为其是狭义断层的原因。在现今的板块重建中，人们也将诸如非洲内部的裂谷带当作板块边界，因为以此为边界，邻接地块的运动速度差异显著，非洲整体并不具有统一刚性块体的运动特征，而可划分出更多微地块。但是 Wilson 还把镶嵌板块的行为作为约束条件，即使在一些板块的部分区域存在相对较小的变形，也描述它们为刚性的。

岩石圈的行为是由其上部脆性部分控制的。从韧性剪切带形成的意义上说，虽然它们可能是半脆性或韧性，严格来说，韧性是指材料被拉长的能力。岩石具有小的延展性，正在经受韧性变形，但是岩石圈下部显然被动地适应着其上部脆性部分施加的变形型式。因此，分离板块的主要断层边界可能是地表的真实断层，但是随

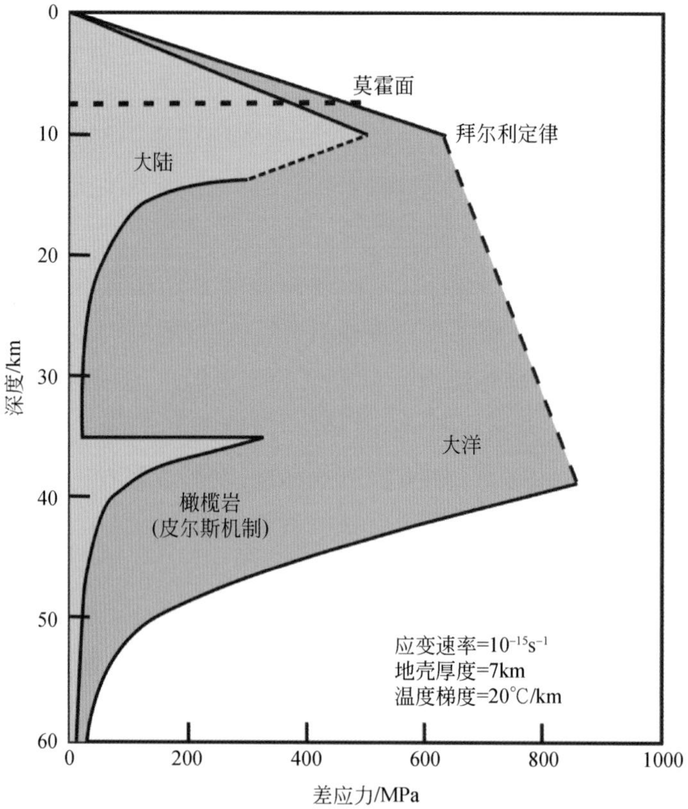

图 2-7　典型的大洋和大陆地温估计的强度包络线

每种情况包括三个阶段：脆性（直线）、半脆性（虚线）和韧性（曲线）。对于大陆来说，在 35km 的深度，大陆韧性响应变为地幔韧性响应。在这些例子中，应变率大约是 $10^{-15}\ s^{-1}$（Kohlstedt et al.，1995）

着深度的增加，韧性剪切带变质级别会升高，变形带会加宽。远离板块边界，岩石圈上部脆性部分的强度显然屏蔽并保护着岩石圈易变形的下部，以避免再经受更多的形变。

2.2.1.2　地幔对流中岩石圈的作用

岩石圈坚硬是因为它冷却了。较低的温度和相对较低的压力是发生脆性行为的必要条件。地幔内部的温度可达 1300℃或更高，地幔岩石可以足够快地流动，以减小驱动对流的应力，因此驱动力相对较弱。

岩石圈冷是由于热量传导到冷的地球表面。正如前文所述，在 100Myr 里，一个老岩石圈的地幔可冷却到大约 100km 的深度，且地幔冷却的深度与冷却持续时间的平方根成正比。

由于岩石圈温度较低，它是负浮力的，这说明它比其底层的热地幔密度大且更重。岩石圈的负浮力导致岩石圈下沉回到地幔中去，在下沉的同时，将表面岩石圈往下拉，把周围的地幔推开。可见，岩石圈的负浮力是地幔对流的驱动力。

综合来看，岩石圈作为地幔流体顶部的冷的热边界层，驱动地幔对流。对流的驱动力是冷的热边界层的负浮力。按照这种观点，由于热的地幔上升到地表，冷的热边界层形成（图 2-5），从而将热量传导给冷的地表。由于物质可沿着地表水平运动，顶部热边界层增厚，直到某一时刻它由于自身的重力或者负浮力而下沉，重新回到地幔中去。

岩石圈什么时候会下沉回到地幔中去？解决这个问题必须了解地幔对流和更多相似的对流之间的关键区别。如图 2-8 所示，在“正常”的对流中，热边界层变得不稳定，并且“滴”入流体内部。这种情况取决于热边界层中的流体能够变形，从而形成“滴状”流体。对于最常见的流体，黏度不随温度变化，因此冷的热边界层流体跟内部的流体一样可以流动。

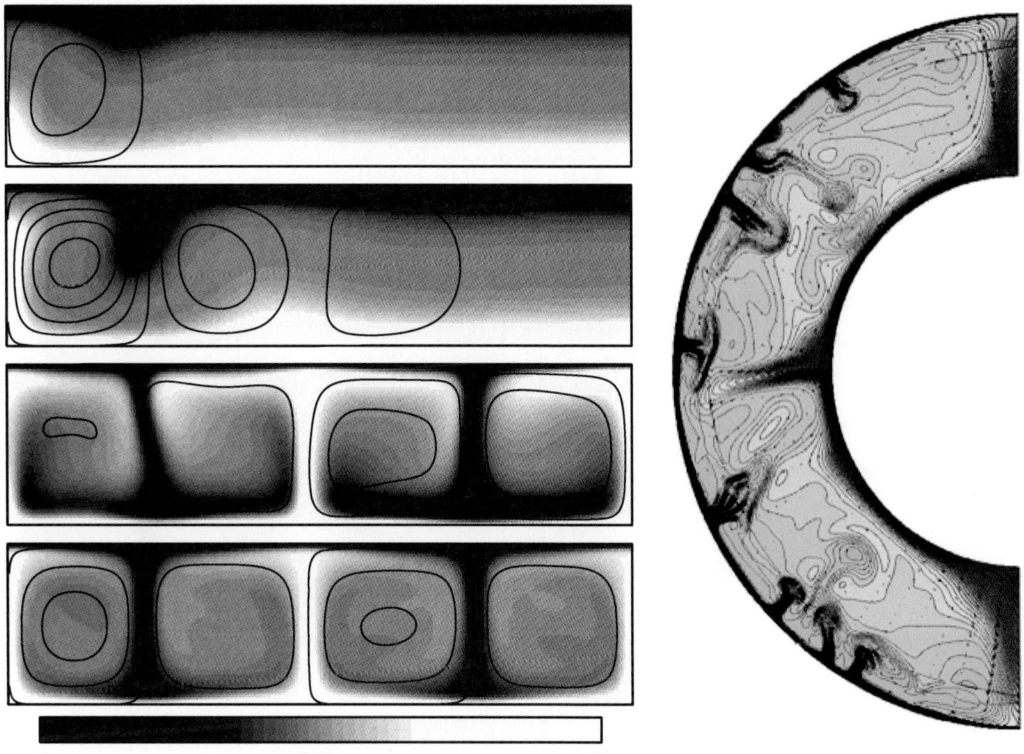

图 2-8　黏度均匀的“正常”流体产生的对流

一个“正常”的流体产生的对流，即其黏度是均匀的。这个例子中有两个热边界层，顶部为冷的热边界层，底部为热的热边界层（热量散失到流体中）。冷的热边界层增厚就会变得不稳定，并且形成“滴状”沉入流体内部（对流胞右侧）。底部的热边界层也变得不稳定，并且在其左侧形成上升的对流胞。最初的不稳定引发连锁反应，每个热边界层形成一连串的“滴状”下沉或上升穿过流体，直到形成一组对流单体另外，岩石圈地幔很坚硬，可以阻止“滴状”流体的形成。这有可能抑制对流，或者至少能够阻止岩石圈变形。这种情况出现在火星和月球上，它们的岩石圈在早期历史中没有发生变形，且岩石圈没有大断裂而变形或破坏，没有出现板块构造。它们有时也被称为“一个板块”的行星或卫星，即未破坏的岩石圈作为单一的板块包裹着整个星球。

显然，地球上存在着足以克服岩石圈强度并将其破碎的应力。在板块边缘，岩石圈足够脆弱以至于它的一部分会下沉，如图 2-5（a）所示的俯冲带。只有在板块边缘，地幔在洋中脊或扩张中心上涌到地表。板块偶尔也会破坏，形成新的板块边缘，要么俯冲，要么扩张。但是当板块完整时，就不会有上涌或沉降发生。

岩石圈变形对地幔对流的空间型式有着重大的影响。板块决定了上升流和下降流出现的位置，如图 2-9 所示，流体的黏度取决于温度，而对流产生于流体中，因此热边界层的黏度要高于流体内部。但是，一旦坚硬的热边界层分离成两个板块会使得顶部边界处黏度值相对较低。左侧板块的冷却部分开始沉降，从而引发流动。随后左侧板块在这个位置持续俯冲，新的流体在盒子的更左侧上涌，当其移动至右侧时发生冷却，从而附着到板块上。俯冲的部分通过流变和褶皱作用，板块沉降到图框的底部。在这个数值模型中，它的黏度在相当长的一段时间内保持较高的值，模型中的对流强度较实际的地幔对流要弱，这就是图上显示的时间相当长的原因。

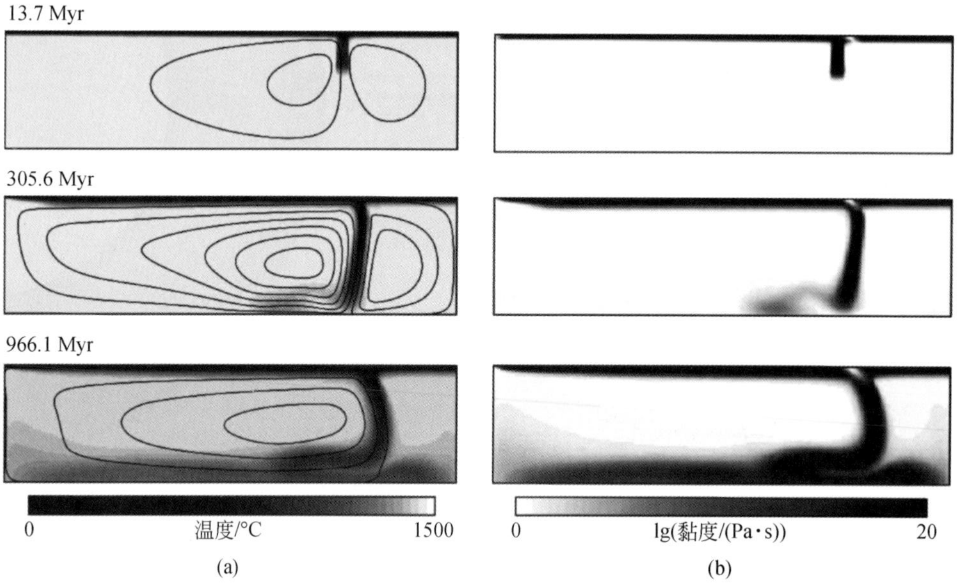

图 2-9　刚性顶部热边界层的流体中的对流（Davies，2010）

（a）用灰色的流线表示温度。（b）为黏度，相对于用对数灰度表示的最低黏性流体。虽然黏度的最大值为 100，但其取决于温度。它也在左侧板块两端显著降低

图 2-9 阐明的重点是，上升流和下降流的位置被限制在板块边缘区域。由于板块内部的流变强度太大，在左侧板块的中部没有新的“滴状”流体形成。对比图 2-8 的情况，上升流与下降流之间的距离近似等于盒子的高度。如果热边界层的黏度与图 2-9 的内部相同，“滴状”流体就会在板块到达俯冲带之前形成。在图 2-9 中，左侧板块下的对流胞的宽度，约为盒子高度的三倍，这大致符合地幔中的情况。地幔约 3000km 深，但较大的板块跨度是 7000 ~ 14 000km，是地幔深度的 2 ~ 4 倍。对流胞宽度与深度的比值称为纵横比（aspect ratio），对于较大的板块而言，其纵横比为 2 ~ 4。

图 2-8 和图 2-9 的例子没有可比性，因为图 2-8 中对流强度低，并且在底部存在热边界层。然而，图 2-9 中明显的差异表现不是因为这些因素。从图 2-10 可以看出，均匀黏度的流体对流的强度与图 2-9 所示的相似，左侧图版有两个热边界层，流体通过底部时被加热，通过顶部时被冷却；而右边图版只有顶部热边界层。图 2-10（b）的对流模式与图 2-9 的完全不同。图 2-10 中，“滴状”流体在顶部无规律地形成，实际上它们随着时间的推移侧向迁移，这就是它们不发生垂直柱状流的原因。

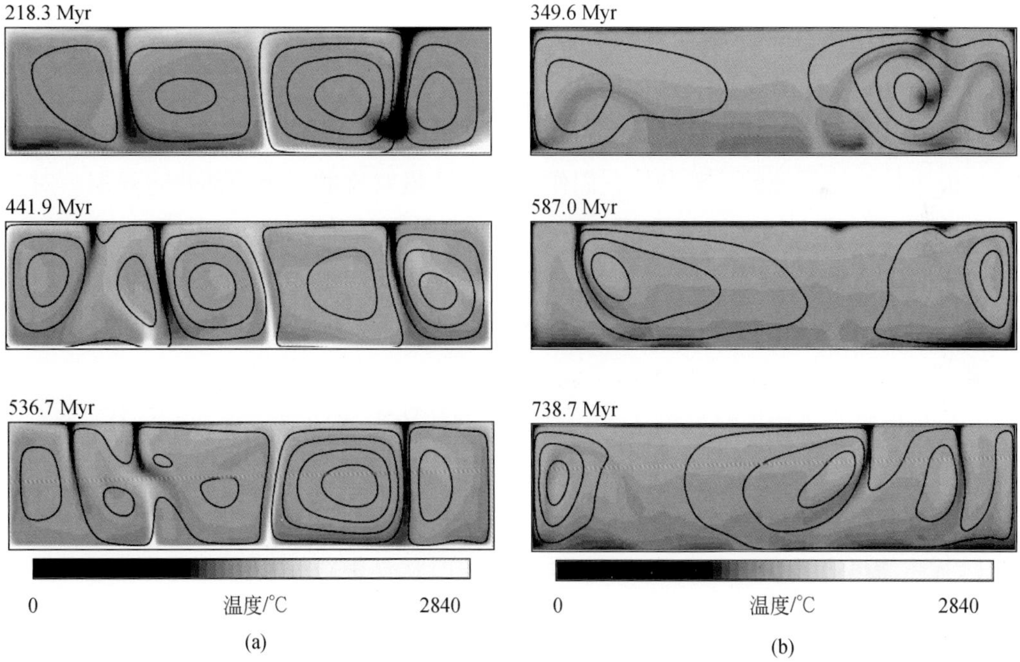

图 2-10　均匀黏度流体中的对流（Davies，2010）

（a）流体通过底部时被加热，通过顶部时被冷却，因此在底部存在一个热的热边界层，在顶部存在一个冷的热边界层。（b）流体在内部被加热，通过顶部时被冷却，因此不定时有“滴状”流体坠落的顶部存在一个冷的热边界层（内部热量模拟地幔的放射性热）

有两个因素可能影响地幔对流的高宽比或纵横比（Davies，1999）。一个因素是，下地幔的黏度可能是上地幔黏度的 10～100 倍（Mitrovica and Forte，1997）。这有利于大规模流动，对于一个给定的速度，其涉及的变形速率较小，因此黏性阻力减小。另一个因素是，地幔的球面几何形态。地幔延伸至地球的中部，这意味着深部回流仅需要地表流动的一半距离。因此，在板块底部不稳定性的形成与上升所需要的时间将会减少。

板块对流与正常的对流之间还有另一个重要的区别。由于只有一个板块俯冲，下降流完全不对称［图 2-9（a）底部］。在黏度均匀的对流中，下降流更加对称，流体则从下降流的两侧溢出。

总之，板块的存在对对流的空间格局影响较大。上升流和下降流只发生在板块边缘，而不是目前看到的板块之间。在这种意义上，板块控制了流动模式。因此，板块的宽度比地幔的深度更大。由于物质只能从一侧沉降进入地幔，俯冲不是对称的。

地幔物质上升至地表，冷却使得地幔物质从类似黏性流体变得像脆性固体，然后沉降返回到地幔中去，又变得类似黏性流体，所以地幔对流的独特型式才能够发生。地表物质的脆性导致刚性板块构造运动。人们很难接受板块是对流系统的一部分，原因就在此。而且板块大小不一，形状独特，并且在许多地方，它们的边界为尖锐的棱角，这些都不像是“正常”对流的特征。

2.2.1.3　板块模式下地幔对流的热量传输

板块是对流系统的一部分，它们作为驱动地幔对流的一个顶部热边界层，对流不会被动地在板块下方原因不明地发生，也不是主动从扩张中心上涌，在表面冷却，然后再沉回到地幔里再次加热这样的循环。相反，这样的循环是一个独立的对流系统，是一直在运动着的对流系统。通过这个过程，地幔对流将热量从地幔深处移除。

为与地幔对流的地幔柱模式（由地幔底部热边界层的热流驱动）区分，Davies（1999）将这种与板块相关的对流称为地幔对流的板块模式。

板块生成和消减的过程中，热量是以什么速率从地幔中去除的？根据图 2-6（b）所述的热边界层的升温原理可以推断，地幔从洋中脊处上升至地表，温度保持了原始地幔温度，$T_m = 1300℃$，这个推断在表层也基本正确。这层地幔约 100Myr 后到达俯冲带，其约 100km 的深度已经冷却。它的温度变化很大，表面温度 $T_0 = 0℃$，100km 深度温度 1300℃。它的平均温度约 650℃。当它在洋中脊形成时，平均温度为 1300℃。因此，它的平均温度已经从 1300℃下降至 650℃，减少了 650℃。将平均温度 ΔT 的变化规律写为

$$\Delta T = T_{av} - T_{av}^{i} = (T_0 + T_m)/2 - T_m = (T_0 - T_m)/2$$

$$\Delta T = -T_m/2 \tag{2-32}$$

式中，T_{av}^{i} 为位于洋中脊的初始平均温度。

根据式（2-20）和前述，可以推出岩石圈中热含量变化的表达。横截面面积为 $1m^2$的岩石垂直深度为 d，则它的体积是 $d\times1\times1$，质量为 ρd，其中，ρ 是岩石的密度。因此，这个岩石柱热含量的变化 ΔH 就可以表示为

$$\Delta H = \rho d C_P \Delta T \tag{2-33}$$

式中，C_P 是岩石的比热。

海底扩张每年生成约 $3km^2$ 的新海底。同时，海底俯冲也消减了 $3km^2$ 海底。需要记住这个公式，一年大约有 3×10^7s，转换面积单位为平方米，则海底俯冲消减速率为 $S = 3\times10^6/3\times10^7 m^2/s = 0.1m^2/s$。海底被消减的每平方米区域都损失了一定的热量 ΔH，这已由式（2-33）给出。因此，大洋岩石圈冷却所致的热量损失速率为

$$Q = S\Delta H = S\rho d C_P T_m/2 \tag{2-34}$$

式中，$\rho = 3300kg/m^3$ 和 $C_P = 1000J/(kg \cdot ℃)$，得出 $Q = 2.1\times10^{13}W = 21TW$。

通过计算平均热通量（q），也可以获得热损失速率。平均热通量等于热通量变化量 ΔH 除以板块达到俯冲带的时间（t_s = 100Myr），计算公式如下

$$q = \Delta H/t_s \tag{2-35}$$

使用上述值，$\Delta H = 2.1\times10^{14}J/m^2$、$t_s = 3\times10^{15}s$，因此，$q = 70mW/m^2$。海底的表面积为 $3.1\times10^8km^2$，所以，海底损失总热为 $Q = 22TW$。除舍入误差外，这与式（2-35）所计算出来的答案基本是相同的，因此这两种方法是等效的。

这个粗略估计值比实际观测值要低。通过海底观测，平均热通量约为 $100mW/m^2$，得出总热流为 31TW（Sclater et al.，1980）。一个更复杂的数学分析会更接近这一观测值。通常，粗略估计的目的是保证观测物理量的精度。因此，可以得出这样的结论：板块生成和消亡的循环会从地幔中消除约 30TW 的热量。

可以将这个估计值与地球的总热量损失和地幔的总热量损失相比较。地球的总热流量是 41TW（Sclater et al.，1980）。其中，部分热量是在上地壳产生的，所以不能算是地幔的热量。大陆具有约 $50mW/m^2$ 的平均热通量，面积为 $2\times10^8km^2$，所以总热量流出约为 10TW。大约有一半的热量是由地表上部约 10km 的地带以及地壳内集中的放射性活动产生的，这些热量直接传导到地表，因此并没有驱动地幔对流。大陆热流的另一半必须来自地幔，且流入了大陆岩石圈的底部。因此，大约有一半的大陆总热通量（$25mW/m^2$）从地幔生成，流经大陆，总和约 5TW。

这些关系见表 2-1。板块模式对流热损失约占全球的 76%。其中，近 90% 来自地幔，其余的通过大陆传导过程丢失了。因此，板块模式对流是热地幔中热量散失的最主要方式。地幔热损失的平衡可以通过在大陆岩石圈中传导实现。因此，通过地幔中热量损失量的基本原则，可以得出：板块模式对流是地幔顶部热边界层驱动对流的主要模式。

表 2-1　全球热流贡献量

指标	区域面积 $/10^8 km^2$	平均热流通量 $/(mW/m^2)$	总热流值 /TW	全球百分比 /%
1. 海底热流	3.1	100	31	76
2. 大陆地壳	2.0	50	10	24
a. 地壳放射成因	—	25	5	12
b. 地幔	—	25	5	12
3. 全部的地幔	5.1	70	36	88
4. 全球总计	5.1	80	41	100

换言之，没必要再用其他模式解释地幔热流。所谓的小尺度对流，就是其中的表现形式之一，即在岩石圈底层的最软部分以小尺度滴状下沉。《洋底动力学：系统篇》中已经讨论了其他几种对流型式，板块对流模式可以解释现今所观测到的热流量，而其他几种对流模式都不能传递大量热量。地幔柱模式有时也被援引作为替代或附加方式，但地幔柱模式不是被顶部热边界层驱动的，并且它的作用不是降低地幔的热量，而是将热量带入地幔，这个将在 2.2.2 节看到。由此地幔柱模式可能是地幔对流的另一种模式，但它绝不等同于板块模式。

若考虑热流空间分布和海底地形，对于大多数地球热损失，用板块模式来解释热量损失的争论加剧。接下来看一看这两个因素。

2.2.1.4　海底地形的地理差异

海底的深度与它年龄的平方根成正比，而海底的热通量与其年龄的平方根成反比。将大洋岩石圈作为热边界层，从式（2-21b）中得到热边界层的厚度 d 与冷却时间 t 的关系，$d=\sqrt{2\kappa t}$。这只是一个简单的近似写法，在这里用更严格的计算公式（Davies，1999）

$$d=4\sqrt{\frac{\kappa t}{\pi}} \tag{2-36}$$

当大洋岩石圈冷却并变厚时，地幔会发生热收缩。单位横剖面上单位面积的地幔且延伸至洋中脊下深度 d，会随着岩石圈向两侧推开而发生收缩，从而使远离洋中脊的地幔厚度为 $d-h$（图 2-11）。

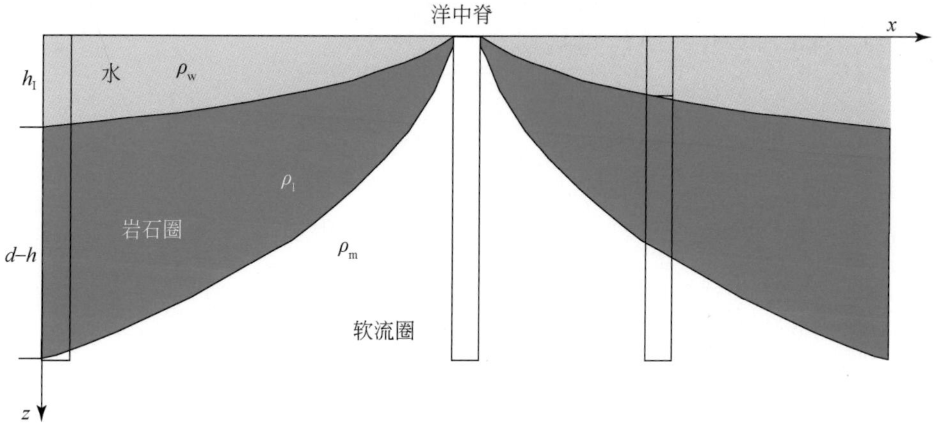

图 2-11　基于热通量的洋底岩石圈收缩示意

单位面积柱状地幔的体积从 $d\times1\times1\text{m}^2$，变为（$d-h$）$\times1\times1\text{m}^2$。体积比的变化则为 h/d，根据前面讨论的热膨胀公式［式（2-11b）］，则有

$$h/d = \alpha\Delta T \tag{2-37a}$$

或

$$h = \alpha\Delta T d \tag{2-37b}$$

式中，α 为热膨胀系数；ΔT 为地幔柱的温度改变的平均值。将式（2-36）代入式（2-37b），表明 h 与海底年龄的平方根成正比。对于年龄 100Ma 的海底，若 $\alpha=3\times10^{-5}/℃$，$\Delta T=650℃$ 和 $\kappa=10^{-6}\text{m}^2/\text{s}$，则由式（2-36）得到岩石圈厚度为 127km，热收缩 $h=2.5\text{km}$。然而，还需要考虑另一个因素。

式（2-37b）假设无海水覆盖情况下的岩石圈沉降量，但海水会引起均衡调整：水的重力使岩石圈表面进一步下沉。均衡作用要求岩石圈下没有水平压力梯度，否则岩石圈下的物质将发生水平流动，使一侧产生抬升，另一侧下降。

图 2-11 中两个柱体相同，不改变平衡，为简化表达式，这里忽略高于洋中脊轴部之上水的重量。为此，必须接受在地壳均衡之后的实际沉降 h_I，这不同于由热收缩导致的沉降 h。然后，右侧的岩石高度加上水是 $d-h+h_I$，这之下的压力是

$$P_r = g[\rho_l(d-h) + \rho_w h_I] \tag{2-38}$$

式中，g 为重力加速度；ρ_l 为岩石圈密度；ρ_w 为水密度。必须考虑到左侧同等高度的岩石圈，所以左侧压力为

$$P_l = g\rho_m(d-h+h_I) \tag{2-39}$$

式中，ρ_m 为地幔密度。假如这两个压力等同，可以得到公式

$$h_1(\rho_m - \rho_w) = (\rho_l - \rho_m)(d - h) \tag{2-40}$$

中间柱体（为负值）相对于左侧柱体表现为上部大量亏损，而左侧柱体相对于中间柱体则下部大量过剩，并且它们的总和一定为零，那么这个表达式是有意义的。

由于热收缩，岩石圈密度比下伏地幔密度大。需要用式（2-12）来替代它们

$$\frac{\rho_l - \rho_m}{\rho_m} = \alpha \Delta T = \frac{h}{d}$$

代入式（2-40），得到

$$h_1(\rho_m - \rho_w) = h\rho_m(1 - h/d)$$

h/d 是远小于 1 的，所以 h/d 可以忽略。因此，得到

$$h_1(\rho_m - \rho_w) = h\rho_m$$

可得出均衡作用沉降量的表达式

$$h_1 = h\left(\frac{\rho_m}{\rho_m - \rho_w}\right) \tag{2-41}$$

为得到沉降量作为海底年龄的函数，将式（2-37b）代入 h，式（2-36）代入 d，最终得到方程式

$$h_1 = \left(\frac{\rho_m}{\rho_m - \rho_w}\right)\alpha \Delta T 4\sqrt{\frac{\kappa t}{\pi}} \tag{2-42}$$

海底沉降量与海底年龄的平方根成正比，但是当 $\rho_m/(\rho_m - \rho_w)$ 这个因子也会受地壳均衡控制，所以可以很好地说明地壳均衡。代入 $\rho_m = 3300\mathrm{kg/m^3}$ 和 $\rho_w = 1000\mathrm{kg/m^3}$，这个因子为 1. 43。均衡沉降量就是 3. 5km。这个近似值较好吻合了 100Ma 的海底所观测到的沉降量，比 3km 略高。

因此，海底沉降（与海底年龄的平方根成正比）函数形式和幅度在这里的理论中也有很好的解释。地幔对流的板块模式认为，大洋岩石圈是一个地球表面冷却形成的热边界层。

2. 2. 1. 5　热流的地理差异

同样，人们也可以计算出从深部传导到海底的热通量如何随着海底年龄发生变化。基于图 2-11，使用一个简单的公式 $q = KT_m/d$。其中，K 代表导热系数，这个公式是前文介绍的傅里叶定律的一种体现。将式（2-36）的 d 代入，可得出 q 与海底年龄的平方根成反比

$$q = \frac{KT_m}{4}\sqrt{\frac{\pi}{\kappa t}}$$

然而，可以使用一个更为精准的公式，这个公式是基于大洋岩石圈剖面温度的精准误差函数。这个公式是

$$q = \frac{KT_m}{\sqrt{\pi\kappa t}} \tag{2-43}$$

$K = 3W/(cm \cdot ℃)$，其他值如上所述，得出海底年龄为 100Ma，热流为 $40mW/m^2$。

这一估算值与古老海底传导热流的一个观测值较吻合。可见，将海底岩石圈视为一个热边界层，其热流量大小与海底年龄的函数形式有良好的一致性。

2.2.1.6 板块模式的数值模型

以上模型只考虑了地表冷的热边界层，没有考虑热边界层围绕地幔的流动及俯冲的影响。因此计算结果认为，深层地幔对流对地形和热流的影响并不显著。图 2-12 是一个包含俯冲岩石圈的数值对流模型产生的动力地形。该模型中，地形的起伏要比等效的简单热边界层理论值小，用虚线表示；并且其形态与年龄剖面的平方根相比，有所偏离。

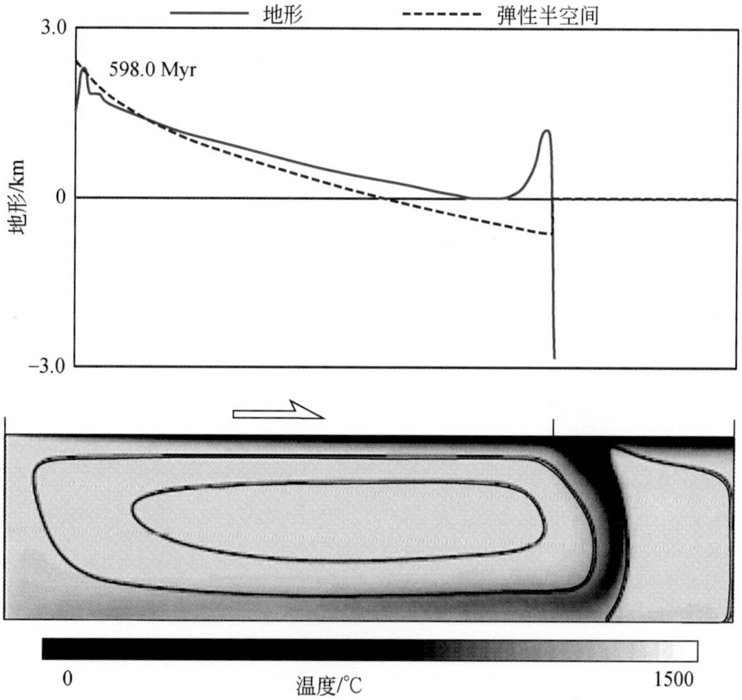

图 2-12　从数值对流模型计算而来的动力地形（Davies，2011）

这个模型中的俯冲带不准确，虚线表示的是热边界层的理论值

这个模型的表面热流值如图 2-13 所示，数值大小和形态与热边界层的理论值相当接近。这是因为表面热流值不受深部地幔的影响，而是受热边界层内温度变化的影响。

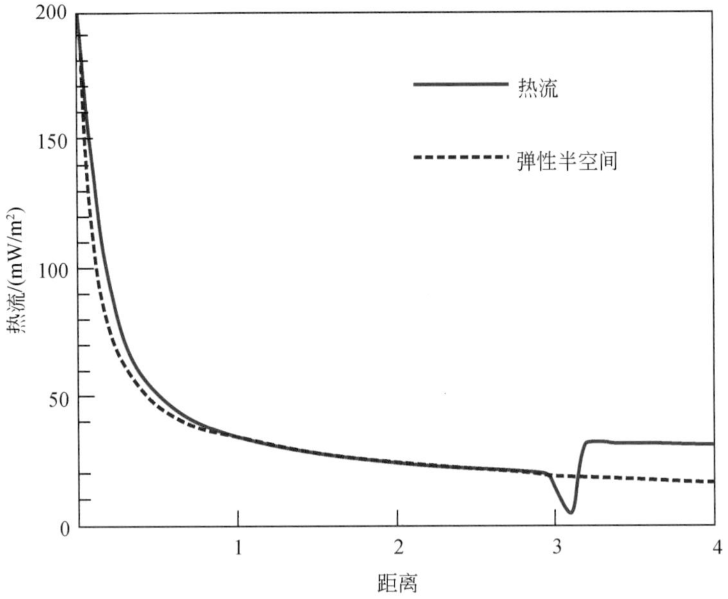

图 2-13　从数值对流模型计算得来的表面热通量（Davies，2011）
虚线指弹性半空间的热边界层理论值

2.2.1.7　板块模式的地幔对流总结

地幔物质来自较热的深部，其在深部类似黏性流体，到达地表变得硬而脆，因此，地幔物质从地球内部到达地表之后，其力学性质彻底改变了。坚硬的岩石圈破碎后形成板块。这些板块控制地幔对流的空间格局，上升流和下降流仅仅（或主要）发生在板块边缘。因此，板块控制了板块模式下的地幔对流，对流胞宽高比地幔深度的 4 倍还要大。在地球表层，这一对流模式的出现是罕见的，因为对流物质在地球表层是脆性固体，这导致板块大小不一，形状各异，有些地方边界棱角分明。因此，这是很难承认板块是对流的组成部分的原因，也是板块与地幔对流之间存在困惑的原因。

板块是地幔对流的一个组成部分，也是最活跃的组成部分，包括板块模式驱动的热边界层。热扩散理论很好地解释了大洋板块的厚度。作为一个直接后果，它也很好地解释了由洋中脊向两侧的海底沉降，以及由洋中脊向两侧海底热流的变化，板块模式散逸了来自地球内部的大部分热量。

正如在冷却加厚的板块构造理论中所阐述的，仅考虑地幔顶部 100km 即可获得这一结果。一个重要的意义是，地幔对流必须是相对被动的，否则会破坏岩石圈的常规沉降。这种有规律的行为虽然有些偏差现象，但可以用相对简单的理论来描述板块模式的大多数重要的活动行为。

洋中脊系统是地球上继洋-陆系统二分之后的第二大地形特征。这一简单理论定量地解释了这种地形特征，因此可以认为它具有动态起源，即由地幔内部动力学所致。

另一个重要的含义是，板块模式必须是地幔对流的主导模式，因为其他模式会产生不同模式的地形和热流。板块模式基本上控制了 海底热流，因此其他形式的热量传输都是次要的。下面探讨地幔柱及与其相关的地形和热流，届时会清晰地认识到这一点。地幔柱相关的地形广为人知并且颇具特色，但是与板块模式相关的地形相比，显然是次要的，这意味着地幔柱模式的对流也是次要的。

2.2.2 地幔柱模式的地幔对流

地幔柱是怎样构想出来的？在地球表面有地幔柱的证据吗？热点必然是地幔柱吗？由地幔柱引起的热点隆起、热量和质量输运、熔融程度如何？地幔柱是更倾向于上涌的形式和依赖于黏度吗？地幔柱头部和尾部与溢流玄武岩什么关系？连接的热点轨迹如何？地幔柱头部的熔融产物和溢流玄武岩的关系如何？简单的热模型并不能解释一切，热化学地幔柱可能对上述问题做出解释。

海底散布着许多海岭、海山和洋底高原，这些构造没有洋中脊和深海海沟与板块构造之间的相关性强。这其中的一些地质体露出海平面形成海岛。前文重述了 Wilson 从火山活跃的洋岛与侵蚀的洋岛构成的岛链，再到洋岛被侵蚀而沉没到海平面以下的环礁，辨识出了太平洋上岛链明显的年龄渐进关系。经典的例子是夏威夷皇帝海山链（图 2-14）。同洋岛一样，一条长链海山延伸至西北，同时，夏威夷皇帝海山链周围海底也具有一片宽广的隆起。这些观测提供了关于地幔过程的重要信息。

Wilson 注意到在世界其他地方也有这样的岛链。一些位于板块内部，如夏威夷；而另一些靠近或者坐落在洋中脊之上，如大西洋的冰岛和特里斯坦-达库尼亚群岛。他提出，洋岛是由地幔深部源区引起的火山活动而产生的，并且岛链年龄渐进是因为岩石圈移过这些深部源区（Wilson，1963a）。Wilson 称该地幔源区为地幔热点，并且他想象该热点是一个位于地幔对流环中的热地幔。热点不随地表岩石圈板块运动。Wilson 的观点并未立刻变得流行，精确的夏威夷-皇帝海山链渐进年龄在 1963 年才建立起来（McDougall and Tarling，1963；McDougall，1979）。不过应当认为，Wilson 的观测和观点对理解地幔流动是开创性的。

1971 年 Jason Morgan 提出了另一种火山作用的机制（Morgan，1971，1972）。作为地幔中某处的“热点”的替代，Morgan 提出了一种细小的柱状热地幔物质，自核-幔边界处上涌。这样上涌的柱状物质在另外一些流体动力学环境下很常见，如

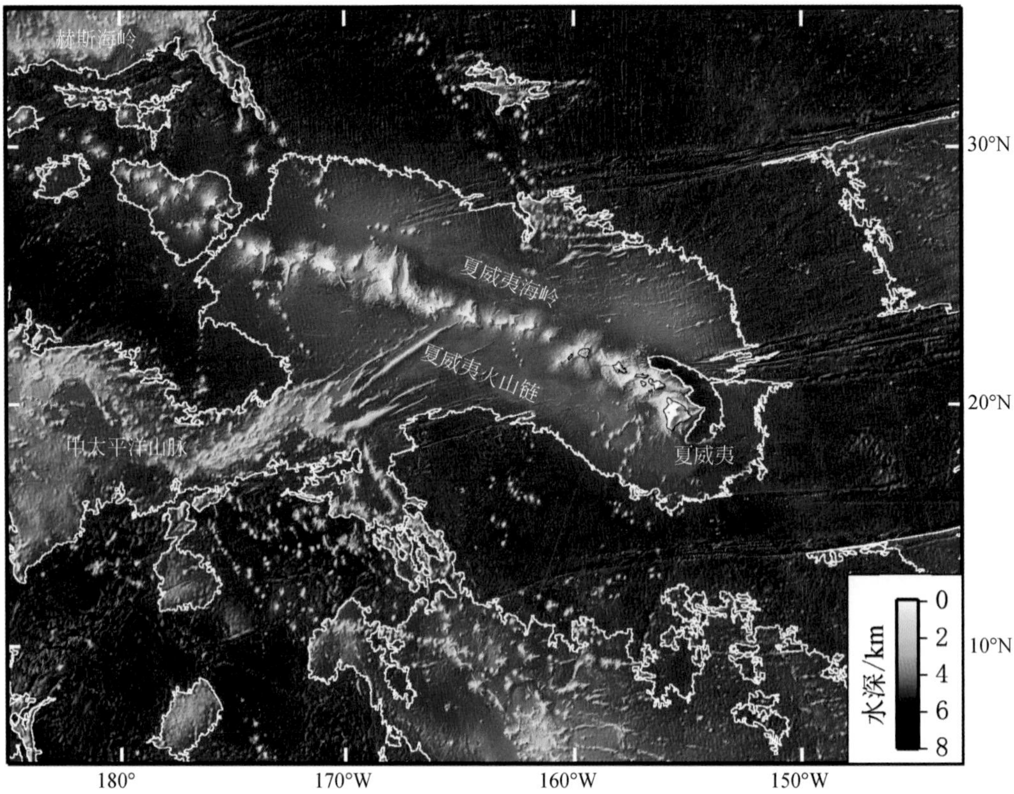

图 2-14　夏威夷-皇帝海山链及周边地形

蜡烛的柱状烟雾上升，并且 Morgan 采用了已有的术语 Mantle Plume 称呼他提出的地幔柱。Morgan 假定地幔柱的热量来自地核。该机制在当时是新奇的，具有可信的流体动力学过程，以及众多海山链所要求的可以持续上千万年的动力源。因此，通过 Wilson 和 Morgan 的洞见，地幔柱的概念诞生了。

Wilson 所使用的术语“热点”指位于深部地幔中的热部位，但是该用法在 Morgan 的假说之后发生了改变。Wilson 的说法很快被抛弃，所以将“热点”这个词用以指代地球表面火山中心是适宜的。为了避免混淆，人们可以称为火山热点。海山链从活跃火山热点延伸出去，形成热点轨迹。

Morgan 提出了第二个假设，火山热点之间没发生相对运动。他的观点不久就被概括为固定热点的观念。该假设早期获得广泛关注的一个重要的原因是，它提供了一个板块运动参考框架或参照系，即板块运动是可以被测量的，即固定热点参照系。Morgan（1968）是最早定义相对板块运动的学者之一，并且他使用热点积极去改善板块运动理论。在当时，依然广泛认为下地幔具有如此高的黏度以至于基本上是固定的，为热点“固定”提供了可信的理由。Morgan 认为，地幔柱代表了刚性下地幔发生热对流的一种方式。然而，这种观点受到了质疑（Goldreich and Toomre,

1969)，现今的观点认为，下地幔具有适中的黏度，并且可发生相当活跃的循环对流。这说明热点不是固定的，尽管下地幔的黏度比上地幔的黏度大得多，但热点可能比板块运动慢得多。实际上，许多热点之间的缓慢相对运动的问题已经得到合理的解决（Tarduno et al.，2003；Gordon et al.，2005）。然而，固定热点在定义板块运动中很有用处。检验地幔柱的科学性，探讨地幔柱的物理特性，这些只是次要的问题。重要的是，地幔柱是否是固定的或者缓慢移动的。

2.2.2.1 从地表观察推断的地幔柱

火山热点的定义和识别一直存在争议，并非每个板内火山都一定是热点，或与 Morgan 的地幔柱假说有关。尽管已提出 100 多个，但其中仅约 40 个获得广泛的认可，代表性热点或大火成岩省标示在图 2-15 中。

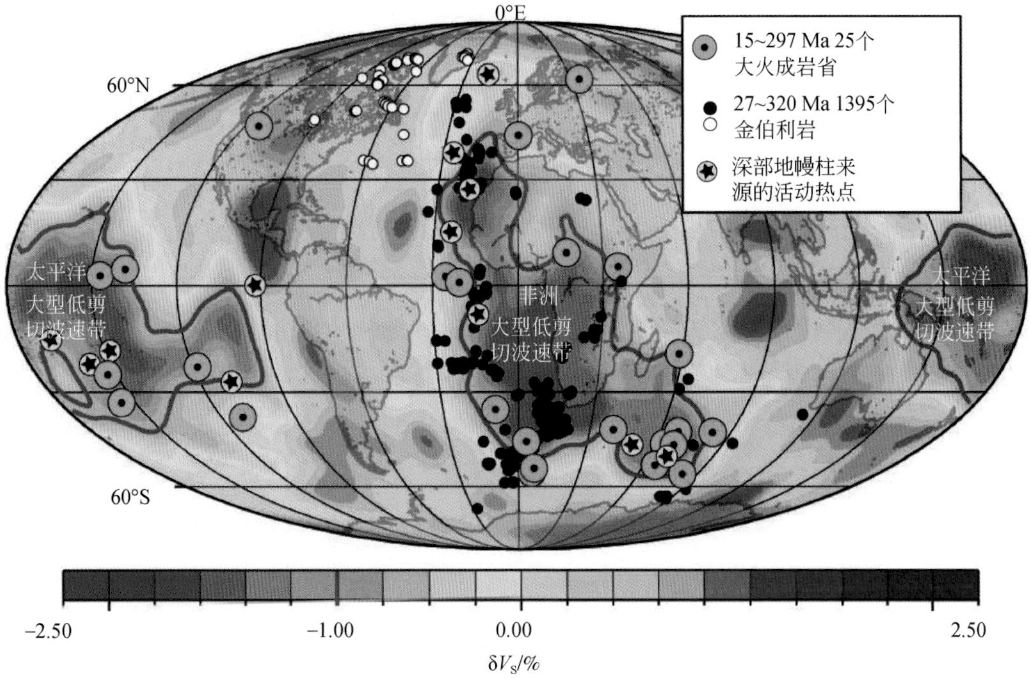

图 2-15 大火成岩省、热点、金伯利岩与下地幔低速异常区空间关系（Torsvik et al.，2010b）

强烈和清楚的热点及热点轨迹，可以用来推断引起这些热点及热点轨迹的地幔过程，甚至不需要物理理论就能获得。然而，与夏威夷这样的经典例子相比，也有一些热点及热点轨迹更加复杂。例如，在南太平洋的一些火山活动没有形成简单的线性链条，一些线性火山链并不呈现出清晰的年龄渐进关系。这样的例子可能包含更多的过程或地幔动力学信息。但很多热点的确显示出与夏威夷热点简单的相似性。

远离板块边缘所产生的孤立的、持久并相对缓慢移动的火山活动，暗示了存在一种并不直接和板块移动相关的独立且持续的岩浆源区。这样的岩浆活动的位置，通常在几十千米半径范围内，暗示源区侧向上很窄，直径不超过100km。持续上千万年的火山活动（在夏威夷的例子中至少90Myr）揭示出在其下存在规模巨大且不断再生的源区（即图2-15中两个大型横波低速异常区）。缓慢的侧向移动表明，源区位于地幔随着地表板块移动的区域，这正如Wilson和Morgan所指出的。热点持续不断地活动且缓慢运动，这说明热点之下有一个垂向上广阔的源区或者柱状体存在。据2.2.1节中的对流可知，直径100km的柱体，其地幔延伸至少1000km。因此，热点之下是一个高而窄的地幔柱。

柱体内高温或组分差异产生的熔融，可以引起热点的火山活动。如果是因为更热，那么在地幔底部必须存在持久的热供应，因此推断热来自地核（间接证据）传导至地幔，形成了一个热的热边界层。这样一个热的热边界层可以形成一个具流体动力学特性的柱状源区。这就是Morgan地幔柱假说的本质。

证明柱状体组分与周围组分不同是有可能的，但需要用特定假设克服一些理论障碍。一个成分一致的源区怎样持续地更新并不清楚，并且如果成分不一致，那么持续的热点需要一个大体积的源区。这其中有一个问题是上浮的部分物质将趋于上升至地表，且体积越大，上升速度越快。因此一个大体积上浮的部分，不可能产生一个狭窄且持久的组分一致的地幔柱并产生热点轨迹，更可能是部分地幔熔融并且产生一个相对短暂的、大规模的喷发，即接下来将要讨论的溢流玄武岩。

地核比地幔更热，这更倾向于热地幔柱而不是成分地幔柱的观念。地球的引力聚合过程释放出的热量足够气化地球的大部分物质，甚至地核中的铁从硅酸盐地幔物质中的分离作用，也可以将地球整体加热至2000℃左右。因此，地球很可能形成一个较热的内核。地球接着将从地表向内冷却，在热量从地核传导而来之前，地幔已经历了显著冷却（图2-16）。热量自热的地核传导至地幔底部，形成一个热的热边界层，该热边界层很可能是热地幔柱的源区。一些学者甚至提出，如图2-16所假设一样，地核可能开始比地幔更热，而不是局部和地幔达到热平衡。基于地核物质成分铁合金，可估算出地核温度。地核温度比地幔温度高1000℃甚至更高（Lay et al., 2008），在这样的情况下，一个热的热边界层可以在地幔底部存在。

这一系列观点均支持地幔中热地幔柱的存在。在类地行星上，冷却从表面开始发生，热量从地核传导而来，在硅酸盐地幔的底部形成一个热的热边界层。随着充分的热流动，热边界层变得不稳定并且产生热的上升流。这种上升流的最好形式是柱状的。因此，如果存在来自地核显著的热流，则说明存在地幔柱。这些并不一定能够被观测到，然而火山热点很有可能就是上涌的结果。

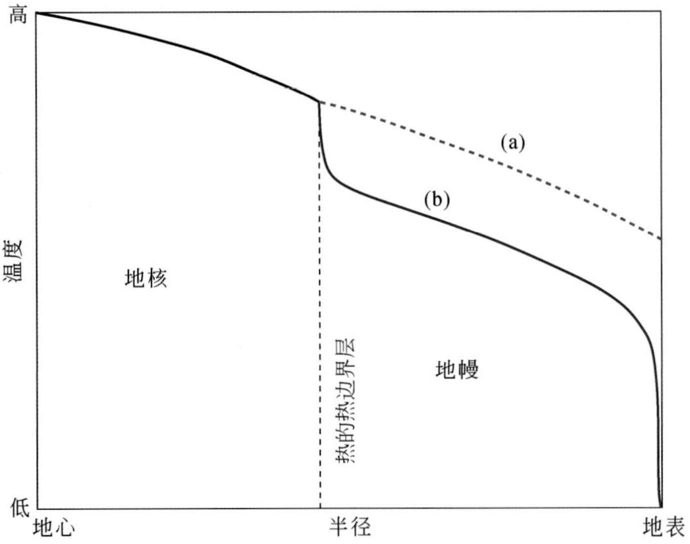

图 2-16　地核地幔热量图解

（a）地球形成过程中释放的热以及铁核的分离使地核和地幔温度升高，虚线为地幔温度的理论曲线；（b）热量将从冷的表面散失，冷却地幔。实线是考虑了热损失的地幔温度曲线

这样仅需少数假设且并不需要艰深的理论，就可以推断出火山热点（如夏威夷）下存在从地幔底部上涌的较热而狭窄的柱状管道。虽然这并不足以证明地幔柱的存在，但其确实将这些现象结合成一个具有明显证据链支持之下的可行假说。后文的进一步实验和理论上对上升流的理解，将会对该问题作进一步讨论。

2.2.2.2　热点隆起、地幔柱流量和喷发速率

正如夏威夷火山链狭窄的地势一样（图 2-14），沿夏威夷火山链具有明显的海底隆起。这些隆起最高约 1km、宽约 1000km。这样的隆起可能是因为洋壳加厚，也可能是因为岩石圈强度保持的地壳均衡发生了区域不平衡，或者是因为岩石圈下存在上浮物质。然而地震反射剖面显示，洋壳并无明显的地壳增厚（Watts and Ten Brink，1989），所以，这样的宽阔隆起也不会是由岩石圈挠曲力引起的（Turcotte and Schubert，2001），因此，夏威夷海岭是由岩石圈下的上浮物质引起的。

在许多已确定的火山热点附近，都具有如图 2-14 中的隆起。另一些明显的例子，如冰岛热点横跨大西洋洋中脊，以及非洲西海岸的佛得角。后者高 2km 并且甚至比夏威夷海岭还要宽，这是因为非洲板块相对于热点是近乎固定的。

热点隆起提供了很重要的信息，它们可以用来估算地幔柱中上浮物质的通量，并且可以依此计算热流量。计算结果极为直接，并且仅需要一些关于地幔柱物质的

假设，但地幔柱上浮是因为热，而不是因为其组成。

(1) 地幔柱传输的浮力

这里考虑物质由一个柱状导管上涌。将地幔柱视为一个垂直的具有 r 半径的圆柱（图 2-17 右侧），其横截面是 πr^2。假设地幔柱物质上升流具有平均速度 u。在短时间 Δt 内，物质将要流动一段距离 $u\Delta t$。流过某个点（如柱状体底部）的流体体积为 $V=\pi r^2 u\Delta t$。现在，除以 Δt，通量即为 $\varphi=V/\Delta t$，每单位时间通过一点的体积流量为

$$\varphi=\pi r^2 u \tag{2-44}$$

浮力是一种因上浮物质密度不足而引起的引力性质的力。图 2-17（c）的右下展示圆柱体部分物质浮力为 $B=g\Delta\rho V$，此处，$\Delta\rho=(\rho_{\mathrm{m}}-\rho_{\mathrm{p}})$ 是地幔柱和周围地幔的密度差。这些是在地幔柱中时间间隔 Δt 内上涌物质的浮力。如果将 B 除以 Δt，将得到浮力上涌流过地幔柱导管的浮力涌流速率 b

$$b=g\Delta\rho\pi r^2 u \tag{2-45}$$

这建立了理想化的地幔柱导管中的浮力涌流速率概念。浮力涌流速率可以和地幔柱相联系。

在夏威夷，浮力涌流速率可以清楚地推断出来。随着太平洋板块移过上升的地幔柱区，太平洋板块因地幔柱浮力而抬升。由抬升所致正地形的重量表现出一向下的力，板块之下地幔柱物质的浮力表现出一向上的力。这些力应该是平衡的，因为海底没有下降或上升，也没有类似岩石圈抗弯强度这样的力来阻止板块隆起。

自从板块移过地幔柱，部分已经抬升的板块将从地幔柱上方移走。为了保持隆起，新的板块部分到达地幔柱附近时必须持续抬升。这就要求在板块之下有新的上浮地幔柱物质抵达。因此，新的隆起地形产生的速率即是对上浮地幔柱物质抵达岩石圈的一种标识。

年地形隆起量约等于隆起宽度为 1000km、长度 $v\delta t$ 为 100mm（太平洋板块以 $v=100\mathrm{mm/a}$ 的运动速度移过地幔柱的距离）的条带抬升量，为 1km。每年隆起抬升的重量为

$$W=g(\rho_{\mathrm{m}}-\rho_{\mathrm{w}})wvh \tag{2-46}$$

密度差为地幔 ρ_{m} 与海水 ρ_{w} 的密度差，海底及莫霍面抬升，上浮海水被移除了，即莫霍面的垂向位移使得地壳的密度被抵消了。

地形的重量必须和地幔柱物质的浮力达到平衡，因此要求 $b=W$，地幔柱浮力上涌速率为

$$b=g(\rho_{\mathrm{m}}-\rho_{\mathrm{w}})wvh \tag{2-47}$$

运用上面引用的值，得到夏威夷的地幔柱浮力上涌速率 $b=7\times10^4\,\mathrm{N/s}$。

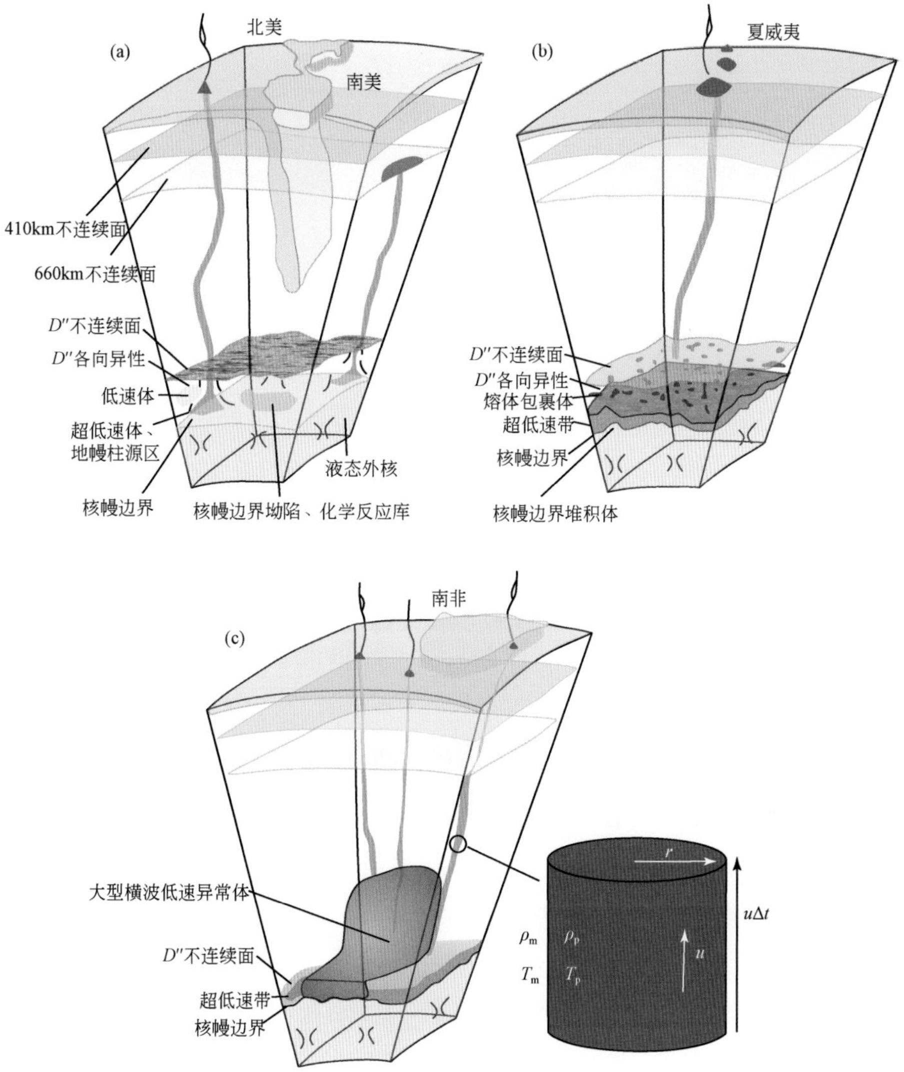

图 2-17　地幔柱导管中的浮力涌流

（2）地幔柱传输的热量

如果地幔柱浮力是热学上的，那么它就和地幔柱热量传输速率相关，因为都取决于地幔柱过高的温度，$\Delta T = T_{\mathrm{p}} - T_{\mathrm{m}}$，地幔柱密度 ρ_{p} 和地幔密度 ρ_{m} 之间的密度差就取决于热膨胀，因此，从式（2-12）得到

$$\rho_{\mathrm{p}} - \rho_{\mathrm{m}} = -\rho_{\mathrm{m}}\alpha\Delta T \tag{2-48}$$

热浮力流速率，从式（2-45）得到

$$b = \pi r^2 ug\rho_{\mathrm{m}}\alpha\Delta T \tag{2-49}$$

可以将热流速率和式（2-44）的体积流量 φ 联系起来。比热容 C_{P} 是将单位质量的物质温度提高 1℃所需要的热量。图 2-17（c）圆柱体部分的质量是 $\rho\varphi\Delta t$，所以，

其剩余热含量取决于其过高温度，$H=\rho\varphi\Delta t\ C_P\Delta T$，热量向上流过圆柱体速率是 $Q=H/\Delta t$，因此

$$Q=\rho_m\varphi\ C_P\Delta T \tag{2-50}$$

可以将式（2-50）中密度近似地视为地幔密度 ρ_m。如果现在将 Q 和 b 做比值，式（2-44）中 $\varphi=\pi r^2 u$，那么

$$Q=C_P b/g\alpha \tag{2-51}$$

这是一个简单的 Q 和 b 的关系。它只包括 g 和两个物质材料属性，即 C_P 和 α。这不取决于地幔柱的过高温度，因为被抵消了，也不取决于流速度 u 及地幔柱半径 r。

因此，不需知道 ΔT 或 u 或 r，即可以计算出夏威夷地幔柱上升流的热量。通过 $C_P=1000\text{J}/(\text{kg}\cdot℃)$，$\alpha=3\times10^{-5}/℃$，得到 $Q=2\times10^{11}\text{W}=0.2\text{TW}$，这些约是全球热流量的0.5%（41TW，表2-1）。

Davies（1988）粗略估计了所有已知的地幔柱的总传热速率，Sleep（1990）进行了更精细的估计，得到了相同的结果。这些已知的热点均比夏威夷热点弱，其中许多热点要弱更多。地幔柱总热流量约为 $2.3\times10^{12}\text{W}$（2.3TW），约为全球热流量的6%。

相对于板块传输的热量占地幔产生的热量的近90%，由地幔柱传输的热量则非常少。这表明，地幔柱是一种次要的对流循环形式。这样的结论并不令人吃惊，因为依靠热点隆起估计地幔柱热流，而热点隆起是一种比洋中脊系统更次要的地形。实际上，可以将板块的热量传输和板块下沉力联系起来，因为它们的热收缩，能够得到与式（2-51）一样的关系。

（3）地幔柱的体积流量速率和喷发速率

在不知道地幔柱温度的情况下，地幔柱的热浮力流量速率可通过隆起大小估计。如果对地幔柱温度进行精确估计，就有可能估计地幔柱体积流量速率，将其和火山喷发速率比较是有启发意义的。采用式（2-44）中的体积流量速率 φ 代入式（2-49）得到 $b=\varphi g\rho_m\alpha\Delta T$，因此

$$\varphi=b/(g\rho_m\alpha\Delta T) \tag{2-52}$$

从喷发熔岩的岩石学角度看，地幔柱温度比正常地幔温度高250～300℃（Campbell and Griffiths，1990）。取 $\Delta T=300℃$，利用之前得到的夏威夷的值（$b=7\times10^4\text{N/s}$），对其他取通常的值，得到 $\varphi=240\ \text{m}^3/\text{s}\approx7.4\text{km}^3/\text{a}$。

将该速率和夏威夷产生隆起的速率比较很有趣。每年体积增加量是 wvh，取 $h=1\text{km}$，$w=1000\text{km}$ 以及 $v=100\text{mm/a}$，则每年新隆起体积为 0.1km^3。这仅仅是1.4%的地幔柱体积流量速率，这反映了实际抬升是由于地幔柱物质的热膨胀。

根据现阶段火山活动强度推断，地幔柱直径小于或等于100km，因此可以粗略估计地幔柱流量速率。由式（2-44）得到

$$u = \varphi / \pi r^2 \tag{2-53}$$

因此，取 $r = 50\text{km}$，得到 $u \approx 3\times10^{-8}\text{m/s} \approx 0.9\text{m/a}$，这大约是最快的板块移动速率的10倍。因此，地幔柱中的物质上涌速率相对较快。

将体积流量速率和沿着夏威夷火山链岩浆涌出速率相比较也很有趣。火山链在过去25Myr间的建造速率约为0.03km^3/a（Clague and Dalrymple，1989；Morgan et al.，1995）。这比地幔柱体积流量速率小得多。这暗示仅有约0.4%体积的地幔柱物质以岩浆形式喷发到地表。即使地表之下存在更多的岩浆，如在夏威夷地壳底部（Watts and Ten Brink，1989；Wessel，1993），地幔柱的平均熔融分异程度不超过1%。

这些岩浆说明源区发生了5%～10%的部分熔融（Wessel，1993；Hofmann，2003），意味着80%～90%的地幔柱源区物质根本就不熔融，而剩余的经历了5%～10%的部分熔融。该结果对地幔柱源区岩浆的地球化学解释是很重要的。

（4）来自地核的热流

热量由地核传导进入地幔底部而产生热边界层，如果地幔柱从这里开始上升，那么地幔柱热流应该和地核热损失速率相近。估计地核热流量并不容易，并且在地幔柱假说中也有很多复杂性。

第一个复杂性，是估计地幔柱热流速率，应该包含由地幔柱头部携带的热量。Hill等（1992）运用地质记录中过去250Myr的溢流玄武岩喷发频率，推算出地幔柱头部携带的热量约为地幔柱尾部热量的50%。这样地幔柱中的总热流速率约为3.5TW，依然小于全球热流速率的10%。

第二个复杂性，是一些精细的模型显示，地幔柱携带的热量在深部地幔比在浅部地幔多得多，这是因为位于深部地幔的地幔柱温度更高。这种效应由地幔对流和绝热梯度引起。结合在一起，这些影响产生了地幔柱和周围地幔之间底部400～600℃温差，以及顶部200～300℃温差。由地幔柱模型在深部地幔传输的过剩热，比在浅部地幔传输的高2～3倍。这样地幔柱热流很有可能比估计值约高2倍，最多不超过3倍。因此，地幔柱推测携带有2～3倍的3.5TW，即7～10.5TW。

地核热流很难估计，它还与地核和地幔的热演化、内核的生长、地球磁场的产生以及具有争议的地核放射性等问题相关。

据地磁“发动机”的能量要求，可推断来自地核热流的约束条件，尤其对于地核的导热性（Davies，2007），以及对于“发动机”相关的能量耗散，这两者具有相当大的不确定性。Lay等（2008）引证一系列流出地核的热流为3～8TW，但是一些研究推断，这个值高达13TW（Nimmo et al.，2004；Zhong，2006）。更高的热流可

能暗示一个相对年轻的内核。这反过来要求在过去有更高的热流值，因为地磁发动机会在内核没有结晶时效率更低，并且在地球早期历史中具有难以置信的高温地核。为了避免这样的困境，已有研究提出，地核含有放射性的^{40}K，它将产生额外的热量，以阻止地核过于迅速冷却。然而，当地核中存在^{40}K时，应该有其他明确的地球化学证据来支持，但目前尚未观察到，因此这种可能性值得怀疑。这些争论的细节见 Davies（2007）、Lay 等（2008）的参考文献。Davies（2007）提出地核的热演化模型，并且提出了地核热损失为 5 ~ 7TW。因此，对地核热损失和地幔柱接近地幔底部的热流的估计是可对比的。这支持了 Morgan 提出的地幔柱来自地幔底部的热边界层。

2.2.2.3 地幔柱动力学和形态

尽管前面的讨论是基于观测得出的直接推论，不诉诸理论，但实际上已经有一个发展完善的关于热地幔柱的物理理论。它基于实验和数值的模型，以及由实验和模型校正的简单理论。其结果有助于理解地幔中的热浮力上涌应有的行为，且可以进行定量预测以及能够接受检验。一些地幔柱怀疑者断言，地幔柱假说是无限可修改的，并且不具可验证性及科学性，因此不是真实的。

另外，一些对非板块火山活动的观测，明显不符合热地幔柱模型的假定。热点的地球化学解释表明，地幔柱和周围地幔组成并不相同，地幔柱的浮力受到温度和成分组成的影响，并且也显示出成分、密度会导致地幔柱的行为复杂化。地幔柱行为的复杂性至今并未很好探究，依然很难说这些导致了观测结果的复杂性，但对一些火山活动是似乎可能的。也有一些小范围的火山似乎和地幔柱无关，所以确实是，在地幔中，发生了另外一些过程，但显然它们并不是火山活动和板块构造的主要来源。

（1）地幔柱动力学概要

这里先简要概述热地幔柱理论，对于热地幔柱的理解开始于一层流体上覆一层密度较大的流体而具有的不稳定性，因此下层流体便会上浮（图 2-18）。上浮层倾向于上升，但是上升流有一个优选的水平尺度或间距。该水平尺度大约为两层的总深度 D，间距大于 D 或小于 D 的上升流缓慢形成，并且被水平间距约为 D 的更快上涌覆盖。

该优选上涌间距意味着既没有成千上万的小型上涌，也没有 1 ~ 2 个大型上涌。这说明上涌是倾向有一个特定的规模。在下地幔条件下，理论估计和数值实验表明上涌间距约为 1000km，而其初始气泡状形态直径约为 400km。

Whitehead 和 Luther（1975）的实验及提出的一些理论表明，上涌呈柱状而不是席状。他们也指出，如果上涌流体相对于周围流体具有更低的黏度，上涌会呈现出

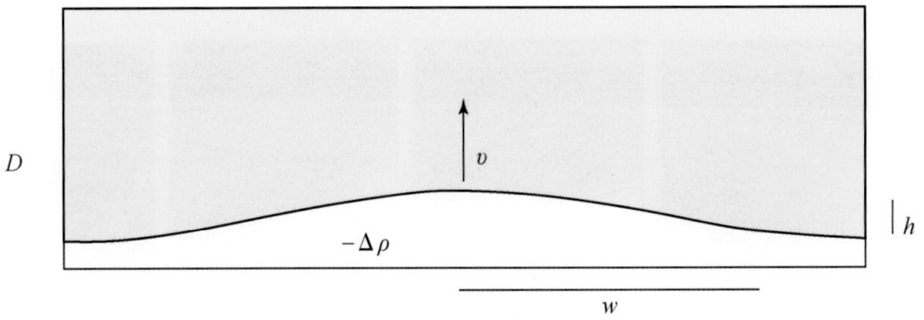

图 2-18　热地幔柱上涌示意

w 和 h 分别为不稳定区域宽度和幅度，$\Delta\rho$ 为上、下两层的密度差，v 为不稳定的最高处的上升速度

类似于球状的“头部”和相对狭窄的“尾部”。从数值模型中得到的头尾结构示例如图 2-19。

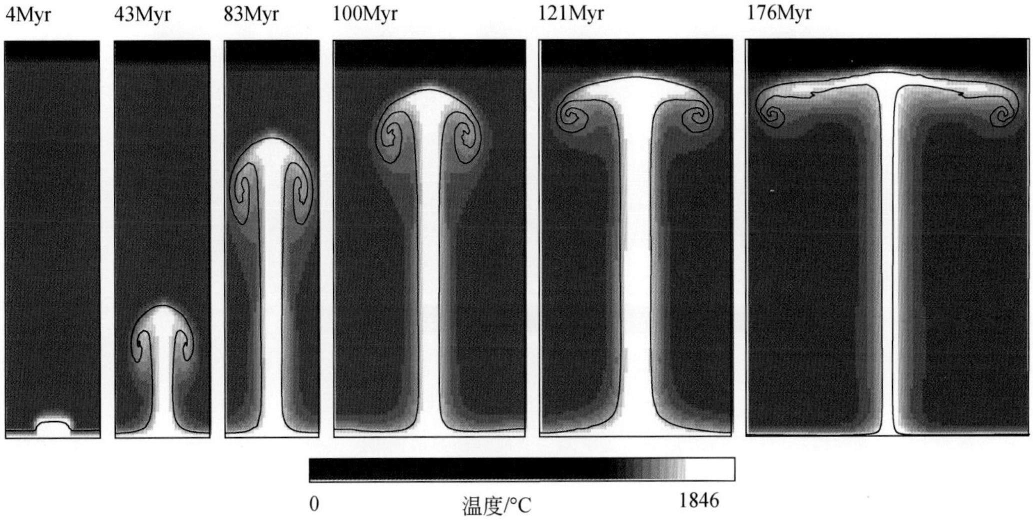

图 2-19　数值模型中得到的热边界层形成的地幔柱头尾系列结构示意

图中展示了轴对称地幔柱，被动示踪线表明初始起源于热边界层，螺旋状结构是由于夹带的热进入了地幔柱头。黏度为 10^{22} Pa · s，依赖于温度，底部边界温差为 430℃，最热的流体黏性为瞬时黏性的 1%

仅当地幔柱物质的黏度小于周围物质的黏度时，才会出现头尾结构。其过程是：在从热边界层分离并穿过地幔上升之前，先形成一个尺寸较小的地幔柱头部；接着上升的地幔柱头部在更高黏度的周围地幔中推挤出一条通道；一旦通道形成，低黏度流体只需要一个相对细小的导管去紧随着头部流动；黏度越低，所需的导管就越细小。该效应定量地在图 2-20 中得到阐明。

图 2-19 中热量裹挟进入地幔柱头部并表现出明显的螺旋结构。随着热的头部上移，穿过周围地幔环境，地幔柱头部通过热传导加热相邻的物质，形成 一个环绕地

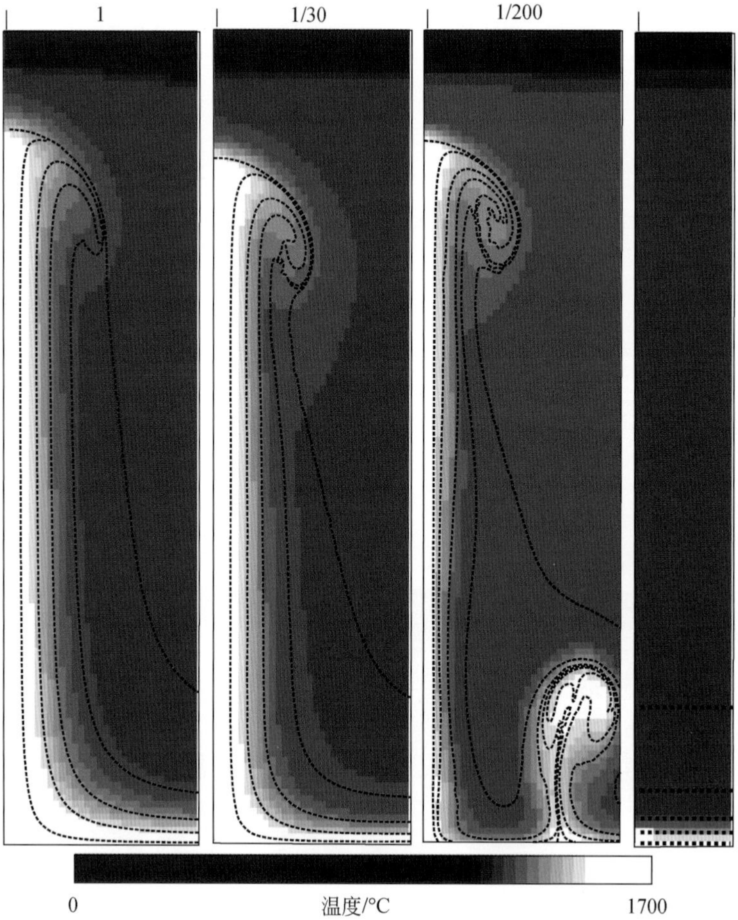

图 2-20　不同黏度比的地幔柱数值模型

结果为最小地幔柱黏度到 1、1/30、1/200 瞬时黏度的三个地幔柱数值模型，其中较小黏度的地幔柱具有较薄的地幔柱尾部。左侧模型是轴对称的，在模型底部附近，几条示踪线为不同高度的流体，右侧框为初始形态，在 1/200 的模型中发生了次级不稳定性

幔柱头部的热边界层，这使新受热的物质上浮；随着头部的上升，内部对流裹挟一些靠近地幔柱尾部的物质至其内部参与对流。内部循环流的产生是由于地幔柱尾部向上流动的流体是上升最快的流体，而外部的地幔柱头部受到周围流体的阻滞，不能够上移。因此在轴部的流体上升，穿过头部，沿着头部的“赤道”扩散开来。

Griffiths 和 Campbell（1990）提出的简单理论预测，在地幔底部，地幔柱头部将以 400km 的直径开始上升，上升至地幔顶部时，地幔柱头部增长到直径 1000km。地幔柱头部的增长是由于流体向上流过地幔柱尾部进入头部，并且包围被热力裹挟进入地幔柱头部的流体（图 2-21）。下面将要提出的简单理论也表明，在上地幔中，一个直径约 100km 的地幔柱尾部允许尾部中有充分的上升流，产生先前部分所提到的上浮和热流。

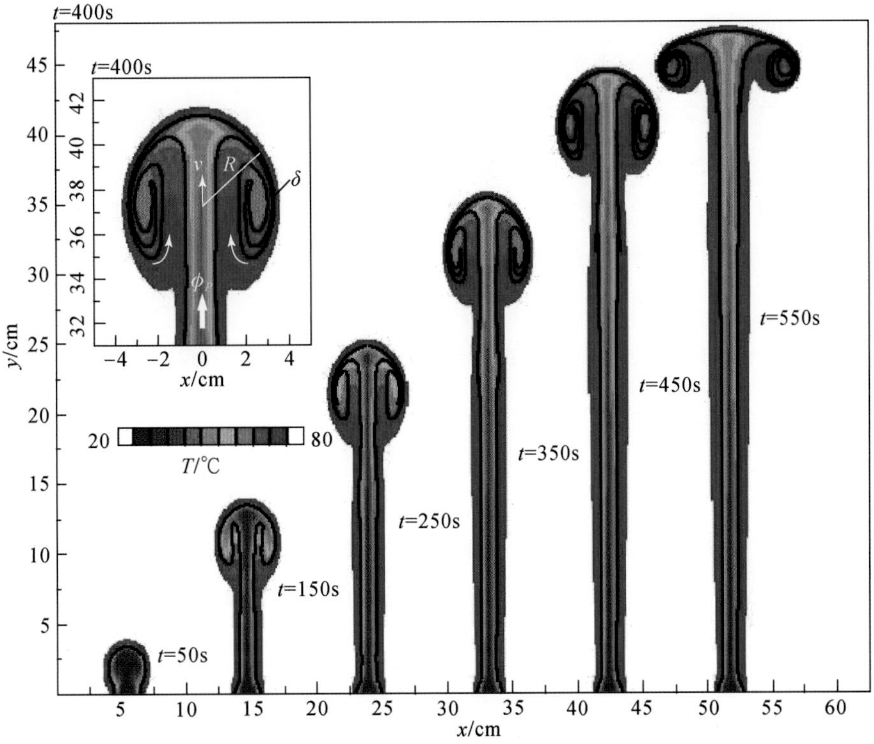

图 2-21　地幔柱头部增长过程和热裹挟示意

R 为地幔柱头半径；δ 为热边界层厚度；地幔柱头上升速度为 v；地幔柱层向上的体积流量速率为 ϕ_p

总之，处于地幔底部热的热边界层很可能不稳定，产生上浮上涌。这些上涌可能是管状而不是垂向席状的形态。上涌的物质具有较周围地幔更低的黏度，这就导致上涌形成了一种头尾结构。近似球状头部开始时直径约 400km，在接近地幔顶部时直径增长到约 1000km。增长是由于周围物质热裹挟进入地幔柱头部，同时更多的物质从地幔柱尾部上流。直径约 100km 的地幔柱尾部足够充分解释所观测到的地幔柱尾部流。

以上讨论了地幔柱物理上的本质特征，但是简单模型表明，地幔柱是由物理定量化所预测出来的。这种基于地球观测的物理理解将在后文再次展现。

（2）瑞利–泰勒不稳定性

如果图 2-21 中两层流体之间的界面完全水平，即使下面一层具有上浮趋势，流体也不移动。当然，在界面之间必然会有扰动，在图 2-21 左上图中画成了一个简单的凸起。因为凸起中的流体较之两旁的流体密度更低，这将产生一浮力 B，和凸起中的质量亏损相同。质量亏损等于密度亏损乘以凸起体积。下面将粗略估

计，将体积简单地视为 wh（图 2-18），即宽度乘以凸起的高度，假设这相当小。由此得到

$$B = g\Delta\rho wh \tag{2-54}$$

界面的最高点以速度 v 上升，所以 h 随着时间而增长。该运动将导致流体内部的变形，产生黏滞阻力。变形率由速度梯度来衡量，同时也等同于应变率。此处具有代表性的速度梯度是 v/w，假设速度在凸起的左侧和右侧减弱为零。作为其结果的黏性应力即为 $\tau = \mu v/w$ 。该应力作用在凸起的宽度上，因此，总阻力，作用在横截图乘以单位长度的三维体上的阻力，为

$$R = w\mu v/w = \mu v \tag{2-55}$$

在地幔中，流动很慢，以至于加速度可以被完全忽略，这正如前面所讨论的。这意味着没有净力作用在流体上，即两种力 B 和 R 相互平衡。因此得到 B 和 R 的等式

$$\mu v = g\Delta\rho wh \quad 或者 \quad v = (g\Delta\rho w/\mu)h \tag{2-56}$$

这说明速度和高度 h 成比例，凸起的高度越高，高度增长就越快。这是一个基础微积分学中常见的等式，为指数型增长。若凸起具有起始高度h_0，那么接下来它的高度为

$$h = h_0\exp(t/\tau) \tag{2-57}$$

式中，t 为时间，exp 表示指数函数的符号，并且

$$\tau = \mu/g\Delta\rho w \tag{2-58}$$

具有时间的维度。τ 和倍增时间相关，$\tau_2 = \ln(2)\tau$ 。这意味着高度 h 在每 0.693τ 增加一倍。

至此，通过式（2-56），更高的凸起具有更快的增长速度。通过式（2-58）说明相同的事情：每段时间间隔 $t=\tau_2$，h 增加一倍。一旦凸起开始发育，它即经历失控式生长：它是不稳定的。式（2-56）~式（2-58）描述了它的不稳定性，尽管上浮层最开始移动相当缓慢，如果它的上界面接近水平，任何一种水平尺度接近 D 的波动将会产生失控式生长，并且上浮层将最终破碎形成一系列的上升。

瑞利–泰勒不稳定性在热边界层还有两个方面的应用：一方面是具有一个最适宜数值范围（即 w 的最适宜值）是凸起增长率的最大值。另一方面是如果凸起增长过慢，那么热扩散会消除它的影响，不稳定性消失。这里不对第一点进行分析。这可以在 *Dynamic Earth* 一书中找到，更严格的数学处理可以在其他教科书中找到，如 Turcotte 和 Schubert（2001）的 *Geodynamics*。在这仅仅简单描述一下其物理意义。

由式（2-56）~式（2-58）给出增长率。然而，分析仅对于 $w < D$ 总层深度有效。当 w 比 D 大时，处于支配地位的黏滞阻力源自水平流，速度梯度为 w/D。这样改变的结果为：对于具有较大 w 的地幔柱，随着 w 的增大，增长率变慢；对于具有

较小 w 的地幔柱相反。增长率在 $w \sim D$ 时达到最大，最小的增长时间约为

$$\tau_{\mathrm{RT}} = \mu / g\Delta\rho D \tag{2-59}$$

下标 RT 表示瑞利–泰勒时间尺度。这构建了一个最适宜的、不稳定性增长最快的水平长度尺度或波长。这不仅仅给出了预期上涌的尺寸大小，也表明不会有纤细状的上涌产生。后面这个观点很多时候不断被提及，并用来反对因为地幔柱很小而没有被探测到的观点。然而，这样的观点在流体动力学中并不可行。

如果图 2-18 中下部流体层因具有不同的成分组成而上浮，那么关于它的不稳定性就无须多言。当然，如果其上浮性是因为它更热，因为有更多的物理性质需要考虑，那么就可以越过基本的瑞利–泰勒分析。热扩散倾向于消除任何的温度差异。前文所述的热扩散，温度扩散距离 d 所需要的时间 t 和 d^2 成比例。式（2-23a）将这种关系表达为 $t = d^2/\kappa$（κ 为热扩散系数）。发生在整个深度为 D 流体层的扩散的时间为

$$\tau_D = D^2/\kappa \tag{2-60}$$

式中，下标 D 表示深度为 D 的流体层的热扩散的时间尺度。

这里不能够考虑两个相抵抗的物理过程。在界面隆起增长，该增长的时间尺度为 τ_{RT}。另外，热扩散倾向于在时间尺度 τ_D 之内消除隆起。哪一种过程占得上峰取决于时间的比值

$$\tau_D / \tau_{\mathrm{RT}} = g\Delta\rho D^3/\kappa\mu \tag{2-61}$$

这是由式（2-27）给出的瑞利数。如果 τ_D 远小于 τ_{RT}，那么热扩散速率比流体层的不稳定增长速度快，对流层不稳定性被抑制。反之，τ_D 远大于 τ_{RT}，热扩散相对较慢，不稳定性会因较少的限制而发展。

因此，Ra 具有临界值，在该临界值之下，不会有对流产生。临界值 $\mathrm{Ra_c}$，随环境而变化，但典型值约为 1000。该事实由瑞利发现，因此该数值冠以他的名字。Ra 刚好超过 $\mathrm{Ra_c}$ 时的对流为简单规则的对流胞，类似于图 2-8 所示。这样的对流胞由贝纳尔在实验中观察到，这种型式的对流称为瑞利–贝纳尔对流。这是教科书中最常见的对流型式，瑞利的分析通常被作为讨论对流的起点。然而，地幔中的对流 Ra 远高于 $\mathrm{Ra_c}$，纵使板块不存在，如图 2-8 中见到的那样，对流也不产生简单的对流胞。

式（2-61）表明，对流不能够在临界值 $\mathrm{Ra_c}$ 之下发生，是因为初始的不稳定性构建速度不能比热扩散消除它的速度更快。瑞利临界值更有可能是 1 而不是 1000。具有如此夸大的瑞利临界值，有可能是引入了热扩散在整个流体层的时间。然而，扩散可能只发生在很薄的一个热边界层，如果采用，例如说，$D/30$ 作为扩散距离尺度，那么时间尺度的临界比率将约为 1。

(3) 地幔柱尾部的流速

考虑通过地幔柱尾部上升流的更多细节，可以获得地幔柱尾部半径的估计。这有助于理解地幔柱尾部大部分是相当细小的这个事实。

图 2-22（a）展现了在一导管内上升流体中的对流胞。假设导管之外的流体不移动，导管之内的流体速度将在导管轴部为最大值，到导管边缘为 0。这里可以考虑在这一部分中流体的浮力和黏滞阻力达到平衡。浮力为

$$B = -g\Delta\rho\pi r^2\delta z \tag{2-62}$$

负号是因为负密度差异会产生向上的、正向的力。为得到黏滞阻力，需要适合的速度梯度。如果这一对流胞以速度 v 上升，那么 v/r 是适合的速度梯度。黏滞阻力即为 $\mu v/r$。该应力作用在这一对流胞的表面，把这样的对流胞当作一垂向上的圆柱体，其表面积是其周长 $2\pi r$，乘以高 δz。因此，阻力为

$$R = 2\pi r\delta z\mu v/r = 2\pi\delta z\mu v \tag{2-63}$$

尽管这样的分析稍为粗糙，但平衡这些力，可得到

$$v = -(g\Delta\rho/2\mu)\, r^2$$

但是，这表明速度在导管的轴部为零，而在边缘 $r = a$ 非零且为负数，因此，这样的结果并不完全。如果想要边缘速度为零，必须要加入一个恒定速度，并且不改变黏滞阻力，得出 $(g\Delta\rho/2\mu)\, a^2$，进而得到 $v = (g\Delta\rho/2\mu)(a^2 - r^2)$。

这个严格的分析产生了一个稍为不同的常数，因此最终

$$v = (g\Delta\rho/4\mu)(a^2 - r^2) \tag{2-64}$$

图 2-22（b）中展示了该结果，速度在轴部达到最大，并且从轴部到边缘平缓地下降到零。

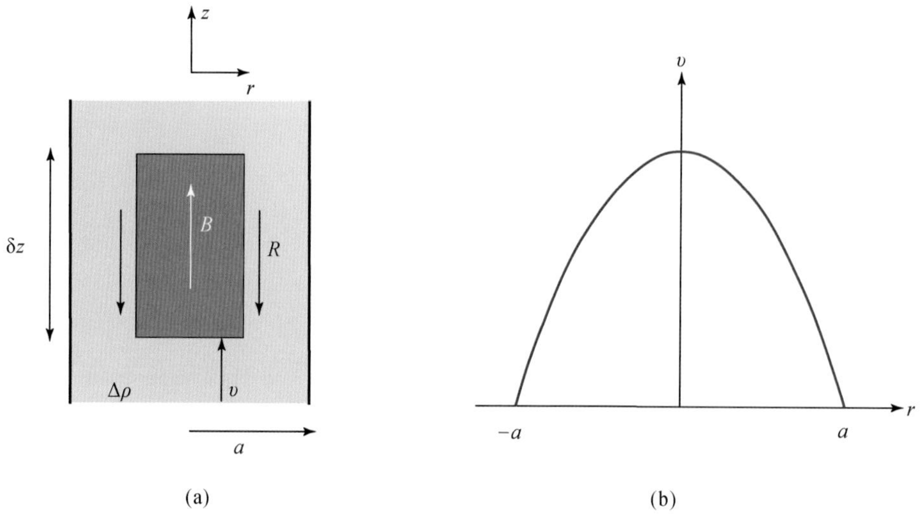

图 2-22　上升流体在导管中的物理特征

（a）导管内上升流体的对流胞；（b）横跨导管的速度变化

如果导管的半径加倍会发生什么？轴部 $r=0$ 的速度为 $v_a=(g\Delta\rho/4\mu)\,a^2$，取决于半径的平方，因此，$v_a$ 会变为原来的 4 倍。然而，如果半径加倍，导管的横截面积 πa^2 同样也变为原来的 4 倍。因此，体积流量速率，即单位时间内流过一点的流体体积，增长为原来的 16 倍。对体积流量速率 φ 的严格计算，将流量从轴部向外的同心圆积分，得到

$$\varphi=\left(\frac{\pi g\Delta\rho}{8\mu}\right)a^4 \tag{2-65}$$

因此，a 加倍使得 φ 增长至 $2^4=16$ 倍。

地幔柱半径的微小变化，可以引起流动速率的巨大变化。基于热点隆起对地幔柱流动速率的估计，最强的夏威夷地幔柱和其他较弱的地幔柱相比较，其变化可能在 10 倍以上。这说明，这些地幔柱的半径差距不超过 2 倍。现今地震波检测能力很难区分这些地幔柱的差异。

先前估计过夏威夷地幔柱体积流量速率为 $240\mathrm{m^3/s}$，即 $7.4\mathrm{km^3/a}$。可用式（2-65）和之前的一些数值，计算地幔柱半径。首先假设地幔柱比周围地幔温度高 300℃，$\Delta\rho=\rho\alpha\Delta T=30\mathrm{kg/m^3}$。精确的上地幔黏度并不清楚，但是 $3\times10^{20}\,\mathrm{Pa\cdot s}$ 是可能的。地幔柱物质会有比地幔物质低 100 倍的黏度，那么假设为 $3\times10^{18}\,\mathrm{Pa\cdot s}$。将该数值代入式（2-65）得到 $\alpha=49.7\mathrm{km}$。和之前“瞎猜”的地幔柱直径约 100km 一致，但这不太严谨，因为这些数字中有相当多的未确定因素。另外，式（2-65）说明这些未确定因素对半径值的影响是敏感的。例如，如果地幔柱中的黏度为 $10^{19}\,\mathrm{Pa\cdot s}$，那么计算后得到的半径仅仅增加到 1.3 倍，约至 65km。因此，地幔柱直径约为 100km，在流体动力学上是完全可行的。

（4）地幔柱头部上升速率

在另一黏性流体中，一个泡状的黏性流体缓慢上升，且呈现球状。正如水中的小气泡因为其表面具有张力而呈现球状，地幔柱头部也被观察到近似于呈球状，在热地幔柱数值模拟中（图 2-19），地幔柱头部的温度梯度将球状地幔柱头部扭曲。可以近似地将地幔柱头部作为一个上升球体。通过力平衡方法，估计其上浮速率。图 2-23 是一上升地幔柱头部的平面俯视略图。

地幔柱头部的浮力为 $B=4\pi r^3 g\Delta\rho/3$。头部上升，拖带了一些周围的流体。头部相邻的流体因此具有上升速度 v，几倍半径之外的流体将具有更低的速度。因此，用 v/r 衡量由地幔柱头部穿过周围流体产生的速度梯度。因此，黏性剪切应力大约为 $\mu v/r$ 将作用于球体的表面，产生一个阻力 R。黏滞应力作用的区域为球体的表面，$4\pi r^2$。将这些数值组合，给出：$R=4\pi r^2\mu v/r$。现在需要将这些力平衡，得到

$$v=g\Delta\rho r^2/3\mu \tag{2-66}$$

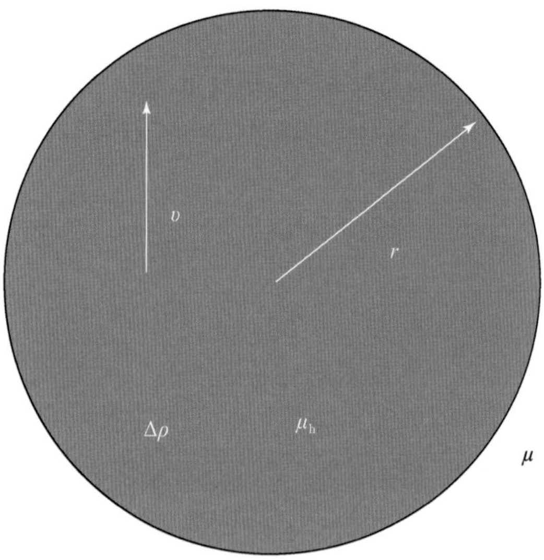

图 2-23　半径为 r 的地幔柱头以速度 v 通过黏度为 μ 的流体示意

上升速度取决于地幔柱头部内部的黏度。一个固态的或者非常黏稠的球体以该速度上升，而低黏度的流体上升速度快 50%。这样的差异对粗略的估计并不重要。设黏度约为 10^{22}Pa·s，密度约为 4000kg/m^3 并且热膨胀约为 2×10^{-5}℃。且由于热裹挟，地幔柱头部温度可能只比周围地幔高 200℃，那么 $\Delta\rho$ 将是 16kg/m^3，具有 500km 半径的地幔柱头部将以 4cm/a 的速度上升。

上升速度和板块移动速度相当，具有可比性。在上地幔中，因为黏度更低，其速度将会增加，但在大部分上升穿过地幔的情况中，这是个可能的速度。按照这个速度，地幔柱会用 50Myr 上升 2000km，这时间内足以将它带到接近地幔顶部的最高点。

前文估计的地幔柱管道上涌速度约 1m/a，相比来说，这相当的高。这证实了除了热裹挟之外，地幔柱头部也会随着更多的物质流过地幔柱尾部而增长。

（5）地幔柱头部的热裹挟

Griffiths 和 Campbell（1990）应用热边界层方法计算了地幔柱头部热裹挟速率。该理论的总结参见 Davies（1999）。地幔柱头部的增长取决于两个因素，周围地幔的热裹挟和地幔柱物质持续不断地流过地幔柱尾部。基于这两个因素的数值计算结果如图 2-24 所示。这样的计算结果在图 2-24 中由 Griffiths 和 Campbell（1990）给出。

图 2-24（a）中彩线代表黏度是 10^{22}Pa·s，和现今的地幔相适。这些线条表明，在地幔顶部，地幔柱头部的直径对地幔柱上浮流变化不敏感。回到前面提到的夏威夷地幔柱流量估计，为 7×10^4N/s，并且其他地幔柱更弱，因此，在地幔顶部，预测

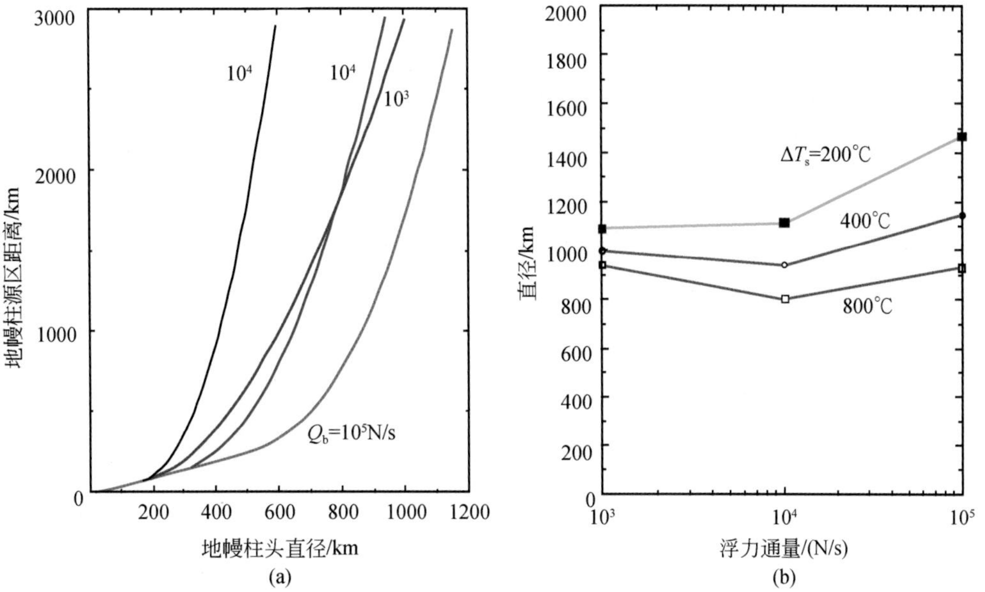

图 2-24　地幔柱头直径与地幔柱源区距离及浮力通量关系

(a) 黏度为 10^{22} Pa · s 的地幔（黑线）和黏度为 10^{21} Pa · s 的地幔（彩线）的地幔头部直径与地幔柱源区距离的关系。(b) 黏度为 10^{22} Pa · s 的地幔柱头部直径在不同流体额外温度 ΔT_s 下与地幔柱尾部浮力通量的关系（Griffiths and Campbell，1990）

的地幔柱头部直径达到约 1000km。图 2-24（a）中的黑线代表黏度 10^{21} Pa · s，该值可能被应用在太古代的地幔，并且预测了一个更小的地幔柱头部，具有约 600km 的直径。图 2-24（b）展示了额外温度变化影响，最终地幔柱头部直径不大。

2.2.2.4　地幔柱头部和溢流玄武岩浆喷发

Morgan（1981）指出一些热点轨迹从大火成岩省开始出现。如查戈斯-拉克代夫（Chagos-Laccadive）海岭从印度西部的德干高原溢流玄武岩省，延伸至印度洋上的留尼汪岛（图 2-25）。

溢流玄武岩是地质记录中规模最大的火山喷发，其范围可跨越 2000km、累积厚度几千米。图 2-25 中展示了已识别的主要溢流玄武岩省。火山喷发总量为 1000 万 km^3，并且有证据表明，在 1Myr 之内可积累足够多的溢流玄武岩（Coffin and Eldholm，1994）。另外，一些洋底高原相当于大陆溢流玄武岩的量。最大的溢流玄武岩省是翁通爪哇洋底高原（图 2-25），为位于新几内亚东部的洋底高原。

Morgan（1981）提出，如果溢流玄武岩和热点相关，那么 Whitehead 和 Luther（1975）所展示的新地幔柱的头尾结构可以为这提供一种解释。如图 2-26，地幔柱头部抵达岩石圈底部，造成溢流玄武岩喷发，而随之而来的地幔柱尾部则形成了热

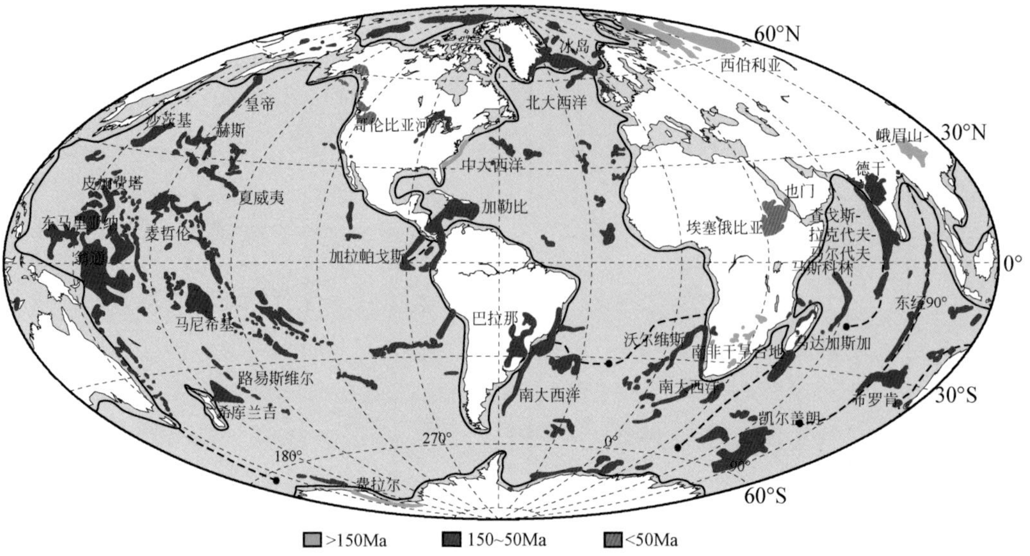

图 2-25　已识别的全球主要溢流玄武岩省分布

资料来源：https：//media. nature. com/full/nature-assets/ngeo/journal/v6/n11/images/ngeo1958-f1. jpg

点轨迹。如果上覆板块是移动的，那么溢流玄武岩和下伏地幔柱头部残余将会被运移开，并且热点轨迹将从溢流玄武岩省开始出现，将其和现今的火山活动中心相连，这些中心之下为活跃的地幔柱尾部。

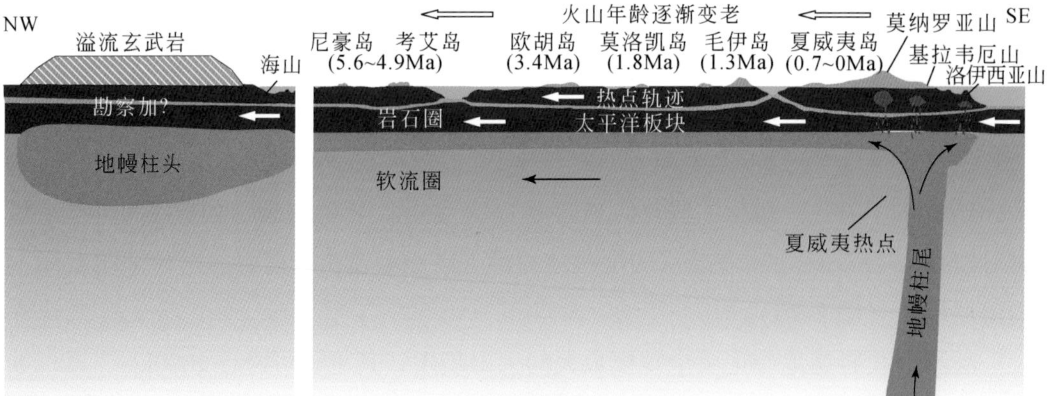

图 2-26　地幔柱头尾结构示意

直到 Richards 等（1989）复兴和支持该观点之前，Morgan 的观点并没有获得广泛的关注。随后 Griffiths 和 Campbell（1990）描绘了热裹挟过程，并且对地幔柱头部溢流玄武岩的更多细节解释提供了充足理由。特别是，Griffiths 和 Campbell（1990）提出，如果地幔柱自地幔底部上升，地幔柱头部可能达到比过去所估计的直径 800 ~ 1200km 还大（图 2-27），并且它们也可能随着抵达岩石圈之下，扩展而

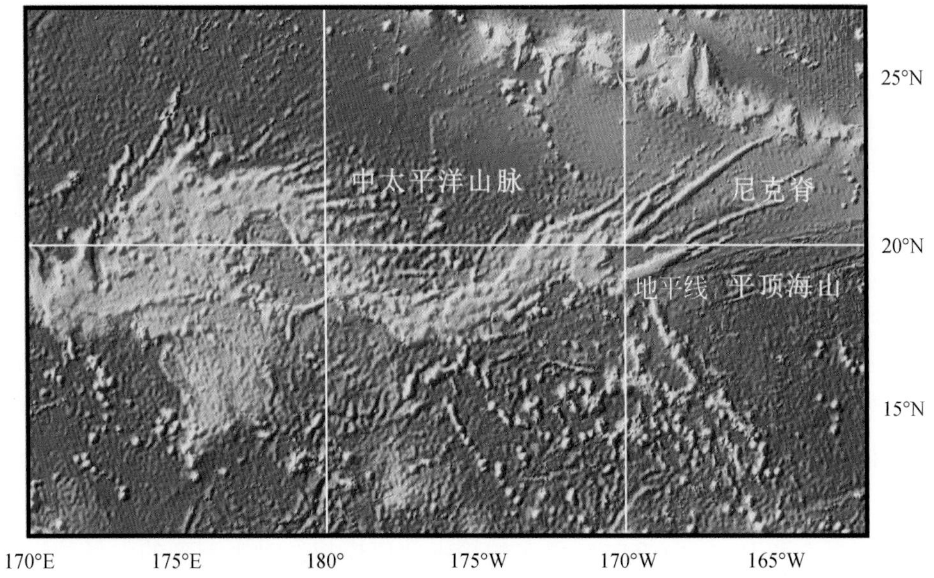

(a)

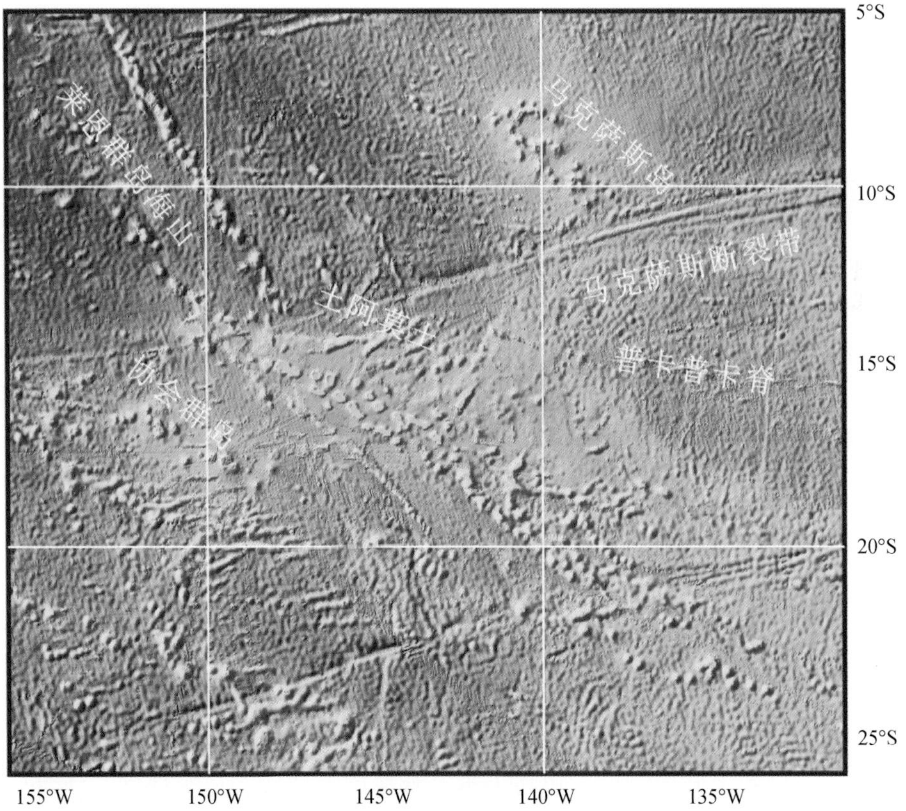

(b)

图 2-27　太平洋板块板内火山活动相对于夏威夷热点轨迹具有更复杂的地形及年龄关系

中太平洋山脉并非线性，表现为两条扩张中心，喷出年龄为 120～90Ma。两条岛链的火山喷发年龄分别为 73～68Ma 和 86～81Ma。土阿莫土也为不规则的扩张中心（Natland and Winterer，2005）

变得扁平，使得水平直径变为原来的两倍。这和观测到的一些溢流玄武岩省的总规模相吻合，如卡鲁（Karoo）溢流玄武岩散布在一个超过 2500km 直径的区域。Campbell 和 Griffiths（1990）接着提出溢流玄武岩的岩石学和地球化学特征，可以用模式化的方法予以解释，尤其对集中在玄武岩省中心部位的橄榄岩，是较玄武岩更高程度熔融的产物。他们提出，这可以由地幔柱头部温度分布来解释，即在中心管道部分最热，而在侧翼更冷一些。

该假说一个可能的困难在于，如果地幔柱头部上升至完整的岩石圈之下，可能不会产生很多熔体，因为仅有不足 60km 厚的地幔发生熔融（White and McKenzie，1989）。然而 Campbell 等（1995）指出，地幔柱预计较之普通地幔更容易熔融，因其成分组成更加偏基性（Hofmann and White，1982）。数值模拟（Cordery et al.，1997）表明，这能够大幅度地增加熔体，但是仍然有很大亏损。随后 Leitch 等（1998）、Leitch 和 Davies（2001）更多的精细数值模拟，对观测到的大量的溢流玄武岩以及对发现其他两个重要因素的过程方面做出的解释甚为成功。

首先，地幔柱头部必须从一个热边界层生长，来自底部热边界层最热的流体向上流动，通过轴部，并且抵达地幔柱头部（图 2-28）。

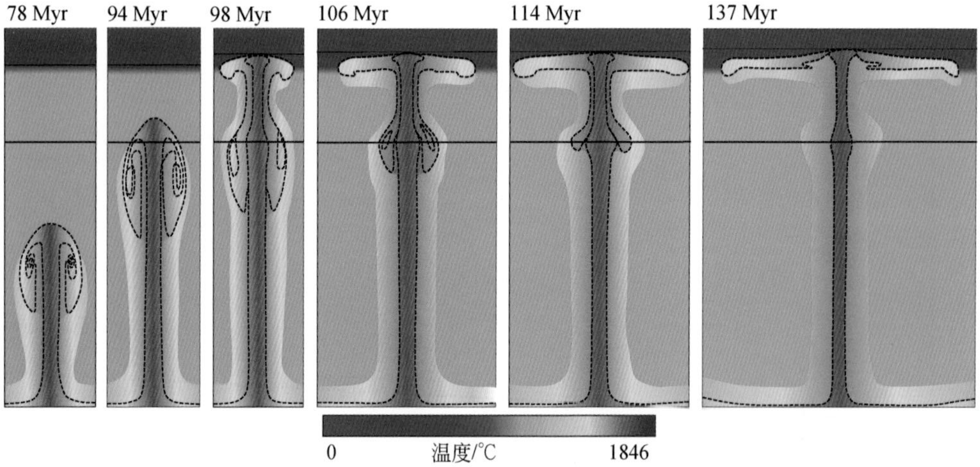

图 2-28　地幔黏度随深度增加的地幔柱上涌数值模型（Davies，2011）

其次，地幔垂向上的黏度结构具有很重要的影响。上地幔比下地幔黏度低 1～2 个数量级。这导致上升地幔柱，随其快速上升穿过上地幔，从头部到“颈部”变成更窄的结构（图 2-28），地幔柱将更容易在岩石圈下把物质转移到侧向上，因此，它可以比图 2-28 中的地幔柱穿透到一个更浅的深度。这相当程度地增加了地幔柱头部顶端的熔体总量。地幔柱组成、其内部热力学结构以及其快速的上升并穿过上地幔的联合效应就是：在 1Myr 时间范围内，地幔柱头部可以产生几百万立方千米的熔体（图2-29）。因此，地幔柱头部的假说定量地解释了溢流玄武岩喷发量和热点轨迹。

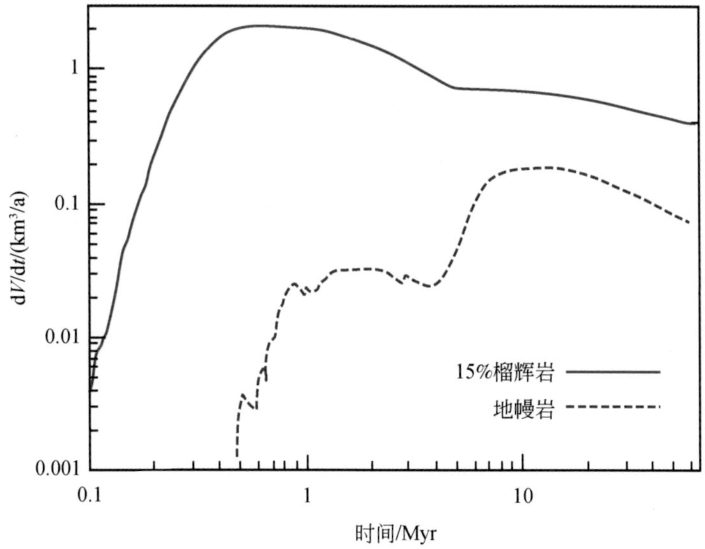

图2-29 地幔柱头熔融速率（Leitch and Davies，2001）

2.2.2.5 异常的火山活动和热化学地幔柱

并不是所有的板内火山活动都符合线性年龄渐进的夏威夷岛链模式。图2-27展示了两个太平洋洋盆中的例子。非线性展布的海岭、多阶段的火山活动以及不清晰的年龄渐进是这个地区的特征。对这样的情况下结论，是需要谨慎的，因为热点轨迹可能很复杂。例如，火山脊或者火山链缺少清晰的渐进年龄，可能反映各自不同时期的火山活动幕的叠加，邻近海岭位置的跳跃（这在东经90°海岭很明显）；又如冰岛存在大面积火山喷发以及陆壳缓慢运动，情况更复杂。然而，据图2-27中明显的复杂形态，可以断定这个地区并非是传统的热地幔柱为源区的一些热点。

也并不是所有的热点轨迹都和溢流玄武岩省有关联，正如可以从地幔柱头尾结构可以预测的那样。Clouard和Bonneville（2001）提出，对于太平洋中已能够辨识的14个热点，其中只有4个洋底高原可能与地幔柱头部的产物有关。

同时，将复活节岛和东太平洋海山，路易斯维尔和翁通爪哇洋底高原、马克萨斯（Marquesas）和赫斯海岭和沙茨基海岭相联系起来，也不太确信。另外，夏威夷热点轨迹在堪察加俯冲带被截断，并且剩余的未俯冲溢流玄武岩可能存留在那里，这其中很多都是含混不清的（图2-26）。其中，另外7个热点明显不和任何海底高原相联系，因此，产生“无头”地幔柱的概念。

一些观测到的复杂现象可以通过地幔柱中成分组成的浮力效应来解释。长久以来，地幔柱被认为具有和周围地幔不一样的成分组成，因推测其源区具有俯冲洋壳的积累和更高比例的玄武质成分（Hofmann，2003；Hofmann and White，1982）（图 2-29）。因玄武岩在上地幔中转变为榴辉岩相，可能比地幔中大部分深度的周围地幔更致密，因此可能存在一种成分组成的浮力效应（通常是负的）（Yasuda et al.，1994）。因为成分组成负浮力的存在，所以地幔的热上浮受到阻滞。实际上，地幔柱能够携带的玄武质成分有限，但依然具有净余的正浮力。地幔柱可能有一些自动调节的机制，只有突破约束的地幔柱才能够上升。

近期的建模已证实，成分浮力可能相当程度地使地幔柱动力学性质复杂化。Lin 和 van Keken（2005，2006）研究已表明，轴对称数值模型的地幔柱卷入了组成更致密的物质，可以导致地幔柱尾部流动发生不规则变化，并可能产生多次喷发。三维热化学地幔柱的数值和实验研究表明，这样的地幔柱比经典的热地幔柱头部具有更加不规则的形状和行为表现。Kumagai 等（2008）的实验模拟记录了这类一系列行为。含有相对少的较重组分的地幔柱头部，可能会随着其在岩石圈下面被挤压而扁平化，其中的一部分则会掉落或拆沉；含有更多较重组分的地幔柱，则可能在地幔中上升时而半途停止；质重组分的含量再多一些，则可能会停留堆积在地幔底部。Farnetani 和 Samuel（2005）的数值模拟表明，大部分的地幔柱头部滞留在地幔过渡带，但是可沿狭窄通道上涌，冲破界面约束的限制，并且上升到上地幔（图 2-30）。这样的模型可以对一些“无头”地幔柱轨迹做出解释，以及对上地幔中开始上升的地幔柱提供形成机制或原理。

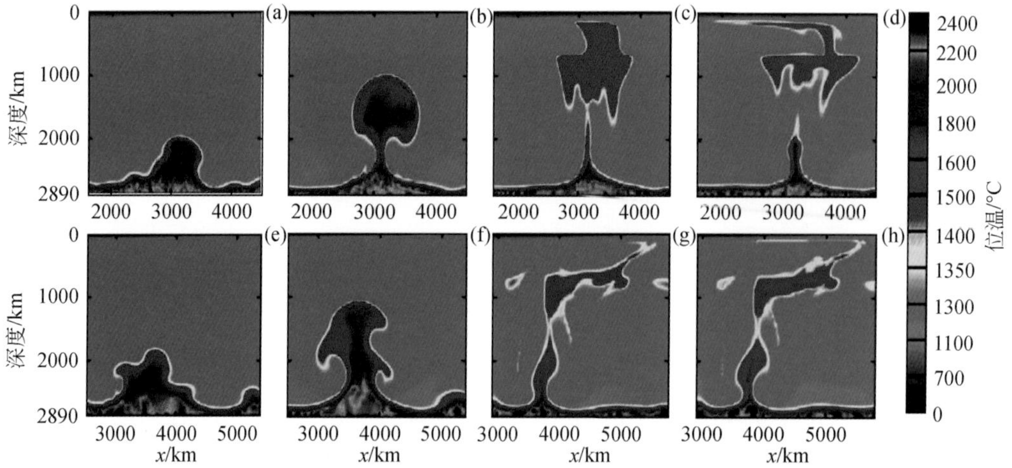

图 2-30　地幔柱头部滞留在地幔过渡带的热幔柱上涌三维模型（Farnetani and Samuel，2005）

（a）~（d）是滞留在地幔过渡带的地幔柱演化；（a）早期形态；（b）地幔柱头部形成；（c）地幔柱头部到达岩石圈；（d）30 Myr 之后，地幔柱被向左运动的大洋岩石圈剪切；（e）~（h）是“无头”地幔柱演化；（e）早期形态；（f）形成“喷口”；（g）只有“尾部”的地幔柱到达岩石圈；（h）30 Myr 之后这些成果将地幔柱模型带到了一个新的境界，可见地幔柱也可能控制了大部分的非板块火山作用。然而，热化学地幔柱的行为非常复杂，对其探究仍处于很初级的阶段，因此，是承认还是排除这样的地幔柱源区，在很长一段时间内仍难下定论。

2.2.2.6 地幔柱模式的地幔对流总结

火山岛和海山链现今表现为孤立的活跃火山热点，如夏威夷，并且被广阔的隆起地形所包围，暗示了存在狭窄、历时久的柱状上浮的地幔物质。Morgan 称这些柱状体为地幔柱。如果地幔柱比正常地幔温度高 200 ~ 300℃，可以解释其上浮性和超量的熔体，如果它们源自热的热边界层，那么其长久性也似乎合理。地幔柱温度更高说明，地幔柱较正常地幔具有更低的黏度。流体动力学实验显示，低黏度上浮形式是柱状的，新地幔柱可能从一个巨大的球形头起始。地幔柱头部计算结果表明，在接近地幔顶部位置，其直径能够达到 1000km，这就为溢流玄武岩喷发提供了一个可信的解释。地幔柱头部和随其而来的地幔柱尾部的关系，解释了热点轨迹从溢流玄武岩省开始出现（图 2-26）。

地幔柱及其在周围地幔中引起的流动，组成了一种独特的地幔对流，由一热的、位置较低的热边界层驱动。如前文估计，它们从上地幔携带了 3.5TW 的热量，以及从下地幔携带了 7 ~ 12TW 的热量，大体上，与板块所携带的估计量（30TW）相比，热量小，并且与地球总散失的热量约 44TW 比，小得多。基于这样的热流以及其所估计出来的正地形，地幔柱模式相对板块模式是次要的地幔对流模式。因其受位置较低的热的热边界层驱动，地幔柱模式是板块模式的补充，而板块模式是由最上层的冷的热边界层驱动的。正如板块模式一样，地幔柱中的上升流由一被动的、下降的返回流平衡。

热点位置并不与现代板块格局存在相关性（Stefanick and Jurdy，1984），这指示地幔柱模式和板块模式并不存在耦合性，但某种程度上，这一点逐渐被板块重建否定（Li et al.，2018a），现今板块重建某种程度支持两种模式的耦合性，地幔柱通过板块级别大小的流动而上升，而大体上不扰乱板块运动。实验已表明，地幔柱尾部可以在一个水平位置的流动中上升，垂向上弯曲而保持其狭窄的管状形态（Kerr and Meriaux，2004）。然而，地幔柱位置、宽阔的大地水准高程和地幔中较慢的地震波速之间的相关关系，指示了地幔柱更倾向于形成远离深俯冲岩石圈的位置。

Stacey 和 Loper（1984）认为，如果地幔柱源自位置较低的、热的热边界层，那么它们的作用为冷却地核。从这个意义上说，热边界层就是来自地核的热量混入地幔的媒介。因此，地幔柱首要的作用是传递地核的热量进入地幔，是地核冷却的一种机制，而不是携带地幔热量离开，不是地幔冷却机制；板块将地幔热量传递出去，因此板块机制是地幔冷却机制。地幔柱携带热量至岩石圈底部，而岩石圈较厚以非常慢的速度传导热量至地表。例如，在夏威夷隆起没有发现持续的超量或过高热流（von Herzen et al.，1989）。但是，在某些情况下，如冰岛，岩石圈很薄，大量的地幔柱过高热量可能会散失至地表，通常大部分地幔柱的热量会留在地幔中，会在上覆岩石圈俯冲时混合进入地幔。

热地幔柱不能解释所有的非板块活动相关的岩浆活动。和传统的年龄渐进线性热点轨迹相比，一些不规则的火山活动可归因于热化学地幔柱，热化学地幔柱的行为相比于热地幔柱的行为更加复杂。一些火山活动也有可能有其他的源区，其他可能存在的机制显然只能解释很少一部分的热量传输，并传出地幔，否则其存在应当很容易观测到。

2.3 板块受力系统

2.3.1 成分浮力

板块构造的不同组成会造成密度差异，因此前述对流理论和热演化计算一直假设热浮力是地幔对流的主要推动力。洋中脊处的熔融作用会形成玄武质洋壳，并留下一个深约60km的亏损玄武岩的地幔源区。根据传统观点，溢流玄武岩比其源区更富铁，所以亏损地幔易于上浮。这意味着俯冲的大洋岩石圈并不统一——它在成分和密度上是分层的。

洋壳密度约为2900kg/m^3，相比地幔3300kg/m^{3}的密度，也是上浮的。60km深度的密度为3500kg/m^3，转换为不同的矿物组合，称为榴辉岩相。下一阶段地幔矿物由于压力的增大会进一步转变，410km深度处存在重大转变，660km处转变更为巨大。俯冲洋壳随深度也经历类似转换，通常会比同深度地幔的密度小100～200kg/m^3。然而，由于俯冲洋壳向下地幔相的转换可延迟到750km深度，存在一个深度间隔，其密度小于相邻地幔，因此，660～750km仍然可视为地幔过渡带，与周边地幔的密度差低于150kg/m^3。洋壳和地幔间的密度差异和特征的几次变化对地幔动力学有着重要影响。

2.3.1.1 持续40亿年的玄武岩俯冲

首先关注比周围地幔密度更大的俯冲洋壳的影响。数值模型结果显示在图2-31中。模型使用了示踪剂跟踪洋壳（表面或内部地幔）变化，每一小块携带的示踪剂都对应着一块负浮力的洋壳。

示踪剂上升到熔融区，被搬运至薄的洋壳中。图2-31的模型模拟了洋中脊下的熔融进程，形成了组分不同的岩石圈。岩石圈会出现在右侧图版中高浓度示踪剂薄层围绕的空白区。

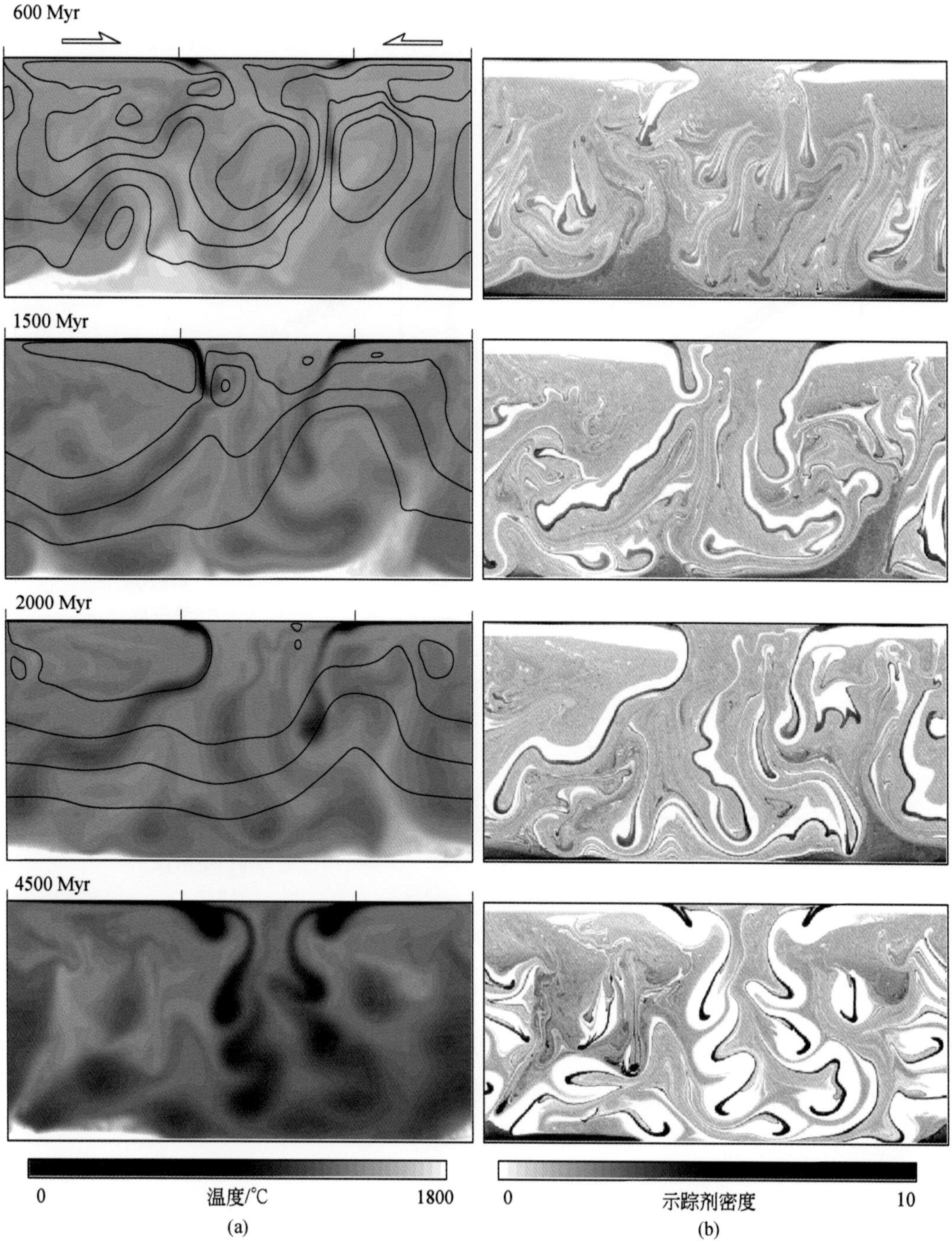

图 2-31　俯冲玄武质地壳作为示踪剂数值模型的温度和流线（a）和示踪剂浓度（b）

俯冲玄武质地壳密度比地幔平均密度大 150kg/m³，示踪剂浓度为 1，相当于地幔平均玄武岩量，顶部的白色区域是示踪剂进入洋壳的熔化区（Davies，2011）

图 2-31 显示一些示踪剂沉入了模型底部并堆积在那里。示踪剂也从堆积处混合进入了热上升流的地幔内部。随着时间流逝，尽管随着模型发展，下降缓慢、数量相对稳定的示踪剂分布在底部堆积区。示踪剂堆积区域密度更大，有阻碍物质混入地幔内部的趋势。因其循环的局限，其中的热累积要比地幔上部高几百摄氏度（左侧图版）。图 2-32（a）和（b）显示了热地幔上升的平均温度与密度的热演化模型，其平均温度要比缺少玄武岩示踪剂［图 2-32（c）和（d）］高很多。

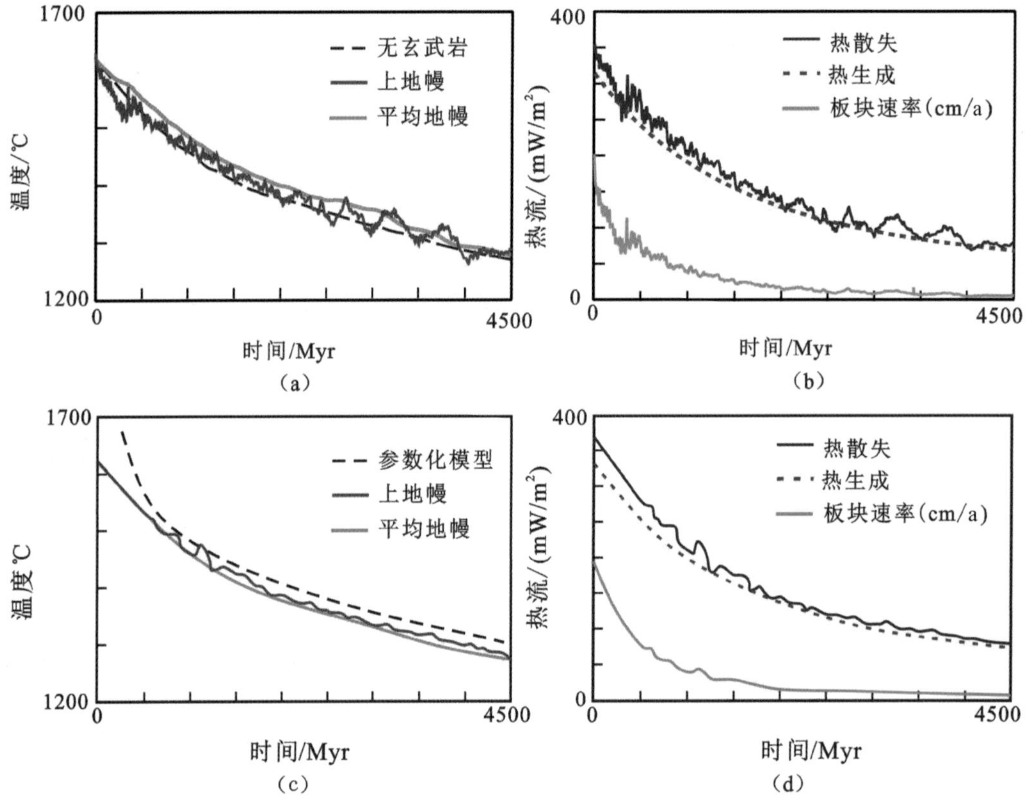

图 2-32　热演化模型的描述（Davies，2011）

（a）和（b）为图 2-31 中有玄武岩示踪剂模型，（c）和（d）为无玄武岩示踪剂模型

Christensen 和 Hofmann（1994）首先发现俯冲洋壳在地幔底部堆积的趋势。之后，计算机技术的发展使得建立包括全地幔瑞利数和地球年龄尺度的演化等更真实的模型成为可能。

玄武岩堆积在地幔内部有着显著的结构［图 2-31（b）］。往往存在一个厚度 50～100km 的较薄区，示踪剂浓度是平均值的两倍甚至更多，这一区域之上为浓度低且变化大的区域，向上延伸数百千米。这些区域的大小变化无常，被下沉的俯冲岩石圈推动。图 2-31 与地震学中薄的 D″区对应很好，它有 200km 厚，更大的异常延伸数百千米，如非洲和南太平洋（图 2-33）。

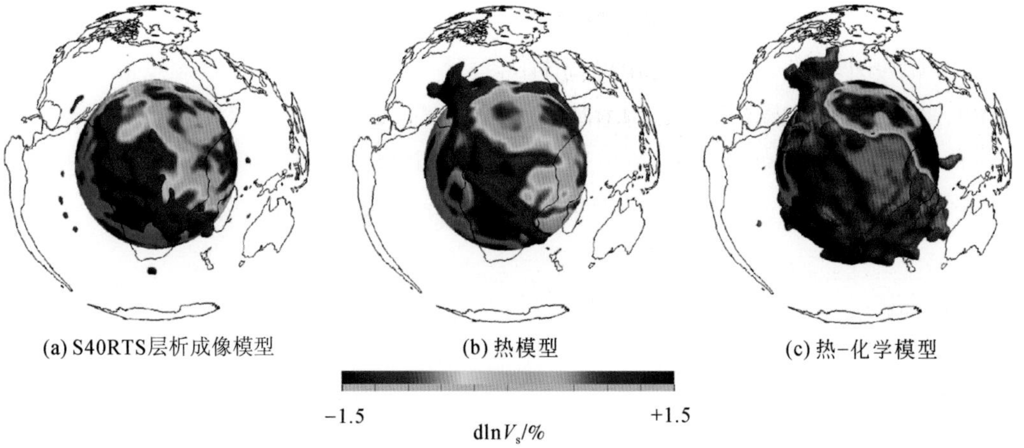

图 2-33　非洲下方的大型横波低速异常体（Davies et al.，2012）

这个模型也可限定一些地球化学结果。这是 Christensen 和 Hofmann（1994）原始模型的主要动机。这一模型假设板块构造贯穿了地史期间。尽管板块构造理论是否真的在地史的前半段起到了作用还不得而知，但任何形成并导致洋壳循环的热边界层顶部的行为都可能造成地幔中洋壳堆积。这里，暂且把板块构造作为一种假说，如果这并不属实，与证据之间的矛盾便会出现。与此同时，这也可提供一个更为确切的模型，为替代模型提供一个基准。

2.3.1.2　洋壳的浮力

洋壳密度显著低于 60km 深度以内地幔的密度。随着岩石圈消减，洋壳的成分浮力，会抵消一部分岩石圈的负的热浮力。除小于 20Ma 的年轻岩石圈以外，负的热浮力占支配地位，岩石圈会消减。这种影响对现今地球而言相当微弱。据推测，年龄小于 20Ma 的岩石圈消减都是连接着较老岩石圈的或由其他应力所推动。

如果地幔更热（如太古宙的情形），洋中脊下应该会有更多的熔融作用，产出更厚的洋壳。同时，热地幔的对流更快，板块的平均年龄更年轻，因此，负的热浮力较低，正的成分浮力较高。这意味着，板块在净浮力变负之前，会老于 20Ma。正浮力板块不会消减，它们会存在更久直到可以消减，因此，板块构造机制可能仍然起作用，但比冷却地幔所要求的要更慢。地幔会随着时间变热并可导致热失控，这与当前地幔状态相矛盾。因此，相比之下，应当还有其他的事件发生。

这一争论始于 1992 年，当时认为，2Ga 前的一段地史时期似乎不存在板块构造。然而，图 2-31 中的模型展示了另外一种现象，似乎打破了这个争论。

Davies（1992）估计了洋壳和陆壳伸展的亏损熔融区对正浮力的贡献，计算了岩石圈变为中性浮力的年龄。如图 2-34（a）所示，通过估算熔融温度随地幔温度升高的程度，计算出中性浮力的年龄与地幔温度的关系。前述 2. 2. 1 节中的对流理论中，通过地幔温度可以计算板块运动速度，板块运动速度决定了板块到达俯冲带时的年龄，图 2-34（a）显示了俯冲带年龄与地幔温度的关系。

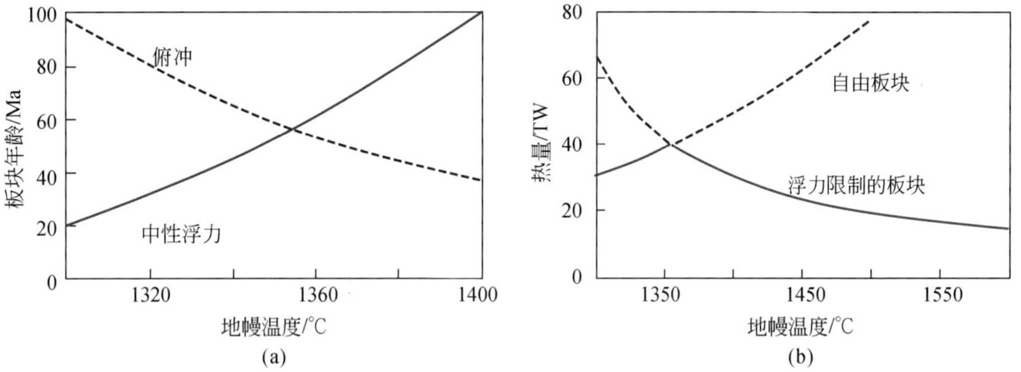

图 2-34　岩石圈变为中性浮力的年龄和温度特征（Davies，1992）

（a）板块变为中性浮力的年龄和其到达俯冲带的平均年龄。（b）自由板块和被相对地幔温度的成分浮力限制的板块所转移的热量。曲线中较低的部分（实线）代表实际热损失

曲线表明，当地幔温度仅比现今热 50℃时，板块会发生俯冲，转为中性浮力。当地幔温度更高时，若板块以 2. 2. 1 节中对流理论计算得出的速度运动时，则板块不能发生俯冲。根据图 2-32（c）和（d），中性浮力状态仅能应用于 1. 5 ~ 2Ga 前。

这之前，板块移动不得不更慢，所以，板块的热排出会比自由板块少。图 2-34（b）证实了这一点。温度再次升高，热损失会比辐射热少，所以地幔将会比冷却状态更热。如果这是事实，则绝不可能冷却到中性浮力水平——这便成了悖论。悖论的唯一解释就是还有其他热传输机制的存在，如冷的热边界层的不同进程和不同构造体制。

更多最新成果以不同方式揭示了该悖论。图 2-35（a）显示了图 2-34 模型的上地幔示踪剂浓度梯度。这是由上地幔黏度较低导致的，尤其是地球历史早期较热的时候（图 2-36）。较低的黏度对下沉的示踪剂阻力小，示踪剂穿过上地幔后，大部分悬浮于比上地幔黏度高 30 倍的下地幔中。这表明老的洋壳沉入更深的地幔中，使得最上部地幔亏损玄武质成分。顶部地幔应当很少是富集的，产出熔体很少，进而形成很薄的洋壳。图 2-35（a）中曲线的最小值对应着熔融区，其下的梯度很清晰。图 2-35（b）是亏损程度的更直接可信的测量结果。

图 2-35（b）显示了基于模型中熔融区溢出到洋壳的示踪剂数量而计算出的地壳厚度。值得注意的是，其平均值仅为 5 ~ 8km，不超过 10km，比过去要小。作为

比较，普通地幔生成的玄武质地壳厚度也标注出来了。富集地幔产生的地壳厚度约从40km稳定下降。两条曲线的差异是相对于当前地幔生产力等级的测量，显示了地球历史早期的亏损指数为3～6。该类型的其他模型显示了亏损的可比程度。这也有着重要的地球化学意义。

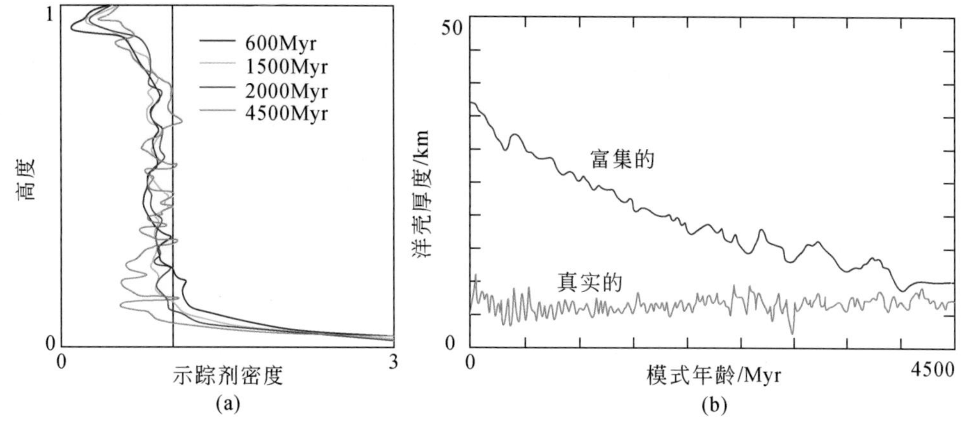

图 2-35　上地幔示踪剂浓度梯度（Davies，2011）

（a）图2-31模型中相对高度的水平平均示踪剂密度。上地幔示踪剂梯度代表着玄武岩梯度。（b）从相同模型（实际）计算的洋壳厚度及地幔最上部平均富集程度，如平均玄武岩量（富集）

该结果的影响是：洋壳的浮力可能对抑制俯冲没有重要影响。因此，地球历史早期板块构造体制可能依然存在。当然，板块构造体制没有发生的其他理由仍然还有，但这一困境似乎不会像刚开始那样构成严重障碍。

2.3.1.3　中地幔玄武岩边界和早期地球的地幔翻转

洋壳比地幔平均密度小的另一个深度范围为地幔过渡带以下的660～700km深度。在这个深度，洋壳有上升的趋势，反之，在上地幔，洋壳有下沉的趋势。所以，老的俯冲洋壳有聚集在660km深度的趋势。这对早期地球的形成有重要的作用。

图2-37为一个例子。这个模型中前两个阶段（600Myr和1500Myr），俯冲洋壳聚集在660km深处，已经近乎阻塞了垂向流动，对流被分为了两层。两层的温度有很大差异。这些特征在后来的阶段中并不存在。

图2-38更全面地展示了地幔分层行为，模型参数见表2-2。上地幔温度（模式年龄为600Myr时）有明显的摆动。前10亿年的温度摆动在2000Myr期间（即新太古宙25亿年）更大，这表明上地幔的温度向上有突然的上升。分层重新形成，在这之后，上地幔缓慢地变冷，随后进入下一次温度跃升。

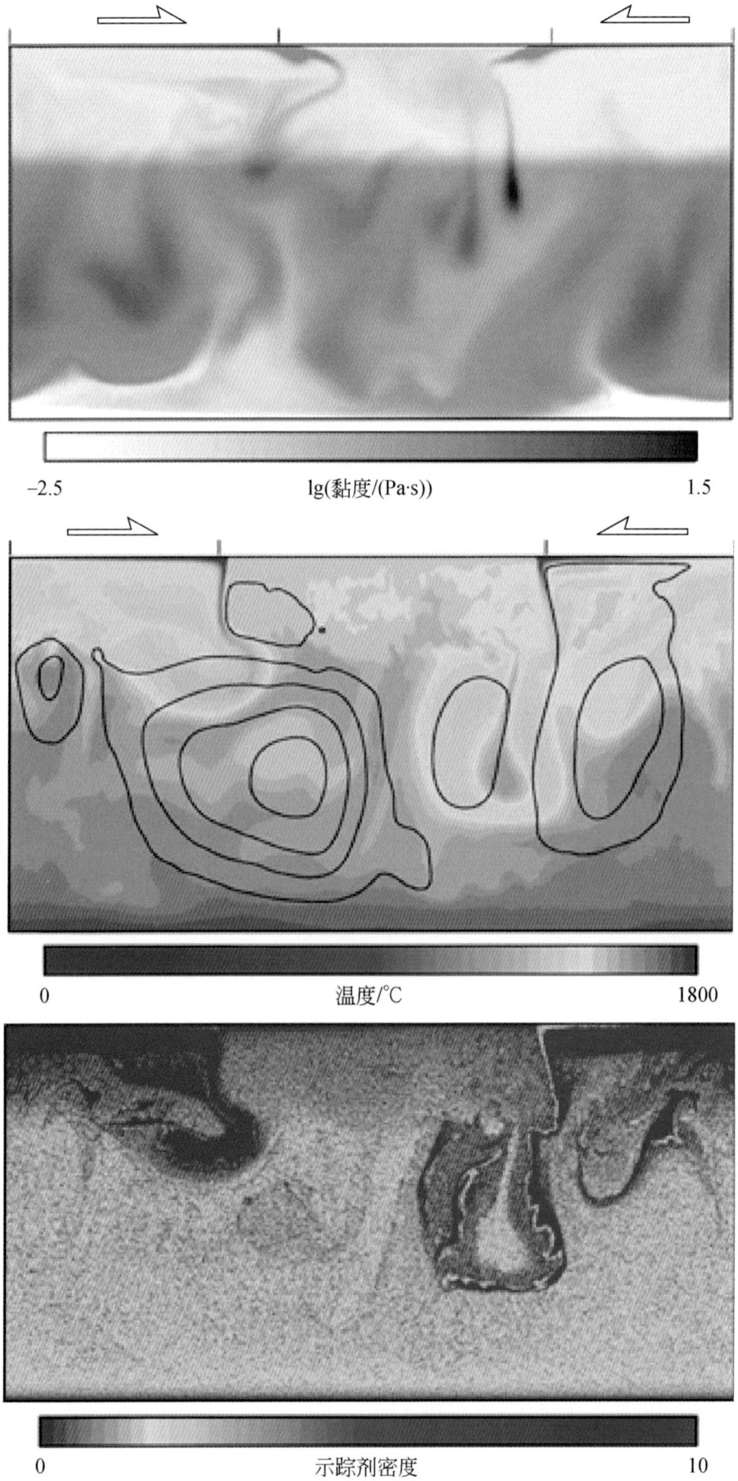

图 2-36　图 2-31 模式年龄为 600Myr 的黏度示意（Davies，2006）

黏度取决于温度，热流体黏度较低。黏度随深度增加，下地幔黏度是上地幔的 30 倍

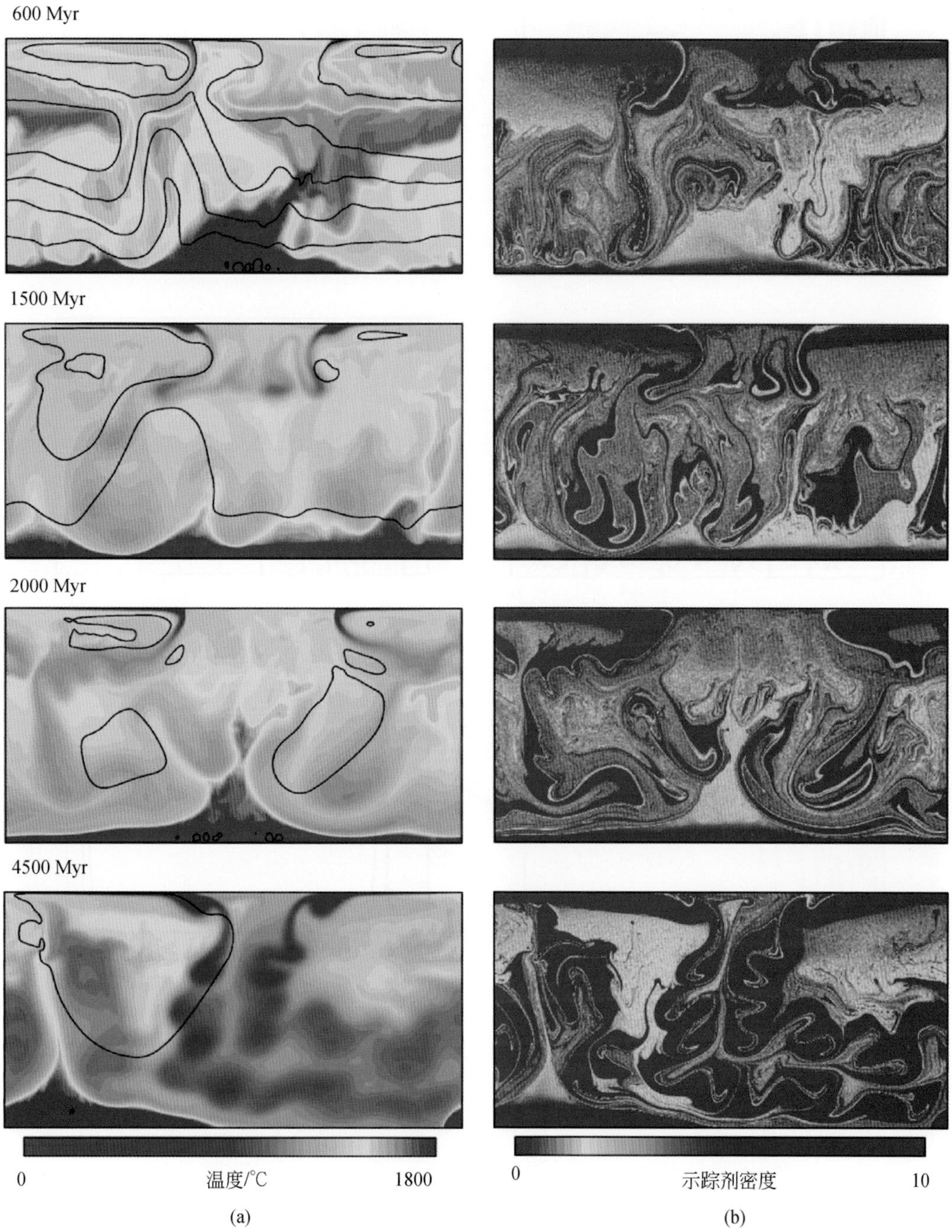

图 2-37　模式 1 演化过程（Davies，2008）

（a）模式 1 的温度和流线变化，（b）模式 1 的示踪剂浓度变化。蓝色区代表密集的示踪剂，红色区表示无示踪剂。模式 1 仅包括对 660km 相变（克拉珀龙斜率-3MPa/K）的热效应，并且仅显示出分层对流的趋势。底部的热区是由于洋壳的积聚而发生的，洋壳更加致密并且阻止了热量损失

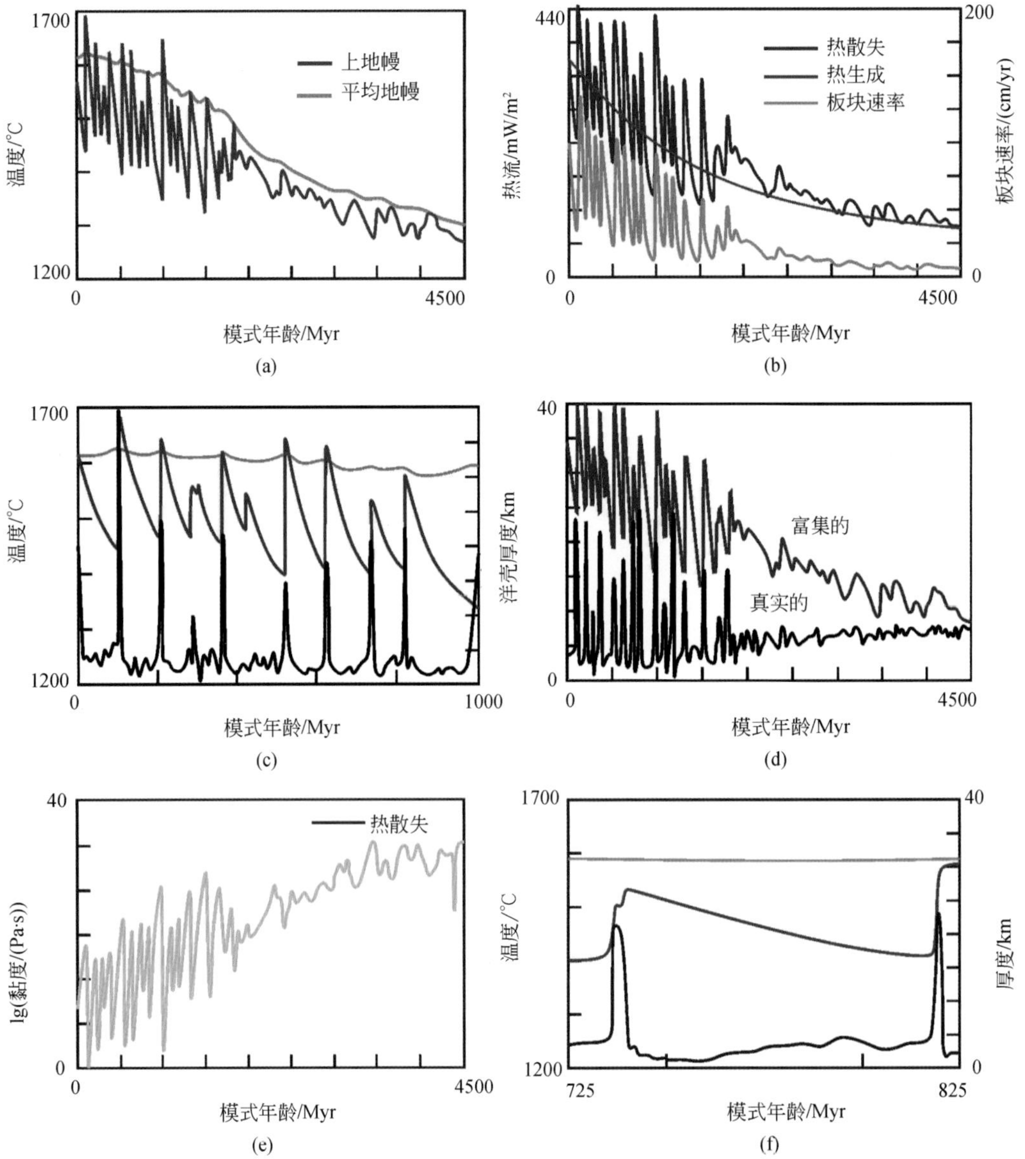

图 2-38　模式 2 的演变（表 2-2）（Davies，2008）

(a)上地幔和平均地幔温度。(b)热流值和板块速率。(c)温度和地壳厚度局部放大。(d)洋壳厚度。(e)上地幔平均黏度。(f)模式年龄为 725～825Myr 的平均上地幔温度（左标度）和地壳厚度（右标度），地幔翻转脉冲的持续时间仅为 3～4Myr。第一个 1.8Gyr 期间的极端变化是由于偶发分层和拆沉

表 2-2　模型参数

参数			模式 1	模式 2	模式 3	模式 4	模式 5
输入	克拉珀龙斜率/(MPa/K)		-3	-2.5	-2.5	-2	0
	玄武岩参数	密度对比/(kg/m³)	—	-150	-150	-75	0
		深度范围/km	—	90	90	180	—

续表

参数			模式 1	模式 2	模式 3	模式 4	模式 5
输出	MORB 平均年龄/Gyr		1.63	1.47	1.61	1.50	—
	OIB 平均年龄/Gyr		2.97	2.54	2.59	2.45	—
	深层玄武岩平均年龄	0 ~ 50km	3.01	2.54	2.59	2.48	—
		50 ~ 100km	3.03	2.54	2.58	2.53	—
		100 ~ 200km	2.99	2.36	2.55	2.52	—
		200 ~ 500km	2.68	2.21	2.25	2.38	—
		500 ~ 1000km	2.27	2.13	2.23	2.09	—
		底层年龄/Gyr	—	1.8	1.6	1.0	—

注：所有模型在 512×256 网格上进行计算，有 4 万个示踪剂，示踪剂密度异常为 150kg/m^3，初始温度为 1650℃，加热是从内部开始的（即没有通过下边界），90% 分配给示踪剂，10% 均匀分配给体积。模式 5 中没有示踪剂，加热方式为内部加热并且均匀。

温度波动是因为分层作用被中断，从而让热流从下地幔涌升到上地幔，导致温度突然的上升。图 2-39 展示了演化过程中的转折。分层重新形成，在这之后，上地幔缓慢地变冷，但是仍然很迅速。当两层的温度差异变得足够大时，这个间断迅速发生，它们的密度差异超越玄武质地壳。

随着表面的热量逐渐消失，板块速度与上地幔的温度变得协调［图 2-38（b）］，推断的很厚洋壳［图 2-38（f）］也是这样。然而，实际洋壳厚度的变化在地幔翻转过程中显示出剧烈的峰值，而翻转过程中厚度只有 2 ~ 4km。在放大的这个时间尺度内，“实际”的洋壳厚度在图 2-38（f）中也有显示，可以看到，在地幔翻转过程中峰值同时出现。这是很热很厚的下地幔流体涌升到上地幔的结果。在地幔翻转期间，洋壳的厚度达到了 10 ~ 30km。

洋壳的厚度揭示了主要的岩浆事件，该事件导致足以覆盖整个地球数十千米厚的玄武岩。这次喷出只持续了几个百万年。在地幔翻转过程中，熔融机制不是那么真实，因为板块构造被假定是连续的，否则，在这个阶段，这么厚的洋壳肯定会停止下沉或俯冲。然而，这个机制可能意味着任何铁镁质物质的密集堆积，当它们到达 60km 厚时会崩塌，它们的底部会发生相变而转化为致密的榴辉岩，这种情况下，铁镁质地壳会重新沉入地幔中。

在地幔非翻转时期，洋壳厚度只有 2 ~ 4km，它的浮力会对下沉造成一点障碍，所以，模型中的上地幔对流型式是可信的，这些板块会使上地幔变冷。下地幔与地球冷表面接触很少，热量损失则缓慢。在两次翻转之间，地球内部的放射性活动会使其变热。在进入新的地幔翻转阶段时，平均温度会增加。温度增加的原因是地球表面热量的丢失速率急剧下降，且伴随着上地幔变冷和放射速率变慢［图 2-38（b）］。

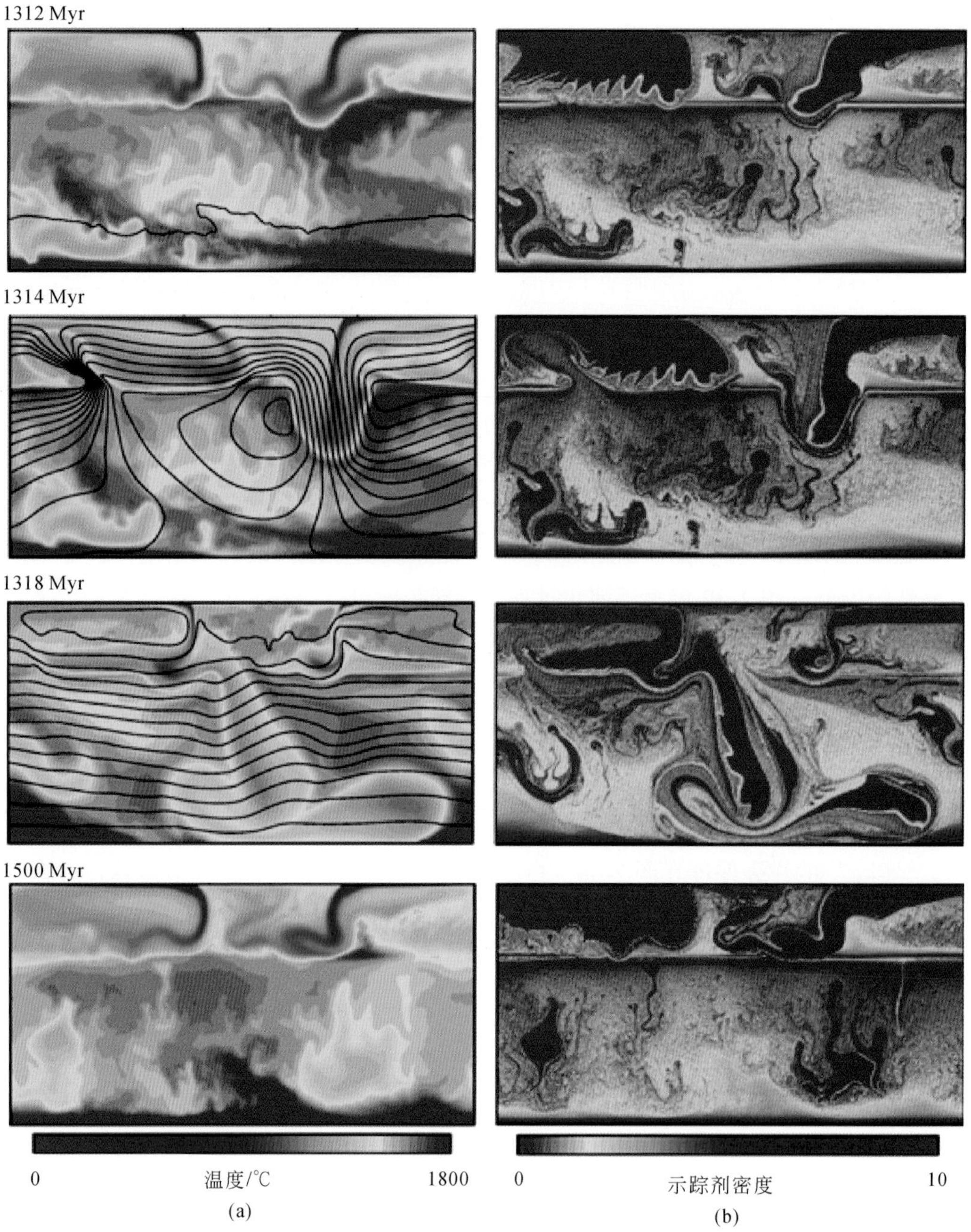

图 2-39　模式 2 地幔温度波动与分层作用（Davies，2008）

图中通过温度、流线和示踪剂浓度描述的分层分解与重建示例。注意，1314Myr 左侧上升流穿过玄武岩屏障并进入低黏度上地幔区域时，通道狭窄

在模式 2 中运行到模式年龄 1800Myr 时（约对应地史年龄的 27 亿年），地球地幔翻转停止，不再发生；但在其他模式中，运行了 1000 ~ 1600Myr，地幔翻转才停止（表 2-2）。停止的原因是放射性加热减弱，让板块足够慢和足够厚，以致热量难经

穿透玄武质地壳的障碍，因此，地幔翻转停止足以阻止热量流动。这个转变非常明显［图2-38（a）和（b）］，地幔翻转一旦停止，演化迅速回归到全地幔对流轨道，与之前模式的演变有相似的轨迹。

分层作用持续的时候，总热量的损失会被抑制；在两次翻转期间，上地幔迅速冷却，板块速度变慢，热量损失相对较低［图2-38（c）］。结果，体系的平均温度保持着非常高的状态。与图2-40所示的模式1～5的平均温度变化相比，系统的平均温度保持较高状态。甚至在分层停止作用后，图2-37中的模式平均温度仍然比其他的要高，这是因为在地幔过渡带处垂向流动受到抑制。由于玄武岩屏障的残余效应［图2-37（b）下部图片］和模型中假设相变导致的热位移会抑制流经地幔过渡带的地幔流动，这两个因素使得穿越地幔过渡带的垂向流动受到抑制，从而不足以引起地幔再发生分层作用。

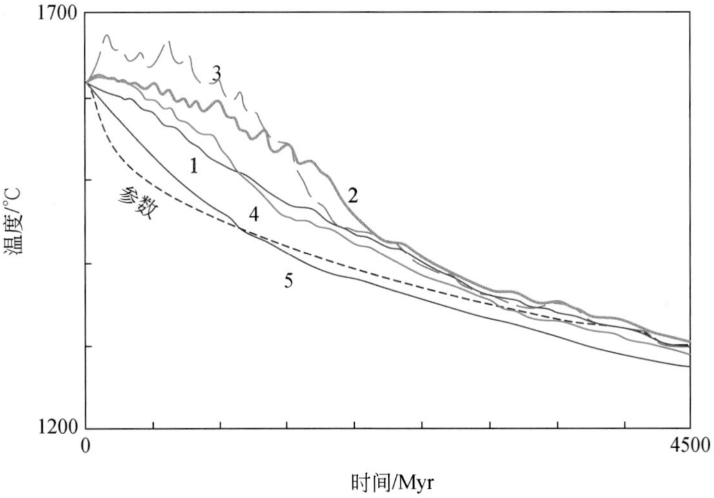

图2-40　模式1～5（表2-2）和参数化的热演化（短虚线）获得的平均温度演化（Davies，2011）

2.3.2　大陆碰撞力

大陆碰撞是比单调俯冲下降更复杂的一种行为，它像是阵发性因素，尽管阵发性更像是区域性，而不是全球性的行为。其最终动因归结于陆壳浮力的组成，所以把它放在这个部分来陈述。

北美洲的格林威尔造山带是新元古代大陆碰撞的一个典型例子，典型特征是深变质岩石的剥露。多次碰撞导致了地质记录中的旋回性，但是更早期，程度有多明显不得而知。例如，TTG事件最集中的年龄是新太古代（约27亿年），这个事件即使不是全球性的，似乎也影响到了一个很大范围。然而，这个时期，地形相对比较低，形成了更多的新地壳，这些都不是碰撞过程的典型特征。

2.3.3 间歇性板块构造

板块构造假如停滞了很长一段时间，那么幕式活动就有可能是由于复杂的流变性而非成分浮力引起。

板块活动间断或停顿后，即宁静期间，如果地幔的热量急剧累积，俯冲作用会重新建立与启动，导致大规模构造形变和岩浆作用。图 2-41 的模式揭示了这种行为，阵发性事件是因为负的热浮力作用并积聚于顶部边界层，同时表现为非线性流变特征，这使应变发生集中，最终导致岩石圈破裂。

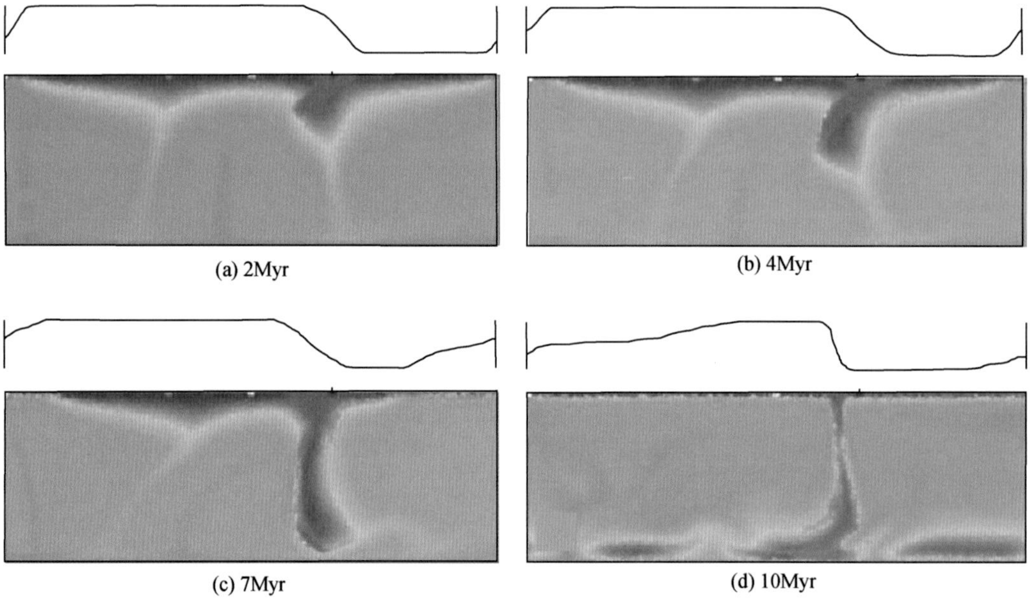

图 2-41 一幕俯冲作用被静态或无俯冲岩石圈间断的模型（O'Neill et al.，2007）

板块构造和地幔柱近乎同时被认为是地质动力机制，这是对地球地质过程的革命性认识。然而，地球的各种地质记录（图 2-42 和图 2-43）表明，现今板块构造和地幔柱并不和它过去 500Myr、1000Myr 或者 2000Myr 所表现的一样。例如，澳大利亚西北部年龄约 3.5Ga 的皮尔巴拉地体或中—新太古代华北克拉通东部地块中，太古宙等轴的花岗-绿岩带构造很少是长条状、线性的，而是卵形构造发育。在随后的地球历史中，挤压作用形成了后期地球历史中常见的典型线性活动带。

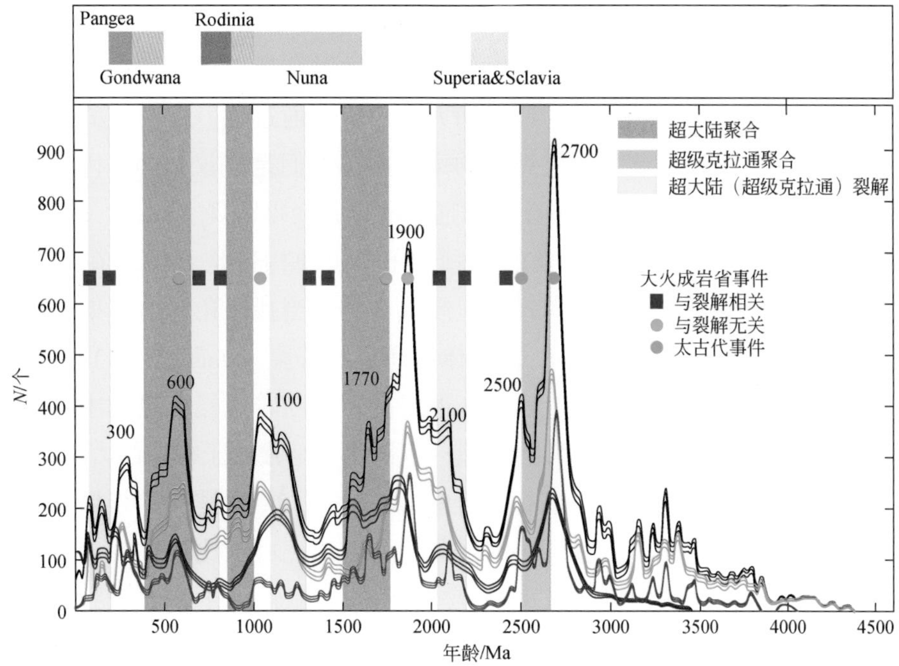

图 2-42　40 亿年以来造山带花岗岩和碎屑锆石的 U-Pb 锆石年龄分布（误差 1σ）

这里 N 代表样品数，为年龄的函数。直方图统计年龄间隔为 30Myr。红线为花岗岩，蓝线为古老沉积物，绿线为现代沉积物，黑线为所有数据。年龄峰值单位为 Ma，超大陆旋回用彩色垂直条表示（Condie and Aster，2010）

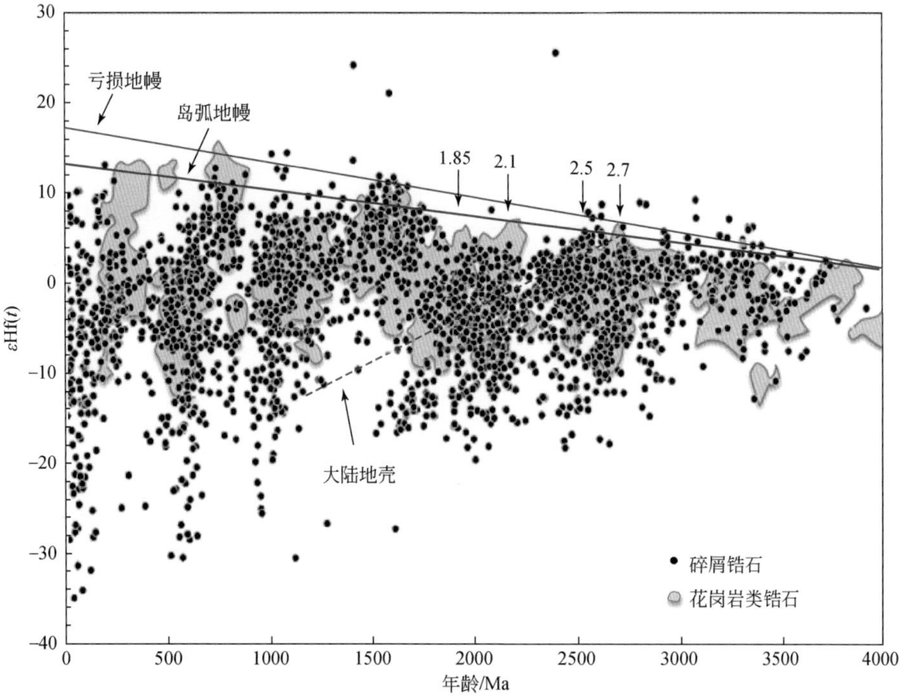

图 2-43　碎屑锆石（黑色圆圈）和花岗岩中锆石（粉红色区）的铪同位素成分［表达为 εHf(t) 值］与 U-Pb 结晶年龄图解（Dhuime et al.，2011）

亏损地幔线代表上地幔演化，岛弧地幔线代表俯冲带花岗质岩浆源

图 2-42 阐明了大陆岩石和地质省时间上的分类。这一分类既体现了阵发性构造活动，也显示了大陆地质省的不均匀保留。地球通过这样一种非常重要的阵发性构造活动方式不断发生改变，现在的地幔动力模式也是通过这一重要方式进行的。然而，许多模拟没有结合足够的地质观察约束，所以它们是建议性的。因此，应该结合更多的地质观察（图 2-43），来让地球遥远的过去变得客观实际。

关于地球历史可能存在的主要的问题如下：板块构造是否像现在这样曾发生过？如果不是，到底是什么构造模式？地幔柱到底充当什么角色？早期地球是以不同于地幔柱模式的热管（hot-pipe）构造体制还是停滞盖（stagnant lid）在运行？之前的模型也确定了很多潜在的构造因素：地幔翻转伴随着地幔分层的中断、俯冲和板块构造的停顿与重新活动。而大陆碰撞一直被认为是独立于模型的因素。

尽管过去的地幔温度要比现今高，但图 2-36 和图 2-38 呈现的结果显示，因为上地幔的动态亏损，形成了更多可熔的组分，所以洋壳可能比现在的洋壳薄。这个薄的洋壳将克服厚洋壳浮力可能阻止或者减缓俯冲的障碍，进而触发板块构造。

对于板块构造何时开始迄今没有统一的意见。在 2006 年举行的相关国际会议上，从 10 亿年到 45 亿年以前的观点都有，大多数人认为，在 20 亿～35 亿年。有证据表明，在 44 亿～45 亿年前，地球表面温度足够低，可维持液态水的存在，而且有证据表明某些陆壳也出现了。这些证据与板块构造的运动相一致，但是并非完全需要板块构造才可解释。

俯冲带尽管也有许多显著的差异性、分段性，但在结构上、岩石学上、地球化学上具有相似性和可比性。从中太古代到元古代存在许多这样的区域。然而，这些区域并不能够指示现代板块构造体制存在，特别是这些物质或地球化学特性的相似性也难以用来区分是前板块构造的俯冲、初始板块构造的俯冲还是现代板块构造体制下的俯冲。现代俯冲带独有的特征是结构上的不对称性（只有一个板块下行），而且它们在大的稳定板块之间是狭窄的活动带。这些特点对于推断热边界层和地幔动力机制很重要。结构不对称性特点对于地质学家可能没有直接关注，但是一定有间接关注，因为指示的地幔动力机制可能与现在的机制不同，而且可能有其他重要的指示意义。

Davies（1992）提出对称的挤压带可能能够表明像泪滴状的“下坠构造”（drip tectonics）（图 2-44）。在这种情况下，热边界层足够薄，以至于它表现得不像覆盖了一定距离的刚性单元，所以不能称之为一个板块，称为岩石圈可能也不适合。如果热边界层的某一部分能够被发现，便可以提出一种地幔对流模型。可能存在一个活动的热边界层，有效地消除地幔的热量。如果形成于地幔上涌的拉伸区的铁镁质地壳非常薄，按照 Davies（1992）提出的模型，它可能被边界层“下坠构造”不连续俯冲。另外，如果铁镁质地壳足够厚，它便能够抵制下沉，并聚集成巨厚堆积体。如果堆积到达60km或者更厚，堆积区下部可能转化成致密的榴辉岩，然后迅速拆沉，甚至拖曳一些较浅的物质下沉。所以，铁镁质的“下沉部分”可能沉入地幔，这种事件常表现为阵发性。

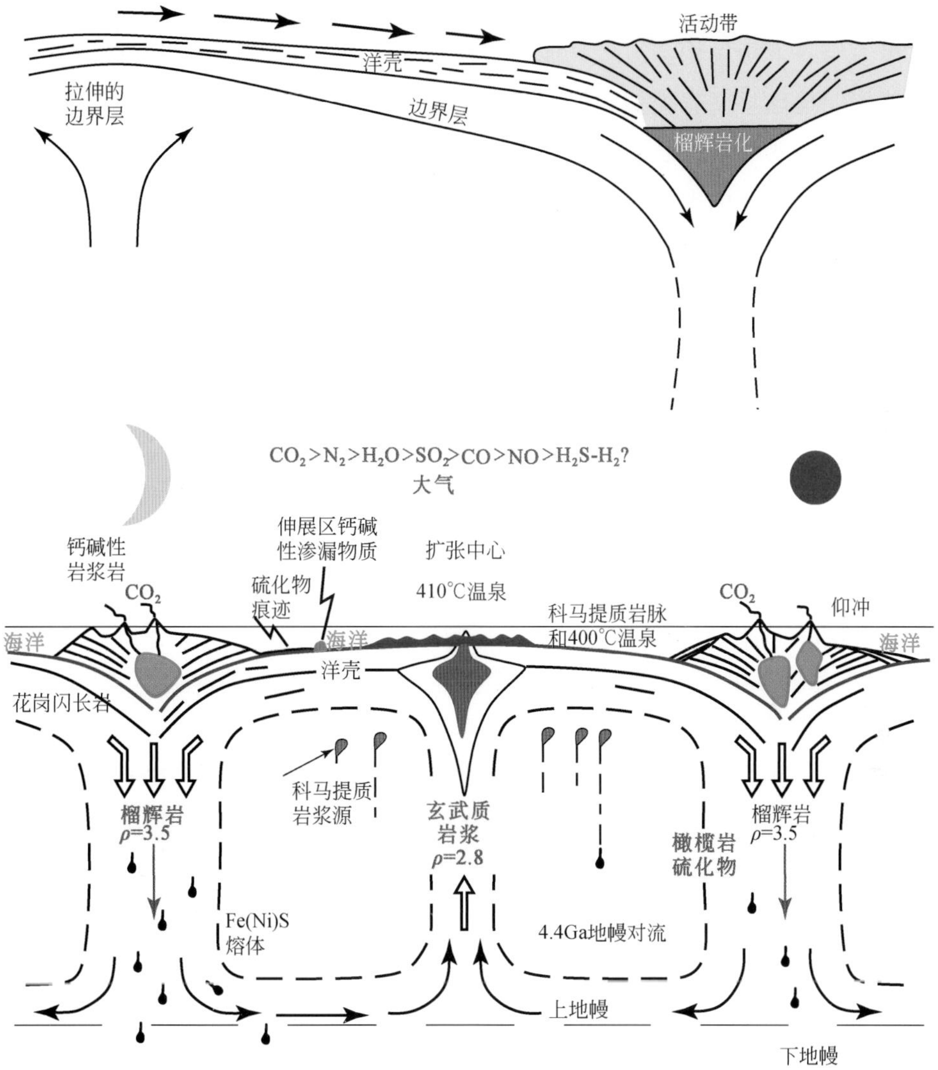

图2-44 猜想的“下坠构造”图解

地幔顶部热边界层不够刚性而未形成板块，下降流并不是受脆性断层控制，所以它们倾向于更为对称，基性地壳倾向堆积在下降流之上。假如其底部足够深和热，它可能转换为致密的榴辉岩，触发地壳的下坠，这个下坠作用具有显著的幕式特点（Davies，1992）

迄今，还不能确定这样的机制是否作用于地球上，“下坠构造”可能是太古代地核形成的一种方式，如澳大利亚皮尔巴拉地体。这种机制对于阐明板块构造运动机制启动也很重要。如果能够揭示地幔翻转结构的不对称性，岩石学和地球化学能够提供一种关键的证据，提供岩浆弧在现代俯冲带中作用方式的证据，这种挤压带的特征可能与现代的俯冲带相似。许多岩石学和地球化学的特征与现代俯冲带类似，因为主要的成岩过程在这两个机制中都可能是含水的铁镁质物质在深部重熔。

除不对称性外，另一个板块构造的关键标准是活动带外侧板块的存在。这可能很难阐述清楚，因为活动带之外的区域发生该过程的证据非常少。

这里总结一下板块构造或者其他形式构造是否作用于地球早期的讨论，足够的证据能够阐明地球早期有类似现代不对称俯冲带的存在。不对称性指示岩石圈作为固态而不是液态的活动，表明板块的存在。然而，它不能直接表明活动带外侧刚性板块的存在，此外，也不能指示它们到底有多大，如欧亚板块。

地幔柱在类地行星的硅酸盐地幔中是存在的，如金星。这里展示的模型表明地幔柱至少像现在一样活跃。很多版本的热流史计算认为，地幔柱在过去比现在更加活跃。地幔柱是现代地球构造的第二因素，它们的记录可能比俯冲带更加短暂，其记录保存在洋盆中，且它们产出的玄武岩已风化。

大火成岩省可指示过去的地幔柱活动（Ernst and Buchan，2001）。事实上，元古代绿岩带可能是地幔柱活动的产物，它对于现代地幔柱热演化的理论是一个重要的次级因素（Campbell et al.，1989；Campbell and Griffiths，1992）。地幔柱头还有一个特征是放射状基性岩墙群，是大火成岩省补给岩浆的分支岩墙（Campbell，1998；Ernst and Buchan，2001）。

图 2-42 和图 2-43 中大陆记录的显著阵发性需要更平滑的演化模式。前文所述玄武岩的屏障作用或机制能够诱发普遍的幕式行为，特别是地幔翻转能够引起显著的岩浆和构造旋回。从下地幔中上涌的物质不仅比上地幔高 200～300℃，也比上地幔更富集。从洋壳厚度峰值能够推断岩浆的体积比玄武质岩浆喷发大 200 多倍。图 2-45 描述了这类事件如何演化，但是太古代绿岩带是否是地幔柱头部和地幔翻转的产物依然没能解决。

相对板块构造的水平运动，太古代初期地核的形成机制以垂直运动为主（Smithies et al.，2005；Bédard，2006）。先存的铁镁质地壳重新加热形成反复的幕式事件。巨大的地幔柱头及地幔反转会导致先存物质重新加热，因此先存的铁镁质地壳重新加热形成了反复的幕式事件。Bédard（2006）强调，厚岩石圈与太古代地核同时形成，应当考虑穹脊（dome and keel）构造和地壳形成的紧密关系，在这种情况下，穹脊构造可能正如地壳一样是地幔分异的产物。

以往的研究积极尝试揭示大陆聚合过程，其中一个途径是识别过去的大陆碰撞（Davies，1995；Murphy et al.，2009）。大陆分离和聚合的整个循环也经常被称为威尔逊旋回或超大陆旋回，解释了一些间歇性事件。然而，阵发性事件更像是区域性的而不是全球性的，所以不一定对地幔对流的运转机制有重要意义。因此，大陆的演变过程可能只是板块-地幔系统之间的二级调节（second-order modulation）。

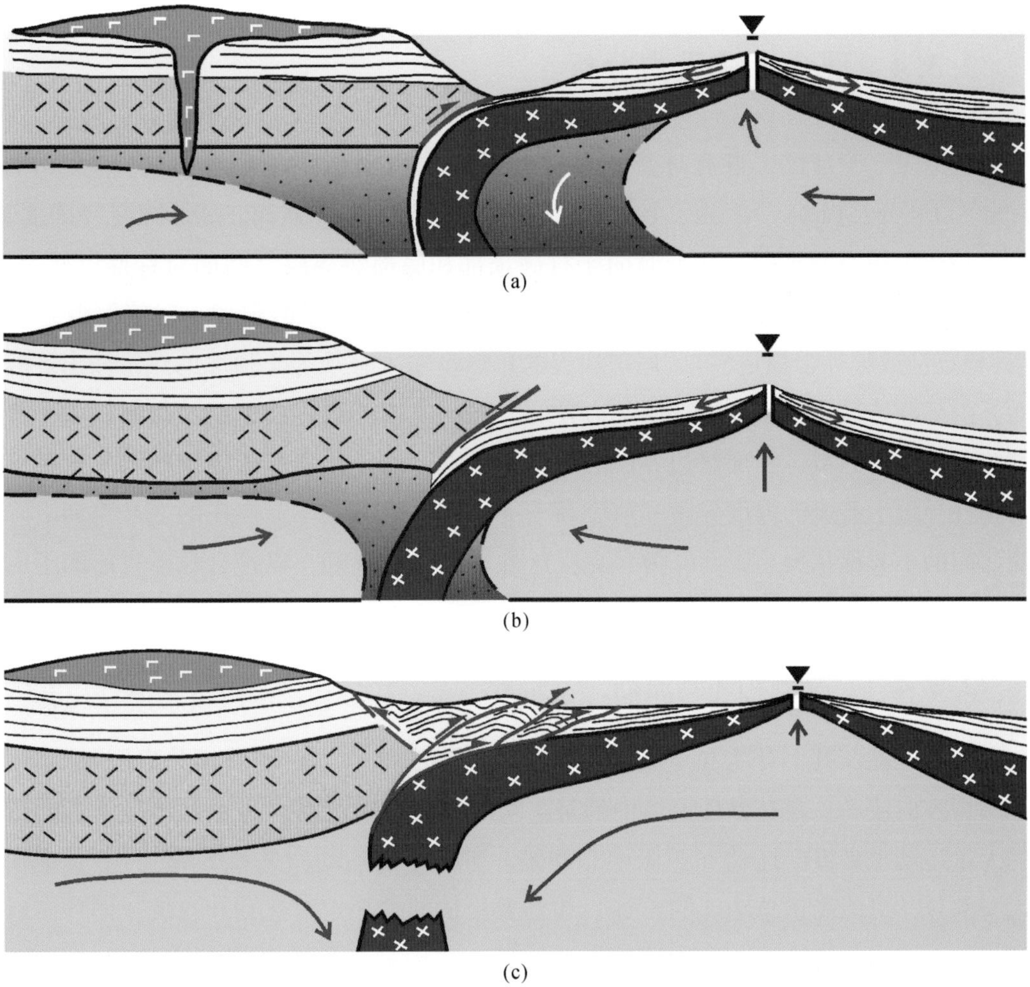

图 2-45　伴随地幔翻转的可能构造事件

下地幔热物质（浅黄区）替代了上地幔冷物质［深黄色区，(a)］，结果形成了更厚的洋壳［蓝色，(b)］，溢流玄武岩喷发也可以出现在大陆（绿色）上，大洋中增厚的洋壳则阻止俯冲作用（c）

另外，如果板块在地球历史的重要时期停止运动，这可能影响地幔的演化，当然，这也需要对板块-地幔系统的机制有更深的理解。如果板块活动存在间断，地幔的热量损失会降到很低的程度，地幔温度也可能开始增加。只要间断不超过几亿年，那么它对整个地质活动影响不大。俯冲和板块构造的重组可以引发一个具有强活动性的阶段，较高的地幔温度会在间断期间聚集，降低地幔黏度，进而增加板块的运动速度。高温也会导致更高程度的熔融。所以间断的周期和更新的活动性从根本上决定了幕式地质记录。这种间断也有助于解决前文中关于热源的困惑。

间歇性的板块构造导致了岩石的复杂流变性，这种流变学性质是岩石在地幔对流过程中由于压力-温度变化形成的特征。而以往对地幔对流的研究并不考虑复杂流变性。但间歇性的板块构造意味着在建模研究地幔对流时，应该考虑复杂的流变性。

2.3.4 现今板块受力分析

地球是一个球体，带有球形流体厚壳的对流模型似乎是最现实的（Bercovici et al.，1989a；Tackley et al.，1993；Bunge et al.，1996）。然而，球体圆度（球度）并不是产生板块的基础。球形倾向于打破顶部和底部边界层之间的对称性以及上、下边界层逆反性。对于纯粹底部加热的球壳，根据能量守恒定律，对流解要稳定（即稳定性或统计学稳定性），底部边界的总热量输入必须等于顶部的热量输出。然而，由于球体性质，热量通过底部边界的表面积比顶部边界层的要小得多；为了补偿这一较小的区域，底部热边界层的地热梯度降，通常比顶部边界层的大。这种不对称性导致上升流的温度异常和速度高于下降流，这与地球上存在的上升流和下降流之间的不对称相反。因此，为了克服这种不对称性缺陷，以符合地球目前的不对称性，内部加热和温度依赖的黏性效应尤为重要。

2.3.4.1 极向和环向流动

对流运动及其上升流和下降流，以及顶部和底部热边界层的相关离散与汇聚，也称为极向流动。在高黏性流体中的基本对流只有极向流动。虽然地球板块运动中的大量运动也是极向运动（扩张中心和俯冲带的垂向运动，见图2-46），但其中很大一部分，可能高达总动能的50%，也涉及板块的水平走滑运动和自旋，即环向运动（图2-46）。地球动力学在地球板块构造方式中缺乏考虑地幔对流的环向运动，

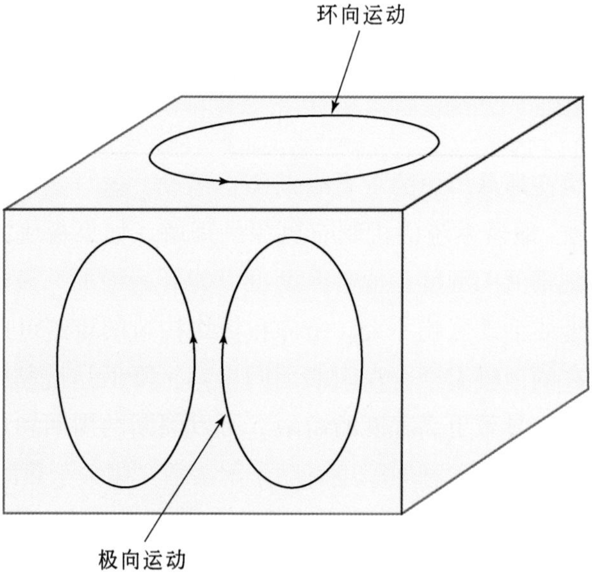

图2-46　环向和极向运动相关的简单流线

而这是地幔对流和板块构造统一理论的核心。因此，在基本对流中不存在环向运动的原因值得重新认识。

大多数地幔对流模型都把地幔看作是不可压缩的，它具有恒定的密度。事实上，对流模型必须考虑到热浮力，所以它们将地幔视为布西内斯克（Boussinesq）流体。虽然密度是温度的函数（实际上不是恒定的），但密度波动非常小，除非密度涨落是由重力作用产生的，否则流体本质上仍然是不可压缩的。因此，流体作用是不可压缩的，仍然可以由浮力驱动。此外，即使没有热密度异常，地幔仍然不是真正不可压缩的。由于压力增加，其密度从上到下增加了近两倍（例如，从 IASP 91 参考地球模型）（Kennett and Engdahl，1991）。

然而，地幔流动发生时间比压缩现象（特别是声波）的时间慢得多，因此地幔可以当作是非弹性的，流动可分为极向部分和环向部分（Jarvis and McKenzie，1980；Glatzmaier，1988；Bercovici et al.，1992）。然而，与热对流中的其他影响相比，即使是压缩性的，这种非弹性成分的影响也相当小（Bercovici et al.，1992；Bunge et al.，1997）。

不可压缩性或布西内斯克条件要求：质量注入固定体积的速率必须等于质量溢出的速率，因为如果质量不可压缩，就不能将质量压缩到体积中，即进入的质量必须等于输出的质量。在数学上，当体积无穷小时，可以等效为一个点，称为连续性方程，写为

$$\nabla \cdot \underline{\boldsymbol{v}} = 0 \tag{2-67}$$

式中，$\underline{\boldsymbol{v}}$ 为速度矢量，∇为梯度算子。这个方程说明，流体离点或向点的散度为零。如果一些流体偏离了点，为了弥补流体的损失，一定要有等量的质量输入；同样，进入的物质必须平衡输出的物质。在笛卡儿坐标中，自动满足这一方程的常见速度场的形式为

$$\underline{\boldsymbol{v}} = \nabla \times \nabla \times (\varphi \hat{z}) + \nabla \times (\psi \hat{z}) \tag{2-68}$$

式中，$\hat{z}$ 为垂向的单位向量，因为任何向量的$\nabla \times \nabla$是零。注意，式（2-68）中的速度场只使用两个独立的量，即 φ 和 ψ，表示三个独立的速度分量 V_x、V_y 和 V_z。这是允许的，因为式（2-67）强制一个速度分量对另两个速度分量的依赖，所以实际上只有两个独立的变量。在初等代数的术语中，一个含有三个未知数的方程意味着实际上只有两个未知数。φ 称为极向势，它代表上升流、下降流、表面分离和汇聚，是对流运动的典型值。ψ 是环向势，涉及水平旋转或涡旋运动，如走滑运动和垂直轴旋转。环流不是典型的对流运动（图 2-46）。

在高黏性流体中，流体颗粒总是处于最终速度，即加速度可忽略不计，实际的速度场是由浮力或引力、压力梯度和黏性阻力之间的平衡决定；在具有恒定黏性流体的简单对流中，这种力平衡表示为

$$0=-\nabla P+\mu\nabla^2\underline{v}-\rho g\hat{z} \tag{2-69}$$

式中，P 为压力；μ 为黏度；ρ 为密度；g 为重力加速度（$9.8\mathrm{m/s^2}$）。黏滞力项与 μ 成正比，在式（2-69）中，黏滞力是由应力的不平衡或梯度造成的，而应力是由速度梯度造成的，即剪切、拉伸和挤压施加在具有一定刚性或黏性的流体上。取式（2-69）的 $\hat{z}\cdot\nabla\times\nabla\times$会导致

$$\mu\nabla^4\nabla_H^2\varphi=-\nabla_H^2(\rho g) \tag{2-70}$$

其中，$\nabla_H^2=\dfrac{\partial^2}{\partial x^2}+\dfrac{\partial^2}{\partial y^2}$是二维水平拉普拉斯算子。式（2-70）表示了通过浮力（右侧）直接驱动极向运动（左侧）。然而，如果取式（2-69）的 $\hat{z}\cdot\nabla\times$，只获得

$$\nabla^2\nabla_H^2\psi=0 \tag{2-71}$$

这表明，环向流动不存在内部驱动力。注意，球面几何也存在相同的分析（Chandrasekhar，1961；Busse，1975；Bercovici et al.，1989b）。因此，对于等黏度的对流，环向运动不是自然发生的，产生这种运动的唯一途径是从顶部和/或底部边界激发它，否则，环向运动就不存在。即使黏度 μ 是高度 z 的函数，也是相同的论点。要使对流流动驱动环向运动本身，即从介质内部，需要在式（2-71）的右侧加一个强迫项。只有当黏性横向变化，即 $\mu=\mu(x, y)$，浮力驱动了极向运动以诱导环向流动，无论是通过边界条件，还是通过横向黏度变化，都被称为极向-环向耦合问题。

2.3.4.2 板块构造的基本对流

前文回顾了简单黏性对流的一些基本概念，现在可以研究板块构造的特征，这些特征被合理地解释为基本对流的特征。

（1）对流驱动力和板块驱动力

A. 板片拉力和下降流

通过比较简单黏性对流与地幔流动和板块构造，冷的顶部热边界层的下降流可以看作俯冲板片。正如 Forsyth 和 Uyeda（1975）所证明的那样，板块与板片的连通性（即俯冲带占其周长的比例），以及板块速度之间的相关性，表明板拉力为板块驱动力的主导力。因此，如果板片只是简单的冷却下降，那么简单对流模型中的下降速度可以与板片的下降速度相比，由此推论出板片的速度，特别是在快速的板片连接着活动的板块的情况下。板块上的板拉力实际上是作用于冷的顶部热边界层的水平压力梯度，是由板片从表面拉出时产生的低压引起的，因此，始终维持一定的压力梯度，使边界层或板块稳定地提供板片补给，从而产生板片拉板块的现象。通过简单的标度分析，可以估算这种冷的下降流的力和速度，并将计算的速度与构造板块的速度进行比较。

根据 Davies 和 Richards（1992）的尺度分析和边界层理论，这里考虑了一个冷的顶部热边界层，长度为 L（从离散带的产生到汇聚带的破坏）、宽度为 W（图 2-47）。当边界层从离散带（洋中脊）向汇聚区（俯冲带）移动时，边界层由于垂直热损失而变厚，在水平移动的边界层中，这仅仅是由热扩散引起的。

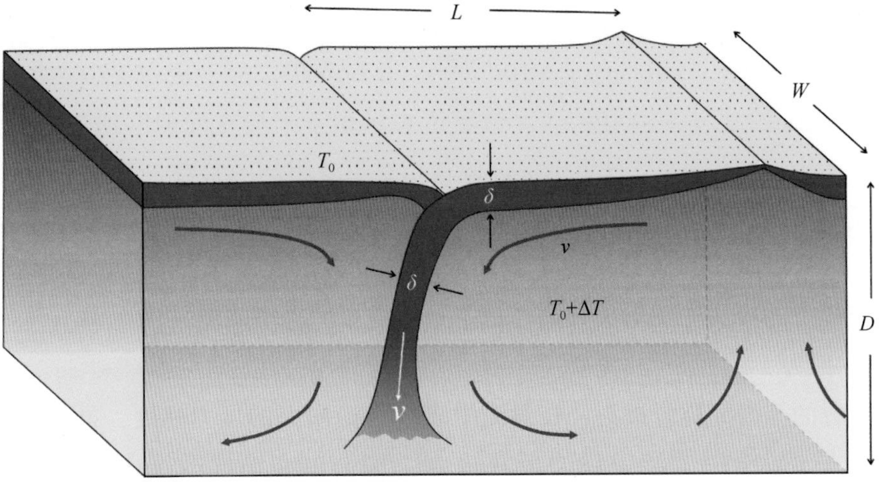

图 2-47　主要热边界层（岩石圈）与地幔流动的主导模式之间的关系（Davies and Richards，1992）

为了估计边界层厚度 $\delta(t)$，这里应用了量纲一致性（Furbish，1997）。假设只有热扩散系数 κ（单位为 m^2/s）和年龄 t（在边界层起始的离散带 $t=0$）控制边界层的生长，则有 $\delta(t)=A\kappa^a t^b$，其中，因为假定系统的其他维数性质对冷却过程没有任何影响，所以 A 是无量纲常数。然后，确定常数 a 和 b，匹配 δ 方程的任一边的量纲，从而导致 $a=b=1/2$。事实上，一项更仔细的分析（Turcotte and Schubert，1982）表明，$\delta\approx\sqrt{\kappa L/v}$ 在秩序统一的因素范围内。当它到达下降点时，边界层厚度为 $\delta=\sqrt{\kappa L/v}$，其中，v 是边界层尚未确定的速度。

俯冲开始后，下降流延伸到深度 D，而且由于边界层涉及从深部流体内部到地表 ΔT 的温度对比，它和它所提供的下降流具有 $\Delta T/2$ 的平均热异常。下降流的浮力是

$$F_B=(\rho\alpha\Delta T/2)(\delta WD)g \tag{2-72}$$

式中，第一个括号代表下降流的密度异常，第二个括号代表下降流的体积。在下降流上的拖曳力是作用于当前区域的瞬时黏性应力，当流体在下降流和停滞点之间发生垂直剪切时，拖曳力近似等于黏度乘以流体的应变率，即

$$F_D=\left[\mu\frac{v}{L/2}\right][DW]=2\mu vDW/L \tag{2-73}$$

力平衡 $F_B-F_D=0$，产生下降流速度，得

$$v=\frac{\rho\alpha\Delta T\delta Lg}{4\mu} \tag{2-74}$$

用 $\delta=\sqrt{\kappa L/v}$ 来消除 δ，得到

$$v=\left[\left(\frac{\rho\alpha\Delta Tg}{4\mu}\right)^2 L^3\kappa\right]^{1/3} \tag{2-75}$$

正如这里所看到的，大多数形式的基本对流 $L\approx D$，即对流单元大致是单位纵横比。因此，使用 $D=3\times10^6$m，$\kappa=10^{-6}\,\mathrm{m^2/s}$，$\rho=4000\mathrm{kg/m^3}$，$a=3\times10^{-5}/℃$，$\Delta T=1400$K，$g=10\mathrm{m\cdot s}$，$\mu=10^{22}\,\mathrm{Pa\cdot s}$（该黏度表示由下地幔支配的全地幔有效黏度）获得的速度为 $v\approx10$cm/a。这里也可以调整相对不受限制的参数，如在合理范围内，使用较低或更高的黏度，或 $L>D$ 的值。然而，即使是如此，速度应保持在 10cm/a 数量级。该速度确实是活动板块正确的速度数量级，这强烈表明，在基本对流中，被视为板拉力的板块作用力很好地模拟了一个简单的冷下降流（图 2-47）。

B. 脊推力

洋中脊的推力简称脊推力，在对流中表现为横向上的压力梯度，最初被认为是一种边缘力，即作用于洋中脊的板块边缘，这是由高地形的洋中脊重量造成的（Forsyth and Uyeda，1975）。板块面积与板块速度没有相关性（Forsyth and Uyeda，1975），脊推力通常被假定为板拉力的次要部分或完全由沿板块底部的地幔对流拖动来抵消（Hager and O'Connell，1981）。实际上，Lithgow-Bertelloni 和 Silver（1998）估计，脊推力仅占由俯冲板片引起的驱动力的 5%~10%。然而，脊推力可能是在板拉力之外最重要的力之一，因此应该从基本对流的角度进行讨论。

洋中脊在地形上是高的，因为它们更年轻，由比周围物质更热、更具浮力的物质组成，而周围的物质在离开洋中脊后冷却并变得更重而沉降。远离洋中脊的物质的下沉速度足够慢，以至于整个洋中脊-岩石圈系统基本上处于均衡平衡态，但至少离俯冲带还有差距。如果地形是等静压的，则在岩石圈下面存在补偿深度，在该深度下，具有相等横截面面积的无限高的柱体都具有相同的重量。这也意味着，在沿着补偿水平的每个水平位置处的静岩压力，即单位面积重量应相同。然而，未延伸到补偿深度的物质柱的重量并不相同，尤其是以洋中脊脊轴为中心的物质柱的重量最大，因为远离轴部的柱体仍然包含了太多轻的物质（如水）和不够重的物质（如岩石圈），而没有足够的重物质来平衡洋中脊下热软流圈物质柱的重量。因此，对于小于等静压补偿深度的深度，压力不是水平均匀的，并且实际上在洋中脊轴部之下是最高的，由此引起洋中脊推力的压力梯度（Turcotte and Schubert，1982）。然而，该压力梯度存在于岩石圈各处，即在海底深度横向变化的地方，而不是只存在于洋中脊轴部处。

洋中脊推力的压力梯度如何与对流作用力相关？如前面所讨论的，对流热边界层中的水平压力梯度是驱动边界层横向水平运动的因素。如果地表是可变形的，则

离散带处于高压状态，使地表升高，汇聚带处于低压状态，使地表下降。因此，顶部热边界层中的压力梯度将表现为从离散带到汇聚带的地表下沉。简单对流边界层的表面最终下沉与大洋岩石圈观测到的地表下沉几乎相同。因此，脊推力的压力梯度与对流热边界层中的压力梯度是不可区分的。

（2）洋盆结构

水深测量结果或海底地形的大规模变化可能与简单的对流过程有关，特别是与顶部热边界层的冷却有关。虽然已经在前文讨论了冷的热边界层的概念，但是为了检验基本假设的有效性，有必要更详细地重复这些论点。

当对流单元的顶部热边界层水平移动时，其通过热损失冷却为较冷的表面。在简单的对流中，假设表面是不可渗透的，即没有质量穿过它，因此，热扩散完全为顶部热边界层的热损失，即由于边界层邻接不透水表面，可以认为整个表面上的热物质和辐射或冷物质的摄入而引起的垂向热损失是可以忽略的。虽然这种假设对于热边界层的大部分是合理的，但它使对流理论对大洋盆地地形和热流的某些细节产生了错误的预测。

扩散热损失假定意味着，边界层的增厚受热扩散系数 κ 的控制，因此，边界层厚度 $\delta \sim \sqrt{\kappa t}$ 再次受热均一性控制（Furbish，1997）。当热边界层变厚时，它的重量会增加，从而随着力的增加，表面向下拉；如果表面变形，它就会向下偏转，直到建立均衡。因此，海底沉降反映了边界层重量的增加；重量的增加只是因为 δ 的增长，所以海底沉降是以 $\sqrt{t}$ 的形式进行的。故而，用对流边界层理论（Turcotte and Oxburgh，1967），预测海底沉降随着岩石圈年龄的平方根而增加，这就是所谓的 $\sqrt{t}$ 定律。此外，这种边界层理论预测出海底的热流（单位 W/m^2）应遵循 $1/\sqrt{t}$ 定律，这一规律可由边界层的热流传导这一事实来推断的，即 $k\Delta T/\delta$，其中，κ 是热扩散系数，ΔT 是跨越增厚的热边界层的温度降低量。垂直于扩张中心的海底水深测量和热流随年龄变化的剖面显示，一阶海底沉降和热流确实遵循边界层理论，即分别遵循 $\sqrt{t}$ 和 $1/\sqrt{t}$ 定律（Parsons and Sclater，1977；Sclater et al.，1980；Turcotte and Schubert，1982；Stein C A and Stein S，1992），大洋岩石圈主要是对流热边界层。然而，在更详细的级别上，$\sqrt{年龄}$ 定律失效。

（3）板片状俯冲的三维对流

在简单、单纯加热的平面层对流中，对流特征往往是下沉板片相互连接。例如，六角形图案的特征是在每个六边形的中心有一个上升流，周围是六个下降流。球面系统也有类似情况（Busse，1975；Busse and Riahi，1988；Bercovici et al.，1989b）。当将流体的内部加热包括在内时，上升和下降可能不平衡，对称性被破坏。即便如此，在低瑞利数和中等瑞利数下，下降仍可以保持为线性，尽管不再是相互关联的，类似于板片状下沉或俯冲（Bercovici et al.，1989a）。线性下降停止，高瑞利数时的圆柱和团块下降启动（Glatzmaier，et al.，1990；Bunge et al.，1996）。然而，即使是在高瑞利数时，也可以通过允许黏度随深度增加而恢复下降的线性过程（Bunge et al.，1996）。因此，虽然在简单的热对流模型中不总是会出现板片状下沉，但它们是一个非常普遍的特征。可见，地幔对流中板片状下沉的出现是基本热对流的特征。然而，还有许多与简单对流不同的俯冲板片的其他行为特征。

这里的方法原理见图 2-47。大洋岩石圈是地幔对流的顶部热边界层。由于岩石圈板块的强度和断裂，该边界层的运动大致呈分段式，在俯冲带处发育下降流，扩张中心形成上升流。忽略其他“小尺度”对流方式，如热点地幔柱或其他次级板块尺度不稳定性（Davies，1988），当冷却的岩石圈远离洋中脊而在俯冲带下沉时，驱动该流动的浮力会导致势能的释放。

板块构造理论建立不久（Wilson，1965；McKenzie and Parker，1967；Morgan，1968），Turcotte 和 Oxburgh（1967）及 Haskell（1993）就探讨了地幔黏度值、地幔岩石热扩散系数和膨胀系数以及岩石圈底部温度的估算值，得出与图 2-47 相似的模式，即地幔对流的简单边界层模型可以解释板块运动。在此边界层理论的简化公式中，Davies 和 Richards（1992）提出，下沉或俯冲板片的浮力远大于由大洋岩石圈增厚而引起的浮力。在地幔中流动平衡这种力和黏滞阻力，得到一个特征俯冲速度的估计

$$v=D(g\rho\alpha T\sqrt{\kappa}/4\mu)^{2/3} \tag{2-76}$$

或者，

$$v=gDd\rho\alpha T/(4\mu) \tag{2-77}$$

当地幔的深度、热扩散系数、密度、热膨胀系数、内部温度和黏度分别为 $D=3\times10^6\text{m}$，$\kappa=10^{-6}\text{m}^2/\text{s}$，$\rho=4000\text{kg/m}^3$，$\alpha=2\times10^{-5}/\text{K}$，$T=1400\text{K}$，$\mu=10^{22}\text{Pa}\cdot\text{s}$ 时，热岩石圈的特征厚度 d 由热扩散率和对流的时间尺度 D/v 的平方根得出

$$d=\sqrt{\kappa D/v} \tag{2-78}$$

利用上面列出的数值，获得了特征俯冲速度 $v=86\text{mm/a}$，与目前观测的板块速率类似，估算的特征热边界层厚度 $d=33\text{km}$，与目前观测的大洋岩石圈厚度基本一致。热瑞利数 Ra（Turcotte and Schubert，1982）代表了这一分析的对流活力

$$\text{Ra}=\rho\alpha TD^3/(\kappa\mu)\approx3\times10^6 \tag{2-79}$$

或大约 3000 倍临界 Ra 用于热对流的启动。这可能低估了，因为基于内部加热的更合适的瑞利数相对较大，并且上地幔的黏度值比地幔平均值小 1～2 个数量级。因此，浮力与黏滞力的比率如此大，使得对流是先验的，预期是随时间而变或无序的，而与板块的存在或不存在无关。

边界层理论初步解释了板块构造驱动力以及大洋岩石圈厚度与板块年龄的关系。进而，该理论还对岩石圈地幔的热非均质性结构做出了明确的预测，即以俯冲产生的冷的板块下沉为主，在冷的板片沉入地幔底部之前，俯冲作用一直持续。这就证明了这一简单思想的有效性和威力。

通过论证中生代和新生代板块构造学家所描述的俯冲历史，可以解释由重力场所证明的覆盖物的大规模非均质性结构。这里还可以确认，作为一致性检查，这种各向异性结构引起瞬时的板块运动，类似于目前观察到的板块运动。也可以考虑使用大尺度计算模型的流体动力学，采用表面施加板块运动的地幔对流计算模型，然后将这些计算模型用来更深入理解地幔对流循环的时间尺度、关键模型参数对热非均质性结构的影响以及核-幔边界区域的演化。

2.4 全地幔对流系统

在进行地幔地球化学研究时，通常存在一定的确定性和不确定性。人们对地幔的成分差异和放射性同位素衰变过程已经具有一定的认知，而根据地表地质记录的物质组成来确定地幔物质性质时，又存在一定多解性。地幔地球化学多从岩石或矿物的常量元素、微量元素和同位素的研究入手。其中，微量元素和它们的相关同位素为认识深部地幔属性与过程示踪提供了重要的信息，同时，为了合理地解释这些属性与过程，常量元素也是不能忽视的重要因素。

微量元素及同位素地球化学不仅可以提供地幔物质和年龄的信息，也是理解地幔结构和过程必不可少的信息要素（图 2-48）。因此，需要尽可能地解释好这些地球化学信息，并将地球化学和地球物理过程谨慎地综合考虑。不同的研究案例从不同的地球化学信息入手，为人们揭示了深部地幔的一部分信息，但也正是这些不同的研究角度，导致了五花八门的解释，甚至为人们绘制了完全矛盾的地幔图像，如单层地幔或分层地幔。这种解释上的不一致，说明了一些重要的深部信息没有被正确理解或准确认清。

在微量元素和同位素地球化学研究中，人们通过微量元素浓度和同位素比值特征，来探测地幔不均一性，推测岩石来源的可能地幔源区。例如，不同幔源岩石铅同位素研究表明，地幔不均一性至少存在了大约 1.8Gyr。一些很不稳定的元素，特别是稀有气体元素，可以示踪地幔去气历史和去气模式。由火山热点而来的岩浆岩，地球化学术语称为洋岛玄武岩（OIB），其不相容（不相容的意思是元素没有被地幔矿物保留，并且趋向更优先被地幔熔体萃取出来）的微量元素更为富集，且与洋中脊玄武岩（MORB）相比，同位素特征上显示出巨大的不同。在最不相容元素中，大约有一半进入到陆壳和大气中。

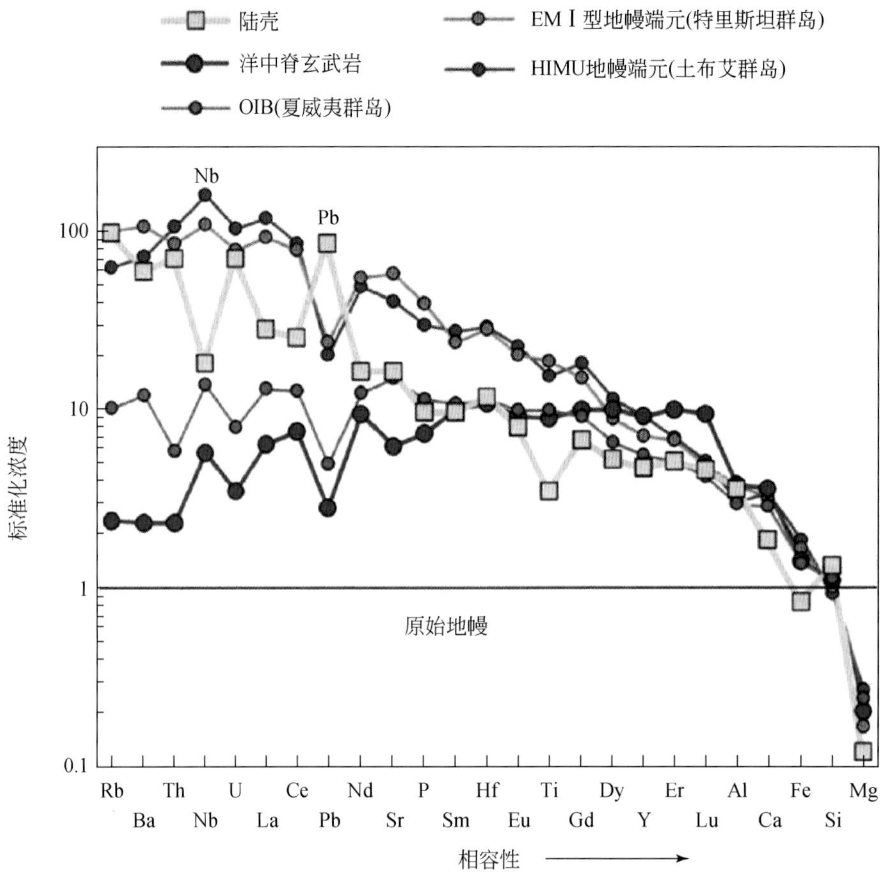

图 2-48　按元素不相容性排列的不同类型 MORB 和 OIB 微量元素原始地幔标准化图（Hofmann，1997）
原始地幔值来自 Sun 和 McDonough（1989），*X* 轴由左到右代表元素不相容性减弱。在地幔部分熔融过程中，最不相容元素（最左边元素）相对于中-重稀土元素具有强烈的富集作用，可能指示富集的地幔源区或者低程度的地幔部分熔融产物

为了更好地解释这些地球化学上的发现，需要认识到常量元素在地幔中也是不均一的，以及这种不均一性使得地幔如何熔融，在不均一性的地幔中熔体如何运移或是不迁移。多数研究仍然是基于均一性源区的熔融假设，而地幔动态作用过程的反演研究进展非常缓慢。

2.4.1　同位素示踪

不同化学元素具有不同的地球化学性质，在岩浆过程中很容易地发生彼此分离。某一元素的不同同位素之间相对不易分离，同时地壳和地幔中放射性同位素的丰度及其衰变产物在时间上不是恒定的。通常情况下，岩浆和地幔熔融残余物质的元素组成是互补的，而同位素组成是相同的，但是随着时间的推移，它们会不断发生变化。因此，同位素研究传递的信息与元素提供的信息在特征上是不同的。每个同位素系统都包含独特的信息，并且放射性同位素允许对行星历史进程进行年代测定。放射性同位素在地球化学中最有用，因其具有宽泛的衰变常数或半衰期，可以用来推断整个地球演化的过程（表 2-3）。此外，同位素可以用作示踪剂，补充了岩石和岩浆的元素地球化学的局限性。

表 2-3　放射性核素及其衰变产物　　（单位：Gyr）

母体同位素	衰变产物	半衰期
^{238}U	^{206}Pb	4. 468
^{232}Th	^{208}Pb	14. 01
^{176}Lu	^{176}Hf	35. 7
^{147}Sm	^{143}Nd	106. 0
^{87}Rb	^{87}Sr	48. 8
^{235}U	^{207}Pb	0. 7038
^{40}K	^{40}Ar、^{40}Ca	1. 250
^{129}I	^{129}Xe	0. 016
^{26}Al	^{26}Mg	8.8×10^{-4}

同位素比值在限定地幔和地壳演化、混合以及地幔组分或储库的长期孤立等方面发挥了重要作用。同位素研究专注于给定元素的相关同位素对研究，一种是自地球形成以来就存在于地球上的“原始”同位素，另一种是在整个地质历史时期以已知速度的放射性衰变产生的放射性子体同位素。地球上不同储库单元（如大气、海洋以及地壳和地幔的不同部分）中这些同位素对的组成是储库之间母体同位素和子体同位素迁移与混合的函数。在某些情况下，母体同位素和子体同位素具有相似的地球化学特征，在地质过程中很难分离。而在其他情况下，母体同位素和子体同位素有着不同的属性，同位素比值包含了元素本身研究中无法获得的信息。例如，Sr 同位素比值给出了岩石或其源区时间累积的 Rb/Sr 比值信息。由于 Rb 是一种挥发性元素，并且在早期增生和岩浆过程中都会与 Sr 分离。地幔分异产物中 Sr 同位素比值，结合质量平衡计算，是对地球 Rb 含量的最佳限定。Pb 同位素可以类似地用于限制 U/Pb 比值，这是一种难熔物质、亲硫物质对。Ar 和 K 都被认为是宇宙化学中的挥发性元素，大气中的 ^{40}Ar 含量有助于限制地球的 ^{40}K 含量。在其他情况下，如 Sm/Nd 同位素对，所讨论的元素都是难熔的，具有相似的地球化学特征，并且可能以类似球粒陨石中的比值存在于地球中，或者至少以其原始比值存在。Nd 同位素

因此可以用来推断地幔组分或储库的年龄，并讨论相对于球粒陨石或未分异物质，Nd 同位素特征是富集还是亏损。当移除或添加熔体，或者添加沉积物、地壳或海水时，Rb/Sr 和 Nd/Sm 比值会发生变化，因而随着时间的推移，这些成分的同位素比值会有所不同。

地壳和不同岩浆的同位素值特征表明，地幔分异是古老的，再混合和均一化是二次作用，至少到岩浆房和喷发阶段，同位素地球化学对研究物质分离和隔离均具有重要意义，如在 MORB 中，岩浆混合是获得均一同位素比值的有效方式。虽然同位素不能告诉人们这些成分在哪里，也不能告诉人们它们的主量元素特征，但是长期的隔离和缺乏均一性，加上它们的产物在时间和空间上的相似性，表明它们在不同的深度或不同的岩性组合中演化。这也表明不同组分的密度和熔点不同，因此在地球化学和矿物学方面的特征也不同。

地壳中极度富集不相容元素，特别是大离子亲石元素或高场强元素，它们不容易与主要地幔矿物橄榄石和斜方辉石的晶格相匹配，这些元素也称为地壳元素，它们可以用来区分岩浆富集和亏损。地壳中没有特别富集中等电荷元素，这些元素的离子半径介于 Ca 和 Al 离子半径之间。这表明地幔保留了石榴石和单斜辉石结构中可以容纳的元素。换句话说，一些所谓的大离子亲石元素在石榴石和单斜辉石中实际上是兼容的。

2.4.1.1 同位素的示踪作用

放射性同位素有助于理解行星的化学演化，也可以用来鉴别不同岩浆的源区特征、限定地质事件的时间。但同位素在限制地幔组分或源区的位置或深度方面用处不大。几乎每一种放射性成因的同位素，都曾被用于论证洋岛玄武岩、大陆溢流玄武岩和火成碳酸岩的深部地幔或下地幔源区属性。同位素比值也被用来论证一些玄武岩来自未分异或者未去气的地幔储库，地幔储库边界与地震边界一致意味着主要元素和物理性质与同位素特征相关。

一些地幔岩石和岩浆含有高浓度的不相容元素，同位素比值反映了适当的不相容元素母体的长期富集特征。地壳可能在某种程度上参与了这些岩浆源区的演化，要么是火山爆发前或喷发期间的地壳混染，要么是大陆沉积物的再循环，或者是大陆下地壳的拆沉。稳定同位素可以用来检验这些假设。

地幔地球化学早期模型假设：所有潜在的地壳组成物质都没有从地幔中移除，或者地壳形成过程在从地幔中移除不相容元素方面效率不是 100%。因为物质循环过程被忽略了，所以一些简易的地幔演化模型只假设上地幔发生熔体的抽取作用，在这个过程中，地壳元素被非常有效地从上地幔中移除，而残留地幔显示亏损特征。强烈的对流使洋中脊玄武岩的源区均一化，据推测，洋中脊玄武岩源区延伸到

660km 深度附近的主要地幔不连续面。当时一个通用的地球化学假设是，一些岩浆代表了来自“原始”地幔储库的熔体，这些熔体是地球增生过程中在没有任何去气、熔化或熔体提取的情况下幸存下来的。上述这个假设也可以认为是，形成“现今地壳”的地幔被长期保存下来。在这种情况下，亏损岩浆来自均一化的储库，与经历了多阶段演化的大陆地壳互补，这个过程分三个阶段：第一阶段涉及少量熔体部分的早期移除，形成地壳；第二阶段涉及上地幔的强烈对流和混合；第三阶段涉及近期强烈的部分熔融过程，形成 MORB 岩浆。非 MORB 的岩浆也称为“原始”“较少亏损的”“热点”或“地幔柱”来源的岩浆，被假设为来自“原始”储库的单阶段部分熔融的熔体。

在这些早期模型中，没有容纳古老的富集地幔组分。这些早期的模型包含三个部分：现今的大陆地壳、“亏损地幔”（相当于上地幔或 MORB 储库）和“原始地幔”（相当于下地幔）。原始地幔被认为是大陆地壳和亏损地幔的总和。有了这一约束条件，许多模式都以地壳再循环率和地壳平均年龄来作为依据的。当矛盾出现时，通常认为在下地壳、大陆岩石圈地幔或者深部地幔某个区域存在隐藏的物质，与上述物质形成互补。因而地幔分异的产物被认为是容易和有效分离的，但同时，它又可以长时间储存在热对流的地幔中。

对洋中脊玄武岩的大量同位素和微量元素研究表明，上地幔不是均一的，它包含不同尺度上的几个不同地球化学域。然而，这些区域的地球物理性质，包括它们的确切位置、大小、温度和动态，在很大程度上仍然很难约束。地震数据表明，上地幔在地球物理性质上是不均匀的。板块构造过程产生和消除地幔中的不均匀性，并产生热异常。全球层析成像和长半衰期的同位素的研究描绘了地球结构、起源和进化过程。简单的模型，如单层地幔和双层地幔模型、未分化的下地幔模型和全地幔对流模型，都是这些工作的结果。而短半衰期的同位素和高分辨率、定量地震技术所描绘的结果则需要进一步厘定。

2.4.1.2 早期地球同位素演化

目前，对地球-月球-陨石系统年龄的最佳估计是 45.1 亿～45.5 亿年（Dalrymple, 2001）。太阳星云冷却到固体物质可凝结程度的时间可能在 45.67 亿年之前，之后地球通过这些固体颗粒的增长而增长；地球的外核和月球在 45.1 亿年前就已经存在了。Pb 同位素研究确定的地球年龄为 45.5 亿年±7000 万年（Patterson, 1956）。这个年龄是基于陨石和现代地球样品的 Pb 同位素测年得到的。

许多同位素体系被用来确定太阳系物质和重大事件的年龄，如月球形成。同位素既包括半衰期长的同位素，如 ^{87}Rb（半衰期为 488 亿年），^{87}Rb 可以衰变为 ^{87}Sr；也包括半衰期短到放射性同位素不可测量的同位素。陨石含有短周期的天然放射性同位素信息，这些放射性是在原始太阳星云凝聚为固体时出现的。三种这样的短周期放射性同位素，包括^{53}Mn、^{182}Hf和^{146}Sm，半衰期分别为370万年、900万年和1.03亿年。这些同位素包含有太阳星云中固体的快速增长和早期的化学分异的信息，并能揭示地球的热起源。陆壳增生过程中产生的能量说明地球在其早期历史中发生广泛的熔融，巨大的撞击会使地球温度上升到5000～10 000K。

地球增生和分异常利用同位素的研究来确定，其中，母体同位素和子体同位素如何在组分或地球化学储库之间分配是研究的重点，如^{129}I-^{129}Xe、^{182}Hf-^{182}W、^{146}Sm-^{142}Nd、$^{235/238}U$-$^{207/206}Pb$和^{244}Pu-^{136}Xe。Hf-W和U-Pb同位素体系被用来获得地核形成年龄，假设母体元素（Hf和U）在分异过程中保留在硅酸盐中，子体元素（W和Pb）则保留在地核之中。W和Pb在金属和硅酸盐（地核和地幔）之间的分配也取决于氧逸度以及金属和地幔的硫含量。在某些条件下，W是亲铁元素，而Pb是亲硫元素，只略微分配到金属相中。目前，上地幔被氧化，主要的金属相是铁镍硫化物。^{146}Sm-^{142}Nd和^{182}Hf-^{182}W年代学研究表明，地核形成和地幔分异发生在地球增生过程中，产生化学分异和亏损的地幔。^{182}Hf衰变为^{182}W发生在硅酸盐地幔和地壳中，然后W被分配进入金属相。Hf-W同位素对显示，地球的大部分氢和氧是在太阳星云中第一批固体颗粒形成后的1000万年内形成的。

现有的月球起源学说假设一个火星大小的物体在地球增生末期与地球相撞，从而产生了可以观察的角动量，并由碰撞碎片产生了一个铁耗尽的月球。该事件发生在太阳系开始后40～50Myr。形成月球的大撞击作用造成地球质量10%的物质完全熔化和去气。总之，太阳系形成后的几千万年内，地核形成，地核中可能存在大撞击过程中的物质，巨大的撞击融化了地球的大部分，重置或部分重置了同位素时钟。

质量平衡计算表明，超过70%的地幔被加工成地壳和上地幔。部分上地幔是富集的，但大部分地幔要么亏损、要么富集或者亏损又难熔。地幔富集端元或相关产物的成分（金伯利岩、火成碳酸岩）通常极度富集，以至于小体积的这些物质就可以平衡亏损地幔源区相应物质成分。短周期的放射性活动原则上可以用来确定这种分馏何时发生，这些分馏过程有些与地球地壳增生过程同时发生，有些可能发生在月球形成过程中。

2.4.1.3 基本同位素

（1）U-Th-Pb同位素

通常情况下，同位素的绝对丰度很难得到，同位素通常表示为母体-子体同位素的比值，或者衰变产物和稳定同位素比值。同位素比值不能被视为纯数字或绝对含量，同时同位素比值的平均值和方差是没有意义的，除非所有样品都含有相同浓度的适当元素。

A. Pb 同位素

在放射性核素中，Pb 有独特的研究地位。^{206}Pb 和 ^{207}Pb 这两种同位素分别由同一元素 ^{238}U 和 ^{235}U 的放射性母体同位素产生的。同时，使用成对的母体-子体同位素系统可以避免单一母体-子体同位素使用过程中可能产生的模糊和不确定性。^{208}Pb 是 ^{232}Th 放射性衰变产生的子体同位素，U 和 Th 在地球化学特征上相似，但是可以通过地表过程发生分离。在讨论 U-Pb 同位素系统时，将所有同位素丰度与稳定的非放射性成因的铅同位素 ^{204}Pb 进行标准化。自地球形成以来，地球上的 ^{204}Pb 总量一直保持不变；U 同位素因放射性衰变而不断减少，而 ^{206}Pb 和 ^{207}Pb 却在增加。地球不同地区的 U/Pb 比值因化学分馏和放射性衰变而变化。目前计算的 $^{238}U/^{204}Pb$ 比值可用于消除衰变效应，以研究各种储库的化学分异。如果 U 和 Pb 没有发生化学分离，系统的比值保持不变，这个比值被称为 μ。地幔的高 μ 组分被称为 HIMU，通常会导致高 Pb 同位素比值产物。

大多数岩浆岩的 Pb 同位素特征可以解释为：在一个“原始”储库中演化一段时间，然后再进入到具有不同 μ 值的储库中演化。通过测量岩石中 U 和 Pb 的同位素比值，可以反推与原始储库的 Pb 比值相同的时间，从而给出岩石的铅同位素年龄。假设两阶段增长模型，可以追溯 U-Pb 分馏事件的年龄。在某些情况下，使用多阶段或连续分馏模型，可以解释类似的同位素系统，如 Rb/Sr、Sm/Nd、He/U 等同位素分馏。

假设熔体从原始储库中抽取的时间为 t_0，熔体结晶将会形成有不同 μ 值矿物的岩石。如果这些矿物可以视为封闭系统，那么它们将具有独特的 Pb 同位素比值，在 $^{207}Pb/^{204}Pb$-$^{206}Pb/^{204}Pb$ 图上可以绘制一条等时线（图 2-49），因为它是同时经历分馏形成不同 U/Pb 比值矿物的点的轨迹，熔融残余物质的同位素特征也将绘制在这条线上。岩石发生分异的时间可以根据等时线的斜率来计算。成因上不相关的两类岩浆混合之后，其 Pb 同位素特征也将是直线，但在这种情况下，得到的年龄是没有意义的，除非两种岩浆同时形成。在 U-Pb 衰变体系中，代表封闭系统中放射性 Pb 同位素生长的曲线具有明显的曲率，这是因为 ^{238}U 的半衰期（4.468Gyr）相当于地球的年龄，而 ^{235}U 的半衰期（0.704Gyr）要短得多。在地球早期历史中，^{235}U 的子同位素 ^{207}Pb 形成的速度高于 ^{206}Pb。对于后期分馏事件，$^{207}Pb/^{204}Pb$ 随时间缓慢变化。对于半衰期很长的同位素系统，如 ^{147}Sm（106Gyr）和 ^{87}Rb（48.8Gyr），类似的封闭系统的地球等时线将接近直线，等时线和混合线通常不是直线。而它们在 U-Pb 系统中是直的，因为 $^{238}U/^{204}Pb$ 和 $^{235}U/^{204}Pb$ 具有相同的分馏系数。

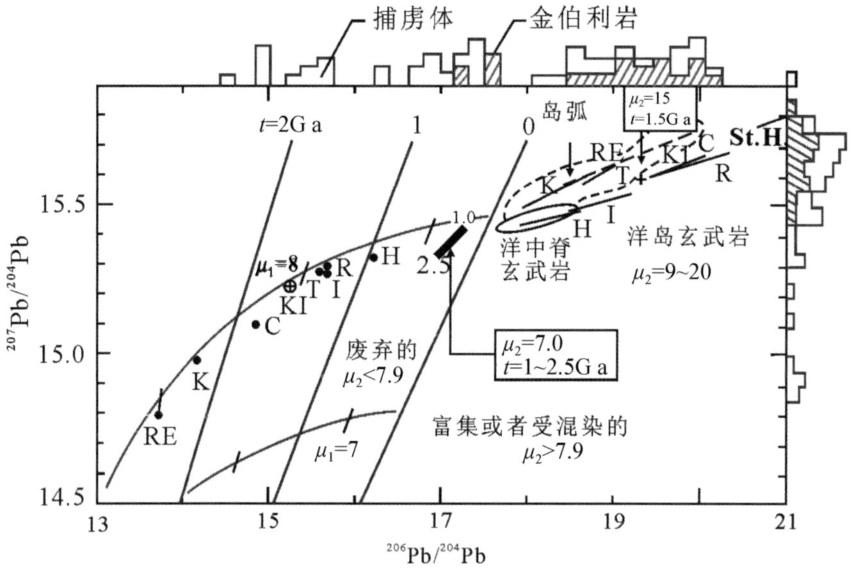

图 2-49　$^{207}Pb/^{204}Pb$-$^{206}Pb/^{204}Pb$ 图（Anderson，2007）

地球年龄取值为4.57Ga。标有字母的线是洋岛玄武岩的值，RE（留尼汪）、K（凯尔盖朗）、C（卡纳里）、I（冰岛）、T（特林达德）、R（罗斯）、H（夏威夷）。如果洋岛玄武岩数据被解释为二次等时线，黑点就是推断的初始同位素比值。显示了μ_1 值为7和8的生长曲线以及1Ga间隔的初始等时线。原始地幔储库的μ 值设定为7.9。洋岛玄武岩含有在富集储库中演化的同位素特征，处于1Ga和2.5Ga的等值线之间，并含有二阶段的μ 值范围为9～20。黑色粗线代表μ=7的亏损储库的数值范围，发生亏损事件的年龄范围为1Ga和2.5Ga。洋中脊玄武岩显示一定的分布范围可能是由于在富集储库中的生长或富集岩浆的混染所影响的。捕虏体和金伯利岩的同位素比值沿上部的轴线显示。捕虏体主要来自浅部地幔，许多显示富集特征。KI是金伯利岩。改自 Chase（1981），St. H 指圣赫勒拿（St. Helena）

铁陨石中基本不含U，因此铁陨石可以测得其初始的Pb同位素组成。方铅矿的Pb含量也很高，U含量也很低，因此在它们形成时几乎保持了原始母体的Pb同位素比值。不同年龄的方铅矿的同位素特征显示其几乎都落在单一的单阶段生长曲线。而其中出现的小偏差可以解释为进一步的分馏事件。其他一些同位素体系也涉及母体-子体同位素的有效分馏，已经保留了初始同位素比值，如U-He和Re-Os同位素体系。再如，U和He通过熔融及去气被分馏和分离，因此古老的高$^3He/^4He$比值可以被保存在橄榄岩中的气体包裹体内。

与原始地幔相比，玄武质岩浆的μ 值通常相当高，为15～45。因此，随着时间的推移，它们的铅同位素比值将比原始地幔增长得更快，这种岩浆的$^{206}Pb/^{204}Pb$和$^{207}Pb/^{204}Pb$比值很高。一些洋岛玄武岩的Pb同位素极高比值被解释为它们可能来自一个古老的富集地幔储库，或者含有古老的富集物质。MORB被认为来自一个古老的亏损地幔储库，但是它们的比值也超过了地球等时线。这表明，相对于U来说，地幔（或上地幔）已经失去Pb，或者洋中脊玄武岩在喷发前已经被同位素比值高的物质混染。

在不断冷却和结晶的过程中，相对于 U 假定固体硅酸盐和硫化物，会更有效的保留 Pb，因此残余熔体的 μ 将随时间增加。Pb 同位素显示，大部分地幔在 3.8Ga 之前已经凝固，接近已知最古老岩石的年龄。洋岛玄武岩的源岩可能在更原始的储库（μ=7.9）中长时间生长后，又在一个富集的储库（μ 为 10～20）中经历二次演化。

在 $^{206}Pb/^{204}Pb$ 与 $^{207}Pb/^{204}Pb$ 图上，许多洋岛玄武岩的 Pb 同位素组成形成线性区域（图 2-49），可以表示为混合线或二次等时线。两阶段演化的历史表明，来自每个洋岛玄武岩的 Pb 同位素是在 2.5～1.0Ga 的不同时间来自一个共同的原始储库（μ=7.9）。或者，每个洋岛玄武岩可以独立代表富集、轻微富集或亏损组分之间的混合物。在这两种情况下，玄武岩都包含一个富含 U/Pb 的源区，或者被富含 U/Pb 的成分混染。形成这种富集特征的一种机制是将熔体从原始储库移至地幔的另一部分，该部分随后向洋岛提供熔体。另一种机制是大陆沉积物的俯冲再循环，而下地壳拆沉模式是混染浅部地幔的一种重要机制。

为了解释不同洋岛玄武岩同位素的各种演化趋势，其源区的富集端元必须有来自地壳或地幔部分不同时期的富集组分。在堆晶体或岩浆房中，残余熔体的 U/Pb 比值随着时间的推移而增加，地幔中富集这种熔体的区域会根据它们富集的时间和频率而形成变化的 μ 值。

Pb 同位素展示了一个完全不同于早期基于 Sr 和 Nd 同位素及极不相容元素所表达的地幔演化和再循环过程。相对于原始地幔，主要地幔储库是富集的（随时间 U/Pb 比值不断增高），没有原始近于未分异的储库，也没有亏损储库的证据。Pb 同位素记录显示地幔存在多阶段富集过程。

B. 铅悖论

关于 U 及其衰变产物（He、Pb 和热量）有大量的悖论问题。悖论不是数据结果产生的，它与假设模型或范式有关。U 和 Pb 都是硅酸盐中不相容的元素，但是 U 比 Pb 更容易进入熔体相。因此，相对于初始物质，U/Pb 比值在熔体相中应该较高，在固相残留物中应该较低。因此，人们预计 MORB 源区中的 U/Pb 以及 Rb/Sr 和 Nd/Sm 都将耗尽。熔体的长期抽取，将使 MORB 源区的 Pb 同位素落在初始地球等时线左侧和地幔生长曲线下方。然而，图 2-49 显示，相对于初级生长曲线，MORB 和洋岛玄武岩都显示出 Pb 同位素富集特征。这意味着 MORB 岩浆源区在熔体抽取前已经被高 U 或高 U/Pb 物质混染，或者 Pb 已经从 MORB 储库中流失。早期 Pb 可能会流失到深部的硫化物中，但是同位素结果显示，如果从 Pb 去除的角度来解释，需要长时间的 Pb 提取。

物质混染可能影响了 MORB 或 MORB 源区。检验混染作用或岩浆混合是否是形成 Pb 同位素图中 MORB 区域范围的可能原因，需要估计未混染的亏损岩浆的 Pb 含量以及可能混染物质的 Pb 同位素比值。混合计算结果如图 2-50 所示，Pb 和其他同位素系统之间的差异是惊人的，少量混染（<0.5%），将 MORB 混合物推入 Pb 富集区，但 Nd 或 Sr 同位素改变并不大。就单阶段演化而言，在 Pb-Pb 地质年代等时线图中，混染的 MORB 和洋岛玄武岩都将显示出“未来”的年龄。Nd 和 Sr 同位素比例没有受到太大影响，显示受混染的 MORB 似乎来自亏损的储库。

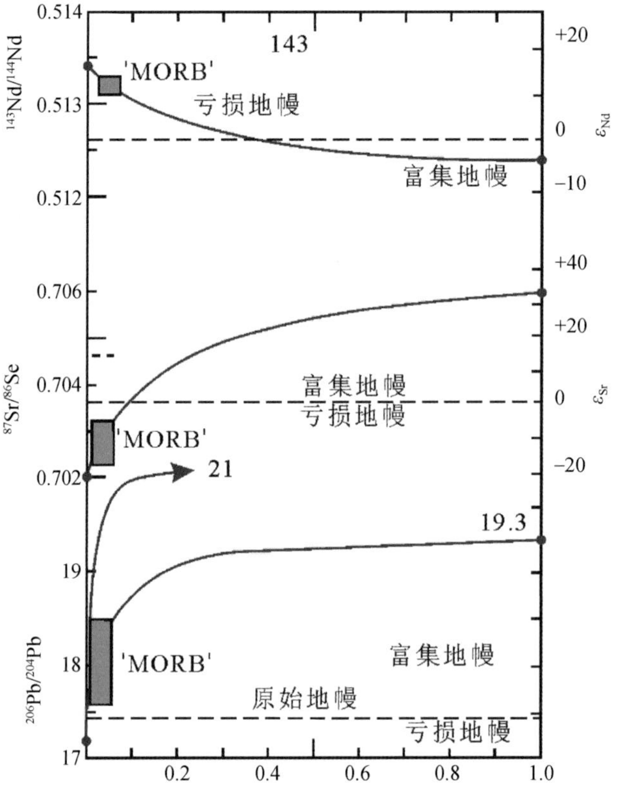

图 2-50　同位素比值变化与混染作用（Anderson，2007）

少量混染对结果有很大影响。相对于原始地幔，富集岩浆和轻微混染的亏损岩浆都将落入“富集”区域。轻微混染对 Nd 和 Sr 同位素的影响较小，受混染的 MORB 仍将显示亏损特征

（2）Re-Os 同位素

Os 是铂族元素（Platinum Group Element，PGE）或金属元素之一，也是亲铁和相容元素，主要存在于地核，但在地幔中也有一定的存量，并且足够发挥其同位素示踪的作用，特别是示踪循环的洋壳和陆壳。Os 也是宇宙尘埃的有效示踪剂，特别是在深海沉积物中。地壳和地幔中的 PGE 主要是由晚期作用造成。Os 是相容的，并且存在于硫化物中。橄榄岩、超镁铁质岩体和蛇绿岩是研究地幔同位素不均一性的重要样品。Nd、Sr、Pb 和 Os 同位素中的大量不均一性被记录在橄榄岩中，这些橄榄岩从厘米到几十千米的各种尺度均有相关记录和显示（Reisberg and Zindler，1986），这表明

上地幔中存在高度的地球化学不均一性，尽管 MORB 多显示为一定的均一性。

在部分熔融过程中，Re 具有适度的不相容性。这导致玄武岩中的 Re/Os 比值较高，剩下的难熔和亏损地幔的 Re/Os 较低。因此，玄武岩和残余物中的 $^{187}Os/^{188}Os$ 比值在熔融和分离后迅速变得不同。因而，放射成因和非放射成因（残余亏损地幔）端元在部分熔融过程中不断地形成。Os 同位素组成的变化是由 ^{190}Pt 到 ^{186}Os 的 α 衰变和 ^{187}Re 到 ^{187}Os 的 β 衰变引起的。板内火山岩中的超球粒陨石 $^{187}Os/^{188}Os$ 比值支持这类火山作用形成与再循环洋壳有关，被解释为有下地幔底部起源的地幔柱物质的加入。然而，这种特征也可能产生自富含 MgO 的熔体结晶出来的辉石中，相对于 Os，Pt 优先进入辉石晶体。高 Pt/Os 和 Re/Os 比值是辉石的特性，这将导致超球粒陨石 $^{186}Os/^{188}Os$-$^{187}Os/^{188}Os$ 的生成（Smith，2003）。同时，同位素特征很难给出任何起源深度的限定，所以 Re-Os 同位素体系不能证明板内火山作用的超深起源。

Re-Os 同位素体系的一个特点是：岩浆获得了较大的 Re/Os 比值，橄榄岩残留物保留了互补的较低 Re/Os 比值。Re/Os 比值与岩石类型相关，这是大离子亲石元素的同位素体系所不具备的特征。有了足够的时间，Re/Os 比值的差异转化为 $^{187}Os/^{188}Os$ 比值的巨大差异。这使得 $^{187}Os/^{188}Os$ 系统成为镁铁质地壳或熔体加入地幔的示踪剂，因此 Os 同位素被用来示踪镁铁质地壳与 OIB 来源的关系（Shirey and Walker，1998）。

全球深海橄榄岩的初始 $^{187}Os/^{188}Os$ 比值为 0.117 ~ 0.167。现代 MORB 的 $^{187}Os/^{188}Os$ 比值为 0.127 ~ 0.131，一些样本高达 0.15（Roy-Barman and Allègre，1994）。OIB 的 $^{187}Os/^{188}Os$ 比值为 0.13 ~ 0.15，略高于陨石估计的原始地幔比值（0.126 ~ 0.130）。Os 和 O 同位素相互关联研究，表明橄榄岩和地壳成分混合。富集地幔组分（EMⅠ、EMⅡ、HIMU）的特征是 $^{187}Os/^{188}Os$ 升高。

同位素比值直方图通常显示近似高斯分布。这种分布可能是浅层地幔过程的结果，包括不同比例的再循环、放射性和非放射性物质的混合。考虑到洋中脊、洋岛和大陆玄武岩涉及的大量地幔，不可能只来自单一的地幔端元，所有玄武岩在某种程度上都是混合的。小型海山和捕虏体更有可能揭示单一的地幔端元特征。Meibom 等（2002）将橄榄岩样品的 $^{187}Os/^{188}Os$ 高斯分布归因于上地幔部分熔融期间的熔-岩反应。在上地幔组合的绝热上升流过程中（如在洋中脊），固相线温度相对较低且放射性同位素组成较低的区域将首先熔融。这些熔体与其他熔体混合，并在较浅的深度与固体地幔物质反应。古老非放射性的 Os 从包裹在硅酸盐和铬铁矿基质相中的硫化物块体中释放出来，并与熔体中更具放射性的 Os 混合。因此，高斯分布代表不同年龄的非放射性和放射性 Os 同位素成分之间的随机混合。

（3）Sr-Nd 同位素

Sr 和 Nd 的同位素常被用来建立地幔地球化学的双储库模型，但这个模型与许多岩石学和地球物理学研究认识不一致，包括 Pb 同位素和大多数其他同位素系统。双储库模型说明存在原始储库以及缓慢熔融从其中提取地壳物质（大陆生长的持续作用）后残余形成的亏损上地幔。这种所谓的地幔地球化学和标准对流模型与 Pb 同位素数据、地球物理数据以及行星增生和分异的理论模型相冲突，还与更广泛的地球化学数据相冲突，这些数据表明硅酸盐地球非常古老且快速地分化。目前地幔地球化学和动力学的混合地幔对流模型很复杂，但保留了原始模型的本质，包括在地幔最深处容易获得原始或富集的物质。

Sr 和 Nd 同位素的使用通常依赖于两种长周期的放射性核素^{87}Rb 和^{147}Sm 的天然放射性衰变。这两种核素的半衰期分别为 488 亿年和 1060 亿年，明显长于太阳系或其中任何火成岩的年龄，因此对早期地球分化过程几乎没有约束力。Sm 实际上通过两种放射性衰变方案发生衰变：^{146}Sm-^{142}Nd，半衰期约为 10^6a 和^{147}Sm-^{143}Nd，半衰期约为 10^9a。Sr、Sm 和 Nd 是难熔亲石元素，优先进入硅酸盐相而非金属相，其相对丰度不应受到挥发损失或地核形成的影响。长寿命的^{147}Sm-^{143}Nd 体系被广泛用于示踪行星尺度的过程，如地壳和地幔的演化。由于缺少地球上最初 500Myr 样品，早期的地球分异是用寿命较短的计时器来研究的，如^{146}Sm-^{142}Nd。

洋中脊玄武岩的^{87}Sr/^{86}Sr 比值小于 0.703，“纯” MORB 的值可能为 0.702 或更小。洋岛玄武岩、岛弧玄武岩和大陆溢流玄武岩远高于 0.703，通常高于 0.71。将 MORB 的性质归因于“正常地幔”或整个上地幔，使得地壳物质混染、地壳再循环作用和深部下地幔起源成为“地幔柱”或“热点”玄武岩的重要成因机制。地幔地球化学标准模型，最初忽略了再循环，倾向于认为原始地幔储库中发生的持续大陆生长而留下的亏损均一上地幔（称为对流地幔）。因而，上地幔的成分和同位素不均匀。然而，没有证据表明任何岩浆来自原始或未去气的储库或来自下地幔。^{143}Nd/^{144}Nd 比值常以偏离球粒陨石储库中值的方式表示，这个偏差表示为 ε_{Nd}。未分异的储库始终具有 $\varepsilon_{Nd}=0$。Sm 和 Nd 都是难熔稀土元素，应该以球粒陨石中的比例存在于地球中。但是，Sm 和 Nd 被岩浆作用分开，因此记录了地球的岩浆或分异的历史。Sm 具有比 Nd 更高的晶体/熔体分配系数，因此熔体中的 Sm/Nd 比值小于原始岩石中的 Sm/Nd 比值。因此，未分异储库和从中抽取的熔体的同位素比值计算后得到的 ε_{Nd}值显示为正值，而在已经被熔体渗透的地幔区域中为负值。Sm/Nd 比值取决于熔融程度和残余相的性质，ε_{Nd}取决于 Sm/Nd 比值和分异事件的时间。

尽管它们的地球化学性质差异很大，Sr 和 Nd 同位素之间通常有很好的相关性。正 ε_{Nd}与低^{87}Sr/^{86}Sr 相关，反之亦然。洋中脊玄武岩的 Sr-Nd 同位素的特征，主要是由于 Sm/Nd 和 Rb/Sr 亏损随时间积累的结果。同位素比值如此极端，以至于 MORB 储库中的亏损事件应发生在 1Ga 以前。最初的亏损可能发生在陆壳或初始地壳开始形成的时候，但更有可能发生在地球的增生过程中。但 MORB 中测得的 Sm/Nd 和

Rb/Sr 比值通常不支持这种亏损发生在古老时代的观点，因为亏损事件可能是渐进的，MORB 可能是亏损和富集物质源区的混合物，也可能发生了其他熔体添加和抽取事件。

不相容元素比值，如 Rb/Sr 和 Nd/Sm，在原岩发生低程度部分熔融的熔体中，该值很高。然而，对于大体积的部分熔融的熔体，其比值与原始岩石相似。由于分配系数远小于 1 的元素（如 Rb、Sr、Nd 和 Sm）很难被熔融残余体有效地保留，所以很难改变它们在熔体中的比例，尽管这些元素的含量很低，但是残余体中其比值变化很大。因此，代表原始地幔高度部分熔融的熔体产物也将具有原始地幔相似的比值，同时也会使得熔体侵入的区域具有类似的元素比值。如果熔体冷却结晶，在分离结晶过程中，难熔元素大量进入晶体相，熔体相中的 Sm/Nd 比值就会改变。因此，仅仅因为同位素比值看起来很原始，就推断熔体来自原始储库是不可信的。同样，ε_{Nd}接近 0 的岩浆可能是由正、负 ε_{Nd}的熔体混合物产生的。早期基于 Nd 同位素认为的原始未分异的储库研究忽略了这些影响，也忽略了 Pb 同位素证据。图 2-51 显示了各种岩石的同位素相关性和分馏熔体的理论混合曲线。

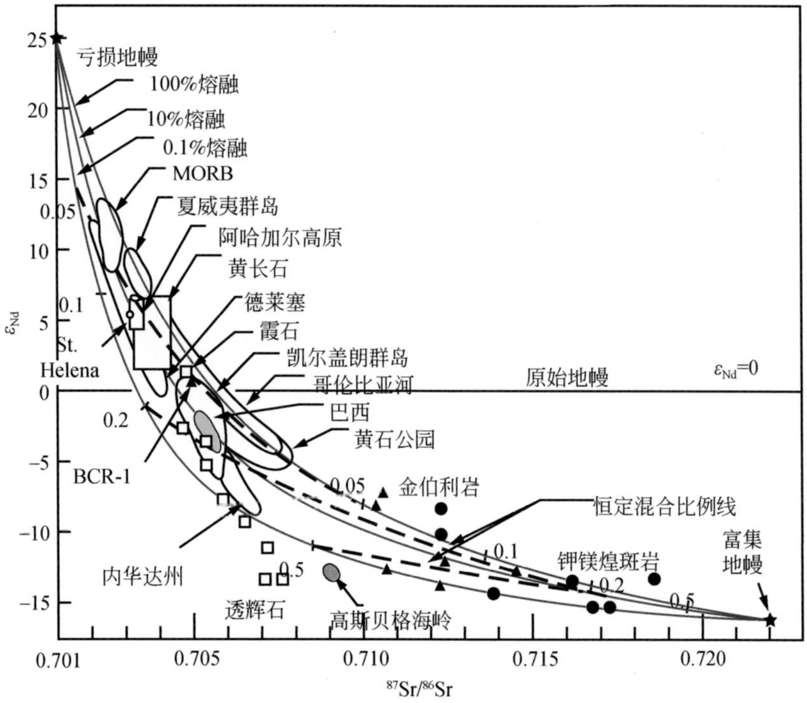

图 2-51　幔源岩浆岩 ε_{Nd}-$^{87}Sr/^{86}Sr$（Anderson，2007）

亏损岩浆或结晶分异后岩浆的残余流体与富集组分（EM）的混合曲线

（4）氧同位素

$^{18}O/^{16}O$ 比值是一种强有力的地球化学判别指标，因为其在地壳和地幔岩石之间

存在巨大差异，不同类型玄武岩在这一比值上也有差异。O 同位素的相对丰度也受低温下质量相关的分异过程控制，如水-岩相互作用，与大气或水圈反应的岩石富含^{18}O。地壳混染和地壳物质进入地幔提高了$^{18}O/^{16}O$比值。氧不是微量元素，构成了常见岩石的约50%。但 O 有三种稳定同位素，分别是^{16}O、^{17}O和^{18}O，它们的比例大致为99.756%、0.039%和0.205%。测量的$^{18}O/^{16}O$比值相对于标准的比值表示为

$$\delta^{18}O = 1000 \times [(^{18}O/^{16}O)_{样品} - (^{18}O/^{16}O)_{SMOW}]/(^{18}O/^{16}O)_{SMOW} \quad (2\text{-}80)$$

式中，SMOW 为标准平均大洋水。

相对于平衡共生矿物之间同位素分馏，岩浆岩岩形成之后 O 同位素变化主要是水和矿物分馏的结果，而矿物之间的分馏很小。矿物的$\delta^{18}O$值按石英—长石—辉石—石榴石—钛铁矿的顺序降低，橄榄石和尖晶石显示出很大的变化。交代作用增加了$\delta^{18}O$和大离子亲石元素。高温下单斜辉石和石榴石相对于橄榄石，具有含量较低$\delta^{18}O$值。O 同位素比值限定了玄武岩来源中化学和同位素不均一性的来源以及俯冲物质的作用。大洋玄武岩中的$\delta^{18}O$与微量元素丰度和放射性同位素示踪剂如 Sr、Nd、Pb 和 Os 同位素相关联（Eiler et al.，1997）。O 同位素的变化可以直接示踪那些在地球浅部地幔发生的水-岩相互作用。Re 和 O 同位素是地壳参与 MORB 与 OIB 来源的有效示踪剂。

洋壳及其相关沉积物中的$^{18}O/^{16}O$因与水圈的相互作用而产生巨大变化，要么通过洋壳上部层状岩席、枕状玄武岩和俯冲地壳部分顶部的沉积物中的蚀变与低温交换作用（<300℃）也会变得富含^{18}O，并且通过与辉长岩下地壳中的海水进行高温交换而中度消耗^{18}O。俯冲物质中^{18}O的这些巨大变化进而体现在洋岛玄武岩中^{18}O的变化。O 同位素可以用来量化地壳对地幔源的贡献。与其他同位素示踪不同，所有岩石中的氧含量相似，可以尝试进行质量平衡计算；O 同位素作为地壳循环的示踪剂，与大离子亲石元素互补。

典型的上地幔中橄榄石 O 同位素比值在+5.0‰～+5.4‰，大多数未改变的 MORB $\delta^{18}O$值接近+5.7‰。地幔橄榄岩和新鲜玄武岩的氧同位素比值主要在+5.5‰～+5.9‰，这被认为是普通地幔 O 同位素组成或典型的上地幔值。碱性玄武岩和幔源榴辉岩捕虏体偏离了这些值。榴辉岩中石榴石的$\delta^{18}O$值范围为+1.5‰～+9.3‰。O 同位素特征最初被解释为地幔岩浆结晶分异的产物，但已知在地幔条件下 O 同位素分馏效应很小。一些火山岩中捕获的地幔榴辉岩及辉石岩捕虏体的元素和同位素地球化学（包括氧同位素）特征表明，其可能来自俯冲的蚀变洋壳玄武岩和辉长岩，或来自拆沉的大陆地壳。洋底岩石和蛇绿岩，记录了与洋中脊附近的海水和热液交换而发生的大洋岩石圈 O 同位素比值及其他地球化学特征的变化。变质脱水反应不会引起 O 同位素比值的大幅度变化。

大多数洋中脊拉斑玄武岩$\delta^{18}O$值介于+5‰～+5.7‰。蛇绿岩中的一些枕状熔

岩 $\delta^{18}O$ 也有超过+12‰的值。钾质熔岩的值为+6.0‰～+8.5‰，大陆拉斑玄武岩的值高达+7.0‰。大洋碱性玄武岩高达+10.7‰。金伯利岩和火成碳酸岩的 $\delta^{18}O$ 值高达26‰。EMⅡ型玄武岩的范围为+5.4‰～+6.1‰。有些拉斑玄武岩可能源自石榴单斜辉石岩或榴辉岩，而有些则包含石榴橄榄岩。此外，碱性玄武岩中含有更多橄榄石，橄榄石低温分馏增加了残余熔体的 $\delta^{18}O$ 值。下地壳麻粒岩的 $\delta^{18}O$ 值范围为+4.8‰～+13.5‰。如果这些值因榴辉岩化而不变，那么这将是拆沉下地壳榴辉岩相关值的预期范围，是一种潜在的地幔成分。事实上，这个范围包括从HIMU到EMⅡ的整个OIB范围。已知来自地幔岩石最大 $\delta^{18}O$ 值变化是榴辉岩的记录，为+1.5‰～+9.0‰。橄榄岩通常为+5.2‰～+7.0‰。辉石岩的范围非常小，为+5.3‰～+6.5‰。

OIB和其他富集岩浆的 $^{87}Sr/^{86}Sr$ 与 $\delta^{18}O$ 呈现正相关关系。Pb、Os和He同位素也显示出与O同位素的一些相关性。HIMU熔岩和其他低 $^{3}He/^{4}He$ 的熔岩通常亏损 $\delta^{18}O$，这与再循环或同化的大洋下地壳或岩石圈成分一致。二端元混合计算如图2-52所示。为了匹配一些洋岛玄武岩中更高的 $\delta^{18}O$ 值，需要合理考虑一定的分馏和混染作用，特别是一些玄武岩的 $\delta^{18}O$ 值高达+17，说明循环的富集物质存在。

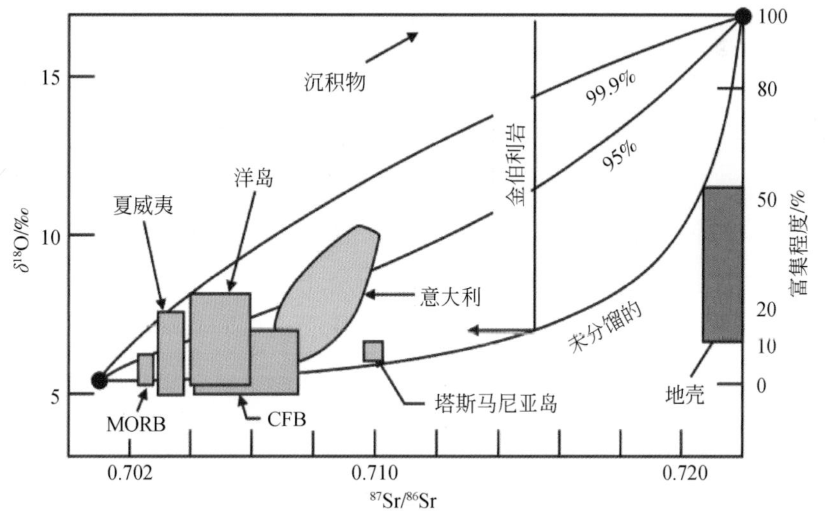

图2-52 $\delta^{18}O$-$^{87}Sr/^{86}Sr$ 同位素相关关系（Anderson，2007）

图中包含常见岩浆、海洋沉积物、金伯利岩和大陆地壳的 ^{18}O、$^{87}Sr/^{86}Sr$ 同位素范围。混合曲线显示了从亏损端元中不同程度地分离结晶后熔体与富集端元的混合

幔源岩浆被浅层地幔、岩石圈或地壳物质混染，可能造成岩石的大量同化、岩浆和围岩之间的同位素与微量元素交换或原始熔体和围岩熔体之间的岩浆混合。岩

浆与固体岩石之间的同位素和微量元素交换可能效率太低，因为扩散率很低，所以不重要。扩散距离及平衡距离，每百万年可能只有几厘米。部分熔融期间的大量同化或同位素交换可能是岩浆混染的最有效手段。这不是简单的双组分混合过程。它由三个端元构成：岩浆、混染物和堆晶相，其中结晶作用提供部分熔化围岩或熔解同化物质所需的热量。

榴辉岩中石榴石比橄榄岩中石榴石具有更高的 $\delta^{18}O$ 值。一些榴辉岩中的 $\delta^{18}O$ 值相当于在低温环境下蚀变的大洋玄武岩中发现的 $\delta^{18}O$ 极值。金刚石包裹体往往含有比榴辉岩捕虏体更高的 $\delta^{18}O$ 值，表明后者可能与“正常”地幔发生交换。一些榴辉岩的异常 O 同位素比值，可能是起因于除了海底蚀变玄武岩俯冲和变质作用之外的过程，如拆沉大陆下地壳的熔融。低 $\delta^{18}O$ 值，3‰～4‰，似乎需要热液蚀变的洋壳重熔。夏威夷玄武岩含有比典型的上地幔橄榄岩低的 $\delta^{18}O$ 值（Eiler et al., 1996a, 1996b）；低值与放射性 Pb 同位素比值、亏损的 Nd 同位素比值和相对较低的 $^3He/^4He$ 比值有关。低 $\delta^{18}O$ 端元可能代表夏威夷之下的洋壳，或者是再循环的岩石圈地幔组分。部分夏威夷岩浆也含有高 $\delta^{18}O$ 值（即 $\delta^{18}O$>5.2‰）、低 $^3He/^4He$ 比值（Koolau 端元）。夏威夷玄武岩的这一成分最初被认为是一种纯粹的深地幔柱端元成分，但后来被归因于沉积物的加入。类似于 MORB 和橄榄岩捕虏体的 $\delta^{18}O$ 值排除了俯冲沉积物的巨大贡献。高放射性 Os 同位素、重氧和低 $^3He/^4He$（与沿扩张中心发现的一些值相当）的特征显示，Koolau 端元可能代表上层洋壳和/或 EMⅡ和 HIMU 端元组分的混合。

用放射性同位素鉴定的洋岛玄武岩中一些端元组分（如 EMⅠ、EMⅡ、HIMU、高和低 $^3He/^4He$）具有独特的 O 同位素比值，O 和其他放射性同位素之间多有关联。EMⅡ型玄武岩相对于 MORB 富含 O 同位素，这与其来源中存在俯冲沉积物相一致。几乎所有的洋岛玄武岩的 $^{87}Sr/^{86}Sr$ 与 $\delta^{18}O$ 值都呈正相关关系。HIMU 熔岩和低 $^3He/^4He$ 的熔岩相对于正常的上地幔通常亏损 ^{18}O，这与源区存在再循环下地壳相一致。低 $\delta^{18}O$ 值与放射性 Pb 同位素比值、亏损的 Sr 和 Nd 同位素比值以及相对较低的 $^3He/^4He$ 比值有关。各种再循环成分，如沉积物、下地壳、上地壳、岩石圈，多数已经在 OIB 中被确认。^{18}O 值的变化也暗示一个不均一的动态上地幔存在。

2.4.2 稀有气体示踪

稀有气体元素不活泼，惰性的性质使它们成为重要的地球动力学示踪剂。其子体同位素很容易从母体中分离出来，作为气体并且有扩散很快的特性，它们不同于其他地球化学示踪剂，而且它们至少在低压和高温下是惰性的。然而，它们可以长时间被圈闭在晶体中，能够提供地幔和岩浆的去气过程、大气形成以及不同的地幔成分之间的混合关系。宇宙大爆炸期间形成的同位素称为“原始”同位素，而一些稀有气体同位素为宇宙源、核源或放射源，这些是在后期合成的。岩石和岩浆中的^{3}He被认为是地幔中原始储库存在的证据，且这个储库以前没有被熔融或去气。一个原始储库不同于原始组分，原始物质和太阳系的组成物质仍像雨点一样降落在地球上。就稀有气体而言，地球上最原始的物质存在于山顶、平流层和深海沉积物中。

日益增多的稀有气体证据来自深海沉积物，那里有高浓度的氦（He）、高的$^{3}He/^{4}He$比值（R）和太阳系的氖。幔源玄武岩和捕虏体都具有原始地幔或太阳相近的特征，一般认为，与来自未去气的原始下地幔储库的地幔柱有关。这主要是基于假设玄武岩中高的$^{3}He/^{4}He$和$^{36}Ar/^{40}Ar$比值需要源区含有高的^{3}He和^{36}Ar含量，而不是低的^{4}He和^{40}Ar含量，那么基于这个假设，整个上地幔具有低比值和低丰度的特征。

“原始”稀有气体是何时以及如何进入地球的？它们储存在哪里？是否像经常认为的那样一直向外去气排出？而且排出过程紧邻熔融的岩浆？因此，不论对探讨地球的形成还是地球的年龄来说，了解地球的稀有气体储量非常重要。陆地上主要部分稀有气体可能是干燥、贫挥发分、去气的颗粒在高温条件下形成的。在行星形成的早期阶段，地核分异和大撞击将地球加热到足够高的温度并使之熔化、蒸发，大部分（30%~60%）不相容元素（如U、Th、Ba、K、Rb）存在于地壳中的事实证实了这一点，这与广泛分异的地幔成分相一致。大约在宇宙大爆炸晚期的3.8Ga，现在地幔中的一些组分以一种撞击体的形式落到了地球上，使地核形成之后物质增添到地球上。晚期低能的增生可能引入了现今上地幔中的大部分挥发分和微量亲铁元素（亲铁元素，如Os和Ir）。然而，现有研究还不能认识到地幔玄武岩中究竟有多少稀有气体是真正的原始气体，有多少是撞击体带入，甚至有多少后期宇宙尘埃加入，或有多少是近期的污染。

地球起源和演化的热吸积模型与稀有气体地球化学标准模型之间的对比认为，地幔的大部分处于原始的未去气状态，其与球粒陨石或宇宙的稀有气体元素含量相近。现有研究普遍认为，这些物质构成了现在的深部地幔和接近地表的火山。同时大量的关于地幔柱、氦悖论的文章讨论了氦的基本原理、轻的稀有气体（如氦、氖和氩）的分布以及稀有气体在地球化学和宇宙化学中的作用。

2.4.2.1 组成和储库

稀有气体不可能像其他地球化学示踪剂那样，以相同的方式进入地幔，或以同样的组成或储库存在于地幔。稀有气体沿着晶体缺陷，存在于气泡中或存在于深海沉积物中，或存在于暴露在宇宙射线下的岩石中。地幔中富含橄榄石的堆晶可能会捕获二氧化碳和氦，但几乎没有捕获其他的气体。U、Th 和 K 的命运与气体完全不同，它们储存在与 He 和 Ar 完全不同的位置。稀有气体通过熔融、输送和去气过程，与它们的母体分离，并彼此分离。因此，它们不能被视为正常的大离子亲石元素。

2.4.2.2 同位素比值

同许多同位素地球化学研究一样，稀有气体同位素特征也是按比值进行讨论的。人们很难确定并相信稀有气体在岩石、岩浆或地幔的绝对丰度。由于不能应用正常的统计和混合关系去研究，绝对丰度会使问题复杂化。最有用的轻稀有气体同位素比值如下（*表示放射性或核源性；原始物质中可能存在^{4}He 和^{40}Ar，但大部分^{4}He 和^{40}Ar 是在后来产生的，所以用^{4}He* 和^{40}Ar* 来区别后来形成的）：^{3}He/^{4}He*、^{3}He/^{22}Ne、^{3}He/^{20}Ne、^{4}He*/^{21}Ne*、^{4}He*/^{40}Ar*、^{21}Ne*/^{22}Ne、^{40}Ar*/^{36}Ar。

为了方便起见，这些比值有时可以简写为 3/4、3/22、21/22 等，还有一些写成^{3}He/^{4}He 或者 R、^{20}Ne/^{22}Ne，依此类推。绝对浓度可以写成［He］、［^{3}He］等。

（1）氦

地球上氦非常稀有，它不断地向大气逃逸。地幔中^{4}He 的逃逸达不到与 U+Th 衰变所产生的热流相对应的速率，这就是所谓的氦热流悖论。这个过程导致现今地幔去气比早期、高温地球的地幔去气更加困难，所以那些并没有随着时间的推移而增加的稳定稀有气体同位素，比放射成因和核成因的稀有气体同位素，如^{4}He 和^{40}Ar，更容易去气。

现今关于地球上氦的认识存在很大的局限性。氦很容易通过逃逸进入太空而从大气中消失。因此，氦对于研究地球长期去气的历史并不是很有用。而氖和氩不容易逃逸，容易在大气中积累，所以氖和氩可以用来追溯地球长期去气的历史。例如，尽管在地球早期的吸积、去气和演化的高温阶段，大部分稀有气体都不在地幔中，但是地球上产生的大部分氩（~70%）现在仍保存在大气中。这与地球上未去气的大型储库相矛盾。另外，地幔的热流和^{4}He 通量之间的不平衡意味着氦束缚于上地幔中；氦的逃逸速度也不像形成速度那么快。显然，^{4}He 现在聚集在地幔中。氦是在岩浆中较重的惰性气体，更易溶解，并可能被束缚在残余的熔体和堆晶中。由于 U 和 Th 的存在，氦滞留在残余熔体或饱满地幔中将演化为低 R。氦被束缚在橄榄石、富橄榄石的堆晶体或亏损的混合岩惰性组分中，并几乎保留了其原始同位素比值。因此，高^{3}He/^{4}He 样品可能保留一个古老的比值，而不是现今的原始比值。这种物质可能是上地幔及其演化过程，如上升岩浆去气的原始组成（表 2-4）。

氦的参考同位素是^{3}He，而比值^{3}He/(^{4}He+^{4}He*）通常被写成^{3}He/^{4}He 或 R，这个值被用到现今大气的比值 Ra（或 R_A）上，并被写成 R/Ra（或 R/R_A）。地幔和地壳去气的数值及时间尺度差异巨大，涉及地幔和地壳去气的大气值受到行星际尘埃颗粒（interplanetary dust particle，IDP）以及从大气中逃逸速度的制约。这些变化随时间而变化，而且大气的比例也可能随时间而发生改变。很难保证经过放射性衰变校正的古老岩浆，与当时大气关系和与现今大气的关系是相同的。在地幔地球化学计算中，通常假定大气是不随时间变化的，而且大气是一个均匀的储库。所以，就像确定出海水中$^{87}Sr/^{86}Sr$是随时间变化的那样，如果能够测量到大气随时间而发生变化，那么这种变化是非常有用的。

MORB中氦同位素比值通常用8±1Ra表示，但这一比值是已筛选的代表性数据，这些筛选的数据已剔除任何地幔柱影响，而未经筛选的数据得到氦同位素比值是9.1±3.6Ra（表2-4和表2-5）。扩张洋中脊将大量地幔物质的同位素组成平均化，所以可以直接进行有意义的统计。可惜的是，扩张洋中脊上或附近的氦资料已被高度选择而且在统计分析之前已被筛选，表2-5给出了筛选和未筛选的估计值。洋岛玄武岩数据更难以分析，因为样品不是系统采集或随机采集的，特别是在异常区域通常会过多采样。不过，每个岛屿或所有岛屿的所有样品可以被平均，而且这些平均值可以指示进行OIB的全球估计。

表2-4 MORB中氦的统计（统计测试氦储库）

储库	平均	标准差	*n*
洋中脊	9.14	3.59	503
大西洋	9.58	2.94	236
太平洋	8.13	0.98	245
印度洋	8.49	1.62	1.77
OIB	7.67	3.68	23

表2-5 氦同位素数据汇总

范围	R/Ra	标准差	年份
所有的洋中脊（MORB）	9.06	3.26	
筛选的数据	8.4	0.36	1982
	8	2	1986
	8.3	0.3	1996
	8.58	1.81	2000
	8.75	2.14	2002
弧后盆地玄武岩（BABB）	8.4	3.2	2002
洋岛玄武岩（OIB）	7.67	3.68	1995
	9	3.9	2001
海山	6.58	1.7	
	9.77	1.4	

地幔岩浆中氦同位素的统计和分布资料表明（表2-5），MORB和OIB玄武岩

的$^{3}He/^{4}He$（R）数据没有统计学上的差异。然而，通常假设这两类玄武岩源区至少存在两个不同的地幔储库，并且这些储库已在地球上存在很长时间。MORB 玄武岩的分布（图 2-53）比 OIB 更符合高斯分布，方差相对较低；而 OIB 具有非高斯分布，方差非常大。OIB 的最大 R 值可以判断 OIB 储库，而 MORB 中的大数值被认为是受地幔柱物质混染。MORB 的氦同位素值与 OIB 同位素值之间没有明显的界线。模拟计算表明，只有较轻的低 R 比值的 MORB 才能与高 R 比值的 OIB 相区分，氦同位素比值差异才较大（Anderson，1998a，1998b；Seta et al.，2001）。玄武岩类群之间的方差和极值差值可能是采样过程中平均化的结果。$^{3}He/^{4}He$ 比值在熔融中可能被平均，就如全球扩张洋中脊系统。

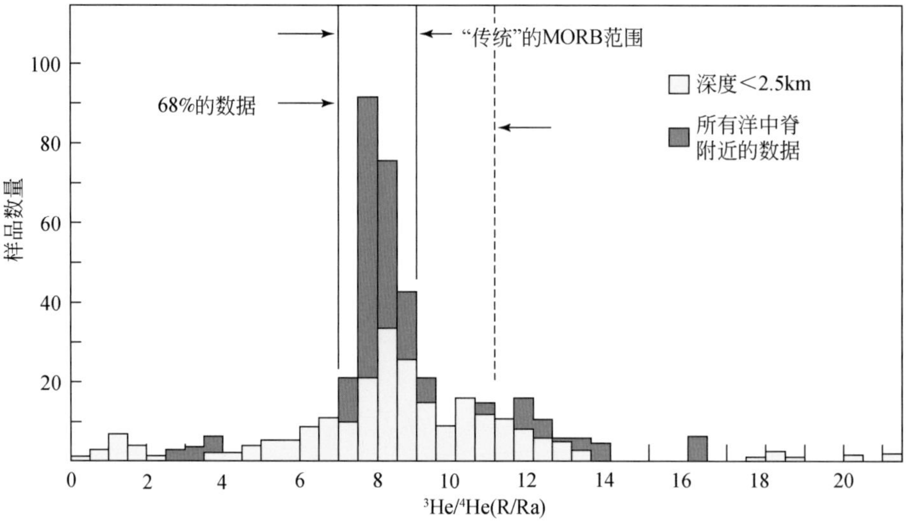

图 2-53　全球扩张洋中脊体系样品中测量的氦同位素直方图（Anderson，2007）

包括新洋中脊、弧后盆地和近脊海山。因为筛选了>9 R/Ra 的值，所以许多分布在右侧的样品已缺失。高的氦同位素值是由于地幔柱混染。还提出了全球洋中脊体系的部分异常。筛选过的传统 MORB 变化范围为 7～9 R/Ra。最常见的地幔组分（可能是橄榄岩）玄武岩的亏损组分中发现了高 R 值。高 R/Ra 载体可以是低 U/He 比的橄榄岩或橄榄石。氦可以在岩浆上涌过程中受到围岩混染

MORB 和 OIB 中对岩浆去气和大气污染敏感的比值，如 He/Ne 和 He/Ar，具有明显的差别。地幔岩浆中氦、氩、氖等轻惰性气体组成表明，其在地表附近的岩浆去气、捕获挥发分以及近代的大气污染过程中可能存在差异。地幔岩浆中较重的稀有气体组成可能完全是由大气和海水的污染造成的。

大多数研究者认为，地幔柱来源于 R 较高的源区，它们通常有一个非常高的[^{3}He]，被放射性更高的上地幔对流均质化。然而，可能不存在原始的或相对未去气的储库。地幔去气，由于 V、Th 高浓度加上年龄比较老，部分地幔（如 MORB 储库）的放射性氦更易富集。由于 MORB 亏损大离子亲石元素且具有低 R，因此，一

般认为 MORB 形成于上地幔去气。然而，与其他玄武岩相比，MORB 具有较高的［^{3}He］，这与标准模型不一致。初始的氦可能存在于地幔中，但不太可能是一个大的、连贯的、古老的、原始的、未去气的区域。玄武岩最高的 R/Ra 与 MORB 或 MORB 源中的重同位素组成相似。

地幔稀有气体地球化学的标准模型将地幔分为亏损的、去气的上地幔和未去气的原始下地幔，其中，上地幔被对流均一化，而下地幔未受影响。该模型基于以下一系列假设：

1）高于 MORB 平均值的 R 值反映高［^{3}He］；

2）高^{3}He/^{4}He 意味着一个原始未去气的储库，或一个比 MORB 的地幔源更原始且去气更少的储库；

3）这个原始储库必须与上地幔隔离；

4）原始储库是深的并且是下地幔；

5）这个深层隔离的储库可以被洋岛玄武岩捕获。

前两项在逻辑上是错误。^{3}He 形成许多其他比值，如^{3}He、^{3}He/^{22}Ne、^{3}He/^{20}Ne、^{3}He/^{36}Ar 等，而且除^{3}He/^{238}U 外，OIB 中其他所有比值均低于 MORB 中的比值。后者与低 U 源的一致，如橄榄岩，适用于高 R 的 OIB。

假设 MORB 和 OIB 代表了独立的储库，分别为亏损的、去气少、充分混合的上地幔储库和不均的、没有去气的共生下地幔。结果表明，上地幔仅能提供均一化的类 MORB 物质，而低 R 意味着低［^{3}He］。MORB 中有限的氦同位素比值，能较好地解释洋中脊均一化地幔。只要高 R 和低 R 的范围大于扩散距离，那么高 R 和低 R 可共存在上地幔中；如果存在熔融过程或小规模采样，高 R 和低 R 可能混合。高 He 热点具有非常大的 R 变化范围（图 2-54），这表明洋中脊样品显示的不均一地幔在体积上大于洋岛玄武岩所揭示的不均一地幔。

U 和 Th 的衰变产生放射性 He（α 粒子）和热量，产生大部分海洋 He 通量，所需的 U 仅产生海洋热流的 5%~10%，这就是氦热流悖论。来自岩浆去气的氦和二氧化碳可能被捕获到浅部地幔中。被捕获的二氧化碳和^{4}He 以及高 U、Th 形成上地幔组分中的低^{3}He/^{4}He 和高［He］，以及无处不在的碳酸盐交代作用。

He 是一种易变的元素，各种上地幔组分常具有不同 He/U 比，可能有不同的 He 同位素比值，可以识别出物质来源。携带高 R 的组分可以是橄榄岩或含橄榄石较少的堆晶体的气泡。He 同位素和其他同位素之间没有一致的全球相关性。洋岛玄武岩中的 He 可能被包含在循环的岩石圈中，也可能在亏损 U、Th 的堆晶体上升时获得。

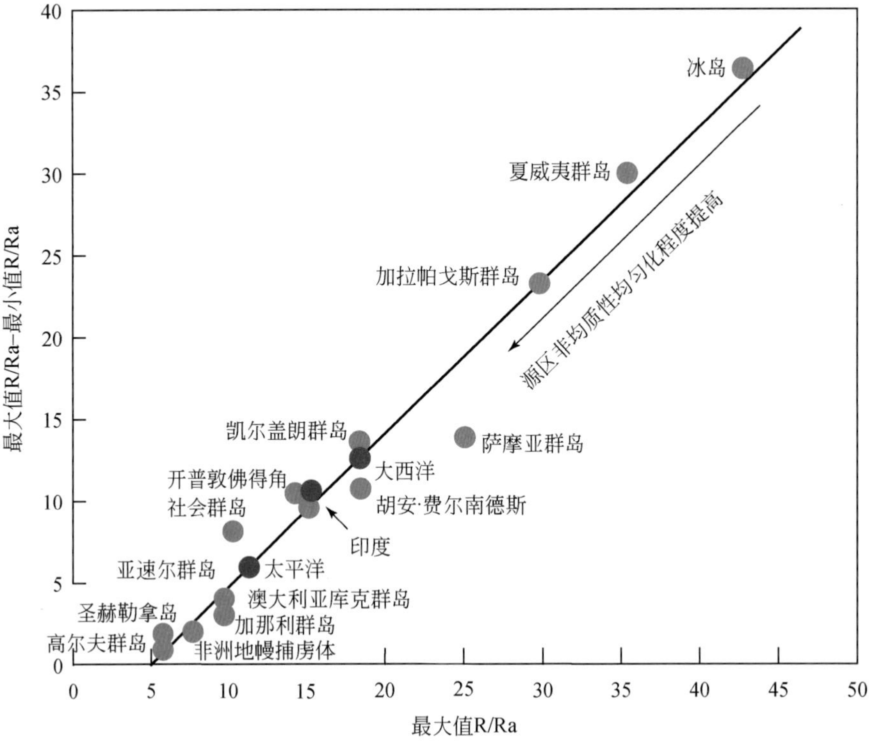

图 2-54　洋岛玄武岩 He 同位素 Re 值特征

显示高 R 的洋岛也有范围最大的 R 值（www. mantleplumes. org）

A. 氦的输送

具有最高$^3He/^4He$比值岩浆岩的地区，如夏威夷、冰岛、加拉帕戈斯，也同样显示有最大的差异性。根据 Sr- Nd- Pb 同位素以及大离子亲石元素比值，最高的$^3He/^4He$岩浆具有亏损型 MORB 的特征。但是，它们在$^3He/^4He$中也表现出很大的差异，并且具有低^3He丰度。Os 同位素显示其源区岩石为橄榄岩，如亏损的残余物或堆晶体。这可以解释为什么高$^3He/^4He$组分是普通组分地幔，以及为什么低^3He分量。因为橄榄岩的 U/He 比很低，所以它们可以冻结封存古老的 He 同位素特征。如果地幔由橄榄岩和再循环的榴辉岩化大洋或大陆下地壳组成，那么地幔交代或者混合作用可能在岩浆上升或堆晶过程中发生。例如，混合作用，稀有气体的含量和相容元素（Ni、Cr、Os 和重稀土元素）几乎完全来自橄榄岩地幔，而高度不相容的元素则由熔体提供。上升的岩浆与周围的地幔物质相互作用，发生熔-岩反应，交换热量、流体和气体，并导致熔融和结晶。这些过程可以解释同位素和微量元素的复杂性。

B. 氦的演化

放射性衰变和核变过程中，地幔中稀有气体的同位素比值随时间而发生变化。

如果部分地幔的 He 含量很高，那么同位素比值会随时间缓慢变化。如果$^{3}He/^{4}He$也很高，那么同位素比值也将保持高值，这是稀有气体地球化学在标准去气地幔假设之后的原因。随着时间的推移，地幔的富集组分具有高的 U 和 Th 浓度，会产生大量的^{4}He。现今的 MORB 比古老的 MORB 具有更高的$^{3}He/^{4}He$比值。古老的 MORB 在上升和去气过程中，产生的气体具有高$^{3}He/^{4}He$比值，其中一些气体可能被圈闭在浅部地幔。目前的上部地幔包含了不同时段熔融和去气的物质。氦热流悖论和大气中^{40}Ar的量表明，稀有气体能够被圈闭在地幔中，而且很有可能是上地幔。图 2-55 显示了从右下角开始的地幔氦演化历史的各个阶段。

C. 氦同位素储库

人们早期通常认为，幔源物质中的$^{3}He/^{4}He$和其他同位素比值代表了两个不同储库对应的特征。这两个储库分别为洋中脊玄武岩和洋岛玄武岩的源区储库。前者被认为充满了整个上地幔，后者被认为是原始的下地幔。现在普遍认为，稀有气体 He 和 Ne 是下地幔参与地表火山活动的重要地球化学指标。其他指标都被用于示踪地壳和沉积物的再循环，或者来自地壳和沉积物的流体，或者拆沉作用。高$^{3}He/^{4}He$比值传统上被认为是富含^{3}He的结果，这被用来论证原始挥发分在下地幔中未被完全气化。假设地幔柱将高$^{3}He/^{4}He$比值的物质从深部地幔带到地表。然而，这一模型假设要求深部地幔具有很高的 He 绝对丰度。但这与 OIB 中观测到的低丰度 He 是一个悖论。MORB 储库最初被认为是均一的，因为一些同位素比值显示其在 MORB 中的分散程度低于 OIB 中的分散程度。通常的解释是 MORB 来自地幔中分布均匀的对流部分，而 OIB 来自不同的、更深的储库。

（2）氖

强烈的太阳辐射能大量损耗大气中的 Ne。Ne 的三个同位素能够反映玄武岩中的这种同位素是否受到大气污染。另外，地球历史上重稀有气体（氩、氪和氙）在大气中积聚，因此，空气或海水的加入和循环进地幔，都是对地幔稀有气体同位素特征的重要影响因素。

A. 氖同位素比值

地幔岩石或岩浆的 Ne 同位素比值通常用$^{20}Ne/^{22}Ne$-$^{21}Ne/^{22}Ne$图表示（图 2-56）。因为大气中 Ne 比 Ar 更丰富。大多数玄武岩都落在大气$^{20}Ne/^{22}Ne$值（~10）和太阳风或星际尘埃颗粒（IDP）值（13.7）之间的混合线上。$^{21}Ne/^{22}Ne$比值分别显示出大气中比值（0.029）、OIB 中比值（>0.04）、MORB 中比值（>0.06）。

MORB 的混合线比 OIB 的混合线延伸至更大的$^{21}Ne/^{22}Ne$，表明 MORB 中^{21}Ne的增加比 OIB 更多。这与 MORB 样品的$^{3}He/^{4}He$比值高于某些极端 OIB 样品的$^{3}He/^{4}He$比值相似。例如，MORB 和 OIB 等幔源岩石的$^{20}Ne/^{22}Ne$比值，其范围可从大气的$^{20}Ne/^{22}Ne$值延伸到太阳风或 IDP 的$^{20}Ne/^{22}Ne$值。一些 OIB 和 MORB 样品

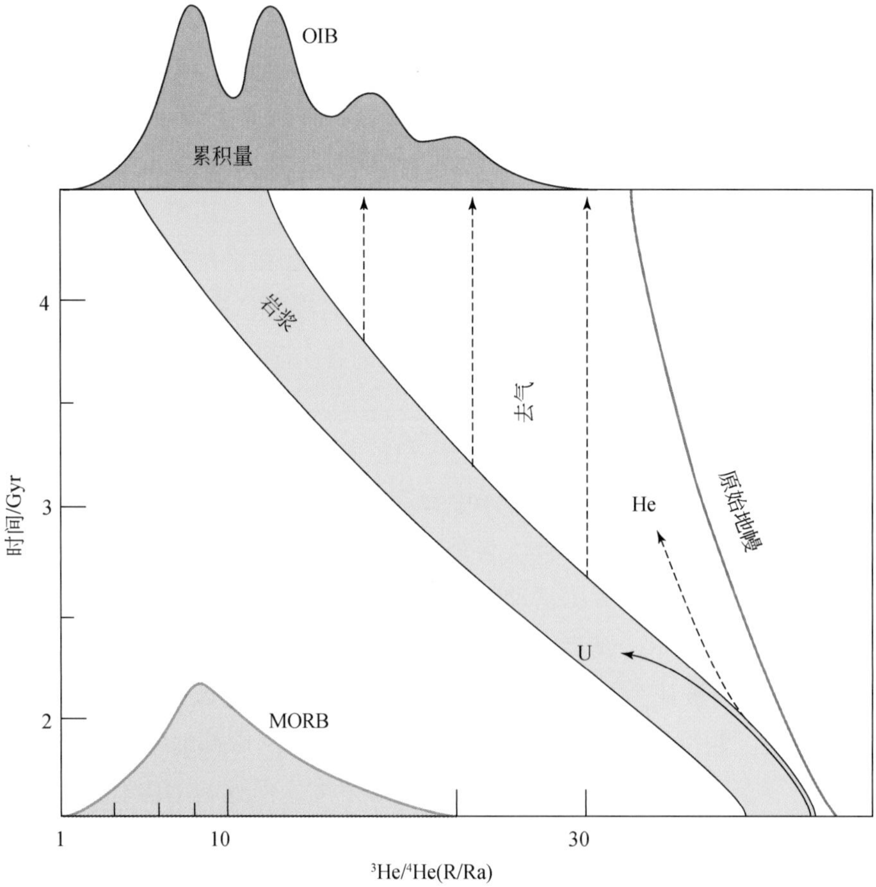

图 2-55　原始地幔与幔源岩浆 He 同位素演化历史（Anderson，2007）

从宇宙大爆炸到现在（4.5Gyr），假想原始储库中的原始地幔$^3He/^4He$增长曲线，这是基于下地幔标准模型得出的。在不同时期，包括在吸积过程中，岩浆是从吸积物质中析晶出来的；由于岩浆得到了 U 和 Th，气体消失很快（有些被残留地幔保留），这个过程进化速度更快。除细节外，分异和去气作用改变了熔体的$^3He/$（U，Th）比值反映出这种分馏过程，其中包含比原始地幔更高的 U/He 比值。当岩浆上升到浅部时，岩浆会去气，使得残余岩浆的 He/U 比值降低，并使得 He/Ar 和 He/Ne 比值升高。气体最终从橄榄岩堆晶的位置和气体包裹体中消失，使岩浆具有高的He/U 和$^3He/^4He$比值。不论在何种物质中发现去气的气体，古老的$^3He/^4He$比值都会被封存，而残留去气岩浆会继续演化为低值。该图简单示意了 He（和 CO_2）和 U（和 Th）在熔融与去气事件时的轨迹。每次熔融/去气事件都会导致这种分馏。虚线简单表明随着 He 从 U 中移除并在富含橄榄石的地幔中，富集古代$^3He/^4He$比值被封存，而岩浆则转移到其他地方。时间轴上 MORB 和 OIB 直方图绘制在任意位置；它们代表现在的值，并涉及不同年代的部分去气岩浆、以前去气气体和大气的混合。现今的 MORB 是穿过岩浆区的横剖面。OIB 源区是不同年龄、堆晶体等的岩浆和气体混合物，并且由于 OIB 是以比 MORB 更细致的批次进行采样，OIB 更接近实际的地幔分布。请注意，MORB 的低值不必从地幔高值或 OIB 高值演变而来

中（“原始”或 IDP）识别出来的 Ne 同位素值指示了在过去的 4.5Gyr，被捕获在地球（标准的“原始地幔”模型）内部的太阳氖几乎保持不变，也可能是从 ~2Ga 开始，来自富含稀有气体的沉积物或宇宙射线的稀有气体被添加到地幔中。一些玄武

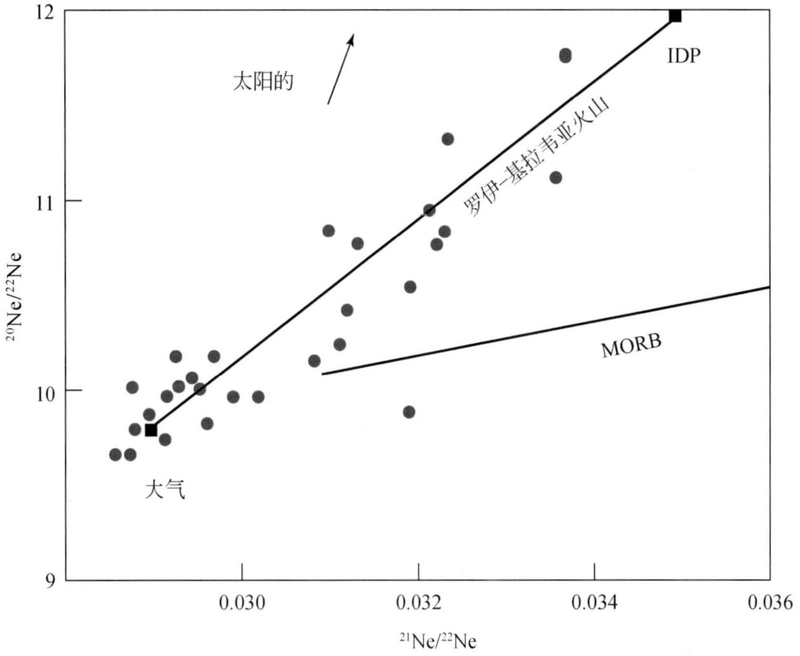

图 2-56　Ne 的三个同位素图

一些洋岛似乎是大气和太阳风或 IDP 的混合物。MORB 拥有相对较多的^{21}Ne，表明其来源比 OIB 老或含有比 OIB 来源更高的 U

岩和金刚石基本上含有纯太阳风或 IDP 的$^{20}Ne/^{22}Ne$ 比值。因为^{20}Ne 是稳定的，而且地球上只产生非常少的^{22}Ne，所以^{20}Ne 和^{22}Ne 基本上是原始的。而事实上，幔源岩石或岩浆的$^{20}Ne/^{22}Ne$ 比值高于大气的$^{20}Ne/^{22}Ne$ 比值，这被认为指示了地幔的$^{20}Ne/^{22}Ne$比值比大气的$^{20}Ne/^{22}Ne$ 比值高。所以，对地幔去气和大气演化的标准模型来说，这是另一个相悖的地方。因此，如果太阳系储库是均匀的，并且随时间不变，那么其$^{20}Ne/^{22}Ne$ 比值在整个地球上应该是均匀的。

MORB 中没有发现非大气氖，而 OIB、火山气体和金刚石中^{20}Ne 相对^{22}Ne 富集，核源中^{21}Ne 相对^{22}Ne 富集。这主要是由原始组分导致的，可能是太阳氖。夏威夷的玄武质玻璃发育一系列的 Ne 同位素比值，从大气的可扩展到富^{20}Ne 接近太阳风的组分。这些信号与深海沉积物中积累的宇宙尘埃粒子类似。在太空中暴露时，这些尘埃粒子会被太阳风中的 Ne 混染。如果这些粒子能够在俯冲带中存留，并将宇宙（太阳）Ne 传递到地幔，那么这可以解释海洋中玄武岩玻璃的同位素比值，而不必与地球上古老的原始 Ne 相联系，或者与一个未去气的下地幔储库相联系。

B. 元素之间的比值

熔融和去气均会导致稀有气体同位素分馏，而且母体-子体同位素分开。在去气过程中，氦气和轻稀有气体比重稀有气体更易保留在岩浆中。因此，不同类型玄武岩 He/Ne 和 He/Ar 比值包含去气程度的信息。MORB 的 He/Ne 和 He/Ar 比值通常比 OIB 的高，表明 MORB 的去气程度比 OIB 的高。尽管如此，MORB 中的［He］高于 OIB，这表明在 MORB 去气之前，OIB 最初比 MORB 含有较少的［He］和可能较少的［Ne］。一些更富集稀有气体的火成岩是沿着大西洋洋中脊发现的火山岩（Sarda and Graham，1990；Javoy and Pineau，1991；Staudacher et al.，1989）。普通的 MORB 似乎是这些火山岩的去气岩系，而且一些富含稀有气体的岩石似乎也失去了一些气体。

MORB 和 OIB 的$^{3}He/^{22}Ne$ 和$^{4}He/^{21}Ne$ 直方图显示 MORB 相对于太阳的值、OIB 相对于产物的值都是反向分馏的。$^{4}He/^{40}Ar$ 和［^{4}He］相关图及元素之间的相关图（如$^{3}He/^{21}Ne$ 对［He］）显示从 MORB 到 OIB 再到大气的连续转变（图 2-57）。MORB 到 OIB 的趋势可以解释为大气和古老的富 CO_2 气孔流体污染，这种稀有气体污染可能从 MORB 去气并被圈闭在松散堆积物中。

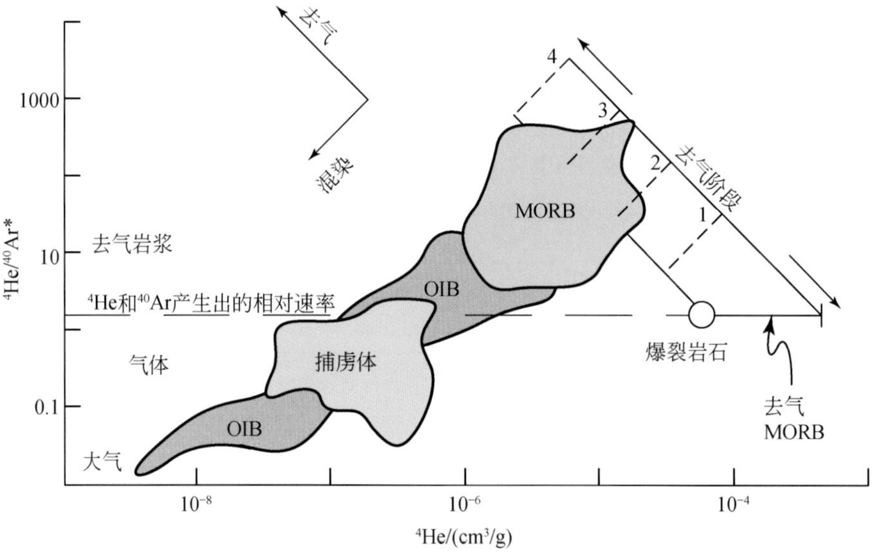

图 2-57　^{4}He-$^{4}He/^{40}Ar^{*}$ 比值（Anderson，2007）

He 和 Ne 只有从岩石中很早分离出来并被储存在低 U+Th 环境，如亏损的岩石圈地幔或橄榄石堆晶体中，稀有气体的原始同位素比值才能保存下来。这种情况下，放射性同位素^{4}He 和^{21}Ne 不会添加到气体中，古老的同位素比值就会被“冻结”在岩石中。由于富集的物质，如 MORB 或非亏损橄榄岩，其 U+Th 含量相对较高，而且内部持续的放射性衰变，亏损和富集物质二者的地球化学特征完全相反。通常情况下，高 R 值被解释为高^{3}He，但它们也可以被解释为低^{4}He 或来自低 U 的源区。

地幔捕虏体和玄武岩玻璃的 He/Ne 比值随着浓度的变化而变化，而且呈线性相关，单位斜率通过原始$^3He/^{22}Ne$比值（~7.7）和放射性^4He与衰变$^{21}Ne^*$产物的比值（2.2×10^7）定义的点。线性相关意味着近期的元素分馏事件（可能是岩浆去气），在这个事件中，相对于［Ne］，MORB 玻璃富集了［He］，否则放射性^4He的增长和核源^{21}Ne的增长数据点，会系统地向相关线上偏移。玄武岩的$^3He/^{22}Ne$和［^3He］以及$^4He/^{21}Ne$和［^4He］之间呈现正相关关系。MORB 玻璃中的$^3He/^{22}Ne$、$^4He/^{21}Ne^*$和$^4He/^{40}Ar^*$比值，系统地高于原始$^3He/^{22}Ne$比值或放射性^4He/衰变^{21}Ne以及放射成因$^4He^*$/放射成因$^{40}Ar^*$的产物比值。

^{21}Ne和^4He都是由 U+Th 的衰变引起的，所以^{21}Ne的产生速率与^4He的产生速率相似。He 同位素图（图 2-56）显示，OIB 形成了从大气到太阳的变化趋势，而 MORB 形成另一种变化趋势，这可以解释为内核增长，导致 OIB 增长趋势发生逆转，即 MORB 源是 OIB 源的老化。在这个“MORB = OIB+时间”的简单模型中，OIB 和 MORB 可以是在过去的某一时段从同一母体演化而来。与当前的 MORB 岩浆相比，储存在亏损的、难熔的围岩（如橄榄石堆晶体、贫 U+Th 的岩石圈）中老的 MORB 气体（来自去气的古老 MORB），具有高$^3He/^4He$和低 He/Ne 比值。稀有气体的地幔储库之一可能是橄榄岩中气体填充的包裹体或孤立孔洞。除 He 和 CO_2 以及可能的 Ne 和 Os 之外，这个储库不会影响任何其他气体，从而将 He 与其他同位素示踪剂分离。

（3）氩

地球上发现的 Ar 主要有^{40}Ar、^{36}Ar和^{38}Ar三个同位素。自然界^{40}K的半衰期为1.25×10^9a，会衰变到稳定的^{40}Ar。Ar 同位素体系及组成的估算，对于限定地幔脱气作用具有重要意义。

与产生量相比，地球中的初始^{40}Ar可忽略不计。这使 Ar 成为研究地幔去气的有用工具。地壳和地幔中的 K 含量可以通过地幔和地壳物质组分的混合进行计算。硅酸盐地球（地幔和地壳）中的 K 含量是 151ppm①，其中 46% 在地壳中。大气中^{40}Ar含量占地球 K 衰变含量的 77%，这意味着 23% 的地幔仍未去气，或者去气过程不是 100% 有效，即衰变产生的^{40}Ar最终释放到大气，这期间存在一定的时间延迟。Ar 在>150km 深处时可能是相容的，因此火山活动不易将其从地球深部地幔提取出来。然而，通过各种方式测量或估算的$^{40}Ar/^{36}Ar$（或$^{40}Ar^*/^{36}Ar$）值是：

大气：300 左右；

OIB：从大气值至 13 000 左右；

MORB：从大气值至 44 000 左右。

在标准模型中，与大气相比，OIB 和 MORB 的高$^{40}Ar/^{36}Ar$比值常被用来指示地

① 1ppm = 1×10^{-6}。

幔是上部（MORB 源区）和下部（OIB 源区）都已经去气，导致剩下的^{36}Ar很少；但放射性衰变产生的大量^{40}Ar被保留了下来。地幔岩石的$^{40}Ar/^{36}Ar$值高于大气层的$^{40}Ar/^{36}Ar$值，这与 He 的情况相反，且对比鲜明，其中，去气过程中，^{3}He原子优先逸出，导致在大气中比在 OIB 或 MORB 中更高。在过去的 100 万年中，大部分大气中 He 以^{4}He为主，古老的大气和地壳的 He 已经逃逸到太空。

前人对相对未去气地幔储库的概念进行过激烈争论。来自重稀有气体的有力证据表明，OIB 被大气或海洋来源的气体污染；低$^{40}Ar/^{36}Ar$可能是大气或海水污染的结果。海水比幔源玄武岩的^{36}Ar高出 2~4 个数量级，而比幔源玄武岩的^{3}He低两个数量级。因此，海水可以明显改变岩浆中的 Ar 同位素比值，但不会改变岩浆中的 He 同位素比值。MORB 和 OIB 具有相似的［^{36}Ar］测定值，但 MORB 的［^{3}He］值高于 OIB 的值。这也反驳了 OIB 来源于比 MORB 储库更少去气的储库。He 的标准模型认为，下部地幔未去气、少量去气或比 MORB 去气少，但 Ar 的标准模型与 He 的标准模型不同。较低的 OIB 比值可解释为更极端的大气污染，或贫钾或更年轻的物质来源。然而，通常情况下，非放射性比值是由原始同位素的高丰度，即未去气或原始储库的高丰度导致的。地幔岩石的$^{20}Ne/^{22}Ne$比值明显高于大气的比值，表明来源于 OIB 和 MORB 中的稀有气体不是现今大气的主要来源。

（4）储库模型与统计学特征

A. 地幔双储库模型

地幔双储库模型最初是用来解释玄武岩和捕虏体中的氩和氦同位素体系的，但随后显示这些样品被大气氩和宇宙氦污染，同位素值已经与地幔无关。与大多数 MORB 样品相比，大部分来自夏威夷、冰岛和加拉帕戈斯群岛 OIB 样品，具有更高的$^{3}He/^{4}He$值，而后者受到地幔柱影响。这些 OIB 的同位素比值具有很大的变化范围，且与 MORB 样品的值重叠。许多 OIB 样品的$^{3}He/^{4}He$比值远低于 MORB 样品的比值，但没有明显的分界点，两者的数据是连续的。如果 MORB 的地幔源区体积大于 OIB 的，那么它们将具有更恒定的平均值、更小的标准偏差和更少的异常值。这些值是中心极限定理的简单结果。平均值会消除异常值。然而，地幔稀有气体的双储库模型被广泛接受，是地幔地球化学标准模型的基石。标准模型中的两个储库是低的$^{3}He/^{4}He$比值、均一去气的上地幔，以及高的$^{3}He/^{4}He$值、未去气的下地幔。与$^{3}He/^{4}He$相比，MORB 和 OIB 的 He/Ne 比定义了两个不同的区域，但其含义与标准模型相反。其 MORB 似乎已经去气，OIB 从去气的岩浆和大气中继承了次生气体。

双储库模型的一个困惑是解释储库中氦气的浓度和其他稀有气体的浓度。如果 OIB 来自未去气的源区，则预计它们将比去气上地幔中的 MORB 玻璃含有更多的氦气。然而，OIB 玻璃中的^{3}He通常比 MORB 少 10 倍。这可以解释为去气，但这无法解释 MORB 中 He/Ne 比值为什么比 OIB 的高，这个现象就是氦悖论之一。洋中脊下地幔熔融和熔融分离的动力学必定与洋岛和海山之下的不同。在熔融和喷发过程中，洋中脊岩浆可能从更大体积的地幔中收集氦气，并与不同深度的岩浆相混合，这个过程会消除 MORB 玄武岩的极端情况。大多数人都支持稀有气体的双储库模型，并且认为未去气下地幔假设导致的问题可以用双储库模型解决。

洋岛玄武岩中的“原始”He 特征的浅部来源使地壳、海水和大气 He 特征之间的矛盾列在一起，并与推测的“原始”特征需要协调。洋岛玄武岩中的高$^{238}U/^{204}Pb$组分通常是由于再循环的蚀变洋壳所致。低$^{238}U/^{3}He$ 组分可能与亏损难熔地幔有关。高$^{3}He/^{4}He$ 比值是由于^{4}He 低，而不是^{3}He 过多，并不指示深部原始的未去气地幔储库。

B. 天然样品稀有气体同位素特征

从地幔样品中获得的稀有气体数据显示：地幔和再循环组分具有大范围的氦同位素比值，而不是两个具有独特组分的储库。高$^{20}Ne/^{22}Ne$、“太阳系”氖和高$^{3}He/^{4}He$ 组分可能有几种来源，包括 IDP、宇宙射线和被束缚在亏损 U+Th 岩石、矿物和金刚石中的“老的”气体。低$^{3}He/^{4}He$ 和高$^{21}Ne/^{22}Ne$ 物质可能来自高 U 和高 Th 环境中以及残留的早期环境。大气和海水污染降低了$^{3}He/^{40}Ar$、$^{20}Ne/^{22}Ne$ 和$^{21}Ne/^{22}Ne$ 比值。

目前已经提出的几种高 R 的源区，从正常地幔过程中冻结的古老同位素比值以及 IDP 和其他晚期板块物质的俯冲。IDP 在海底沉积物中积累并增加了沉积物中 Os、Ir、He 和 Ne 的含量（图 2-58）。宇宙尘埃具有非常高的$^{3}He/^{4}He$ 比值和［^{3}He］，其中一些没有在大气中燃尽而落在地球上。通过这种方式，海底沉积物形成了“原始”氦同位素特征，具有高 R 和高［^{3}He］。

随着玄武岩的上升和结晶而不断去气。如果气体被橄榄石晶体、堆晶或亏损岩石圈地幔捕获，远离 U 和 Th 富集环境，橄榄石晶体、堆晶或亏损岩石圈地幔将比母岩浆和富含大离子亲石元素源区的 R 高。

许多具有原始、初始的或太阳系稀有气体特征的玄武岩，表现出受到海水或大气污染的有力证据。这种可能的表生作用特征与玄武岩深部地幔源区的特征相结合，被认为是稀有气体标准模型下的一个悖论。

如果宇宙尘埃和海洋沉积物能够在俯冲物质中保存下来，它们可能将原始的 He 和 Ne 信号传递到地幔。OIB 中的^{3}He 是地幔去气总量的一小部分，其体积与 IDP 带入海底的量少有关。然而，地幔中^{3}He 的大部分可能是作为晚期板片俯冲部分进入地幔的。宇宙尘埃中的$^{3}He/^{20}Ne$ 比值比 MORB 低 1～2 个数量级。氦具有比 Ne 更大的扩散系数，这促进俯冲过程中氦优先从星际尘埃颗粒中去气，尽管这并不意味着它立即逃离地幔。具有现代特征的宇宙尘埃的俯冲不能影响地幔^{3}He 的储量，从而

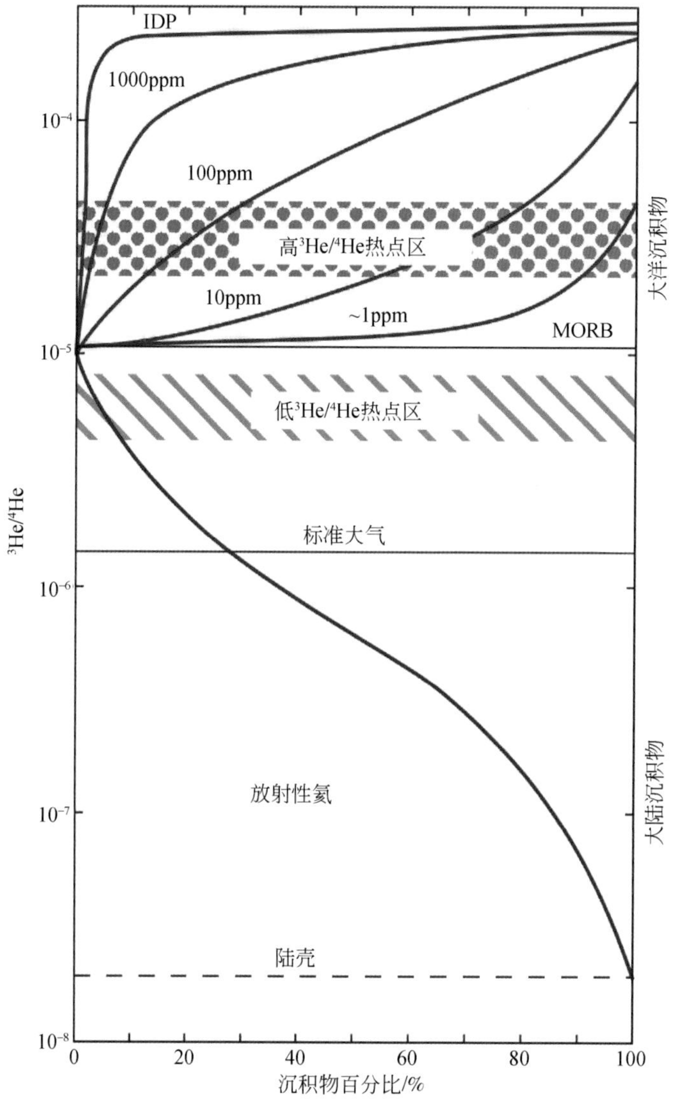

图 2-58　地球表面发现的$^3He/^4He$比值变化范围

海底沉积物收集 IDP，这使得深海沉积物中 He 含量和 He 比值升高，并与 IDP 丰度成正比。由于高 U 和 Th 以及年龄，大陆沉积物的 He 同位素比值非常低。这些物质的俯冲使得地幔同位素分布不均。地幔物质中的高$^3He/^4He$比值也可能是在贫 U 环境中，捕获岩浆上升过程中去气作用下的古老气体

不会导致海底火山玻璃中^{20}Ne的过度富集。因此，OIB 和 MORB 地幔中高 R 组分更好的解释是低 U+Th 环境，如堆晶橄榄岩或亏损岩石圈的演化（Anderson，1998a，1998b）。高$^3He/^4He$和太阳 Ne 比值可能是从贫［He］、贫 U+Th 的环境中分离出来的，而不是从富［He］的环境中分离出来的。

虽然罗希、冰岛、黄石和加拉帕戈斯的一些样品具有高$^3He/^4He$组分，它们通常被称为最原始的 He 组成，但是一些洋岛的组分（玄武岩、包裹体、气体），如位

于西南太平洋和亚速尔群岛的特里斯坦、高夫岛以及黄石、冰岛和加拉帕戈斯地区，具有比 MORB 更低（放射性更强）的$^{3}He/^{4}He$比值。如果这些样品被看作代表了全球的样品，那么这就达到中心极限定理的预期结果。根据亲石元素的同位素推断，含放射性 He 组分只有来自长期富 U+Th 源的组分，如地幔中的再循环地壳或沉积物，才具有低$^{3}He/^{4}He$比值。难熔的橄榄岩或富橄榄石的堆晶同时循环可能导致高的$^{3}He/^{4}He$比值，并且这些组分不会有其他同位素富集的特征，而且都不需要在深部地幔再循环。同时，高和低$^{3}He/^{4}He$的组分都可以来自再循环。

C. 样本统计与模型限定

现存许多高 R 热点，也存在许多低 R 热点，许多热点氦同位素比值的统计数据集（平均值、中位数）与洋中脊的统计数据相同或相似。作为全球数据集合，假设 OIB 和 MORB 来自相同样本，尽管这些样本的可选样品可能不同，但是标准的统计验证不能排除这些样本。洋中脊的不均一地幔源区比洋岛的源区体积更大，不同数据集的方差与洋中脊的采样具有一致性。对于氦同位素，MORB 和 OIB 的同位素比值特征可以从样品的数据集中提取，但对于其他同位素系统并非如此。因为混合关系和比值平均值涉及绝对丰度，而不仅仅是比值，所以这个问题很复杂。如果各种组分中，氦的绝对丰度差异很大，那么混合物将由高［He］组分控制。另外，如果 Sr 和 Nd 含量相似，那么所有组分接近于比值平均值。

如果两个数据集具有相同的均值和不同的方差，则它们可能是来源分布相同，但大小不同的样本。中心极限定理的结果来自非均质体的大量样本方差的比值与对平均值有贡献的样本数量的比值成反比。洋中脊的大体积样品包括程度较大的部分熔体以及较大的物理体积。

常见的假设是以幔源物质中的氦同位素代表两个不同的样本，即洋中脊（MORB）储库和洋岛（OIB）储库。其根据是观察到一些 OIB 样品的同位素比值比 MORB 样品的平均值更高，但是这不是一个全面的统计证据。另一个假设是不同尺度的地幔是不均一的，洋中脊和洋岛的火山代表着不同方式及不同程度对地幔进行采样。样品差异代表地幔真实存在横向和纵向上的差异性，而且这种差异性尺度很大，无法平均。

高于 8.5Ra 的玄武岩和热液流体，通常被认为与地幔柱或下地幔的氦有关。R 能明显高于正常的 MORB 的范围，这些高 R 意味着地幔柱可能与下地幔有关。在全球扩张洋中脊系统中高 R 很少出现，但是冰岛和红海等地区岩浆岩的高 R 被认为是受到地幔柱作用影响。因此，为了避免地幔柱作用影响，这种受热点叠加影响的洋中脊区玄武岩被排除在统计范围之外。

为避免海山的地幔柱影响，另一个假设是地幔在各种尺度是不均一的。OIB 和 MORB 样品遵循相同的分布函数，这意味着数据集可以从同一样本中提取。以前的研究通过比较一个样本群与其他样本群的平均值或范围，这会得出相反的结论，是因为这些平均值或范围已经除去极值。然而，MORB 和 OIB 不同元素的同位素比值，来自不同的样本，指示了去气和污染过程，而不是源区的特点。

表 2-5 比较了 MORB（已筛选或未筛选数据集）、BABB、OIB 和近洋中脊海山的结果，并给出了统计年份。由于地幔柱的影响，排除了较大的比值，尽管随着时间的推移，数据大量增加，但是中间值随时间变化不大。

OIB 样品具有显著的多样性，其高值和低值沿大多数洋中脊分布，但其中值归于一个测定的中心区域，两个类群的中值是相同的，8.5 ~ 9.0Ra。事实上，一些 OIB 样本中发现有更极端的值，但是如果扩张洋中脊采集到的地幔体积大于洋岛的话，这些值可以通过中心极限理论预测到。各种 MORB 和 OIB 数据集的均值，通常在一个标准偏差内，地幔氦同位素统计中心极限定理如图 2-59 所示。

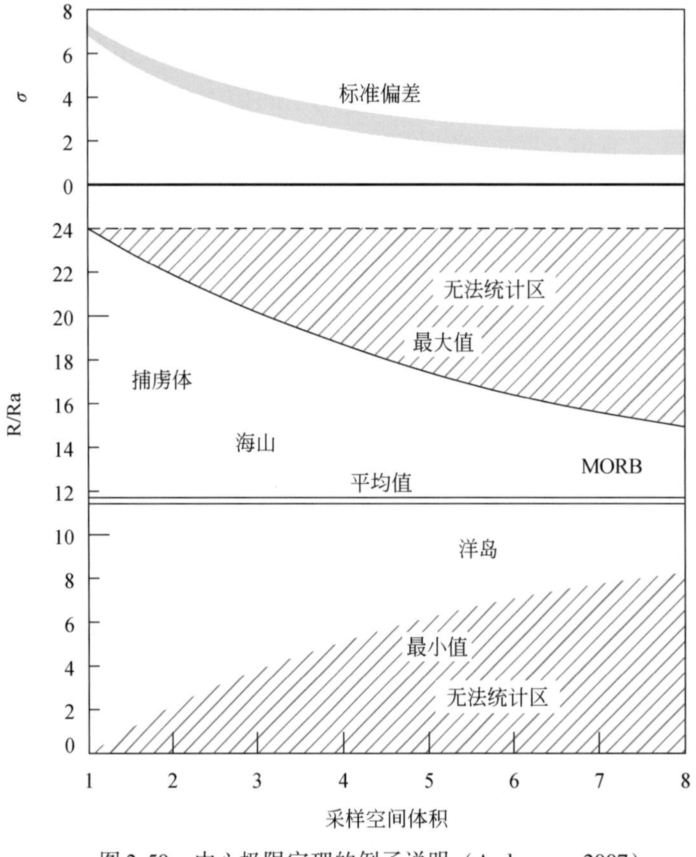

图 2-59　中心极限定理的例子说明（Anderson，2007）

洋中脊样品的体积非常大，而海山和捕虏体样品的体积很小，能更真实地反映地幔的非均质性。在这个例子中，地幔中 R/RA 范围是 0 ~ 24。许多小体积小规模的样本才能明显限定完整的变化范围。洋中脊和大型洋岛展示的是大区域的平均特征，没有进入整个同位素值的变化范围。OIB 样品的高值并不能指示这些样品来自地幔的不同部分

稀有气体的浓度和通量对理解地幔中稀有气体演化提供了额外的限制。MORB

源区地幔 He 浓度的获得，需要依据观测的 ^3He 流量（Lupto and Craig，1975；Farley et al.，1995），再结合玄武岩的平均产量（Parsons，1981），并假设 MORB 形成于源区 20% 的部分熔融。O'Nions 和 Oxburgh（1983）指出，相关放射性 ^4He 的去气与 MORB 源区 660km 以上产生的量相似，这个通量气体产生的热流量远低于总地幔衰变产生的地表热流量预测值，该层位于 660km 处，允许热量但很少有 ^4He 从更深的储库通过，而更深于这个层位提供了 ^3He 所需的来源，以缓冲大范围去气的上地幔。同时，研究 OIB 和 MORB 中 Pb 与 Th 同位素产生的 U/Th 比值之间的差异研究揭示，从下地幔到上地幔有一个很小但显著的质量通量（Galer and O'Nions，1985）。这反过来促使了稀有气体的类似稳态概念的提出，并且首先为 He（Kellogg and Wasserburg，1990）制订了从下地幔到上地幔的对流转移；其次是 Ne 和 Ar（O'Nions and Tolstikhin，1994）。此外，为 He、Ne、Ar、Kr 和 Xe 提供了一个完整的运移方案，包括考虑重稀有气体的俯冲回返通量（Porcelli and Wasserburg，1995a，1995b）。

稳态模型表明，下地幔 ^3He 浓度可以假定下地幔具有原始或全硅酸盐地球（BSE）的 U-Th 浓度，下地幔基本上保持了 4.5Ga 以来的封闭系统，从假定的初始太阳 $^3He/^4He$ 比值为 120Ra，这个储库 $^3He/^4He$ 比值已经演化为 35Ra，这相当于夏威夷和冰岛的最高值（Allègre et al.，1987a；Kellogg and Wasserburg，1990；O'Nions and Tolstikhin，1994；Porcelli and Wasserburg，1995a）。这个值远远高于 MORB 源区的值，并可与碳质（CI）球粒陨石中的值相比较（Mazor et al.，1970）。

地幔某种形式的成分分层需要考虑地球热损失和其放射性产热量的预估值。就当前热量产出而言，全硅酸盐地球的 U、Th 和 K 预计产生 19TW（van Schmus，1995）。大陆地壳中的放射热产生 6 ~ 8TW（Rudnick and Fountain，1995）。MORB 源区强烈亏损，如果它占据整个地幔，将仅产生 3TW，这表明在大陆地壳和 MORB 源区下面，可能存在放射性产热元素，并可能在更深层。更加间接的独立论证来自于热平衡，目前的 44TW（Pollack et al.，1993）热损失，减去全硅酸盐地幔的产热量和合理的核-幔边界热流 3 ~ 7TW（Buffett et al.，1996），为地幔的长期冷却留下了 17 ~ 22TW，平均冷却速率为 110 ~ 130K/Gyr（Van Keken et al.，2001），这远远高于由地质记录推断的上地幔温度（高达 50K/Gyr）（Abbott et al.，1993）。这种差异的一种解决办法是：过去的放射性加热在深部地幔得到缓冲，而不能有效地释放到地表（McKenzie and Richter，1981），但这又要求存在某些屏障，以阻碍地幔流动。

总而言之，稀有气体在地幔形成后，地幔中存在一个重要的储库，保存了高浓度的挥发分。考虑质量和热平衡因素，也说明可能存在长期孤立保留的大型储库。解释这些观测结果最简单的模型是：通过层状地幔对流，地幔顶部和底部之间几乎完美地被隔离。虽然分层地幔模型已经成为地幔系统的重要模型。但是，越来越清楚的是，严格应用这种模型会导致与其他各种地球化学和地球物理证据的冲突。

2.4.3 微量元素-同位素示踪

2.4.3.1 大洋玄武岩微量元素-同位素特征

虽然关于大洋玄武岩的新数据在不断增加，并有最新地幔模型提出，但是在一段时间内一些老的数据和模型仍是主导。例如，图 2-48 为微量元素配分模式，显示出洋中脊玄武岩和洋岛玄武岩之间的不同。这些元素按照从左到右从最不相容到最相容的顺序排列。在高度不相容元素上，洋中脊玄武岩比洋岛玄武岩的负极性更低。尽管洋岛玄武岩与陆壳有很多不同，但在图 2-48 中，洋岛玄武岩与陆壳非常相似，铌、铅、钛在一些趋势中表现异常。同时，最原始的地幔是陆壳萃取之前的预测成分，换句话说，它是地球硅酸盐部分的平均组成，即地壳和地幔。由于部分熔融过程中不相容元素在熔体中的富集，在洋岛玄武岩和洋中脊玄武岩中，所有不相容元素的富集都比原始地幔要高。

在同位素比值上，洋岛玄武岩和洋中脊玄武岩也有明显的不同。图 2-60 总结了 Sr-Nd-Pb-Hf 的同位素比值，尽管洋中脊玄武岩的同位素比值变化居中，洋岛玄武岩比洋中脊玄武岩有更大的分异。在洋岛玄武岩中，大部分地区显示明显不同的同位素特征，这在洋中脊玄武岩中也很明显，但在洋中脊玄武岩中分异的程度更小。Sr-Nd-Pb 同位素特征显示，至少需要三大构成或源区类型来解释同位素比值变化的幅度，但实际上已经提出了五六种源区类型（White，1985；Zindler and Hart，1986）。因此，同位素组成的差异，可能是由陆壳物质的混入造成的，但是大部分的差异可能是地幔-洋壳系统与生俱来的。

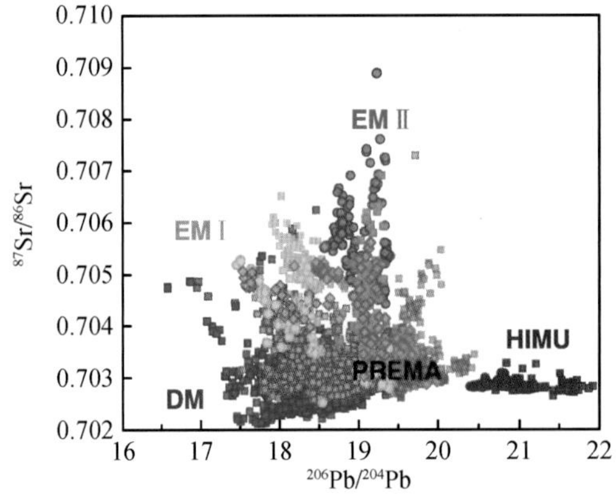

(a)

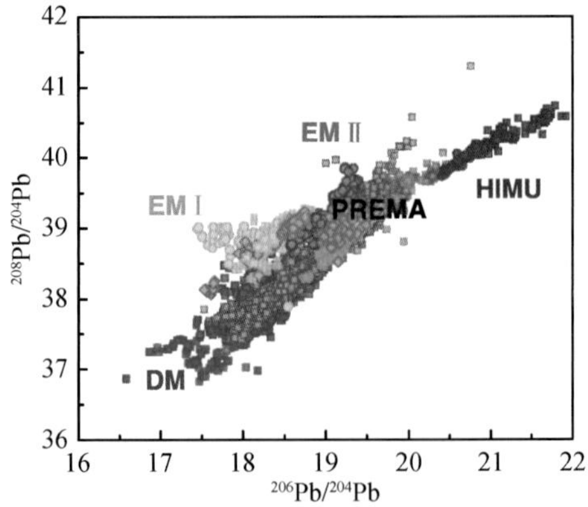

(b)

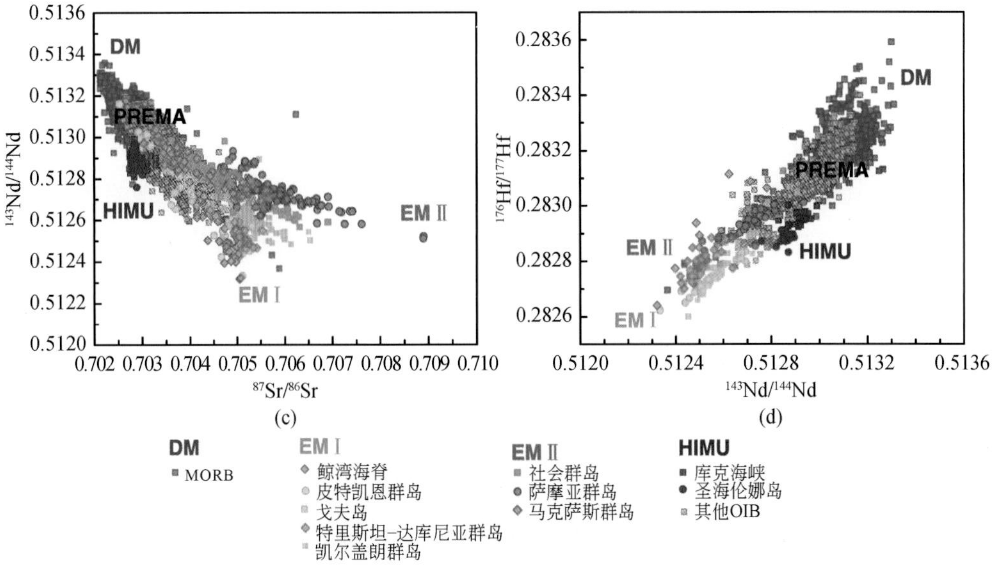

图 2-60　大洋幔源岩浆岩的 Sr-Nd-Pb-Hf 同位素地球化学（Hofmann，1997）

每个比值是一种放射性衰变产生的同位素比上一种非放射性的参照同位素。PREMA 为估算的原始地幔

U-Pb 放射性衰变方法特别有用，因为它含有两种放射性衰变产生的同位素，并且能够给出年龄信息（Albarede，1995）。在图 2-61（a）中，相关斜率相当于约 1.8Ga 的年龄。如果所有样品都同时来自相同的均一源区，那么同位素给出的斜率才是实际年龄，但这显然是不可能的。然而，尽管年龄会有些偏差，但是同位素给出的斜率指出了一个大约的累积时间。同时，图 2-60 和图 2-61 中幔源岩浆岩表现出很明显的同位素不均一性，且在 10 亿～20 亿年的时间里持续存在于地壳中。

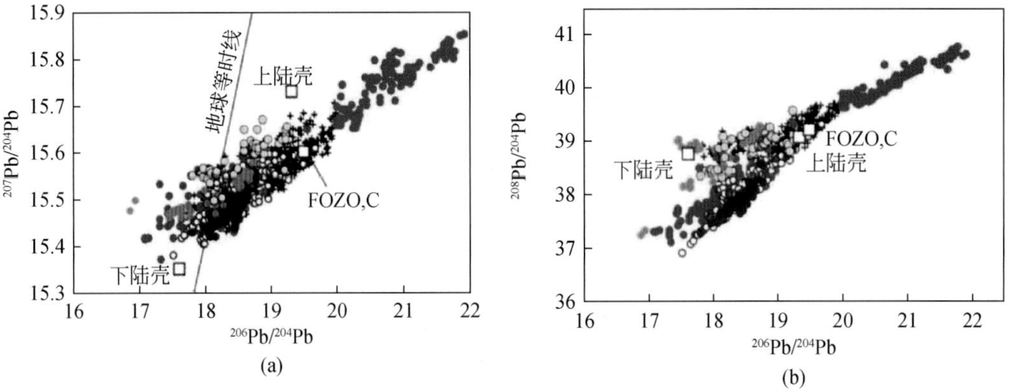

图 2-61　大洋幔源岩石的 Pb 同位素数据（Hofmann，1997）

^{207}Pb 来自 ^{235}U，^{206}Pb 来自 ^{238}U，^{208}Pb 来自 ^{232}Th。地质年代为与铁陨石相关的 4.5Ga 地球等时线

幔源岩石中稀有气体的测试结果给出了非常重要的信息。这些稀有气体在地表出露的幔源岩石中含量极低并且微弱富集，但是这些富集过程无法成为其解释的强有力基础。因此，人们大部分注意力都集中在同位素比值上，^{4}He 由 U 和 Th 衰变而来，^{40}Ar 由^{40}K 衰变而来。可惜的是，氦总是以 $R={}^{3}He/{}^{4}He$ 与其参照同位素^{3}He 一起出现，这与其他元素不同。图 2-62 显示了氦和氩的同位素特征，说明地幔中氩的比值总体上比大气中的氩更具有放射性，主要原因是氩在大气中富集且组成大气 1% 的成分，大气中^{36}Ar 的丰度相当高。然而，地幔中氦同位素总体上比大气中的放射性小很多。另外，氦从大气最上部源源不断地逃逸，因此氦是大气的次要组分。陆壳中 U 和 Th 的高丰度意味着地壳向大气贡献了大量的^{4}He，使之更具放射性。洋中脊玄武岩的氦同位素比值相当一致，大约为 8；相反，洋岛玄武岩的氦同位素比值非常多变，为 4 ~ 30。因此，一些洋岛玄武岩的氦同位素比洋中脊玄武岩的氦同位素具有更低的放射性，而另一些却有更高的放射性。数据表明，洋中脊玄武岩和洋岛玄武岩中氩同位素的比值非常多变，但洋中脊玄武岩的氩同位素比洋岛玄武岩的氩同位素比值范围高。两种玄武岩的高放射性值可以反映出氩同位素在地幔中是非常不相容的，且大部分都逃逸了，只剩很低浓度的^{40}Ar。另外，K 是非常相容的元素，它的丰度改变不会超过两倍。同时，在地幔中^{40}Ar 以一定的速率持续积累。

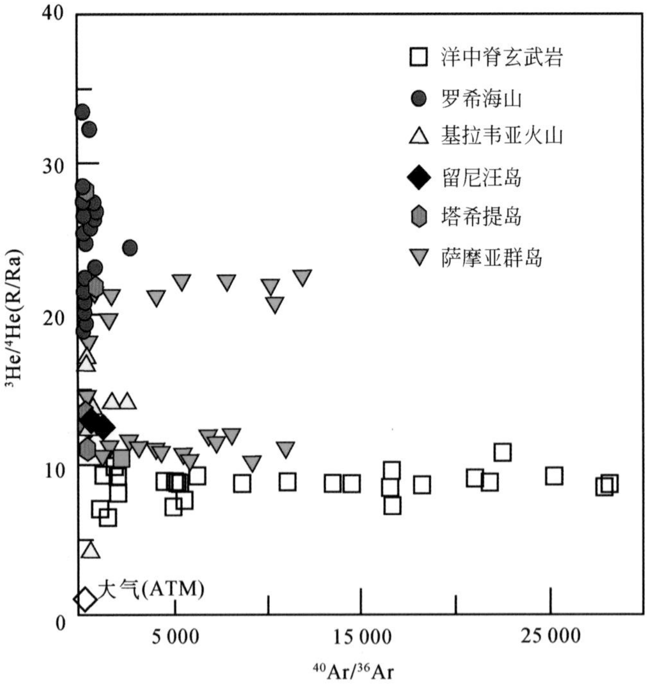

图 2-62　不同洋岛与洋中脊玄武岩的氦和氩同位素（Porcelli and Wasserburg，1995b）

氦数据按照大气比值标准化（$Ra=1.4\times10^{-6}$），记作点 ATM（$^{40}Ar/^{36}Ar\sim300$）

氖有三种同位素，^{21}Ne 是通过中子反应在地球上产生的，主要由 U 和 Th 衰变产生，同时产生了其他的元素，^{20}Ne 和 ^{22}Ne 两种同位素不是中子反应来的。与洋中脊玄武岩相比，洋岛玄武岩趋于沿着中子反应更少的趋势减少［图 2-63（a）和（b）］。由图 2-63（a）和（b）中的数据推测，因地球表面火山喷发过程中与大气中的氖相混染，人们认为大气组成是早期大气层上部减少的过程中物质分馏的结果，它将沿着物质分馏线（mfl）移动［图 2-63（c）］，接着会有地幔中 ^{21}Ne 的少量添加。幔源区即这些趋势线的交点，地幔线随着中子反应的增加而演化，人们推测氖起源于地幔，其

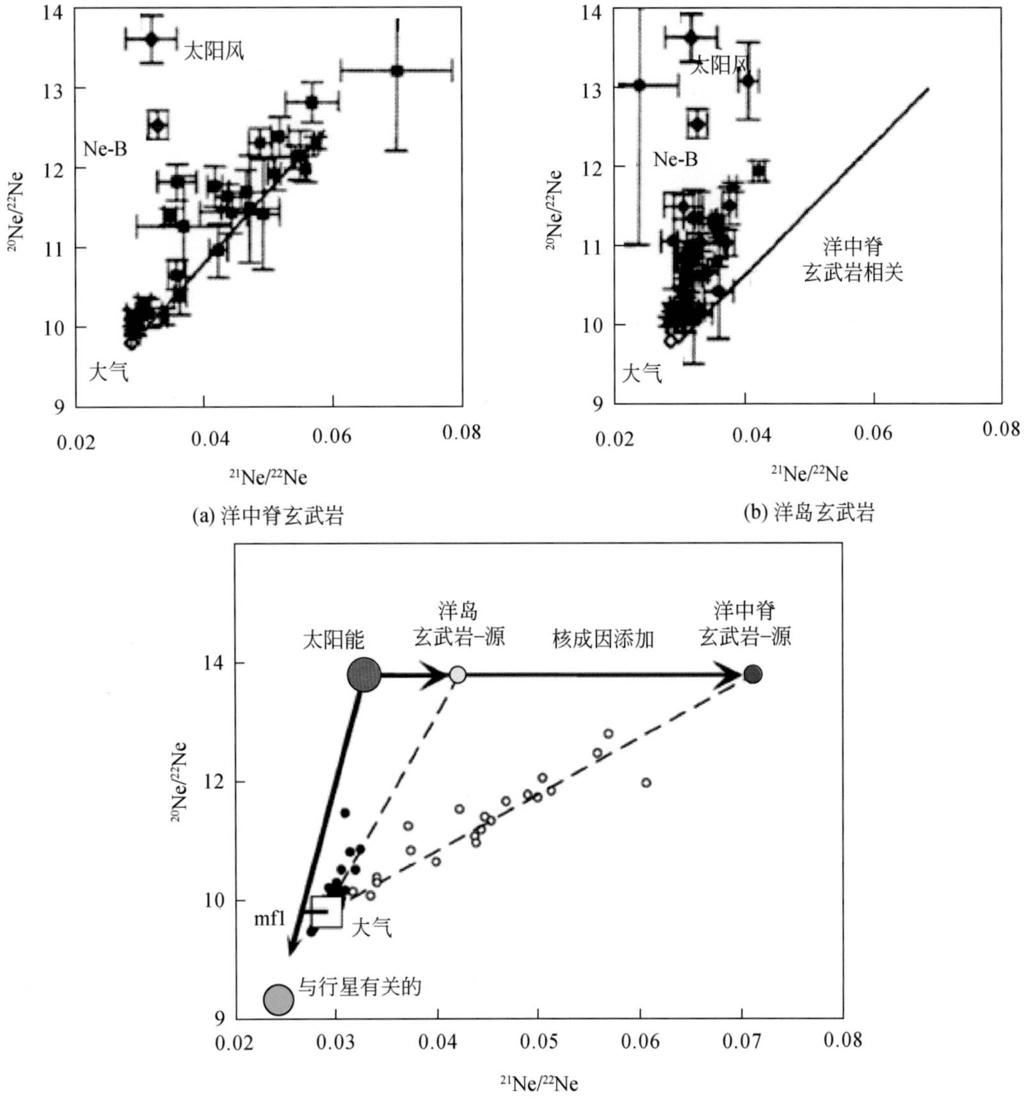

(a) 洋中脊玄武岩　(b) 洋岛玄武岩

(c) 解释

图 2-63　洋中脊玄武岩和洋岛玄武岩的氖同位素比值

Ne-B 为陨石中的氖-B 成分；mfl 为物质分馏线。（a）和（b）来源于 Porcelli 和 Wasserburg（1995b）；（c）来源于 McDougall 和 Honda（1998）

组成与太阳风或陨石中的氖近似。因为中子反应的^{21}Ne在日渐增加［图 2-63（c）］，因此，洋岛玄武岩源区就比洋中脊玄武岩源区核反应更少。这些关系与氦同位素的关系近似，反映出两种元素的增加部分均与 U 和 Th 衰变有关。

2.4.3.2 全球化学收支

陨石研究结果常用于估计地球中一些元素的总量。在早期太阳星云环境中，难熔元素以不变的相对比例进入地球，同时更多挥发性元素被太阳风带离地球形成的区域，因此在地球范围内挥发性元素有序减少。图 2-64 显示了标准化后大离子亲石元素丰度，大离子亲石元素也就是那些更亲近硅酸盐地壳和地幔而不亲近金属地核的元素，且随着挥发性增加，丰度降低的趋势更明显。

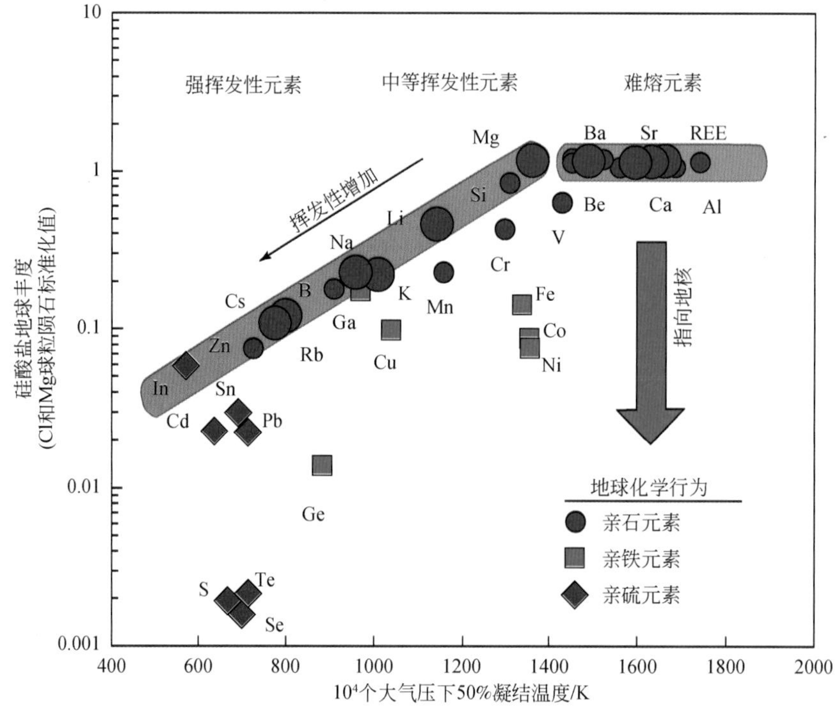

图 2-64 大离子亲石元素在硅酸盐地球中的丰度与太阳星云中凝结温度相关关系

作为太阳星云中具有凝结温度作用的球粒陨石丰度标准化后大离子亲石元素丰度，更多挥发性元素有序减少（White，2018）

因为 U 是地球上已知总丰度的难熔元素之一，是被划分到地幔熔融相中的不相容元素之一，也是一种热源元素，表 2-6 总结了地球中及主要地幔源区中的 U 浓度。由陨石推测原始地幔中的平均 U 浓度为 20ppb①，这暗示 U 的总质量为 80×10^{15} kg。

① $1ppb=1\times10^{-9}$。

估算有 $23\times10^{15}\sim47\times10^{15}$kg 的 U 存在于陆壳中，也就是 30%~60% 的量。可以将一些地幔中的 U 合理地处理到地幔底部 D″区，这里的 D″区为 Hofmann 和 White（1982）假定的俯冲洋壳堆积区，图 2-31 和图 2-37 用模型作出了解释。在数值模型中，这个堆积区相当于 100km 厚的地质体（Davies，2009）。如果它的 U 含量同洋壳的 U 含量相似，那么它将仅仅包含 U 总量的 5%。

表 2-6　地球中及主要地幔源区中的 U 浓度和热收支

实验	质量 /10^{22}kg	质量 /%	U 浓度 /ppb	U 质量 /10^{15}kg	产热率[a] /(pW/kg)	产热率 /TW
平均硅酸盐岩	40	100	20[b]	80	5	20
陆壳	2.6	0.65	1400[c]（900~1800）	36（23~47）	350（225~450）	9（6~12）
D″	8.5	2.1	50[d]（50~80）	4（4~7）	10.5（10~15）	1
MORB 源区即残余地幔	389	97	10（6.5~13）	40（26~53）	2.5（1.5~3）	10（7~13）

注：括号中的为合理范围值，MORB 源区值（10 和 40）为根据 U 质量平衡推断的值。$1pW=10^{-12}W$，$1TW=10^{12}W$。

[a]Stacey 热产率（Stacey，1992），按照 Th/U=3.8，K/U=13 000。

[b]来源于 McDonough 和 Sun（1992），O'Neill 和 Palme（1998），Lyubetskaya 和 Korenaga（2007）。

[c]来源于 Rudnick 和 Fountain（1995）。

[d]假设与洋壳相似；来源于 Sun 和 McDonough（1998），Donnelly 等（2004）。

排除了地壳和 D″层的地幔仅剩的地幔源区就是残余地幔。地球 U 平衡需要在这个地幔储库中进行，表 2-6 表明了残余地幔的浓度将为 10ppb。还可以从图 2-35 中发现，通过上部地幔的玄武岩示踪梯度，从洋中脊玄武岩浓度梯度中估计的 U 丰度可能要低两倍左右。

2.4.3.3　地幔中不相容微量元素

从洋中脊玄武岩中不相容微量元素的富集开始，同样以 U 为例（图 2-65），洋中脊玄武岩在约 75ppb 处，相对于原始地幔（20ppb）和推测的洋中脊玄武岩地幔源区（10ppb）要富集。因为在地幔矿物晶体结构中 U 的不相容性，洋中脊玄武岩相对其地幔源区的富集，可以认为是在源区部分熔融过程中，U 进入熔体相而形成的，现今对富集的解释是以浓缩系数 7.5（或 5~8）进行的。传统解释是，根据浓缩系数，推测洋中脊玄武岩源区遭受了约 13% 的部分熔融。但是，如果源区不均一，是不能作此推论的。实际上，传统解释中，浓缩系数为 16~25，并且推测的熔融程度是 4%~6%，或者如果洋中脊玄武岩按照平均 50ppb 计算，熔融程度为 6%~10%。

陆壳的大部分不相容元素含量相对原始地幔要富集 80~100 倍。洋中脊玄武岩源区的亏损与陆壳中的富集可能是互补的，这种解释在表 2-6 的质量守恒中也有体

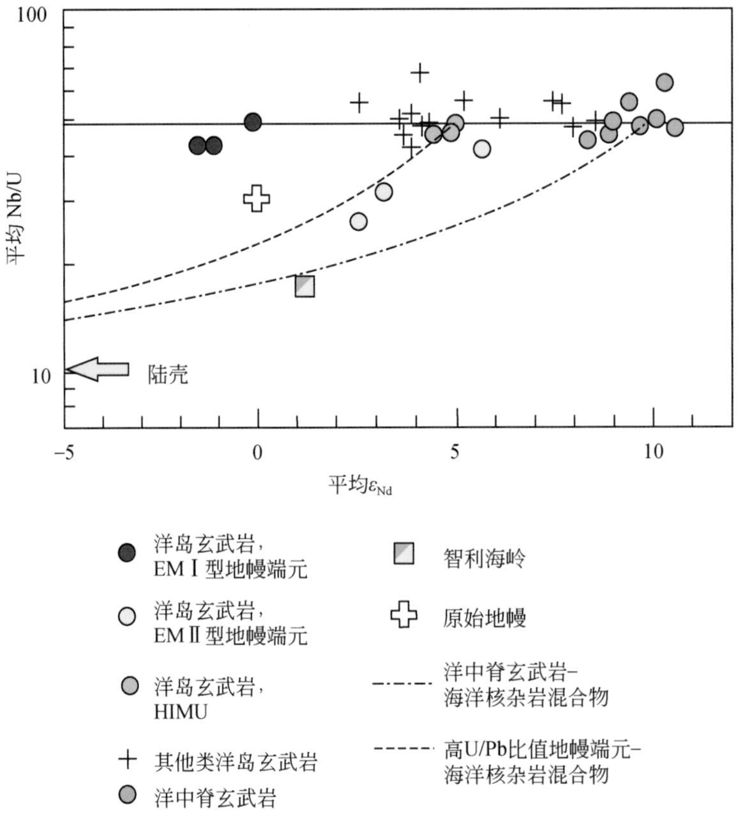

图 2-65　平均 Nb/U 与幔源大洋岩石的 Nd 同位素组成（Hofmann，1997）

现。然而，先前的质量守恒建立在洋中脊玄武岩源区丰度低估的基础上，这表明地幔 30%~60% 是亏损的，剩余的部分即为原始地幔，所以不能期待很大数量的原始地幔存留了下来。不过，地幔和陆壳的互补性是从地球已经识别出的这两类源区物质特征而直接推断的，在表 2-6 中也进行了说明。

Hofmann 等（1986）论证了图 2-48 中陆壳的一般模式，可以通过初始地幔约 1% 的部分熔融来解释。他们强调这并不能清楚地根据陆壳形成过程得到，但是相对相容性的效应贯穿于现实过程中，并包含多个阶段。图 2-48 中的洋岛玄武岩，除夏威夷之外，与陆壳相比都是富集的。可以初步推理出，洋岛玄武岩的富集也是由于地幔 1% 的部分熔融，但 Hoffmann 和 White（1982）认为，洋岛玄武岩熔融的程度更大（达到 5%），且洋岛玄武岩源区相对洋中脊玄武岩源区，富集不相容微量元素。在冰岛玄武岩的富集可以支持他们的解释，尽管它位于一个扩张中心，且熔融的程度可能与洋中脊玄武岩一样大，或比它还大。在夏威夷相对低的富集，可以解释为大比例部分熔融的产物，因而降低不相容元素的富集。这与夏威夷深部有地幔柱相一致，地幔柱通过地幔上升时，热量不易散失，因此可能发生更多的熔融。然而，相比于其他洋岛玄武岩，相对低的富集也可能反映了这里的洋岛玄武岩源区本身不那么富集。

Hoffmann 和 White（1982）提出了洋岛玄武岩源区的富集，是由于与洋中脊玄武岩源区相比，有更大比例古老俯冲洋壳的混入。他们提出俯冲洋壳在 D″区的地幔底部堆积，地幔柱携带一部分古老洋壳回到地幔顶部，并且会优先熔融。这个解释得到图 2-48 元素异常模式支持，相对陆壳而言，总趋势为 Nb 低 Pb 高。洋中脊玄武岩则表现相反。这与陆壳和洋中脊玄武岩源区的互补性相一致。洋岛玄武岩的异常与洋中脊玄武岩的异常相似，这与古老洋中脊玄武岩相符。如果洋岛玄武岩仅仅是因为正常地幔低程度的熔融，Nb 和 Pb 异常将与陆壳的类似，或者根本不会有异常。

Hofmann（1988）更加明确了洋岛玄武岩和洋中脊玄武岩的关系，展示了相对于原始地幔和陆壳，洋中脊玄武岩和洋岛玄武岩的 Nb/U 比值（图 2-65），并且 Hofmann 等（1986）通过论证，认为洋岛玄武岩的 Nb/U 比值比原始地幔高，这与洋中脊玄武岩类似，而不是与陆壳类似，陆壳的比值更低。有些 EM Ⅱ 型的洋岛玄武岩具有可以与原始地幔相比较的比值，然而这可以解释为它包含了部分陆源沉积物。这同样反驳了在洋岛玄武岩中包含原始地幔的观点。早期观点认为，图 2-60（d）中 Nd 同位素数据分散是由于一个高度亏损的成分和一个原始的成分混合。然而，大部分洋岛玄武岩具有比原始地幔高的 Nb/U 比值，少数与原始地幔相似，故可以用陆壳成分的混入来解释，而不是用原始地幔的成分来解释。

2.4.3.4 微量元素丰度的估算

U 丰度和其他不相容微量元素丰度超过了早期估算的两倍。早期估算太低的原因中，一些与地幔不均一性直接相关，其他则与此无关。

（1）地幔储库的不均一性

图 2-60（c）中的 Nd-Sr 同位素序列最初被看作两个储库组分的混合线，一个强烈亏损的上地幔和一个原始的下地幔（Wasserburg and DePaolo，1979），这个概念在图 2-60 中被证明。与之相反，如果假设地幔存在明显不均一性，Sr-Nd 同位素序列上的样品源区值与这些不均一的地幔组分相对应（图 2-60）。因此，图 2-60 中将需要至少三种地幔储库去匹配 Sr-Nd 同位素数据组合。事实上，地球化学家很快定义了四种或更多源区类型，需要在更高的维度去匹配数据（White，1985；Zindler and Hart，1986；Hart et al.，1992）。因此，两种地幔储库混合的解释是不可靠的。

（2）原始地幔

亏损较少的原始地幔源区假说总是与最重要的同位素数据冲突［图 2-61（a）］，这意味着这个储库 $^{206}Pb/^{204}Pb$ 比值达 22 或者更大，偏离原始地球等时线轨迹。反之，这个假定亏损的源区落入地球等时线周围，这与期望的关系正好相反。后来，微量元素比例，如由 Pb 同位素产生的 Nb/U（图 2-65），进一步提供了原始地幔储库不存在的关键证据（Hofmann，2003）。或许不存在大量的原始地幔，而是在更深层次存在一个非原始的富集储库，这样就避免了一些存在的难题。尽管这个富集储库的起因还不清楚，但是对于任何需要匹配源区的数据，这个富集储库是可以接受的。然而，这一富集储库 U 浓度是地球平均值的 2 倍，并且会造成一个大型的地幔柱活动，但是这与现今地形等观测特征不一致。

（3）板片循环的：Re-Os 和 O 同位素证据

更多的同位素体系被开发出来，并应用于大洋玄武岩的研究，如铪（$^{176}Hf/^{177}Hf$）、锇（$^{187}Os/^{188}Os$）、氧（^{18}O）和氖（$^{21}Ne/^{20}Ne$, $^{22}Ne/^{20}Ne$）。描述地幔不均一性的 5 种端元包括由 Zindler 和 Hart（1986）、Hart 等（1992）和 Hauri 等（1994）建立的 MORB、FOZO、HIMU、EM Ⅰ 和 EM Ⅱ。在过去几十年中，并没有明显地增加、扩展或修订这些元素的其他同位素体系数据（Hofmann，1997）。然而，新的锇和氧同位素数据揭示了这种 5 种端元的局限性，关于铼-锇和氧同位素系统 Shirey 和 Walker（1998）与 Eiler（2001）做过很好的综述。

^{187}Re-^{188}Os 衰变系统的突出特征是：岩浆中获得的高 Re/Os 比值以及地幔熔融橄榄岩残留物中保留的低 Re/Os 比值。这些数据表明，与岩石类型直接相关的 Re/Os 比值近乎完美地分离，这是任何其他同位素系统不具有的特征。经过足够长的时间后，这些 Re/Os 比值的差异转化为$^{187}Os/^{188}Os$ 比值的巨大差异。这使得 Os 同位素成为向地幔源区添加洋壳或熔体的直接示踪剂（Hauri and Hart，1993），因此，Os 同位素已被用于示踪热点内的循环洋壳（Shirey and Walker，1998）。但是，^{187}Os 的海水污染和后期放射性增长，使得 MORB 的类似研究复杂化，因此，大洋上地幔的 Os 同位素组成最好由洋底橄榄岩的数据来表征（Roy-Barman and Allègre，1994；Snow and Reisberg，1995）。洋底岩石的 Os 同位素数据和相应的 Pb 同位素数据显示了几个特征。首先，所有的 OIB 混合组合都朝向 FOZO 组分而不是上地幔，这证实了 Hauri 等（1994）强调的混合拓扑结构。其次，所有的 OIB 都有可变的和高的 $^{187}Os/^{188}Os$比值，这表明橄榄岩和地幔组分在它们的地幔来源中混合。最后，富集地幔来源（EMⅠ、EMⅡ、HIMU）的特征在于高$^{187}Os/^{188}Os$ 比值，这些富集组分具有不同于上地幔的 O 同位素值（Eiler et al.，1997）。其中，热点组合（FOZO，具有低的 $^{187}Os/^{188}Os$ 和高$^{3}He/^{4}He$）和具有高的$^{187}Os/^{188}Os$ 的富集成分及低$^{3}He/^{4}He$ 的橄榄岩，可以被认定为再循环基性地壳。

O 同位素的相对丰度主要取决于低温分馏过程，特别是水-岩相互作用（Eiler，2001）。采用激光增温技术显著提高了硅酸盐 O 同位素分析的准确性，从而精确估计了上地幔橄榄岩中 O 同位素的特征（Mattey et al.，1994）。大洋玄武岩的 O 同位素数据与微量元素丰度和放射性同位素如 Sr、Nd、Pb 和 Os 同位素示踪剂具有相关性（Eiler et al.，1997）。氧同位素变化直接示踪那些在地球表面或附近与水相互作用的地幔部分。Os 和 O 同位素都是俯冲地壳再循环到 MORB 和 OIB 源区强有力的示踪剂（Lassiter and Hauri，1998；Eiler et al.，2001）。这些富集组分的 Sr、Pb 和 O 同位素组成的变化，可以解释为是否存在含水蚀变和/或沉积盖层。因此，热点源区不仅仅是 5 种地幔组分的随机混合物，而且与含有再循环镁铁质组分的每个热点相一致，这可能反映了水岩蚀变、俯冲带过程和在对流地幔中的固结过程。

综上所述，White（1985）、Zindler 和 Hart（1986）和 Hauri 等（1994）的 5 种端元模型显示出了复杂性和简化性。复杂性的出现是因为严格的地幔组分数量可能等于显示富集同位素特征的热点数量。特里斯坦–达库尼亚群岛、瓦胡岛（夏威夷）和皮特凯恩群岛代表了三个大洋 EMI端元。来自这些岛屿的玄武岩具有类似的 Sr、Nd 和 Pb 同位素比值，但在 O 同位素方面，有明显的差异，暗示了不同的起源，因而产生了争论（Eiler et al.，1997；Harris et al.，2000）。如果其他地球化学端元之间存在类似的差异，那么很难通过有限数量的端元组分混合，来描述同位素不均一性的完整谱系。

尽管地幔不同组分的真实数量似乎很大，但所有热点都显示需要基性源区的 $^{187}Os/^{188}Os$ 加入，这些基性源区可能起源于俯冲的洋壳。亏损上地幔和陆壳之间的 Re-Os 质量平衡表明，陆壳储库仅含有亏损上地幔 Re 含量的 10%，这种差异可以通过假设地幔中的洋壳储库来平衡，这相当于地幔质量的 4%~10%（Hauri and Hart，1997）。具有高 $^{187}Os/^{188}Os$ 的玄武岩是这种再循环地壳储库的明显表现。因此，经典端元组分 EMⅠ、EMⅡ和 HIMU 可能不是实际地幔组成中的端元组分，而是反映了在大洋板片循环中可以识别的地质过程中的端元，如地壳形成、含水蚀变、沉积物增加和俯冲。这可能是 Pb 同位素 DUPAL 异常（Hart，1984）等大规模地球物理和地球化学异常与过去 120Myr 的俯冲历史限制的地幔对流密切相关的一个原因（Castillo，1988；Lithgow-Bertelloni and Silver，1998）。

同位素中的数据组合通常反映不同地幔或熔体组分之间的混合，并且在某些情况下，这些数据组合可能受到混合关系的约束，导致曲线为混合轨迹。曲率的意义和程度与两种混合组分的元素丰度比的差异有关（Langmuir et al.，1978），因此它们可以用来估计 Sr、Nd、Pb、He 和 Os 在各种 MORB 与热点中的相对丰度。对于 Sr、Nd、Pb 和 Hf 的同位素，混合组合通常但不总是近线性的，这表明所有地幔组分中这些元素的相对丰度相似。对于氦，这种混合计算通常表明，当 MORB 作为端元组分计算时，高 $^{3}He/^{4}He$ 的 FOZO 组分中，He 亏损明显（Kurz et al.，1982，1987；Farley et al.，1993）。如果混合组合代表熔体混合，在混合前地幔柱岩浆比 MORB 岩浆去气多，这个矛盾便可以得到解释。如果 MORB 不是端元组分，这个矛盾也可能得到解决。

对于 Os 而言，混合组合往往是近线性的，但富集源区允许低 Os 浓度，这与存在低 Os 浓度的再循环地壳一致（Hauri，1996）。为了估计 He 或 Os 浓度，基于同位素混合组合，通常假设两个混合端元中 Sr、Nd 或 Pb 的相对丰度相似。如果混合组分在岩性上非常不同，如橄榄岩、再循环镁铁质地壳、沉积物，或者如果混合组合反映来源于不同比例组分的熔体混合，则这样的假设可能无效。在这种情况下，O 同位素起着关键作用，因为各种岩性组分之间的 O 含量变化很小，所以可以放心地这样假设（James，1981）。因此，O 同位素的混合关系直接限制混合组合端元中各种元素的绝对丰度。夏威夷热点的计算结果表明，高 $^{3}He/^{4}He$ 夏威夷洛希（Loihi）火山组分比富集的库劳（Koolau）火山组分含有更高的 Os 含量，与后者一致是再循环洋壳的一种表现（Eiler et al.，1996a；Hauri，1996；Lassiter and Hauri，1998）。

混合组合的重新评价和热点玄武岩中俯冲成分的识别，推动发展了全地幔对流的观点。此后，地球物理观测显示地幔结构在 660km 处具有边界的分层地幔对流模型，因为这个界面存在强烈的地震反射体，并且地震终止于该深度。但同样是地幔地球物理图像又表明，分层地幔对流模型应抛弃，允许地幔不均一性长期保存的全地幔对流型式转而被接受。

（4）亏损的 MORB 型地幔

亏损的 MORB 型地幔假设需要存在两个地幔储库。洋中脊玄武岩源区有一个相对严格明确的成分，这个明确的成分与其他推定的地幔成分有显著差别，这个观念已经根深蒂固，因而很难找到数据真实分布的例证。图 2-66 显示了一个这样的例证，MORB 和 OIB 系列在三类同位素体系中完全重叠，同时 MORB 中 Sr 和 Pb 总体是偏态，在富集一侧为非正态的肥大尾部。

严格地讲，尽管双地幔储库中的亏损储库应该比任何观测值更亏损，但是一些 MORB 源区存在不均一性。亏损 MORB 源区由称为正常 MORB（N-MORB）的物质所代表。N-MORB 被作为最普通的组分，换句话说，作为分布的峰值或模式。例如，在图 2-66 中，假定对称，N-MORB 的 Sr 将被大约 0.7025 的峰值代表，不适合这个峰值的较高 Sr 比值称为其他种类，如富集型 MORB（E-MORB）。

然而，很难将 N-MORB 和 E-MORB 分开。图 2-67 显示了超过 1000 个 MORB 样品的 La/Sm 比率。这个比率存在亏损或富集，N-MORB 经常由 La/Sm<1 来定义。此外，因为高 La/Sm 与高 La 浓度相对应，排除高 La/Sm 数据，将会排除一些或者大部分的 MORB 源区 La 含量。在其他系统中也是如此，如高 $^{87}Sr/^{86}Sr$ 样品也倾向于有更高浓度的 Sr，所以如果高 $^{87}Sr/^{86}Sr$ 的样品被排除，残存的一些 Sr 也会丢失。

（5）无端元含义的平均组分

如果图 2-60、图 2-61 和图 2-64 中明显的不均一性数据直接反映了不均一性的源区，像图 2-60 所描绘，源区应当以一个平均值为特征，而不是假设的端元。

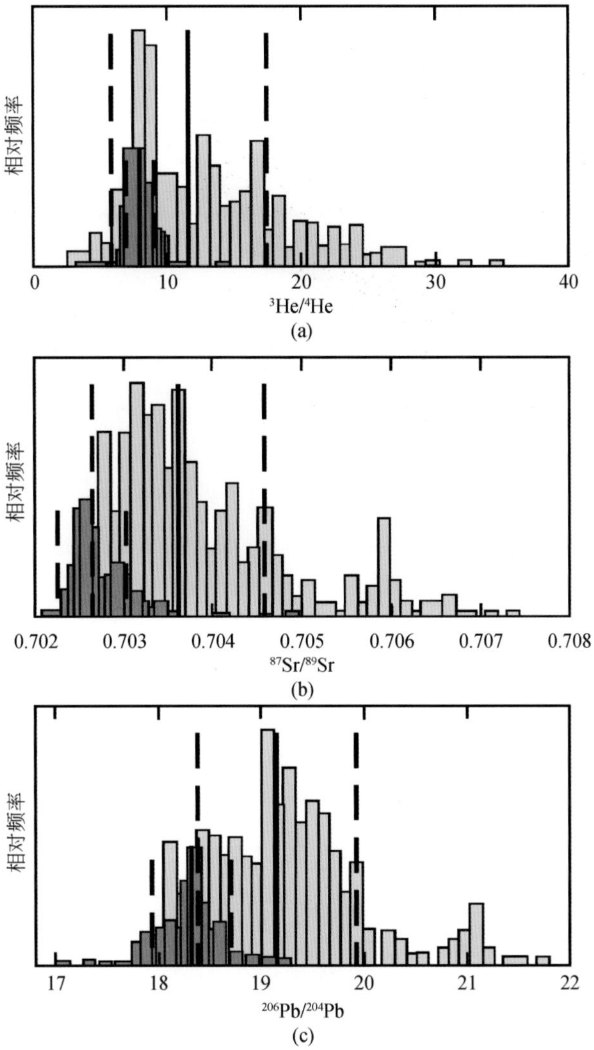

图 2-66　MORB（蓝色）和 OIB（黄色）中观察到的同位素比率直方图（Ito and Mahoney，2006）

He 对现今大气值的标准化、中位数（实线）、中位数的一个标准偏差（虚线）

两个储库模型仍然被广泛接受，如 OIB 的 He 同位素显示未去气的具有高 $^3He/^4He$ 的储库（Allègre et al.，1987），为了适应图 2-66（a）中的最高值，该储库至少是 35Ra（大气层的比率）。然而，如果 OIB 分布仅仅代表不均一性来源的值，那么平均值作为源区特征是最合适的方式，平均值只有 11.6Ra，接近 MORB 的平均值 7.9Ra。MORB 和 OIB 的 He 主要差别不是平均值不同，而是值域差异，MORB 是±1Ra，而 OIB 是±6Ra。平均值和值域不仅是一个更精确特征化观察值的方式，平均值还是质量平衡和考虑地幔热源所需要的特征量。目前这些平均值不容易估计，如图 2-67 中的 La/Sm 平均值应当按它们的 La 含量来计算，相差两个数量级，平均值显著偏高。

表 2-7 中估计了大部分 MORB 值的特征，列出了 Nb、Th 和 U 的丰度。第一行

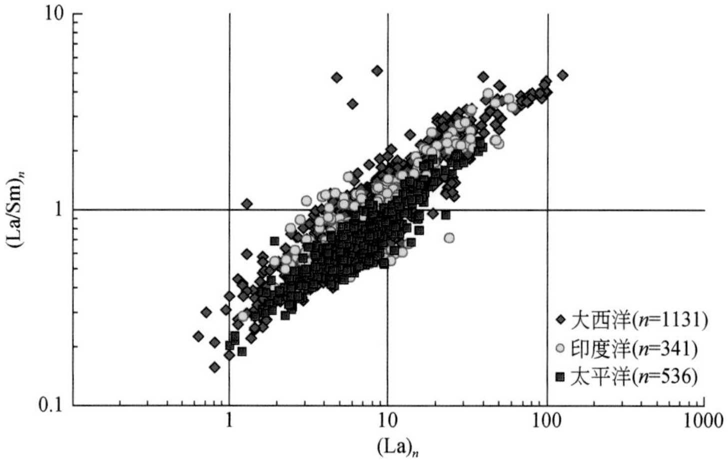

图 2-67　三大洋盆的 MORB 中（La/Sm）$_n$ 比（La）$_n$（原始地幔归一化）（Hofmann，2003）

n 代表原始地幔均一化。括号中的数字指的是来自每个洋盆的样本数。La 浓度变化约两个数量级；La/Sm 变化幅度超过一个数量级。数据来自 PetDB

显示了来自 PetDB 数据库未做任何处理的全部洋中脊玄武岩的平均值。其他行显示了对比值，两个正常 MORB 的估计值和两个富集的 MORB。所有 MORB 的 U 平均值是早期估算的正常 MORB 的 3～5 倍。因为 U 浓度是如此的低，U 值的可靠性可能比较低，所以 Th 和 Nb 的值受到影响。典型 N-MORB 元素比值如 Th/U＝2.6 和 Nb/U＝47（Hofmann，2003），这些是合适的替代指标。所有 MORB 的 Th 值是早期估算的 2～3 倍，Nb 值是 1.6～2.6 倍。这些因子可能是最小值，因为受地幔柱影响的海岭区段，可能已经从 PetDB 中的所有 MORB 类别中排除。

表 2-7　平均 MORB 端元组分估计

MORB	Nb/(ppm)	Th/(ppb)	U/(ppb)
所有 MORB[a]	5.95	400	240
N-MORB[b]	2.33	120	47
EPR 平均值[c]	3.79	200	80
E-MORB[b]	8.3	600	180
MARK E-MORB[c]	16.05	1100	305

注：[a]原始平均值来自 PetDB 数据库，http://www.earthchem.org/petdb。

[b] Sun 和 McDonough（1998）。

[c] Donnelly 等（2004）。

MARK，The Mid-Atlantic Ridge (MAR) south of the Kane Fracture Zone at 23°N

2.4.3.5　岩浆混合的地球化学模拟

许多幔源岩浆的元素和同位素特征可以通过两个端元之间的二元混合来近似，

然而地幔包含许多不同的成分，一些“最终端元”本身似乎也是混合物。岩浆很可能是熔体的混合物，代表不同岩石的不同程度部分熔融和结晶分异的产物。因此，混合作用可能非常的复杂。

（1）包含元素比值的混合系列

同位素的数据系列反映了不同地幔或熔体成分之间的混合，具有不同的同位素和元素浓度。双组分混合曲线的曲率与组分元素丰度比的差异有关，因此，混合曲线原则上可用于估算不同岩浆中 Sr、Nd、Pb、He 和 Os 的相对丰度。几乎没有线性混合系列可以显示地幔组分中这些元素的相似相对丰度。为了从同位素混合系列中估计微量元素浓度，必须对混合端元中 Sr、Nd、Pb 等的相对丰度做出简单的假设。对于微量元素的混合系列计算也是如此。通常假设所有端元的元素丰度相同。如果参与混合的端元具有不同的丰度比例，则各单元的熔体混合计算结果无效。O 不是微量元素，不同岩性中 O 的丰度变化不大，所以 O 同位素在鉴定组分中起着关键作用，据此，可以用 O 同位素的混合关系限制混合系列各端元中各种元素的绝对丰度。

洋中脊玄武岩是最亏损的（大离子亲石元素含量低，且低 Rb/Sr、Nd/Sm、$^{87}Sr/^{86}Sr$、$^{144}Nd/^{143}Nd$、$^{206}Pb/^{204}Pb$）和体积最大的岩浆类型之一。它们穿过薄薄的岩石圈喷溢，并在喷溢前经历了一定程度的结晶分异。洋中脊的熔融区包括剧烈熔融区和更深部的熔融区，以及洋中脊两侧熔化程度小得多的区域。MORB 是这些不同岩浆的混合物。混合过程消除了进入 MORB 的多样性成分，但是已经识别出不同种类的 MORB（N- MORB、E- MORB、T- MORB，T- MORB 指代过渡型洋中脊玄武岩）。MORB 通常比其他玄武岩含高一个数量级的^{3}He。Pb 同位素表明，MORB 在喷溢前已经受到混染，因而 MORB 本身就是一种混合岩浆。某些玄武岩具有高 Rb/Sr、La/Yb 和 Nd/Sm 比值，通常也具有高$^{87}Sr/^{86}Sr$ 和低$^{143}Nd/^{144}Nd$。这可以用亏损岩浆和富集岩浆的二元混合来解释。富集成分的可变大离子亲石元素比值产生了一系列关于二元混合的混合双曲线。

岩浆混合以许多不同的方式发生，如不均一的地幔会部分熔融，亏损的底辟体会导致富集成分不同程度的熔融，未完全亏损或富集的岩浆可以上升并部分熔融亏损的地幔层，发生冷却、结晶分异的亏损岩浆可以与浅部地幔相互作用。有两种情况与幔源岩浆特别相关：一种考虑“正常”的亏损地幔岩浆，如果它能不受阻碍地从源区上升到表面，如在一个快速扩张的洋中脊上，它将会产生一种相对未分异的、未混染的熔体，但仍然可以是熔体的混合物。现在假设岩浆在板内环境中上升，并且它的上升受到厚层岩石圈的阻碍，岩浆会冷却结晶与演化，同时部分熔体与周围地幔反应，因而晶体分馏和混合一起发生，混合熔体的组成随时间和分馏程度而变化。岩石圈地幔深度下（>50km），拉斑玄武岩或苦橄质岩浆中石榴石和单斜辉石的分馏，可以产生具有富集和分馏大离子亲石元素模式的碱性岩浆。表 2-8 给出了模型中假设的端元地球化学性质、所讨论元素的含量等特征和分配系数（D）。图 2-68 显示了使用 La/Ce 比值进行的分馏亏损熔体与富集组分的不同混合比例，结果与其他大离子亲石元素特征相类似。

表 2-8　端元参数

参数	亏损型地幔	富集型地幔	富集率	
$^{87}Sr/^{86}SR$	0.701～0.702	0.722	Sr_2/Sr_1	13.8
ε_{Nd}	24.6	-16.4	Nd_2/Nd_1	73.8
$^{206}Pb/^{204}Pb$	16.5～17.0	26.5	Pb_2/Pb_1	62.5
$^3He/^4He(Ra)$	6.5	150	He_2/He_1	2.0
$\delta^{18}O$(permil)	5.4	17	O_2/O_1	1.0
La/Ce	0.265	0.50	Ce_2/Ce_1	165.0
Sm/Nd	1.50～0.375	0.09～0.39		

注：元素分配系数为 Rb=0.02、Sr=0.04、La=0.012、Ce=0.03、Sm=0.02、Pb=0.002、He=0.5、Nd=0.09

（2）La/Ce-$^{87}Sr/^{86}Sr$

相对于含有石榴石和单斜辉石的结晶残留物，熔体中 La/Ce 较高。同时 La/Ce 在亏损的储库中含量较低，在富集储库中含量较高，$^{87}Sr/^{86}Sr$ 的低值和高值分别是时间积累下的亏损与富集岩浆的特征。高 $^{87}Sr/^{86}Sr$ 意味着时间积累下的 Rb/Sr 富集，因此 Rb/Sr 和 La/Ce 与 $^{87}Sr/^{86}Sr$ 通常呈正相关。然而，一些岩浆显示出高 La/Ce 和低 $^{87}Sr/^{86}Sr$ 比值特征，不可能用两种同质岩浆的二元混合来解释，但可以用源自冷却的部分熔融地幔的岩浆混合来解释。

在 La/Ce 与 $^{87}Sr/^{86}Sr$ 曲线图上（图 2-68），当 MORB 经历了略高于 99% 的晶体分异时，结晶 MORB 和富集地幔组分之间的混合线会反向倾斜。平衡部分熔融和平衡或分批结晶的关系是相同的。因此，La/Ce 或 Rb/Sr、La/Yb、Nd/Sm 等比值和 $^{87}Sr/^{86}Sr$ 或 $^{143}Nd/^{144}Nd$ 同位素比值之间的反向关系，暗示了 MORB 熔体的高度结晶或亏损源区的少量部分熔融。岩浆中元素含量与当前富集和长期亏损证据的明显矛盾行为经常被用作“近期地幔交代”。图 2-68 说明了另一种解释，根据所选择的参数，夏威夷玄武岩有高达 10% 的富集成分污染。未分异的 MORB（DM）的 La/Ce=0.265，随着结晶分异作用的进行，亏损端元的 La/Ce 增加；富集端元（EM）的 La/Ce=0.5。夏威夷拉斑玄武岩可以被认为是从纯 MORB 加 2%～7% 的富集组分进入熔体的混合物，形成了 95% 单斜辉石和石榴石的结晶分异加上 5%～8% 富集组分之后的产物。碱性玄武岩包含更多的结晶分异作用，或者更低程度的部分熔融以及更多的混染。

（3）Nd 同位素和 Sm/Nd

Nd 同位素与 Sm/Nd 的混合-分馏模拟曲线如图 2-69 所示。来自冰岛、夏威夷、

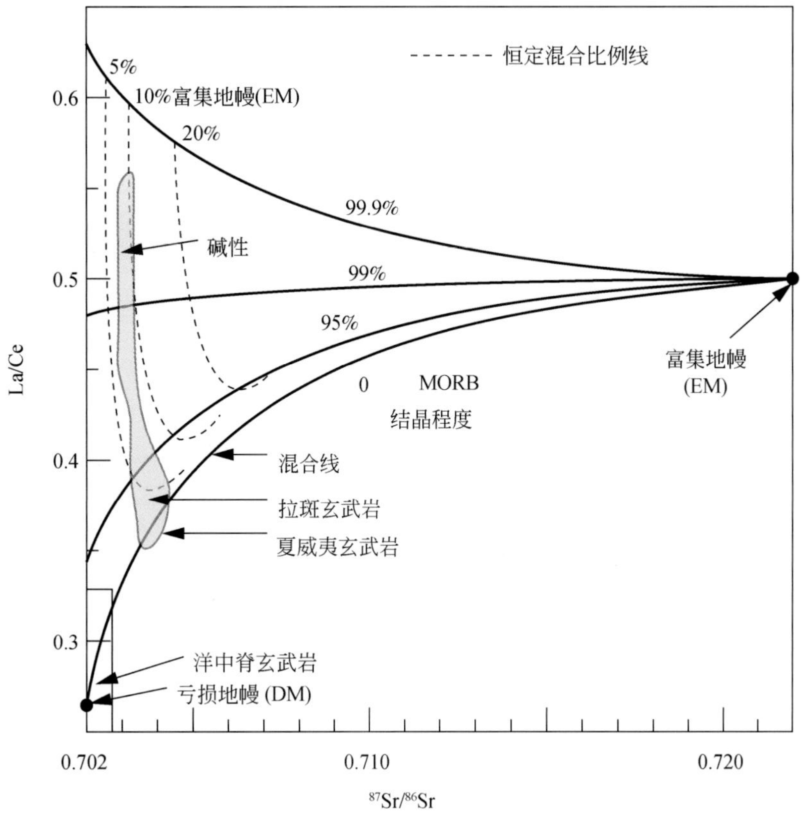

图 2-68　夏威夷玄武岩 La/Ce 与 Sr 同位素分异-混染的混合模拟（Anderson，2007）

实线是 EM 和经历结晶分异之后的亏损熔体之间的混合线，虚线是恒定混合比例的轨迹

西伯利亚、凯尔盖朗和巴西的高 Sm/Nd 玄武岩都接近未分异 MORB 的曲线，显示 1%~5% 轻微混染。来自大型并具有厚地壳的洋岛（夏威夷、冰岛和凯尔盖朗）的碱性玄武岩反映了大量结晶分馏与中度（5%~10%）混染作用。夏威夷拉斑玄武岩可以用不同程度（0~95%）的结晶分异作用来模拟，并发生 1%~5% 的富集成分混合。碱性玄武岩代表更高程度的结晶分异和地壳物质混染。所有这些都与厚地壳或岩石圈下的岩浆演化相一致，这是洋中脊和洋岛之间的主要构造差异。

（4）Pb 和 Sr 同位素

将洋岛玄武岩和大陆玄武岩的同位素比值与混合曲线进行比较（图 2-69），这些玄武岩可以解释为结晶分异后的亏损岩浆和富集组分之间的混合物。Sr 和轻稀土元素是经典的不相容元素，常用这些元素来研究部分熔融、结晶分异和混合过程，这些元素与其同位素之间的关系相当一致。一些富集岩浆也有高 $^{3}He/^{4}He$ 比值、$\delta^{18}O$ 值和 $^{206}Pb/^{204}Pb$ 比值，这些同位素对地幔演化提供了重要的约束，但是它们可能与其相关的大离子亲石元素的变化脱钩。$^{3}He/^{4}He$ 取决于 U 和 Th 含量以及富集成分的年龄。$^{206}Pb/^{204}Pb$ 和 $^{3}He/^{4}He$ 对影响储库的各种事件年龄非常敏感，因为 U 的半衰

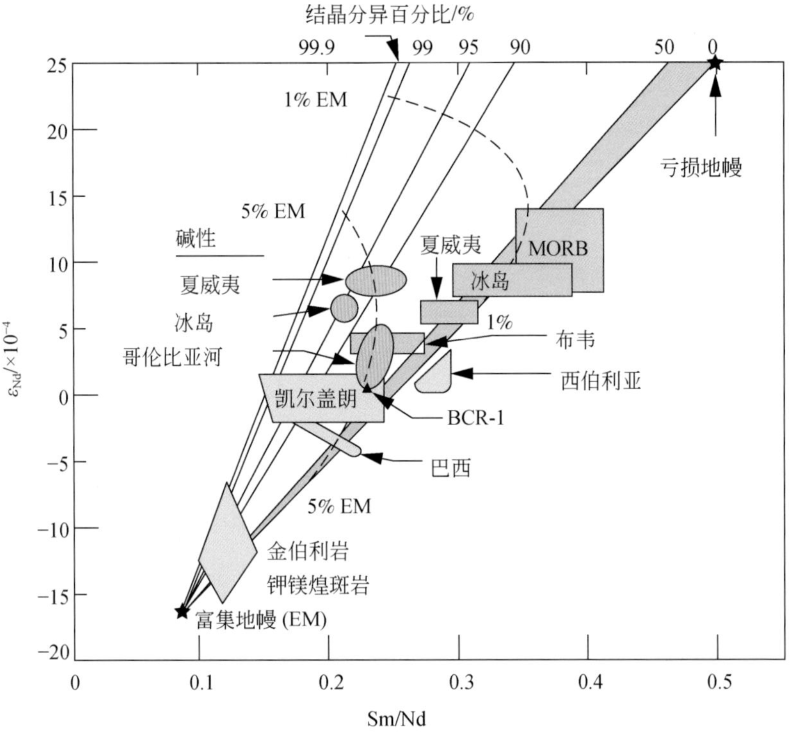

图 2-69 $^{143}Nd/^{144}Nd$ 与 Sm/Nd 混合模拟（Anderson，2007）

由 MORB 型亏损岩浆的高压结晶分异产生富集地幔（EM）和残余熔体的混合物

期很短，U/Pb 比值可以由硫化物和金属以及硅酸盐控制。当只考虑简单的混合作用时，至少需要三种组分来满足 Sr 和 Pb 同位素组合的系统，其中富集组分可以具有变化的同位素比值，因为它们受控于 U/Pb 比值和富集事件的年龄影响。地幔多样性的各种贡献（俯冲、捕获的岩浆或包裹体）使得 OIB 储库很可能位于浅地幔中，并且横向不均匀。从这个意义上说，地幔包含多个储库，它们的尺寸可能在几十千米左右。

2.4.4 地幔不均一性

地幔不均一性表现在矿物、手标本、岩浆房到洋盆的所有观察尺度上。虽然地幔的这种不均一性越来越多地被认可，但是它的含义和成因还没有被完全搞清楚。迄今为止，地幔不均一性只是作为一种证据，特别是基于同位素地球化学研究的成果，对洋中脊玄武岩和洋岛玄武岩来源的探究更为重要。MORB 的大规模不均一性在图 2-60 中非常明显，尤其是印度洋和太平洋之间的差异最为明显，而大西洋介于两者之间（Hofmann，2003）。另外，沿洋中脊的变化，基于纬度的中等规模不均一性更为明显。在岩石手标本尺度下，同样显示出一定程度的地球化学不均一性，这表明尽管在岩浆房中的结晶也会引起不均一性，这种不均一特征应该是岩浆源区的特征。这种不均一性，不只表现在微量元素上，在主量元素方面也同样明显，也可以通过幔源岩石的变化来判断。许多因素造成了这种现象，岩石的很多特征反映了其特殊的结晶位置和源区环境。然而，地幔岩一般有两种类型的岩石，地幔不太会使不同类型岩石发生混合。

2.4.4.1 源区不均一性

大洋玄武岩的 He 同位素已清楚地表明，与热点相比，上地幔 MORB 源区具有高比值的 $U/^3He$ 演化，这与 MORB 中 $^{87}Sr/^{86}Sr$ 和 $^{143}Nd/^{144}Nd$ 记录的上地幔衰减历史一致（DePaolo and Wasserburg，1976；O'Nions et al.，1979；Allègre et al.，1979；Kurz et al.，1982）。这意味着，原始富含挥发性组分实际是原始地幔的保存。但有几条证据不支持这一假设，如在分层对流模式下，按照单一稀有气体，上地幔和下地幔之间应有 2%~4% 的交换量，后者低于 Sr-Nd-Hf-Pb 同位素组合的约束（>10%）。更为重要的是，包括 OIB 源区 ^3He 浓度在内的许多研究不支持分层对流模型的预测，即 OIB 源区中富集成分的识别，地幔源区关键微量元素的时空均匀性和非比例广泛分布，以及高 $^3He/^4He$ 地幔源区熔体消耗的历史，这些都有助于认识到大多数地球化学观测与残留原始地幔的不相容性。

分层地幔对流模型的一个基本预测是：OIB 源区是富氦的。但人们普遍注意到，OIB 一般含有比 MORB 更低的气体浓度（Farley and Neroda，1998）。这导致一些学者认为，OIB 中的高 $^3He/^4He$ 主要是高 ^3He 导致的（Anderson，1998a）。分层地幔对流模型和其他替代模型的临界试验，可直接测量玄武岩样品中 He 浓度，且可以通过以下方式重建其渗透浓度：将岩浆生成速率与热点火山 CO_2 通量估算的 ^3He 通量结合起来识别同位素混合，以解决 OIB 惰性气体浓度。与洋中脊系统不同，没有可用于直接约束全球 OIB ^3He 通量的数据。目前，使用 ^3He 和岩浆通量的研究仅限于特定地点。例如，CO_2 通量峰值与观测到的 $CO_2/^3He$ 值和夏威夷基拉韦亚地区估计的岩浆生产速率相结合，为岩浆 ^3He 浓度提供了一个当地估计值，比分层地幔对流模型预测的低 80 倍（Hilton et al.，1997）。

直接测量夏威夷玄武岩中 He 浓度，或基于玄武岩 CO_2 含量和 $CO_2/^3He$ 比的估计，给出了类似的源区低浓度。由于玄武岩去气的影响，上述估计值必须被视为最低值。封闭系统的气泡和随后的气体损失，可解释富含气体的 MORB 玻璃样品中的稀有气体、CO_2 和 N_2 模式（Sarda and Graham，1990；Javoy and Pineau，1991；Pineau and Javoy，1994）。通过广泛地筛选 MORB 数据集，经过大气污染校正的 He、Ne 和 Ar 丰度（Ballentine and Barfod，2000，2001），也反映了封闭系统气泡和随后的气体损失（Moreira and Sarda，2000）。与洋中脊相比，较低的熔融部分、较大的平均熔融深度以及较浅处热点的平均喷发深度，导致不同的去气方式。例如，Moreira 和 Sarda（2000）展示了一个筛选过的 OIB 数据，它与开放系统 Rayleigh 去气模型吻合更好。从模型计算结果来看，在开放系统去气期间，OIB 中的 He 浓度仅降低 10%。为了说明观察到的 He 浓度范围，Moreira 和 Sarda（2000）提出，二次和未分馏气体损失过程也会发生，在这种情况下，观测到的最高浓度对原始岩浆和 OIB 源区浓度都有个下限，后者比分层地幔对流模式预测值低 74 倍。确定 OIB 源区^{3}He 浓度的方法，侧重于^{3}He/^{4}He 和 Pb-Nd-Sr 同位素之间的关系。在地幔柱源区和亏损的 MORB 地幔源区（DMM）之间，存在简单双组分混合的情况下，以 K_D［（He/Pb）$_{地幔柱}$/（He/Pb）$_{DMM}$，K_D为常数］为例。如果已知地幔柱 Pb 浓度，则 DMM 中的 He 和 Pb 浓度就定义了地幔柱源区中的 He 浓度。

现在很清楚，板内高^{3}He/^{4}He（Hart et al.，1992）和低^{3}He/^{4}He 系统（Ballentine et al.，1997；Barfod et al.，1999）中的亏损组分不是简单的 DMM。一些以洋中脊为中心的热点地区（如冰岛）可归因于 DMM-地幔柱混合。Hilton 等（2000）在雷克雅内斯（Reykjanes）海岭的较深部分，使用^{3}He/^{4}He 和^{206}Pb/^{204}Pb 相关性，确定了一条混合线。地幔柱端元的^{3}He/^{4}He 比 DMM 端元高 4 倍，因此地幔柱中的^{3}He 浓度至少比 DMM 端元高 4 倍。

^{3}He 测定的每种技术都有一定的不确定性，因此采取了确定 OIB 源区最低浓度的方法。显然，CO_2 通量可能会经历显著的时间变化（Hilton et al.，1998）。同样，确定 OIB 样品中导致气体二次损失的过程，可以识别样品类型或气体聚集过程，据此，得到了更高的 He 浓度。在混合测定中，地幔柱源区 Pb 浓度未知。例如，原始地幔浓度的假设将^{3}He 浓度估计值提高了 3.7 倍（Hilton et al.，2000）。此外，不能排除 OIB 源区在混合之前经历了气体损失的可能性。这些方法本身也都不能排除^{3}He 浓度与分层地幔对流模型相匹配的 OIB 源区的可能性。尽管如此，三种独立且不同的方法确定了 OIB 源区的^{3}He 最小浓度的完整系列，这比分层地幔对流模型的预测值小一个数量级。OIB 源区的^{3}He 浓度完全有可能仅略高于 MORB 源区。

夏威夷、皮特凯恩、萨摩亚、Cook-Australs 和沃尔维斯海岭–特里斯坦（Walvis Ridge-Tristan）的几个热点已经证明了富集地幔组分的存在，其时间积分的 Rb/Sr、Sm/Nd 和/或 Th/Pb 比值实际上高于原始地幔。这些研究的一个重要意义在于，明显的原始组成可以简单地解释为富集和亏损的各种来源的混合物。热点地区的进一步调查工作揭示，大量不同的热点成分可能受到少量富集型地幔端元的影响（White，1985；Zindler and Hart，1986；Allègre et al.，1987）。Zindler 和 Hart（1986）研究表明，大洋地幔的整个同位素数据库可以用 DMM 和三种富集成分（EMⅠ、EMⅡ、HIMU）来描述，而其他所有成分可以通过混合形成。Hart（1988）回顾了这些不同组分之间可能的混合关系。大陆岩石圈的地幔捕虏体和橄榄岩地质体共同揭示了熔体-流体-岩石相互作用（即地幔交代作用）的证据，这些作用可以产生不同的富集组合，其现今（或时间演化的）同位素组成类似于许多富集的地幔端元（Zindler and Hart，1986）。尽管这些研究很少显示出任何区域系统性或相关性，并且在小尺度空间上显示出异常大幅不均一性，但显然，这些地幔样品中没有一个具有原始地幔组成；甚至具有主量元素成分未明显改变的代表地幔组成的捕虏体样品，也具有与原始地幔完全不同的微量元素和/或同位素组成（Jagoutz et al.，1979；Zindler and Jagoutz，1988a，1988b；Galer and O'Nions，1989）。

Hofmann 等（1986）和 Newsom 等（1986）首次证明，大洋玄武岩中的微量元素比值既是恒定的又是非初始的。原始地幔中的 Nb、U 和 Ce 丰度，可以根据它们在球粒陨石中的丰度准确估算出来，并且原始地幔中的 Pb 含量受到地球上 Pb 丰度和已知同位素演化的制约。在大范围熔融区内，地幔衍生的玄武岩中的 Nb/U 和 Ce/Pb 常数值表明，在部分熔融过程中，这些元素表现得彼此基本相同，因此可表示地幔源区的比值。对于随时间而保存的未改变的原始地幔来说，可以预期为恒定值，但现今得到的样品中观测到的比值明显不是原始的。类似地，Sn 相对于 Sm 是中等亲水的，但在地壳形成过程中，Sn/Sm 比值未被分馏。因此，观察到的 Sn/Sm 低于原始值，这表明所有地幔储库都经历了由地核形成过程引起的类似程度的分馏（Jochum et al.，1993）。对太古代玄武岩和科马提岩的研究（Jochum et al.，1991，1993）表明，这些恒定比值至少持续了 34 亿年。质量平衡表明，这些元素的额外收支主要存在于大陆，并且这些综合观测值有利于说明：地球形成的最初的 10 亿年形成了现今大部分的陆壳（Hofmann，1988）。这些研究的一个基本结论是，地球上目前没有储库产生类似于原始地幔的 Nb/U、Nb/Th 或 Ce/Pb 比值。

研究表明，He 与 Sr-Nd-Pb 同位素具有明显的相关性（Kurz and Kammer，1991；Graham et al.，1992，1996；Farley and Poreda，1992；Eiler et al.，1998；Kurz and Geist，1999；Barfod et al.，2001）。这些研究打破了地幔捕掳体长期研究的认识，即在熔体生成期间，$^3He/^4He$ 以某种方式与其他同位素脱耦。与此同时，Hart 等（1992）对热点中的混合系列进行了重新评估。随着热点玄武岩样品数量的增加、同位素数据（包括 $^3He/^4He$）的积累显示，所有热点地区玄武岩地球化学特征都具不均一性。首先，每个热点可以被描述为一个富集和亏损组分的混合物，在 Sr-Nd-Pb 同位素空间中，各个热点的混合系列大致呈线性。其次，所有热点都有一个共同的亏损组分，但它不是 MORB 源区的组成。这个来源被 Hart 等（1992）称为 FOZO。它出现在全球热点地区，这需要一个单一的广泛组成，其中部分和/或一个组成，受控于形成热点相关的基本过程（Hauri et al.，1994）。最后，He 同位素数据的增加使得 Hart 等（1992）认识到，亏损的 FOZO 组分和高 $^3He/^4He$ 组分是一样的。Hanan

和 Graham（1996）研究了热点对洋中脊的影响，得出了类似的结论。这些系统观测表明，高$^3He/^4He$比的大洋玄武岩保留了 Sr 和 Nd 同位素亏损的同位素历史。Hauri 等（1994）提供了高$^3He/^4He$（FOZO）组分同位素组成的最佳估计。与原始地幔相比，FOZO 的 Sr-Nd 同位素特征明显亏损，但不如 MORB 源区的亏损。迄今为止，基于亲石元素的证据表明，地幔地球化学主要受板块构造循环改造洋壳的影响，而微量大陆岩石圈地质的添加以及地幔中的原始挥发分可能存在或不存在。

双层地幔模型很好地解释了关于放射性热源、稀有气体和微量元素在地幔中的分布、洋岛和洋中脊玄武岩源区的主要地球化学观测结果。这个概念模型隐含在几乎所有的地球化学文献中，双层地幔模型涉及微量元素的分布和地幔的演化。然而，最新的地球化学和地球物理观测，使得地幔混合模型必须重新评估。当前面临着的挑战主要是：对孤立储库地球化学特征的约束以及地球物理揭示的全地幔对流模式的挑战。

最早的大洋玄武岩放射性同位素测量证明了地幔地球化学的长期不均一性（Faure and Hurley，1963；Hedge and Walthall，1963；Gast et al.，1964）。后来的详细研究，特别是在冰岛（Hart et al.，1973；Schilling，1973，1975；Zindler et al.，1979；Poreda et al.，1986），揭示了在洋中脊和热点喷发的幔源岩浆之间的几种基本地球化学差异。这些差异与一个相当简单的模型是一致的，其中洋中脊玄武岩的来源具有熔体提取的早期历史，而洋岛玄武岩多变的地球化学特征被解释为亏损上地幔与原始地幔的混合（DePaolo and Wasserburg，1976；O'Nions et al.，1979；Allègre et al.，1979）。这个概念模型基本上定义了三个不同的储库。原始地幔与全硅酸盐地球（BSE）是相同的，它是初始地球成分减去地核成分。因此，原始储库的存在要求全硅酸盐地球自早期地球增生和分异以来一直保持封闭的化学系统。大陆地壳是从原始上地幔的一部分熔融而萃取的产物，这使得亏损上地幔作为第三类储库。稀有气体同位素结果提供了地史期间地幔系统中保存了原始物质的有力证据，因为稀有气体高度不相容且易挥发，在熔融过程中会严重去气。尽管来自大气中较重的稀有气体可能会形成少量的俯冲成分（Porcelli and Wasserburg，1995a），但其半衰期约10^6a，在大气中容易散失（Allègre et al.，1987；Torgersen，1989），并且不能被再循环。虽然地幔中的^4He主要受 U 和 Th 的衰变控制，但^3He不是由放射性过程产生的。^3He在洋中脊和热点的排放只能由地幔形成后挥发性成分得以保存来解释。许多热点的$^3He/^4He$比值几乎一致地高于洋中脊值（图 2-70）。遵循共同惯例来定义$R={}^3He/^4He$，并将此值表示为与当前空气值（Ra）的比值。高 R/Ra 的观测表明存在一个原始的富集挥发份的源区（Kurz et al.，1982；Allègre et al.，1987；O'Nions，1987）。保存^3He和相关的原始惰性气体，如 Ne（Honda et al.，1991；Poreda and Farley，1992），似乎需要很好的隔离层，所以常常假设这种原始的富含挥发分源区等同于原始地幔储库表面熔体。

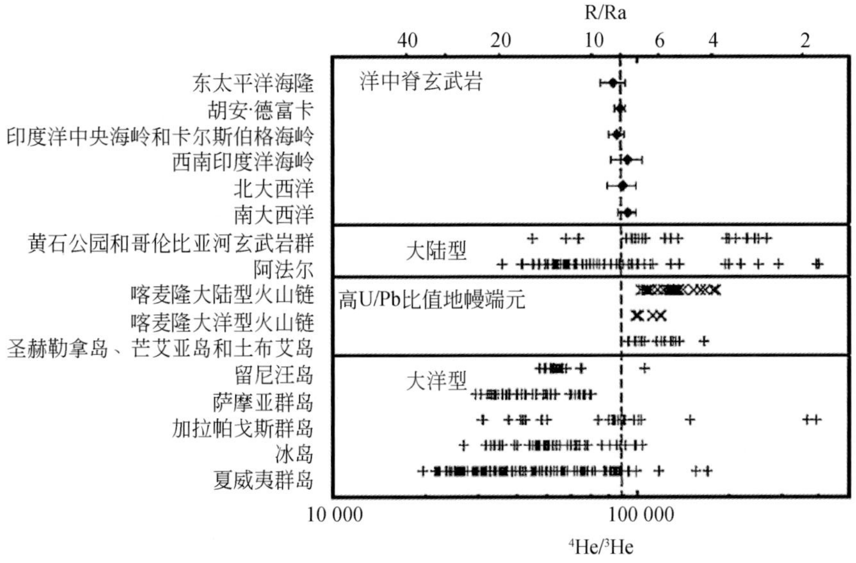

图 2-70　洋中脊、洋岛、大陆热点和喀麦隆大陆火山链 $^3He/^4He$ 值（Barfod et al.，1999）

该图说明了全球洋中脊 $^3He/^4He$ 同位素源的均一性。除含有放射性 Pb 的 HIMU 玄武岩外，洋岛样品的比值范围从类似洋中脊型的 $^3He/^4He$ 值到低 $^3He/^4He$（更高的 R/Ra），并且已被用作支持层状地幔系统的主要证据之一

分异的大洋岩石圈在俯冲过程中，来源有明显的不均一性。分异作用始于洋中脊，其中熔融形成洋壳和残留地幔，熔体大约在 60km 深处形成。近海底表层的热液，大约向下蚀变了洋壳几千米，深海沉积物的沉积增加了其他的化学不均一性成分。其中一些成分将在俯冲过程中熔融消失，但主要的不均一成分将持续存在。

随时间推移，俯冲岩石圈的后续扩散过程中，不均一性往往会降低到更小尺度，但即使经过几十亿年，不均一性依然顽固地保存在整个对流系统中。这在真实地幔中也是如此，即使不均一性减少到千米或更小尺度，因为固态扩散速率是如此之慢，以致化学均质性要发生在尺度小于约 1m 的范围也需要甚至超过数十亿年（Hofmann and Hart，1978）。

事实证明，地幔柱也是不均一性的显著来源。地幔柱的质量流量小于俯冲岩石圈的。洋底物质的俯冲速度是 $3km^2/a$。大洋岩石圈的强烈分异发生在大约 60km 深处，所以大洋岩石圈每年形成玄武岩的源区体积大约是 $180km^3/a$。另外，夏威夷地幔柱的体积流量大约是 $7.5km^3/a$，夏威夷地幔柱携带约 10% 的全球地幔柱流体，所以全球地幔柱流体进入上地幔的体积流速约为 $75km^3/a$，相当于约 40% 的板片流量，或 30% 的混合流流出玄武岩源区。大多数地幔柱不均一性不会被熔融作用消除，因为实际只有 10%～20% 的地幔柱熔融，其余的被搅拌进入地幔（Davies，1999）。因此，地幔柱贡献了地幔不均一性的大约四分之一，这些不均一性最终可能来自俯冲岩石圈，但俯冲岩石圈也可以在熔融进入地幔柱之前以其他重要方式而被改变。

2.4.4.2 地幔不均一性残留

早期许多地幔地球化学家的认识是：地幔对流将使地幔均一化。这导致许多假设认为，不均一性要求不同的圈层长时间保持化学差异。这种直觉可能形成于日常生活中流体混合的经验，如牛奶添加到咖啡中，可以用勺子快速搅拌均匀。然而，这种经验是个巨大误导，因为咖啡杯中的液体与地幔流态截然不同。关键区别是，水是黏度足够低的动力要素来展开流体运动；更重要的是，它可自发地生成更小的涡流。有一连串的流体进入越来越小的涡流，不同尺度的涡流混合，使液体非常有效地融合。这种流体结构被称为湍流。相比之下，地幔的黏度非常高，动量是完全可以忽略不计的，因此没有湍流。这意味着能有效地使咖啡均匀的小规模漩涡在地幔中不存在。均质化只发生在大规模流动造成缓慢的剪切和拉伸的情况下，这两个过程跨度达多个数量级。人们不妨尝试搅拌牛奶与蜂蜜，看看需要多少时间，这个蜂蜜的流体结构称为层流。

撇开这个根本的区别，地球物理学家之间则争论地幔均一化作用可能需要数百万年还是数十亿年（图 2-71 和图 2-72）。搅拌的速度取决于具体的流动，如是否有比板块尺度更小的地幔流，流动是否随时间迅速变化，以及三维流体流动是否重要（van Keken and Zhong，1999）。一些早期的模型假设对流仅限于上地幔，并使用没

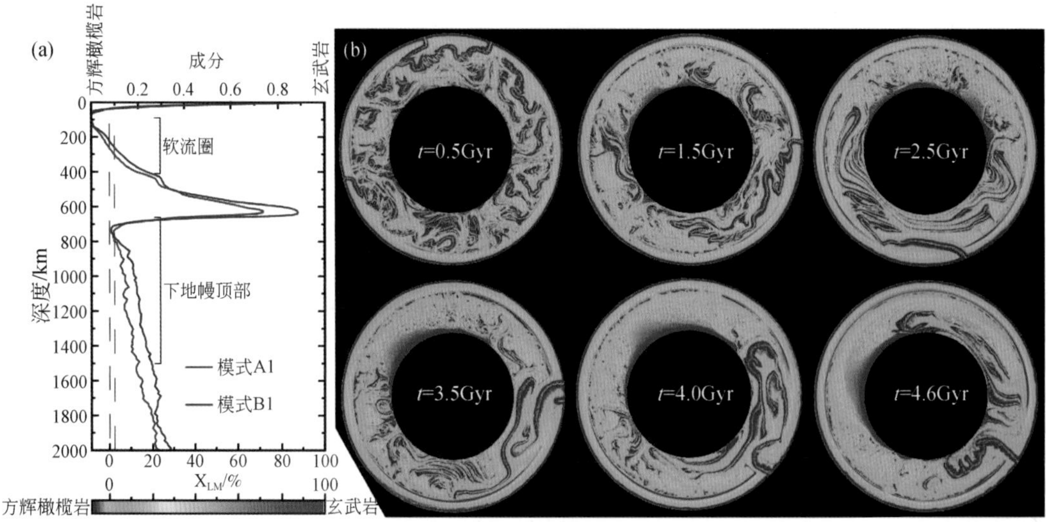

图 2-71　全球尺度地球动力学模型预测下地幔内的玄武岩密度演化的剖面（Ballmer et al.，2015）

对于模式 A1，玄武岩的密度异常是恒定地（1.35%）通过下地幔。对于模式 B1，它从 0.75%（660km 深度处）增加到 1.35%（核-幔边界处）。经过 4.6Gyr 的成分谱显示在（a）。虚线标记的软流圈中玄武岩平均含量。这两种情况下的上下地幔和软流圈的平均成分之间的差异是相似的。（b）模式 B1 的地幔图像的时间序列快照

有板块的恒定黏度流体，所以地幔柱流的规模只有几百千米，且具有时间依赖性，但均一化确实仅需要几亿年（Kellogg and Turcotte，1990）。然而，具有板块的模型能产生更大尺度的流动，变化却缓慢，这种流动的混合过程往往需要数十亿年（Davies，1990）。

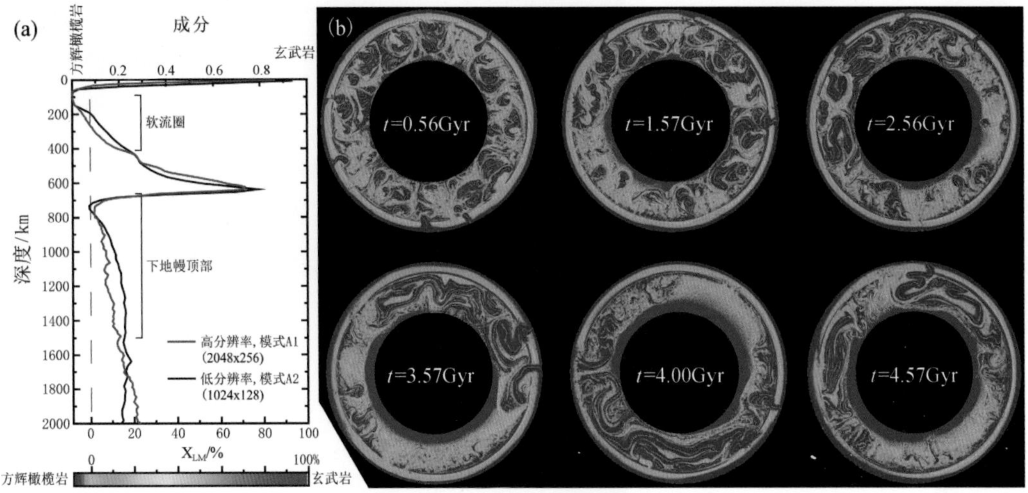

图 2-72　全球尺度地球动力学模式预测的地幔演化（Ballmer et al.，2015）

（a）~4.6Gyr 后高分辨率 A1 和低分辨率 A2 的模式下成分剖面。虚线红线标记平均软流圈组成的模式下 A1，作为一个替代的地幔岩（$X_{LM}=0$）。（b）模式 A1 的地幔图像的时间序列快照

地球的上地幔成分可以通过洋中脊玄武岩地球化学估算，而下地幔仍然知之甚少。地球物理观测虽然已经直接可与下地幔压力和温度下岩石性质的实验结果进行比较，但对这些研究结果的解释仍然不是唯一的。宇宙化学研究表明，除非地核含有≥7% Si，否则下地幔岩石相对于上地幔岩富硅。下地幔中俯冲消亡的特提斯和法拉隆岩石圈的地震层析证实了全地幔对流作用。尽管穿过 660km 深度处的瓦兹利石到布里奇石的相转变会阻碍地幔对流，但预测地幔混合是有效的。

然而，地震层析成像显示，只有一部分板片沉入下地幔深部。一些板片在地幔过渡带（MTZ）停滞了数千万年，如在欧洲、东亚和北美之下。在 660km 以上的板片停滞可以通过吸热相变和相关黏度跃变的综合效应来解释，特别是如果海沟后撤并且板片发生回卷，这种构造过程可以使板片倾角变缓，并最大化板片与 660km 不连续面相互作用的面积。其他能在 660km 处穿越“屏障”的板片，在更深的深度处变平，如秘鲁、巽他、墨西哥、千岛群岛和克马德克。这些来自 P 波层析成像的观察结果被独立的 S 波层析成像证实，其在下地幔最顶部具有良好的分辨率。与在 660km 以上的板片停滞不同，在下地幔最顶部的板片变平，没有发生主要的相变。

如果下地幔富含某些本质上致密的岩性，那么俯冲板片在约 1000km 深度处变为中性浮力，并停滞而处于平衡状态（图 2-73）。假设俯冲的 MORB 和高压多晶相

是最直接的候选者，通过一系列区域高分辨率数值模拟，研究下地幔富集玄武岩板片下沉的影响，最后发现，随着跨越 MTZ 的玄武岩密度逐渐增加，全球尺度地球动力学的全地幔对流持续了数十亿年。

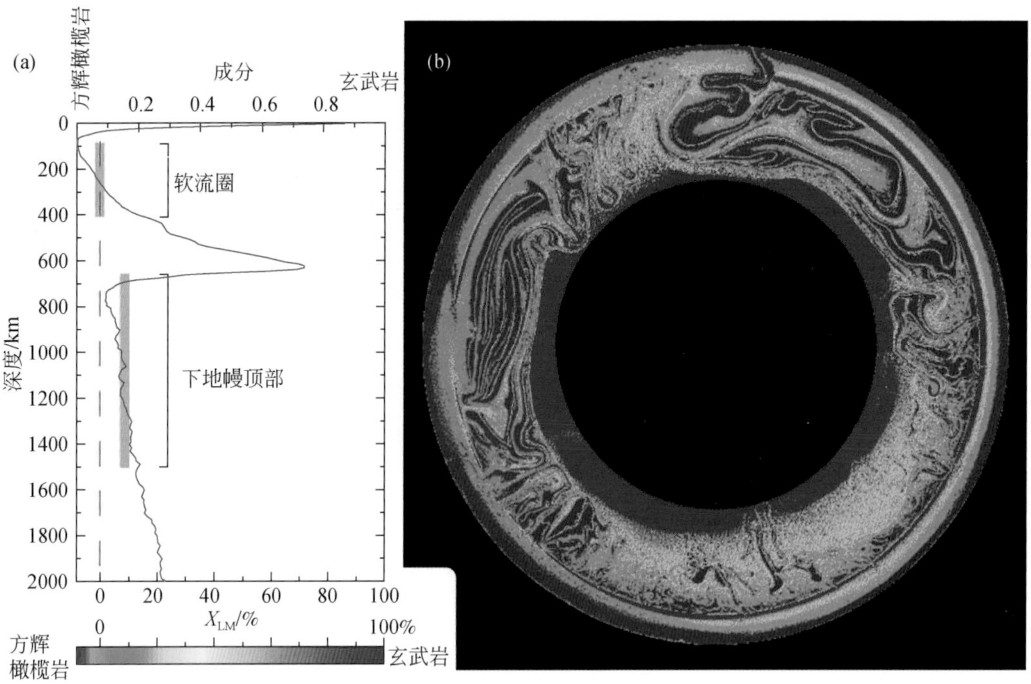

图 2-73　全球尺度热化学地幔对流模式（4.57Gyr 后）预测的地幔图像

（a）相对于软流圈，浅地幔的玄武岩增强。（b）组合模型的快照（Ballmer et al.，2015）

使用有限元代码 CitcomS，通过质量、动量和能量守恒方程，模拟地幔流动。这里将地幔视为普朗特数无穷的高黏度流体，因此，专注于密度驱动的对流，忽略潜热释放/耗散以及绝热和剪切加热/冷却的影响，使用非扩散示踪剂追踪其组成，应用二阶尤格-库塔（Runge-Kutta）方案对成分（示踪剂）对流和温度对流/扩散（在有限元网格处）进行半隐式积分。

为了研究俯冲板片的演化，这里使用一个简化的二维模型，而没有模拟整个复杂的俯冲过程，专注于模拟板片通过该段地幔的自由下沉过程，以及在 660km 深度处与地幔相互作用的相变过程和在相同深度的初始成分范围的界定。模拟的板片最初从岩石圈中分离出来，这里忽略了俯冲板片与上覆板块之间的任何耦合以及与俯冲有关的许多其他复杂性。因此，这个方法类似于自由俯冲模型。

板片下沉行为对地幔组分较为敏感，进而可以为下地幔的平均成分 X_{LM}（下地幔成分百分比）和 G（压力梯度）提供约束。图 2-71（a）和图 2-72（a）显示，三种板片行为模式（A1、A2、B1）只能同时共存于 $X_{LM}\approx 8\%$ 和 $G=(-1.0\pm0.5)$ MPa/K

的条件下。然而，因为这些估计（至少有几个百分比）具有很大的不确定性，所以，根据对流非均一地幔沉降的板片行为来量化 X_{LM}，依然具有挑战性。尽管如此，因为地震观测发现排除了板片停滞在下地幔最顶部以及继续下沉的可能，所以可以排除热的解释（$X_{LM}=0$）和钙钛矿端元（$X_{LM}\approx 15\%\sim 20\%$，即相应于球粒状 Mg/Si）的组合。

上述三种不同板片的下沉方式共存，指出了上下地幔之间的组成差异，这些差异可能来源于核幔分异或岩浆的结晶分异。这种机制需要超过 40 亿年的全地幔对流。玄武岩倾向于集中在 MTZ 中，因为相对于 300～410km 的地幔岩而言，它的密度异常正好相反，并且在 660～740km 的深度，密度异常再次相反。然而，由于这个密度逆转的深度范围较窄，玄武岩可能最终分散，进入下地幔并堆积在那里。

全球地球动力学模型表明，玄武岩这种堆积的确可以在对流地幔中发生。该模型预测了软流圈 MORB 源区，还预测了 MTZ（深度范围为 410～660km 的区域）是由于玄武岩变致密，与一维地震速度分布相一致。模型中的这种密度增加，导致玄武岩从围岩中坠离，这主要是由 660km 附近玄武岩的拆沉或断离造成的。在相似的深度，夏威夷地幔柱地震层析成像和地球动力学模型的预测也与此一致。随后，从 MTZ 进入下地幔的玄武岩发生堆积。另外，小尺度对流板片滞留也可能导致致密玄武岩与方辉橄榄岩分离，这有助于地幔分层（图 2-73）。

全球尺度地球动力学模型表明，地幔组成分层可以通过热化学全地幔对流持续进行，甚至可能是一个自发过程。区域尺度地球动力学模型预测，在这种层状地幔中，板片在约 1000km 深度处停滞，为在该深度处板片的滞留提供了模拟证据（图 2-73）。

随着深度增加下地幔黏度逐渐增加，且在约 1500km 深度处黏度为最大值，则可能是板片在该深度扁平化或平板化的一种替代解释。$X_{LM}=0$ 和 $G=-1\text{MPa/K}$ 的一组板片下沉模型测试了这个假设，660～1500km 深度，随着深度加深，黏度线性增加（超过两个数量级）。这些模型表明，黏度的线性增加，足以使板片下沉速度减缓到使板片水平或接近平铺的程度，从而在层析成像中表现出明显的板片滞留层。然而，板片确实继续缓慢地穿过地幔，因此黏度单调地逐渐增加，没有使得板片变平并优先发生在任何特定深度。相反，地震层析成像显示，下地幔浅部板片在 800～1000km 的深度一直发生板片扁平化。这种停滞深度的堆积与模型 A2 的预测一致，因此，是中度地幔组分分层的一个很好的指示。这两种机制（图 2-72）的组合可能会稍微减少下地幔所需的玄武岩分量。

总体上，地幔成分分层，特别是在下地幔的板片滞留，也与地震波速转换和下地幔反射的许多观测相一致。在下地幔的最上层，没有任何已知的相变，地震波的转换都归因于地幔组成的径向变化或近水平的玄武岩层，厚度不到 10km。滞留板片层可能会导致在 MTZ 的玄武岩坠离并长期停滞在约 1000km 深度。虽然有些粗略，但是预计这些情形可发生在 1000～1100km 深度。

图 2-74 表明，相对卷入板片的缓变流，在一个不切实际的非定常流内，其示踪剂均匀化速度更快。许多类似实验试图将铅同位素获得非均一化的开始年龄（图 2-61）作为地幔均一化的时间推断（van Keken et al., 2001）。但一个不同的主流解释是，均一化时间并不太重要，因为前面提到的地球化学变化的观测有力支持了这样的假设，即在任何情况下，地幔在所有尺度上确实是非均一的。

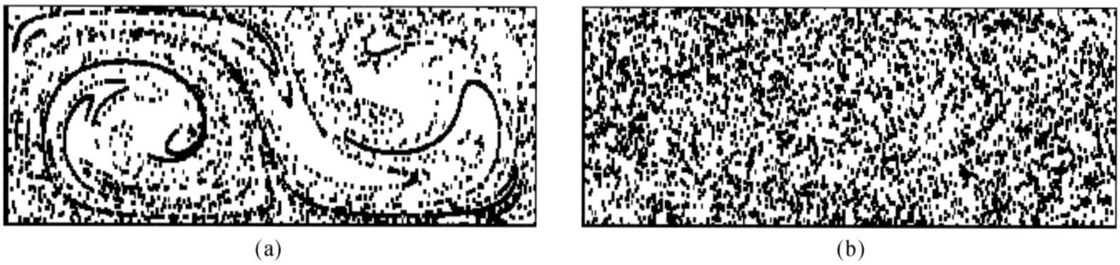

图 2-74　不同搅拌速率的流体（Davies, 1999）

(a) 缓变流（slowly-changing flow），流动的变化缓慢，呈变形板片慢慢卷入的方式。(b) 非定常流（unsteady flow），从 1～3 个单元切换再回来的流体，具有不稳定对流的恒定流体黏度。迹线始于紧凑团块，并且每种情况等效于已混合约 2Gyr

2.4.4.3　原始地幔占比

洋中脊地区深部地幔熔融是形成洋壳和亏损地幔的互补过程，是不均一性的主要原因，随后这种地幔不均一性又历经俯冲和混合。如果这个过程已经持续了数十亿年，有多少古老洋壳会堆聚在地幔？如果这个过程，或类似过程，开始于地球早期历史，那么它会使原始地幔与演化的非均匀地幔发生对流。但是，有没有可能存在原始地幔残留？洋中脊地区熔融的主要深度（即干固相橄榄岩深度）通常认为的是 60km，但轻微的熔融或不均一性熔融可能发生于 110km 深度（Spandler et al., 2008）。海底扩张量目前是 $3km^2/a$。洋中脊熔融区地幔演化的速率计算公式为

$$\varphi=\rho A_s d_m \tag{2-81}$$

式中，ρ 为上地幔的密度；A_s 为面扩张率；d_m 为熔融深度。处理一个地幔质量（M）所需的时间为

$$\tau=M/\varphi \tag{2-82}$$

式中，τ 可以被称为地幔处理时间（Davies, 2002）。利用上述数值，密度为 $3300kg/m^3$，地幔质量为 $4\times10^{24}kg$，则 $\tau\approx4Ga$。

这一结果表明，大部分地幔将会通过洋中脊区熔融处理，但还有另外两个需要

考虑的重要方面：一方面，地幔在过去可能对流更快，这会使其演化更快；另一方面，一些反应物可能与残留物反应，这样的再反应将不会影响残余的原始地幔量。

在地球早期由于较高放射性加热，地幔会更热，就会有较低的黏度，对流会更快。目前的平均板块速率约为 $v=5\text{cm/a}$。在这里，输送时间是一个有用的时间，指的是将地幔物质输送至地幔深度 $D=3000\text{km}$ 所用的时间。输送时间为

$$t_t=D/v \tag{2-83}$$

这个计算结果为 $t_t=60\text{Myr}$。如果对流一直按照现在的速度进行了 4.5Gyr，这时间内大约发生了 75 个周期的物质循环转换。上述演化计算，忽略了早期瞬态冷却的考虑，并且其实际已经经历了大约 300 次物质循环（Davies，2002），是假设一个稳定速率的 4 倍多。按目前的对流速度，它需要 $4\times4.5\text{Gyr}=18\text{Gyr}$，以完成这些次数的循环过程。

早期由于计算机的限制，仍难以实现运行地球初期、像过去热地幔一样的对流模型所需的数值分辨率。另外一个替代模型，以目前的参数调节和现今的速率，可以模拟达到地幔输送的适当数量。然后，使用 Davies（2002）给出的公式，将数值模型时间转换为实际地球时间（图 2-75）。同样的做法，可以用于估计原始地幔剩余量，即可以计算出多少地幔将在 18Ga 时间内以现在的反应速率发生反应。

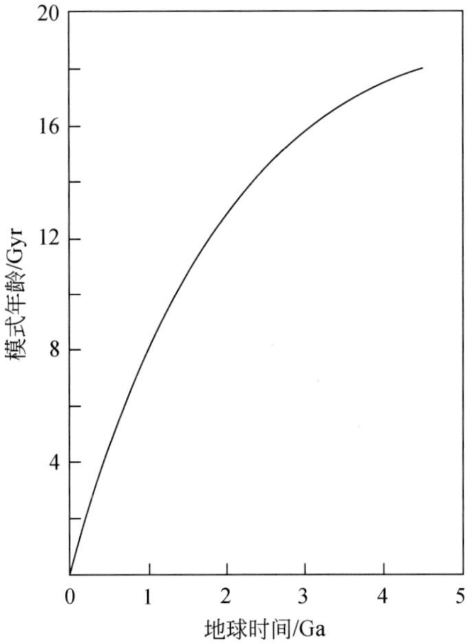

图 2-75　从模型时间到地球时间的转换（Davies，2002）

在一些洋中脊地区，其深部物质曾经发生过部分熔融。假设地幔在特定时间 t，残存原始地幔的质量为 m。然后，残存原始地幔的占比为 $p=m/M$。如果 $p=0.4$，那么 40% 的地幔是原始的，60% 的已经经过了熔融区的反应。如果一块地幔和残余部

分反应的概率与是否发生反应是独立的，那么平均来说，下一批反应物只有 40% 是原始的。

回到初始状态，当 $t=0$ 且 $p=1$，Δt 时间内反应的地幔量为 $\varphi\Delta t$，其中，φ 由式（2-81）给出。然后，原始地幔的质量会从 $m=M$ 减少为 $m=(M-\varphi\Delta t)$。换句话说质量的变化是 $\Delta m=\varphi\Delta t$，变化率是 $\Delta m/\Delta t=\varphi$。然而，后来当 $p=0.4$，只是假设 40% 的地幔是原始的，但仍有 60% 的物质发生过反应。换句话说，可以写为 $\Delta m/\Delta t=-p\varphi$。由于 $p=m/M$，两侧除以 M，得到

$$\frac{\Delta p}{\Delta t}=-p\frac{\phi}{M}=-\frac{p}{\tau} \tag{2-84}$$

其中，利用式（2-82）。如果仅仅使用原始变化速率 p，当 $p=1$ 时，可以预测之后 4Gyr，p 将减少到零的初始速率，这是反应时间。式（2-84）表示 p 的变化率变小，同时 p 将渐近接近零。该公式的数学解是，p 值随时间呈指数下降

$$p=\exp(-t_m/\tau) \tag{2-85}$$

其中，t_m 指的是图 2-75 的“模式年龄”。

$t_m=18\text{Gyr}$、$\tau=4\text{Gyr}$，$p=0.011$。因此，通过这种估计只有 1% 左右的地幔仍然为原始地幔。如果之前的熔融深度较大，地幔更热，则这部分残留会更小一些。这个简单的计算意味着，玄武岩源区很难残存相当数量的原始地幔。

2.4.4.4 俯冲洋壳占比

洋壳被添加到俯冲带的速度为

$$\varphi_c=\rho_c A_s d_c \tag{2-86}$$

式中，ρ_c 为洋壳的密度；d_c 为其厚度。人们可能问：以目前的速率需要多长时间洋壳可填满地幔。答案是 $\tau_c=M/\varphi_c$。洋壳密度为 2900kg/m^3，标准洋壳厚度为 7km，$\varphi_c=6.1\times10^{13}\text{kg/a}$ 和 $\tau_c=66\text{Ga}$。由于地球只有 4.5Ga，可以认为洋壳占据了 $f=4.5/66\approx0.07$ 地幔部分，所以古老的俯冲洋壳将约占据地幔的 7%。但是，如果以前的俯冲速率快的话，如这里的假设，应该以现今的速率进行设定，等效模式年龄为 18Ga，所以 $f=18/66=0.27$，洋壳将占据地幔的 27%。

然而，洋壳也在洋中脊下的熔融区溢出。这里，假定某个时刻所有的溢出物质来自地幔，并进入熔融区。因而就可以讨论：在任何给定时间，有多少地幔由俯冲洋壳组成？最初，地幔的分离系数为 f，当没有洋壳俯冲时，熔融区岩浆溢出的速度是零。以后，溢出速率将是 $f\varphi$，其中，φ［式（2-81）］是穿过熔融区的速率。在早期，溢出速率本来很小，所以地幔中洋壳量将逐渐累积。由于地幔内洋壳积累，溢出速率会增加。最终，它们可能接近平衡，其中溢出速率等于注入速率。

这种情况下，可以用类似的方式，来分析原始地幔溢出量。其结果是，f 将接近极值 $f_m=\varphi_c/\varphi$。据洋壳密度（$2900kg/m^3$）和洋壳厚度（7km），得到 $f_m=0.06$。任何给定模型时间 t_m 为

$$f=f_m[1-\exp(-t_m/\tau)] \tag{2-87}$$

这里指定了 f 开始于零，速率为 $1/\tau_c$，但随后的堆积速率减慢和 f 接近 f_m。至模式年龄为 18Gyr 时，f 将达到 f_m 的 99%。

换言之，地幔应包含约 6% 未经反应的俯冲洋壳。地幔内的洋壳量达到最大的原因是，古老的俯冲洋壳在熔融区内熔融溢出。因此，古老的俯冲洋壳注入越快，溢出越快。不是洋中脊下的所有洋壳都会从地幔中溢出，所以俯冲壳源物质总量应该是熔融溢出的两倍。这个量化结果给出了普遍的情形，经过数十亿年的洋壳俯冲以及亏损地幔下沉，地幔具有了大规模的常量元素不均一性，伴随微量元素的不均一性。

2.4.4.5 地幔不均一性保存机制

近年来，人们试图调和全地幔对流的地球物理证据和长期不均一性的地球化学证据之间的明显冲突。化学不均一性保存有三个机制：由物理性质造成的低效混合、由物理屏障引起的化学不均一性保存或地球动力学的时间变化。

很多研究倾向于探讨化学不均一性保存机制的某一种对流模型，在地幔过渡带底部或稍微更深处有一个力学边界层（Wen and Anderson，1997；Anderson，1998b）。这需要假设，观察到的地幔过渡带快速形成，不是由上地幔的机械输入引起的，而是由热耦合引起的。热耦合作用已经在模型研究中得到证实，但这种机制需要较强的力学脱耦以及 660km 不连续面非常有效的热扩散，这两者似乎都需要在地幔其他深度无明显的特殊条件。正如 Kárason 和 van der Hilst（2000）所论证的那样，通过沿着力学边界进行热对流，来解释现今下地幔运动缓慢、上地幔结构变化迅速的地幔结构，可能是相当困难的。

分层地幔对流的一个独特问题是力学边界层传热效率低下，这将导致一个强大的热边界层和潜在的过热下地幔。此外，分层对流模型与一些地球化学证据还存在矛盾。

原始稀有气体的一个次要来源是俯冲的星际尘埃颗粒（Sarda et al.，1988；Anderson，1993；Allègre et al.，1993），这是解释地幔中大量 ^3He 浓度存在的一种便捷方式。虽然这与岩石地球化学结果一致，但是星际尘埃颗粒物质的质量不足以解释 ^3He 浓度或通量（Stuart，1994；Trull，1994），并且在俯冲时随着沉积物的脱水和熔融，宇宙尘埃颗粒的挥发分含量不可能保持（Staudacher et al.，1989；Hiyagon，1994）。

Kellogg 等（1999）提出，大约 1600km 深度的下地幔中存在化学边界层。实质上，这是“经典”分层模型的一种变种，其中，地震学对该边界的分辨率低于浅层和 D″地幔的区域，尽管地震学研究也揭示了这个化学和/或热不均一性界面。该模型解决了化学不均一性保存的可能性和放射性元素来源的缺失问题，但它与分层对流模型一样，存在热分层、下地幔深部可能过热以及要求更高 ^{3}He 浓度的缺点。在这种情况下，这些问题显得更为严重，因为下地幔深部的体积小得多，需要假定更高的放射性热产量（McNamara and van Keken，2000）。该模型可以消除温度分布的一些问题。尽管如此，即使在边界不规则的情况下，各层间的巨大物理差异，也会导致地震波散射，但这一现象迄今尚未观察到（Vidale et al.，2001）。

在化学分层模型中，有人提出化学不均一性可以作为与大规模结构混合的孤立斑块分布（Davies，1984）。这使得地球物理学方法难以揭示其分布的不均一性，但这有利于存储各种地幔柱组分和缺失的放射性热量。假设这些孤立斑块比周围地幔具有更高的黏度，这暗示这些孤立斑块在地幔流动中不能有效地混合。与一个层面相比，小斑块具有较大的表面积与体积比，这有利于斑块有效冷却，并因此具有保留高浓度放射性元素的能力（Becker et al.，1999）。但是这个模型仍然没有回答这些孤立斑块的起源和保存机制。这些孤立斑块如何保持中性浮力，为什么不是在洋中脊处，而是在地幔柱中发现这些斑块，至今仍未得到很好的解释。

另一组模型解决了洋壳再循环引起的地幔不均一性的形成和保存问题（Hofman and White，1980；Silver et al.，1988；Christensen and Hofmann，1994；Coltice and Ricard，1999）。Re-Os 同位素证据表明，热点玄武岩中具有俯冲成分，洋中脊玄武岩成分也存在不均一性。地幔不均一性形成因素包括，从橄榄岩中提取石榴石、形成玄武岩和洋壳、熔融时去气、相对下伏地幔的玄武质地壳富集以及与水圈的相互作用。俯冲作用是洋壳和亏损地幔可能在地幔底部形成一个长期储库的机制。模拟研究表明，在 5 个储库模型（地幔、陆壳、大气、再循环的洋壳和再循环陆壳）中，这种再循环机制可以解释 Rb/Sr 和 U/Pb/He 体系中观察到的变化（Coltice and Ricard，1999）。假设“原始”氦同位素特征（高 ^{3}He/^{4}He）是由贫铁岩石的贫化特征引起的，^{4}He 增量较低（Albarede，1998）。该模型的另一个特点是，它完全基于板块构造过程，而没有引入暂时的化学不均一性或物理分离机制。但这一模型缺少产热元素，且没有明确的解决方案，因为 D″体积小，需要非常高浓度的放射性元素，这将导致快速的不稳定性。此外，U 消耗可能不足以解释许多热点的高 ^{3}He 特征，这仍然需要诸如来自地核的氦气通量。

地震学研究表明，化学不均一性的位置可合理延拓到地球深处。地核形成了多个特征的储库。核幔相互作用是基于 ^{186}Os 异常提出的，地核可能是其他各种异常的来源（Brandon et al.，1998）。另外，地核中储存了潜在的放射性 K 元素（Bukowinski，

1976)，这允许地核维持高热流，以补偿现今稳态热平衡中缺失的热量。Porcelli 和 Halliday（2001）认为，鉴于硅酸盐固体和金属液体之间目前缺乏确定的稀有气体配分资料，难以将地核单元作为地核形成期间大量稀有气体的源区，并将大量稀有气体再释放到地幔对流系统中。目前，来自地核的稀有气体输入和提取，都还需要经过检验，包括硅酸盐层中需要非常高的稀有气体浓度，以便在地核形成期间，充分分配到金属相中。^{3}He 和 ^{22}Ne 的分配和释放过程，必须在接近太阳比率下发生（Honda et al.，1991），而不会显著影响 OIB 或 MORB 的痕量元素模式。支持高 $^{3}He/^{4}He$ 来源地核的唯一可用研究结果是，夏威夷 $^{186}Os/^{188}Os$ 和 $^{3}He/^{4}He$ 之间的弱相关性（Brandon et al.，1998）。目前，核幔相互作用的物理和化学特征尚未得到很好的理解，因此，化学不均一性的地核起源模式还停留在推测阶段，而不能替代大洋玄武岩地球化学研究提出的解决方案。

由于低应力、低温或低含水量，可隔离局部具有高黏度的区域，强烈依赖温度和应力的矿物变形过程被认为是保持化学不均一性的关键因素之一。实质上，这与地核单元模型（Tatsumoto，1978；Schubert and Spohn，1981）相似，其中，假设大尺度对流是通过边界层驱动的，同时不受地核干扰，除非通过一个独立的大流量地幔柱，夹带这些已经被隔离的物质上升。然而，这种地幔柱几何形状如何能够在依赖时间的对流中保留下来仍然不清楚。一些研究指出，牛顿流体和非牛顿流体混合行为存在差异，这些流体通常表现出非牛顿流体的低效混合（Ten et al.，1997）。对短期尺度过程，这种影响似乎起主导作用，但不清楚这是否足以长期维持大规模的化学不均一性。对于地球动力学模型来说，尽管取得了很大进展（Tackley，2000），但真实依赖温压的流变学一直没有得到解决，仍然是一个重要的挑战。

地幔演化的地球物理和地球化学研究之间的一个重要区别是，地球物理资料可揭示现今的地幔结构，而地球化学提供了地幔系统的时间演化。大部分地史时期，地幔对流都具有分层特征（Allègre，1997），尽管人们很青睐这个模型，但人们尚不完全清楚这种对流如何演变以及它如何与地表地质学研究相结合。按照该模型推测，分层地幔对流体系的分隔作用将提高下地幔温度，这对板块构造和火成岩形成温度产生巨大影响。然而，这些特征都没有被很好地观察到（Abbott et al.，1993）。

放射性元素深部储库的一个重要反论是，这些区域会升温，并与大规模对流混合。但这可以通过有效冷却方式来抵消，如 Becker 等（1999）的斑块模型那样，通过增加表面积的方式；或者说，通过高效传导和辐射的方式。从动力学角度看，如果温度和压力随深度增加，地幔中“对流”和“辐射”之间也逐渐过渡，而这是地震学方法无法检测到的，深部对流强度大大降低，这有利于热有效传导和化学不均一性保持。对流强度减弱，还可使地幔最底层的大型“超级地幔柱”（实际可能不存在，而是成分异常产生的 LLSVPs）区域保持稳定（Matyska et al.，1994）。然而，传导和辐射是否能够支配深部地球的热传输还不太清楚。同时，晶格振动的电导率随着温度降低而降低，并随着压力增加而增加（Anderson，1989；Hofmeister，1999）。所以，电导率随整体地幔深度增加而增加，但增加量估计小于4倍，这相对于对流热传输来说太小。辐射对电导率的贡献随着温度增加而强烈增加（Shankland et al.，1979），但由于晶界散射的影响和过渡金属（如Fe）的不透明度，辐射下降。一般来说，与晶格振动传导相比，辐射效应被认为是较小的（Katsura，1995；Hofmeister，1999）。

2.4.4.6 地壳物质循环导致的地幔不均一性

地幔内的元素和同位素多样性可能与洋壳、岩石圈和沉积物通过板块构造过程再循环到地幔有关。过度加厚的陆壳榴辉岩的部分拆沉是地幔再富集的一个重要过程。随着时间的推移，洋中脊和火山岛部分熔融物的提取，有助于地幔同位素特征更加多样性。根据放射性Pb、Nd和Sr同位素，对洋岛玄武岩的研究定义了5种地幔组分或储库：①MORB（亏损或正常的MORB）；②HIMU（高μ，其中μ是$^{238}U/^{204}Pb$）；③EMⅠ；④EMⅡ；⑤具有低时间积累U/Pb的LOMU（低μ）。

富集是指比原始地幔（全硅酸盐地球）高的时间积累的Rb/Sr、Sm/Nd或（U、Th）/Pb比值。地幔组分的多变性，包括MORB、FOZO、HIMU、EMⅠ和EMⅡ，是基于Sr、Nd和Pb同位素研究确立的。但是，利用Hf、Os、O和He同位素的进一步研究揭示了这种五组分分类的局限性。已经提出了大量其他地幔储库：DUPAL、FOZO（focal zone）、C（common mantle component）、PHEM（primary helium mantle）、LOMU等。大部分都归因于地幔柱，或下地幔，或核-幔边界。但是，同位素不能限制这些同位素特征来源的位置、深度、原岩或岩性。这些成分被认为是独立的储库，如DMM（亏损的MORB地幔）、DUM（亏损的上地幔）、EM（富集的地幔）、PM（原始地幔）、PREMA（普遍的地幔）等。

除了MORB，在一些热点活动形成的岛屿（夏威夷、冰岛、戈尔戈纳）和大陆溢流玄武岩底部也有各种亏损岩浆，包括苦橄岩和科马提岩。许多热点玄武岩具有非常低的^{3}He浓度和低的$^{3}He/^{4}He$同位素比值。在同位素地球化学研究中，通常假设上地幔是亏损的MORB的来源。因此，除了亏损的MORB之外，任何其他类型岩浆都必须来自深部地幔。理由如下：MORB是最丰富的岩浆类型，它被动地在洋中脊溢流，因此，MORB来源深度必须是浅的地幔。MORB一度被认为是地幔岩浆中的一个常见成分，这种常见成分最可能的位置是最浅的地幔。早期的质量平衡计算表明，大约30%的地幔被熔体萃取耗尽。如果这对应大陆地壳的移除，那么相当于660km深度以上的地幔均是亏损的。

大部分地幔不是玄武质或饱满的橄榄岩（没有足够的钙、铝、钠等）。70%~

90%的地幔是亏损的，以解释大陆地壳中某些元素的浓度以及大气中^{40}Ar的含量。富集型玄武岩在新的洋中脊或大陆裂解时首先出现，富集的 MORB（E-MORB）沿着扩张的洋中脊出现。富集岩浆组成的洋岛和海山出现在洋中脊附近，显示了化学和同位素不均一的浅部地幔。板块构造运动不断地俯冲沉积物、洋壳和岩石圈，并将它们再循环回地幔。俯冲带过程通常也使得玄武岩和橄榄岩被改造。大陆上地壳也可在海沟处进入俯冲隧道，下地壳通过拆沉和物质侵蚀作用进入地幔。地幔中的一些熔体和气体因被捕获而无法到达地表。被捕获的熔体和气体是人们可能会在地幔岩石中发现的一些成分，这些成分具有独特的微量元素和同位素特征。

基于海洋和大陆岩浆定义的同位素成分端元可能对应于一些地幔物质混合。HIMU 可能代表古老的再循环热液蚀变洋壳，在俯冲过程中，脱水并转化为榴辉岩。相对于 MORB，它的 Pb 和 K 亏损，U、Nb 和 Ta 富集，并且具有高的$^{206}Pb/^{204}Pb$和$^{207}Pb/^{204}Pb$比值。EMⅠ具有极低的$^{143}Nd/^{144}Nd$、中等高的$^{87}Sr/^{86}Sr$和极低的 Pb 同位素比值。EMⅠ型地幔包括再循环的洋壳加上百分之几的远洋沉积物或者交代的大陆岩石圈，如皮特凯恩和沃尔维斯海岭。EMⅡ含有中度的 Pb 同位素组分，具有丰富的 Nd 和 Sr 同位素特征，如萨摩亚和塔哈（社会群岛）[Taha（Societies）]，凯尔盖朗地区倾向于 EMⅡ型。EMⅡ型地幔可能是含有百分之几的大陆沉积物的再循环洋壳。LOMU 与 EMⅠ的区别在于其异常高的$^{87}Sr/^{86}Sr$和$^{207}Pb/^{204}Pb$比值，以及非常低的$^{143}Nd/^{144}Nd$和$^{177}Hf/^{176}Hf$比值，这表明是一个古老的大陆来源。EMⅠ、EMⅡ、LOMU 和 HIMU 及其混合物被称为富集地幔组分，所有这些均可能包含来自大陆的再循环。LOMU 是一种古老的成分，具有低$^{238}U/^{3}He$比值。与 MORB 等高$^{238}U/^{3}He$含量成分相比，随着时间的推移，LOMU 保持了高$^{3}He/^{4}He$比值。这种成分很可能是 U 和 Th 亏损的橄榄岩，或者是富含圈闭二氧化碳包裹体的堆晶体。同时，一些来自洋岛的同位素数据（Sr、Nd、Pb）形成了一系列不同的同位素有限区域，这些区域被赋予了不同的名称，包括 C、FOZO 和 PHEM。

2.4.4.7 地幔的不均一熔融

地幔不均一性研究的重要性在于：揭示出地幔过程和熔融析出的过程完全不同于通常假定的均一物源。洋壳注入地幔产生的不均一性主要是洋壳及其互补的亏损地幔的二元性。洋壳玄武岩组分在上地幔压力条件下形成榴辉岩，榴辉岩比一个典型上地幔的平均地幔组分橄榄岩熔化温度低（图 2-76）。因此，由于不均一的榴辉岩和橄榄岩混合物在洋中脊增多，榴辉岩先熔融，且在橄榄岩熔化之前大部分已熔融，甚至相对于均匀源区可能发生更多的熔融。

在 21 世纪的前 10 年，岩石学和地球化学的研究重点关注不均一源区熔融的问

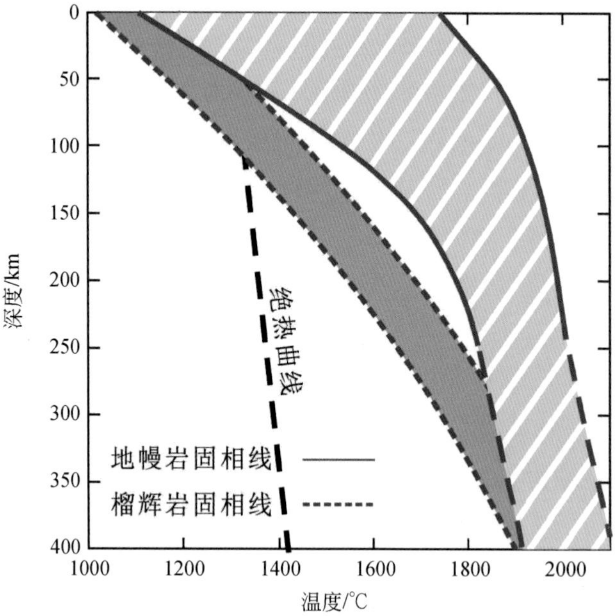

图 2-76　平均地幔组成的地幔岩和洋壳俯冲到上地幔形成的榴辉岩的固相线（下部）和液相线（上部）
固相线指熔化开始的温度，液相线指熔化完成的温度，包括一个近似固体绝热线（Yasuda et al.，1994）

题（Sobolev et al.，2007；Spandler et al.，2008）。一个关键因素是，源自榴辉岩的熔体不会与周围物质——橄榄岩达到化学平衡。因此，熔体与橄榄岩反应形成中间成分的组合，中间成分可能固结，产生“衍生物”，即二辉橄榄岩和辉石岩的混合物（Yaxley and Green，1998；Pertermann and Hirschmann，2003；Sobolev et al.，2007）。如果这些组分在洋中脊继续增多，可能再熔融，并与来自橄榄岩熔体的组分混合。这一过程的最终产物有可能是一个类似于熔体平均成分组成的均一来源组分。但是，并不是所有的中间组分都能再熔融，或者一些榴辉岩起源的熔融物质可能与橄榄岩熔体没有完全混合就到达地表。

不均一性确实有助于 MORB 和 OIB 的形成，但是，熔体的不均一性经常与周围的橄榄岩处于不平衡。同样大量熔体可能不会产生在洋中脊，因此可能被圈闭在地幔内部，发生内部再交换。

（1）不均一地幔的熔融作用

在讨论不均一性地幔熔融前，假设均匀源区熔融作用有助于描述洋中脊下的熔融过程，概念图如图 2-77。随着在洋中脊下熔体组分被动增多，其开始熔融的压力逐渐减小，换句话说，绝热温度线与地幔岩（橄榄岩）固相线相交（图 2-76），作用发生在大约 60km 的深度。

洋中脊的火山喷发区非常狭窄，只有约 10km。然而初始熔融区域则很广泛。上

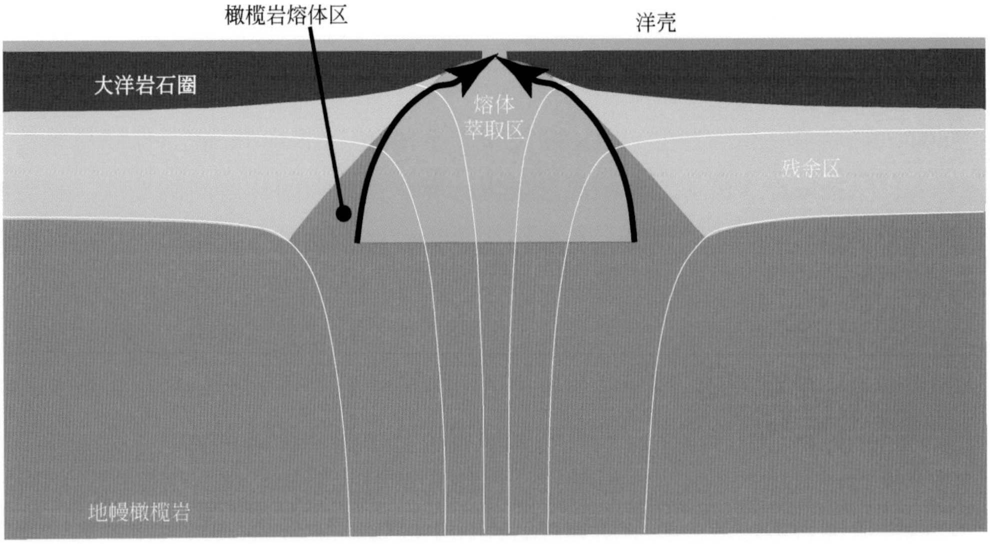

图 2-77 洋中脊下熔融概念模型（Davies，2009）

假设均匀源区熔融，曲线是流线

升熔体不断“集中”到狭窄的喷发区，否则很难解释洋壳的厚度。这主要是因为洋中脊下不同流体的汇聚形成向脊轴的挤压力（Spiegelman and Reynolds，1999）。

熔融区的熔融速率与地幔物质垂向上升速率成正比。随着离轴流线曲线由弯曲变为水平，熔融作用的速率将接近零。一些离轴远的熔融可能与洋中脊的不同。经过熔融区的一些组分被萃取出来，残余物与上覆板块一起发生侧向移动。大洋岩石圈离轴的熔融作用将限定在热边界层顶部，并通过传导向下延伸。

（2）榴辉岩熔体反应和非平衡性

不均一源区的熔融作用中，榴辉岩熔体与橄榄岩反应，根据熔体与橄榄岩相对比例，可能产生一系列的组分，从二辉橄榄岩到辉石岩、石榴辉石岩甚至榴辉岩。然而，Sobolev 等（2005）提出，这些组分将形成一个相对均一的辉石岩，大约 50% 榴辉岩变成一个榴辉岩熔体组分和橄榄岩，或称为混合辉石岩（hybrid pyroxenite）。

一些源于榴辉岩或辉石岩的熔体到达了地球表层，没有完全达到均质组分。Takahashi 等（1998）得出哥伦比亚河玄武岩源于地幔柱头部的低熔辉石岩。Sobolev 等（2005）认为，夏威夷盾形玄武岩（shield basalt）中异常高的 Ni 和 Si 成分，与缺失橄榄岩组分的次生辉石岩源区的一致，夏威夷地幔柱中，当循环的洋壳与橄榄岩熔体混合时，可形成这样的源区（Hofmann and White，1982）。其他研究认为，小型近脊海山可出现在洋中脊下部熔融区的边缘，由循环洋壳非均一熔融而产生（Zindler et al.，1984；Niu and Batiza，1997）。Salters 和 Dick（2002）认为，除残留的橄榄岩外，如果不设想为完全熔融形成更富集组成——辉石岩和榴辉岩，那么无法单独用西南印度洋的深海橄榄岩熔融解释洋中脊附近玄武岩的 Nd 同位素。

Os 同位素研究表明，榴辉岩中大量保存有非平衡特征的玄武质组分（Kogiso et al., 2004；Sobolev et al., 2005）。Os 同位素几乎与 Sr、Nd 和 Pb 放射性同位素近于线性相关，这被解释为流体之间的混合成因，而非流体和固体之间的反应。这意味着，榴辉岩熔体可顺利通过橄榄岩基质到橄榄岩熔区，直到到达橄榄岩熔融区，甚至近表层岩浆房。

Kogiso 等（2004）详细分析了相关的物理环境，在这个环境中，考虑到榴辉岩岩体大小、固体和流体的扩散率以及熔体的 CO_2 是否饱和等因素，榴辉岩衍生的熔体可能残存于初始熔融过程中，也可以通过橄榄岩基质保存于通道。总之，如果榴辉岩的厚度大于 10m，其他熔体将凝固而保留在地幔，那么榴辉岩衍生的熔体可能达到较浅的橄榄岩熔融区。较小榴辉岩岩体产生的熔体或 Si 不饱和熔体最有可能封存在地幔中。但可迁移的熔体可以通过相对狭窄的通道，并通过前期榴辉岩熔体形成时的反应区，而与周围的橄榄岩相隔离，如图 2-78 所示。

图 2-78　熔融的榴辉岩块迁移的示意（Davies，2009）

熔体与周围的橄榄岩反应并凝固。有些可能会完全反应，并圈闭在地幔中。然而，大量地幔熔体可能会形成一个反应区，随后熔体脱离反应区，上升并进入透入性橄榄岩熔融区，这个区带允许熔体多孔流动

如果榴辉岩衍生的熔体经过通道时没有与周围橄榄岩反应，榴辉岩和橄榄岩之间的化学不平衡仍将存在。这意味着，一些观察认为榴辉岩衍生的熔体会保留一些榴辉岩来源的特点，以及一些橄榄岩不会反映榴辉岩源区的微量元素组成。这对地

幔地球化学的解释具有重要意义。

（3）熔体圈闭和再循环

Kogiso 等（2004）的研究表明，一些熔体可能与橄榄岩基质反应（图 2-79），凝固但不会重熔。接近扩张中心的物质可能会上升到地球表面，因此会重熔和被萃取。虽然非均一性区域的熔体可以迁移，但只有上升到橄榄岩熔融区时，才可能被抽取，因为橄榄岩熔体会形成连通的网络，使得非均一性区域来的熔体穿过。

榴辉岩和混合辉石岩类型比橄榄岩开始熔融的深度更深时，开始熔融发生在约 110km，所以它们的熔融区将更大（图 2-76）（Yasuda et al.，1994）。远离扩张轴，不均一地幔不会在浅部发生部分熔融，也不会进入地幔橄榄岩熔融区。这种组分随后迁移而不重熔，图 2-79 展示熔体如何被包裹或裹挟。榴辉岩熔融发生于橄榄岩熔融区以外，并形成不连接的斑块。较大的榴辉岩块可能迁移，但它很难到达地球表面。因为榴辉岩部分熔融区比橄榄岩更深、更宽，榴辉岩产生的大部分熔体，或者混合了辉石岩的物质，将会上升通过橄榄岩部分熔融区，并可能停留在地幔中。如果橄榄岩比橄榄岩衍生物更耐熔，这种影响将加强，这通常被假定为一个均匀的熔融模型。这是因为难熔的橄榄岩熔融浅于 60km，很难捕捉到辉石岩的衍生物。

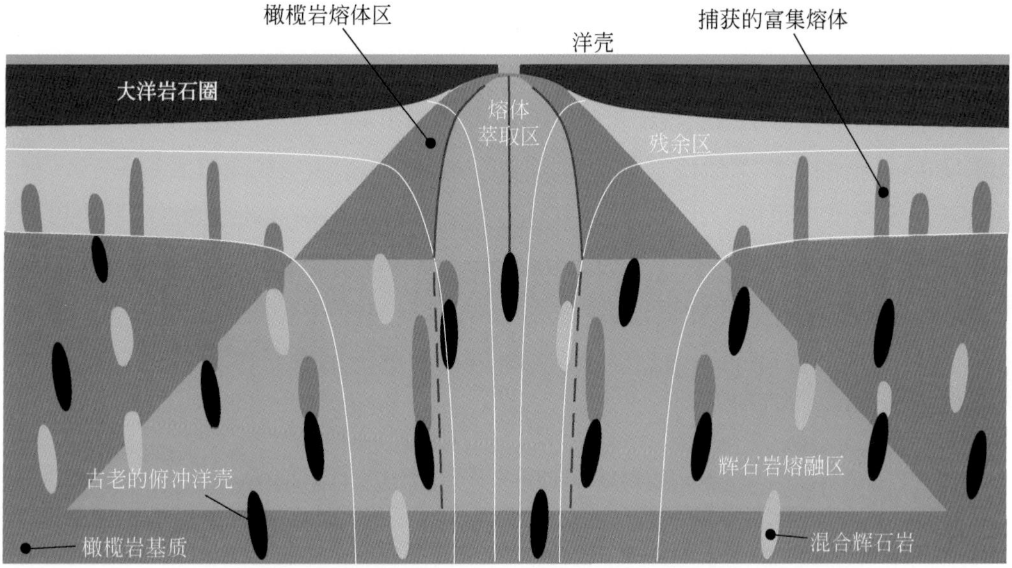

图 2-79　洋中脊下非均一源区的熔融作用示意（Davies，2009）

有榴辉岩参与混合的 MORB 地幔源区，比橄榄岩源区，具有更深的熔融范围。产生的一部分熔体可能不能被萃取，并形成混合辉石岩。多种成因的混合辉石岩可能重新回到熔融区

图 2-80 说明大量混合辉石岩将在地幔内循环。随着时间的推移，一些将返回洋中脊熔融区，且可能被熔融。因此，将产生多种混合辉石岩组分，并大量积累。组

分进入熔融区将不是两个，而是有三个主要组成部分：橄榄岩残留物、俯冲洋壳和混合辉石岩。俯冲洋壳和混合辉石岩都携带不相容元素。图 2-80 描述了两种不同的地幔不均一性特征。

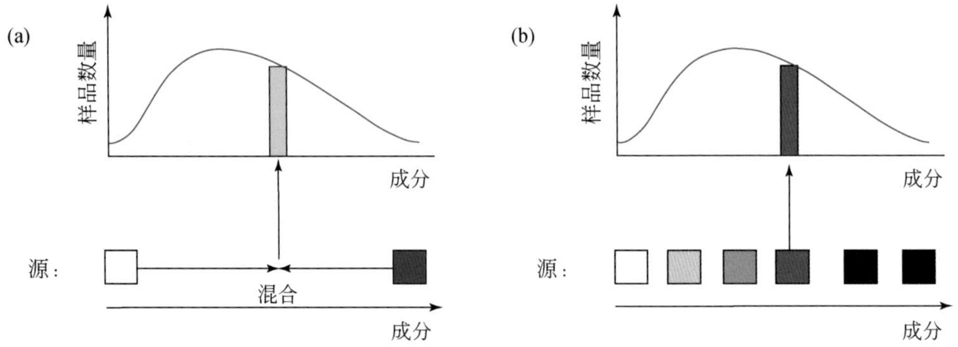

图 2-80　地幔源区的相反模式（Davies，2011）

（a）喷发前两个储库的混合物质形成的样品；（b）非均一的中性成分的直接产物

2.4.4.8　地幔柱不均一性

目前对 MORB 源区平均成分的估计还有相当大的不确定性，但来自地幔柱起源的 OIB 成分说明，地幔不均一性的 25% 可能来源于没有熔融的地幔柱物质，这些未熔融的物质又返回地幔，能够显著地增强地幔不均一性。

表 2-9 显示，对于 Nb、Th 和 U，不同种类 OIB 的丰度与 MORB 相比，夏威夷 OIB 呈 2 ~ 3 倍的富集，然而其他 OIB 呈 10 ~ 40 倍的富集，平均值大约是 20。更高的含量一定程度上可能是由相对低的熔融产物引起的（Hofmann，2003），所以相关地幔柱的平均含量可能高估了。表 2-10 显示，地幔柱组分加入会导致 MORB 源区组分 2 ~ 10 倍的影响效应。如果地幔柱以 MORB 亏损地幔相关的 3 ~ 5 倍富集，那么不相容元素的地幔浓度平均值以 1.5 ~ 2 倍增加。更大的含量在现阶段还难以排除（Davies，1999）。

表 2-9　地幔柱成分的富集特征（Hofmann，2003）

地幔柱	Nb	Th	U
夏威夷/N-MORB	2.2	2.9	2.4
EMⅠ/N-MORB	13	24	15
EMⅡ/N-MORB	11	42	24
HIMU/N-MORB	17	28	18

注：数值取自图 2-48，N-MORB 表示正常 MORB；EMⅠ 表示Ⅰ型富集地幔；EMⅡ 表示Ⅱ型富集地幔；HIMU 表示高 $^{238}U/^{204}Pb$（White，1985；Zindler and Hart，1986）。

表 2-10　地幔柱成分对 MORB 源区富集的影响（Davies，1999）

地幔柱物质富集	MORB 源区富集
2	1.25
3	1.5
5	2
10	3.25

注：富集因子与“从正常 MORB 推断的亏损 MORB 地幔”有关。假设地幔柱物质占 MORB 源物质的四分之一。

第3章 固体地球驱动机制

1968年板块构造理论诞生，50多年来该理论取得了辉煌的科学成就，其中，地幔对流是板块驱动力、岩石圈板块是刚性为板块构造理论的核心。板块构造理论提出之初就认为，驱动板块运动的终极动力源是地幔对流，从而突破了大陆漂移学说未能解决大陆漂移驱动力的缺陷，也符合海底扩张学说提出的洋中脊岩浆上涌推动海底扩张、大陆被动漂移的动力学机制，特别是瓦因–马修斯–莫雷磁条带成因假说推动了海底扩张学说被普遍接受，从而也使地幔对流驱动板块运动的观点得到了广泛接受。但是，板块构造理论也遗留了三大难题：板块起源、板块登陆和板块动力。

板块驱动力的地幔对流模型是通过类比烧杯中热水循环而获得的灵感，迄今为止地幔对流虽然被数值模拟广泛检验，但仍没有得到大洋钻探或地质界的证实。因此，如何证实板块驱动力就显得非常重要。

1968年8月11日是DSDP开启的日期，DSDP的最初目的是1957年为实现钻穿莫霍面的梦想而倡议的MOHOLE（莫霍计划）的持续，但因当年板块理论的提出引起巨大轰动，其实际目的是检验板块构造理论在动力学上的合理性。然而，50多年过去了，很难说DSDP、大洋钻探计划（ODP）到国际和综合大洋钻探计划（两个IODP）已经实现这个目的，只能说在洋底运动学检验上取得一些成就。如今，已进入E级超算时代，人们以为大量地幔动力学数值模拟完全证实了地幔对流动力问题，各种动态模拟结果也很炫酷，甚至用上了虚拟现实、增强现实、全息仿真等现代技术，但板块驱动力探索在本质上没有随着技术飞跃而取得突破，实际上并没有从根本上阐明为什么地球具有板块构造或驱动地球运行的基本动力学机制是什么。

板块驱动力到底是什么，这个根本问题依然处在激烈而旷日持久的争论当中。尽管提出的各种驱动力机制名目繁多，从当初的地幔对流的黏滞拖曳力、洋中脊推力，到后来的俯冲拖曳力、相变、地幔柱驱动、地幔上涌、小尺度对流；特别是还有一些学者强调外动力，如陨石撞击是板块运动的起因等。为此，本章试图梳理板块驱动力问题本身的来龙去脉，侧重探讨这个问题的本源、本质和未来趋势。

目前，对于板块驱动力的探索，甚至延伸到现今地球系统运行的最根本驱动力问题探索，再延伸到早期地球的地球系统运行的最根本驱动力问题探索，进而人们在追求全地史整体地球系统运行的最根本驱动力问题，而板块驱动力可能只是地球处于板块构造演化阶段固体圈层的阶段性驱动力，但也可能是板块地球系统的一级控制机制。然而，这也并非本书先见，早在1916年中国地质事业的开创者章鸿钊、翁文灏主编的《地质研究所师弟修业记》中就有地球系统运行动力根本上应为构造动力的观念，他们描述道“地质构造固与地质系统息息相关者也，也言其研究之序，则系统为先，而构造之后；考其进化之原则，系统为果，而构造为因……我国各时代之变迁与由是而及于地质构造之影响……”（吴凤鸣，2011）。为此，本章题为“固体地球驱动机制”，但讨论的问题超越板块驱动力，不局限于岩石圈圈层，也是为了给读者提供更大的视野来看待地球系统演化的动力学问题。

3.1 板块驱动力问题的本源

要系统说明板块驱动力或地球系统动力学问题，还得从问题的本源开始谈起。这里面涉及人类早期蒙昧时代对本星的认知，以及地质学建立之后的早期固定论与后期活动论的长久之争。

3.1.1 固定论的动力问题本源

3.1.1.1 唯物论与唯心论

神话，是人类启蒙时期企图探索自然、解释自然现象的思维结果（许汝纮，2019）；或者是原始先民通过原始思维探索自然环境和社会环境所讲述的故事（袁珂，2019）。人类最初对于地球的认识是朴素的、唯物的。后来，因为对恶劣环境的畏惧，或对自然的敬畏，或对自然模糊不清的理解，逐渐转为了唯心趋势，且地球一切皆由神创的“神创论”占据了人类已有历史的绝大多数时间，地球上的一切都是“神力”驱动的。因为人类对自身所处生存环境的认识，源于狂风、暴雨、响雷、闪电等自然威力，它们给原始社会的一代代人类带来恐惧，人们祈求风调雨顺，所以想象有个风神、雨神、雷公或电母在制造、运行、管理和控制这个地球，并相信有一个至高无上的万能神在运行控制着地球上所有这些神。这种认识明确记录在徐整的《五运历年记》中，“首生盘古，垂死化身。气成风云、声为雷霆，左眼为日，右眼为月，四肢五体为四极五岳，血液为江河，筋脉为地理，肌肉为田土……”（袁珂，2019）。在国内外的上古神话中，地球上一切都是神话中的神灵、造物主塑造，包括人类自身生命，如夏娃和亚当由希腊神中的普罗米修斯用泥巴捏造而来（许汝纮，2019），中国也有“抟土造人”之说，“盘古开天”也似乎是人们对宇宙起源的早期认知，《三五历纪》记述盘古随顺阴阳二气的变化，“天地浑沌如鸡子，盘古生在其中。万八千岁，天地开辟，阳清为天，阴浊为地”，“天日高一丈，地日厚一丈，盘古日长一丈，如此万八千岁，天数极高，地数极深，盘古极长。”这已经具有后文的活动论、渐变论观念。此外，还有“女娲补天”的神话，记叙了女娲炼五彩石补天的神话，类似 3.1.1.2 节对岩石起源的火成论认知，而《山海经·北次三经》记叙了精卫衔石填海的神话，类似 3.1.1.2 节对岩石起源的水成论认知。所有这些也都体现着人们对地球上一切的运行动力、起源的原初朴素唯物观，可见早期的人类对地球自然自在的客观运行机制的本质一无所知。

但上下 5000 年的人类文明进程中，原始社会浪漫的神话逐渐分野。一是沿着文学化方向发展，如神话小说、风俗民情，都饱含了人类对自然界的大量混沌综合的理解或模糊不解的早期综合思维。特别是，现实自然威力的不可抗拒，浪漫情怀转而对自然崇拜，逐渐演变为原始多神教。二是随着人类社会的发展和理性思考，先转变为朴素而严肃的早期希腊哲学。但由于与自然之间残酷的生存斗争，哲学再分野衍生出宗教，宗教中的上帝在人类历史的原始社会到封建社会的很长一段时间内便成为人们理解世界诞生的主观唯心想象。人类历经石器时代、陶器时代、青铜时代、铁制冷兵器时代，到现在的热核兵器时代、信息时代、人工智能时代，人类在发展历程的不同阶段充分利用了不同的地球物质；从混沌认知中的神话意识、巫术萌芽，到宗教形成、礼法典律与现代法律的制定，将自然运行规则转变为了社会运行规则，历经唯物—唯心—唯物的认知循环；从茹毛饮血到兴修农田水利，积累了土壤知识，从事了火山、地震等自然现象观察，先思考了地表变化的动因，18 世纪后才逐渐开启对地壳、逐渐深入到地幔变动原因的由表及里的科学探索。地质学的经验和知识就是在这个历史长河中通过长期的实践积累起来的。

地球驱动力的唯心论在《圣经》中就有记录，其原文中希伯来词“CHUG”的意义是“圆圈”“球体”。这一希伯来词包含科学的真理，那就是“地球是圆形的，是一球体”。可见，早在 3500 年前人类就意识到地球是圆球形，并悬在空中旋转，地球在宇宙中小如微尘。然而，在哥伦布以前，许多人还曾认为地球是平的，中国也曾有“天圆地方”一说。很明显，这并不是从当时的科学里获得了这一信息，因此当时的人们就始终认为这个信息必定来自一个更有智慧的源头，来自创造天地万物的“上帝”，“上帝”安排了地球的一切。

但实际上，最早坚持地球是圆的智慧人物是 2600 多年前的希腊哲学家毕达哥拉斯（Pythagoras）。可见，地球驱动力问题的最早源头应当是人们早期的宇宙观或地球观，是一系列古希腊哲学家的哲学思想。在古希腊、罗马和中国春秋战国到西汉时期，均已有地质作用及地壳物质的科学记载和解释。古希腊哲学家希罗多德和亚里士多德等已注意到地震、火山以及海陆变迁的现象。中国古籍《山海经》《禹贡》和《管子》等对于矿物、岩石、土壤以及铁、铜、金、银等矿产都有较为丰富的记载。《管子》一书已注意到矿产的共生关系。尽管那时人们的知识只是停留在对现象层面的知识积累，但也已经开始思考地球驱动力问题，并将这些现象归结为当时尚属于哲学层面的水与火两个重要因素。

中国汉代已经开始用煤炭炼铁，并发现了陕北的油苗，提出了地圆学说等。尽管东汉张衡公元132年制成了世界第一台候风地动仪，但没有发展出关于地震发生的理论。随后公元4世纪，中国已有对地表沧海变桑田的海陆变迁思想。从全球看，欧洲5～15世纪处于中世纪黑暗宗教桎梏下，地质学思想发展中断。不过，在波斯，阿维森纳（Avicenna）对矿物形式与分类、山脉隆起和侵蚀、沉积作用等发表了具有现代地质学思维的真知灼见，他认为地震使陆地隆升，还是山脉形成的驱动力，并提出了造山作用。尽管现今人人皆知地震实际是造山的果而不是因，但这在当时是很先进的认识。同时，中国宋代沈括于1086～1093年提出了华北平原的沉积和西北黄土地区侵蚀切割的关系，论述了化石的成因和太行山隆升等地质现象，并根据化石推断了古气候，发现了磁偏角，考察了陕北石油等。意大利是火山多发地带，因此意大利马格努斯（A. Magnusl）首先提出火山作用形成了山脉，但瑞斯特罗（D. Ristoro）于1282年在其《山岳的形成》中的认识又回到了地震是山脉形成的动因。1688年胡克（R. Hooke，胡克定律是其伟大成就，是灾变论倡导者）在其代表作《地震论文和演讲集》中以及1852年法国的博蒙在其《论山系》中都持相同观点。俄国著名学者米哈伊尔·瓦西里耶维奇·罗蒙诺索夫（Михаи́л Васи́льевич Ломоно́сов）最早提出改变地球面貌的力有内外两种，但也认为内部作用就是地震，可导致地壳隆升、沉降、海岸变迁、山脉形成和消失。这个观点与他之前800年的阿维森纳观点相比没有进步。不管这些观点正确与否，这至少是唯物论出发的认识。

欧洲进入文艺复兴时期后，随着工业的发展和对矿产资源的需求，矿物学和岩石学的知识有了发展。意大利的达·芬奇（da Vinci，儒略历1462—1519）对化石作了正确的解释，认为它们是被沉积物掩埋的生物残骸。撒克逊人阿格里柯拉（Georgius Agricola，1494—1555）对矿物学和金属矿脉做了大量研究，他的矿物特征描述为矿物学树立了典范，著有《论金属》巨著，他总结了当时地质学、矿物学和采矿学及冶金学知识，因而被誉为“地质学之父”和“冶金学之父”。实际上，现今的学者依然立足地表的岩石，将其当作地球深部动力的探针，去揭示地球深部奥秘，但这种做法古已有之。随后，关于地球内部，最早是1594年亚历桑德罗·维特洛在《第一层地狱》中将地球内部意象描画为9层，诗人维吉尔在引导受惊吓的但丁走到“第一个围绕深渊的圆圈”时说“让我们继续下去，漫长的道路在敦促我们。”在著名的永恒惩罚史诗中，但丁将地狱描绘成九个同心圆，并根据罪恶的意义逐渐增加强度（图3-1）。这是在宗教统治下对地球最早的圈层划分的想象。

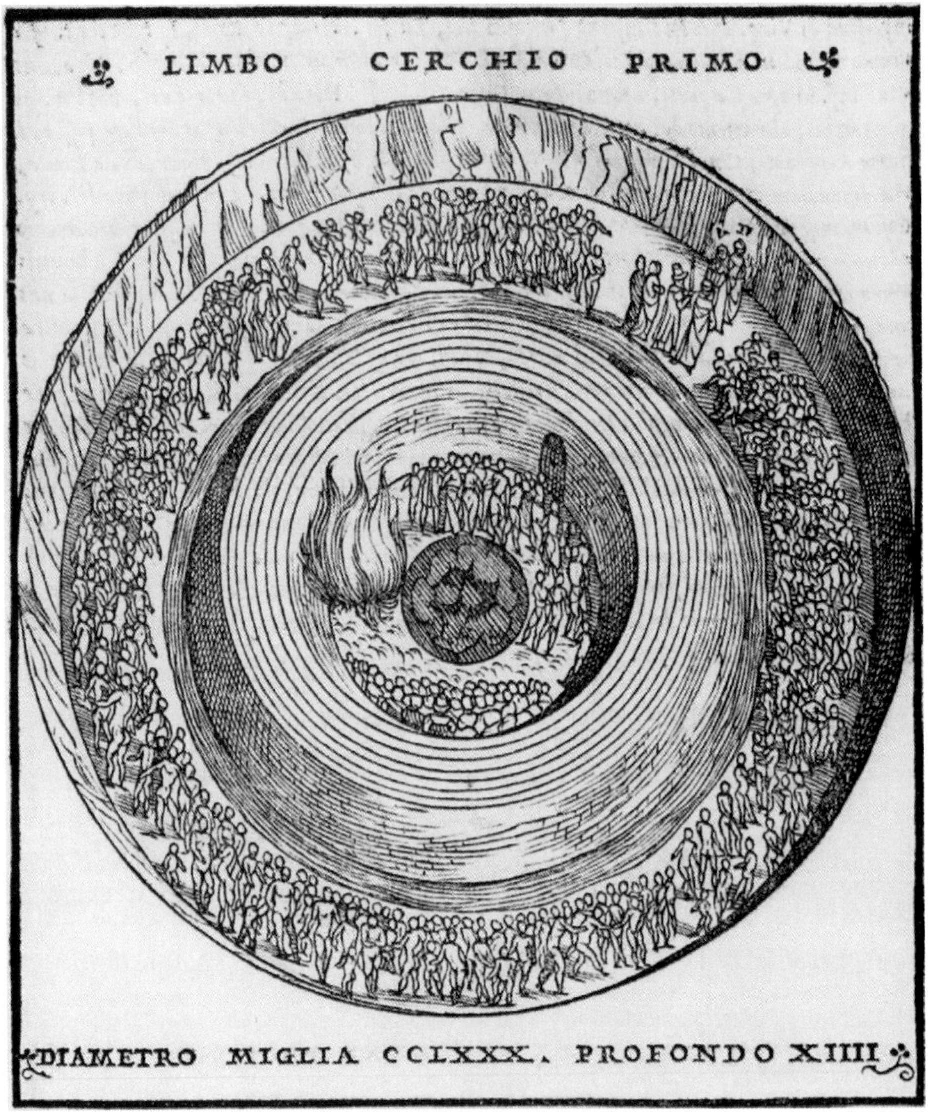

图 3-1　九层地狱的俯视图

此后，笛卡儿（Descartes，1596—1650）提出地球的分层结构，并提出了地球起源和内部结构假说。1664 年 Kircher（基歇尔，1602—1680）绘制的地狱之火的模式图［图 3-2（a）］，是在科学史上对火山成因的最早想象，因为文艺复兴期科学方法才得以涌现。此前，对火山喷发的解释大部分基于宗教信仰。例如，冰岛的 Hekla 山被认为是地狱之门，当地狱之门打开时，火山就爆发，同时，恶魔将应受惩罚的灵魂拖出地狱，扔在冰岛严酷的雪地冷冻，也是为了降低地狱的闷热。随后，至 1668 年，他还绘制了一幅《地下含水层》的地球内部结构图［图 3-2（b）］，发表在《地下世界（12 卷）》的地理学教科书中。此图中间的大型防火装置是地狱（基于那时的地心说，这是离天堂最远的地方），地狱周围是炼狱。外层地壳上的火山提供了空气，也为地球中燃烧的火提供了排烟口，而火山旁边的群山则为这个系统提供了结实的骨架结构。这也是宗教黑暗时代背景下对地球中水与火的最早图示。

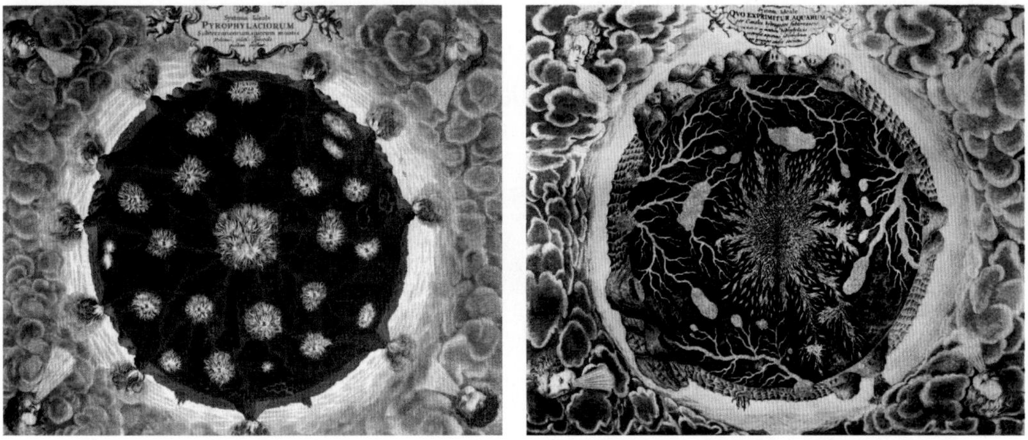

(a) 地狱之火　　(b) 地狱之水

图 3-2　地狱之火和地狱之水

随后，莱布尼兹（Leibuniz，1646—1716）发展了笛卡儿的地球观，并于 1693 年提出原始地块成因有水火两个来源，包括大洋水体、山脉和峡谷都主要是地球冷却收缩所致，是最早的收缩说（contraction theory）、原始海洋说的缔造者。1669 年丹麦学者斯丹诺（Steno）提出陆地沉入海洋，其驱动力是地球重心变动。

但是，直到 17 世纪中叶，欧洲的地质学思想依然处在宗教的严重束缚之下。当时，教会主张天地是在公元前 4004 年由上帝创造的，而诺亚洪水泛滥则发生在公元前 2349 年，因此，提出现存的地表形态都是洪水灾变形成的。这种思想钳制地质学的发展达 100 多年（17 世纪中叶到 18 世纪末），被巴涅特（T. Burnet）发挥到极致并系统化为洪水论。这个时期地质学发展处于唯心主义主导统治地位，以自我为中心的学说认为地球是宇宙世界的中心，如地球中心说，这很符合当时的宗教需求。在此期间，地质学和其他科学一样，在同宗教思想的斗争中逐步得到发展，丹麦学者斯丹诺和意大利学者瓦利斯内里（Antonio Vallisneri）对于层状岩石和褶皱构造进行了研究，认为岩层是一层一层沉积的，斯丹诺提出了著名的“叠覆律”和晶体的“面角守恒定律”，这些地层成因和矿物成因机制成为地层学与矿物学基础。同期，哥白尼逐渐认识到地球并不是宇宙的中心，提出日心说。

应当说这个时期，尽管人们意识到地球是活动的，如海陆变迁、地震火山、风雨雷电等，但还没有从动力学层面来认识这些现象，哪怕是局部动力机制，更别提涉及全球的固体地球动力学问题，总体还处于认知地球表层一些现象的层面。但不得不佩服前人的想象力，如图 3-3 的地球模型，制作于 1712 年，这个构想很类似现今人们对地球圈层结构的认识，与当今的地幔柱模式、板块模式形态上没有大区别。现代的人们不清楚先贤们是如何知道地球核心是个球（A），核-幔边界（B）、地幔（D）、大陆（F、G）、高山（H）、海洋（I，I-太平洋、I1-大西洋、I2-北冰洋、I3-南极洲）在图中也很清楚表达了，也不知道他们如何划分出了连接火山（K）的岩浆源区（E），还有类似地幔柱的水柱（C）。这种地球分层结构与水成地球成因讨论相结合的开端，无疑含有笛卡儿的巨大贡献。

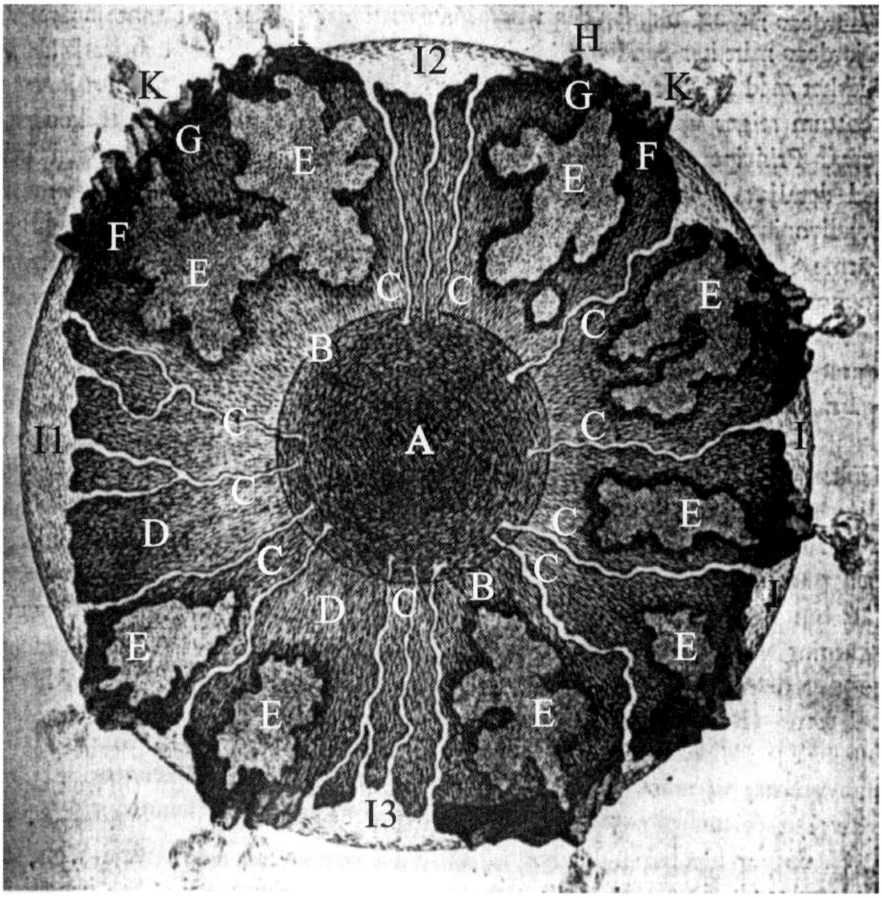

图 3-3　Urban Hiärne 的水成地球模型（Holmiae，1712；Lewis and Knell，2001）

进入 18 世纪，洪积论、水成论占主导统治地位，而康德（Kant）在其《纯粹理性批判》中提出，理性由主观观念指导。尽管他是一种典型的唯心主义与唯物主义的调和者，但他 1754 年对驱动地球自转的动力提出了新认识，认为是受潮汐摩擦而减缓的结果。法国著名博物学家布丰（G. L. Buffon）是唯物主义论者，否定了《圣经》的《创世纪》中上帝创造自然的教义，于 1749 年最早提出地球撞击理论，也开创了现代地质学研究的先河，但他却是水成论者。无独有偶，英国学者赫屯

（Hutton）在《地球论》中也曾提出，地壳运动中起主导作用的是垂直运动，其中地球内热的上升力最为重要。他还于1777年提出山脉隆升是火山作用造成的。可见，他是一位火成论者。他最伟大的贡献是第一次提出了“解释地质现象，只能求助于现在仍可观察到的那些自然力的作用”，即将今论古的地质学原则，完全摆脱了神创论的桎梏（吴凤鸣，2011）。因此，第一场地学革命被公认为唯物主义地球观战胜唯心主义地球观。

3.1.1.2 水火之争

中国《山海经·海内经》记叙了火神祝融、水神河伯、海神禺虢等，可见原始社会对自然的崇拜。在古希腊神话中，普罗米修斯是泰坦十二神伊阿佩托斯和克吕墨涅的儿子，他抟造人类并把神火偷给了人类。宙斯为之恼火，就命令冶炼之神造了一个女人，她叫潘多拉。后来潘多拉打开了神秘盒子，人类罪恶全部飞出了这个盒子。这事惊动了奥林匹斯山上的宙斯，宙斯来到人间调查是否属实，却被吕卡翁戏弄，他满腹怒气返回天庭，命令海神波塞冬引发大水淹死人类。这便是人类记叙的最早的神界水火之争。但在这场战争中，普罗米修斯的儿子和儿媳得到宙斯指示，得以度过漫天洪水；大水退去后，他两人受到地母盖娅的梦示，用石块创造了更为坚强的人类（许汝纮，2019）。这些中外神话实际是最早的唯物认识自然的记叙。而对于水火的理性认识，则源于古希腊哲学的水火之争，是对宇宙本源的唯物论争。开创哲学和科学先河的古希腊“七贤”之一的泰勒斯（Thales）首先提出，水是万物之本源。随后，赫拉克利特（Heracleitos）倡导，万物源于火。可见，水、火之争也历经2600多年，这深刻影响了18世纪诞生之初的地质学认知。在地质学诞生之初，这个论争转变为地质学上的水成论、火成论或侵入论之争（Hallam，1989）。

水成论与火成论之争，发生在18世纪末。争论的焦点在于岩石的形成理论：一方以德国地质学家魏纳（Werner）为代表，强调形成岩石过程中水的作用；另一方以英国学者赫屯为代表，强调火的作用。现今已经知道，岩石主要由三大类构成，除水成为主的沉积岩和火成为主的岩浆岩外，还存在一类变质岩。水成过程和火成过程在岩石的形成中都扮演了重要角色。

德国地质学家魏纳将位于第一系之上含化石的地层命名为过渡层。魏纳是水成论者，认为地壳中所有的岩石，包括玄武岩和花岗岩都是在原始海洋中沉淀和结晶而成的，火山是煤层的燃烧，魏纳对地质学的贡献是第一次对矿物和岩石进行了分类，创造了鉴定方法等。1785年英国学者赫屯发表《地球论》，提出了火成论，认为玄武岩和花岗岩不是水成的，是由地球内部火成岩浆冷凝而成，片岩、片麻岩等则是受地球内部热力影响而变质的水成岩。他指出了火成岩岩脉穿插水成地层以及水成地层被火成岩接触时烤焦的现象。赫屯还认为沉积物是大陆岩石被风化和侵蚀的产物，它们被流水带入海洋形成水成岩，然后又上升到海平面以上，开始新的侵蚀-沉积旋回；地形不是在“洪水泛滥”以后就一成不变了，它们在地质作用下不断地发生变化。他还指出，地球的存在是极其长久的，既看不到它的开始，也看不到它的终结；地质作用的规律和强度在地质历史时期是一样的，“今天是认识过去的钥匙”。他的这些观点被称为均变论。火成学派的观点受到了水成学派的强烈反对。但现今看来，实际上赫屯并未否认水成岩的存在和形成过程，只是在包容了其内容的基础上，提出了新的成因类型，却为已成权威的水成论者所不容。

如今的地质理论中无不认为火、水分别作为内外动力在地质过程中的同等重要性，水循环驱动了地表地质过程，气、液和固态水共同塑造着地球表面。但上地幔条件下，榴辉岩转变为玄武质岩浆，或玄武质岩浆转变为榴辉岩的过程都存在巨大的密度变化，这对全球岩浆作用和构造作用也是至关重要的。然而，学者依然在追求唯一的统一地球动力学理论，争论的焦点尽管变化，但追求的动力起源这个实质问题没变。

3.1.1.3 渐变与灾变之争

灾变与渐变（也称均变论）之争更多关注的是地质过程的争论，发生在19世纪早期。持灾变论观点的学者认为，地球历史上曾发生过多次大灾难，是灾难导致了旧物种灭绝和新物种再生。持渐变论观点的学者认为，物种演化的动力来自微弱的地质作用在地球演变过程中的长期积累，不依靠大灾难也能够发生。

法国生物学家居维叶（Cuvier，1769—1832），是解剖学和古生物学创始人。他于1812年根据对巴黎盆地的古近纪和新近纪地层古脊椎动物化石的研究，提出了灾变论，他认为地层中所表现的古生物突变现象是超自然的巨大灾变的结果，而新的生物群在每次大灾变之后又被创造出来。他的这种观点受到同时代的博物学家拉马克（Larmarck，1744—1829）的批判。拉马克是生物学伟大的奠基人之一，也在同一地区研究无脊椎动物体系，认为环境对生物的发展起重要作用，最先提出生物进化的学说，是进化论的先驱和倡导者。两人对古生物学的贡献是，使得根据不同的化石特点对比来划分不同时代的地层有了可能。英国地质学者史密斯（Smith，1769—1839）此时也根据地层中不同生物化石特征，对比了英国不同地区的地层，于1815年编制出了第一张英国地图。1830年，英国地质学家莱伊尔（Lyell，1797—1875）出版了《地质学原理》一书，也因此被誉为地质学鼻祖，他使得均变论得到了进一步发展，成为地质学的一条基本原理，一直影响到现在。

应当看到，水火之争期间，地质学并未独立成为一个学科，那时，化学知识快速增加，人们在当时的科学技术条件下用化学知识认识地球，产生的争论也不免具有时代烙印。进入19世纪，生物学知识发展了，新的知识面对新的科学发现，因而从生物演进的角度，来争论地球驱动力是快速灾变动力还是慢速渐进动力。而这在当今地球系统模拟技术快速发展的阶段，依然是现今开展地球系统多圈层相互作用的动力学模拟时，跨不同时间尺度跨圈层动力学耦合的障碍，且必须面对的学术思想问题。不可否认，地表系统运行如此之快，而深部地幔的运行在人类个体寿命尺度内难以察觉，不同时空尺度的动力过程存在相对快慢，且渐变与突变过程同在，量变与质变过程交织，难以分割。可见现代地质学依然难以摆脱或漠视渐变与突变之争。

3.1.1.4 固定论与活动论之争

正如前文所述，《圣经》认为，地球的地形在"洪水泛滥"以后一成不变，这是固定论的起点。但正如火成论者赫屯所说，地形不是"洪水泛滥"以后一成不变，而是渐变的，似乎是活动论观点的起始。但是，其当时论战的主题是运动方式之争：大陆和海洋位置是否变化（注意承认"变化"不一定是活动论，因为固定论也承认存在垂向的上下运动）的问题，或地壳运动性质是以水平运动还是垂直运动占主导的问题。但这些争论的本质或焦点应当不是变化，而是变位或如何变位。

固定论的代表学说为地槽学说和地台学说，后来合称槽台说。地槽学说思想始于1859年J. Hall（1811—1898）基于北美纽约州地质（阿巴拉契亚山脉北部）的地向斜成果而提出，当时并没有这个术语。这个地区有四大特征，即巨厚沉积层（12 000m）、浅水相（砂岩等）、沉积序列经历了褶皱作用、部分沉积层发生变质，因此，他假定这是一个巨大的向斜轴（synclinal axis），是由巨厚沉积荷载导致的下拗（图3-4）。他的想法很快遭到一些地球收缩说著名权威的猛烈抨击（Aubouin，1965），因为那时人们的兴趣在于讨论后来流行的引起地壳收缩的驱动力源问题，也就是本书的变形驱动力问题。后来Dana在1873年仔细分析后认为，这些特征确实存在，但他不愿意接受向斜轴的重力荷载成因，而归结为地球收缩说中因地壳收缩产生的切应力所致，并将这个沉降带称为geosynclinal，英语改为gcosyncline，该带是逐渐抬升区域（地背斜，geoanticline）的外带，外带抬升作用正好和地向斜这个沉降带的沉降作用平衡，沉降带褶皱作用是侧向力挤压的结果。这也是现今沉积学领域流行的盆-山耦合机制研究的最早例子。他后来进一步拓展理念，提出大陆是褶皱山链不断向大洋边缘连续拓展-增生形成的，这个观念影响了地质学几十年，也是现今"增生造山带"理念的最早概括。后来，他的思想被欧洲学者Haug采纳，但有所不同，因而形成了两派地槽学说：北美学派认为地向斜形成于大陆边缘，为浅水沉积区，不是一个深水槽（图3-4）；而欧洲学派认为地向斜位于两个大陆之间，具有巨厚深水沉积序列，是个深水槽。

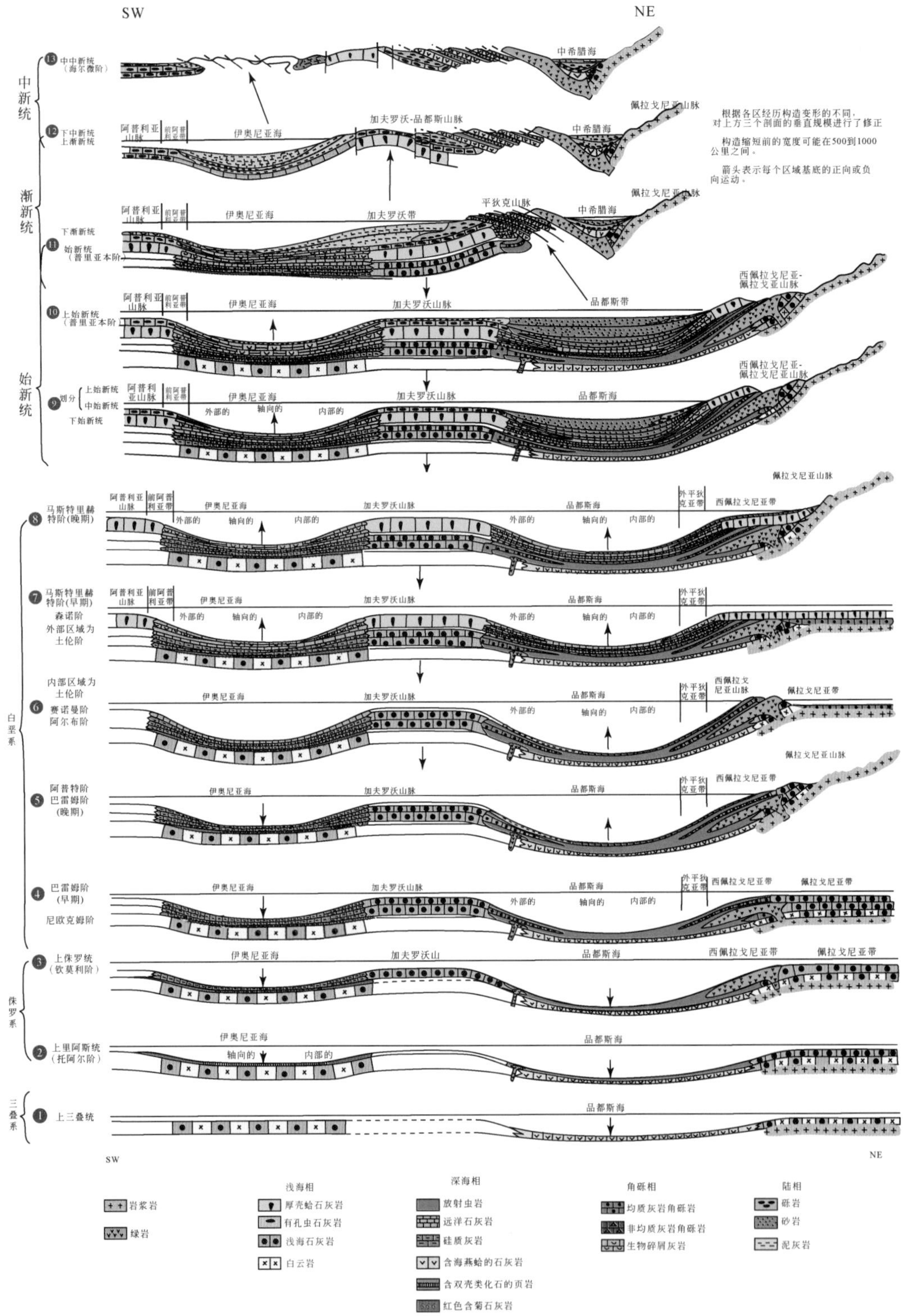

图 3-4　冒地槽-优地槽耦合的古地理演化，以希腊的演化为例（Aubouin，1958）

剖面 1：地槽极性，以早期出现的优地槽为标志；剖面 3：蛇绿岩在优地背斜脊和优地槽接合部位形成；剖面 5：早白垩世末期第一个造山阶段开始，仅局限于优地背斜脊和更多内部区域；剖面 8-13：第二造山阶段期间（马斯特里赫特期和古近纪-新近纪不同时期）造山作用向外迁移后来，Stille（1876—1966）于1913年论证发现，荷载下拗作用不能产生如此厚大的沉积厚度，进而提出必须长期连续沉降才可以达到该厚度，而邻区必须连续抬升以提供物源。后来他还发现一些地向斜会发生抬升，因此认为这是褶皱作用所致，为了区别地背斜（如Alps），给其命名为正地槽（orthogeosynclines），而命名德国地区的为准地槽（parageosynclines），1936年又改称后者为Kraton（德语克拉通）。逐渐地，他认识到地槽具有革命性的一面，也即是造陆现象，进而提出造山和造陆是交替旋回发生，这可能成为20世纪50年代黄汲清的多旋回学说的源头。非造山阶段（地向斜阶段）的火山作用形成硅镁质岩浆，形成绿岩带或蛇绿岩，进而区分地向斜为优地槽（eugeosynclines，有蛇绿岩发育）、冒地槽（miogeosynclines，缺乏蛇绿岩）；地向斜演化到中期阶段，该区出现中性的安山岩等，被花岗岩、花岗闪长岩和闪长岩侵入；演化的最后阶段，该区会出现造山后硅镁质岩浆作用。Stille遵循Kober于1923年提出的这个固化并稳定化的过程，在1936年命名为Kratogen（德语克拉通化），稳定的地壳就叫克拉通。1940年，他又区分出高克拉通（德语Hochkraton，硅铝壳）和深克拉通（德语Tiefkraton，硅镁壳）。1942～1951年，产生了更多复杂概念，M. Kay对这些分类和术语做了系统总结，地槽学说逐渐清晰（Aubouin，1965）。

与此对应，地台（platform）一词由Haug（1861—1927）于1900年提出，但也有人认为是修斯（Suess，1831—1914）1883年在其《地球的外貌》一书中提出的，是在Dana（1813—1895）及Bertrand（1847—1907）分别于1873年和1881年规范化后提出的。俄罗斯学者坚决反对前人提出的地台逐渐生长的模式，因为里菲期前的地台比现今的更为宽广，称泛地台（pan-platform），后来才转变为地向斜，著名俄罗斯学者别洛乌索夫（Beloussov，1907—1990）于1951年称为泛地槽（pan-geosyncline）（Aubouin，1965）。

至此，地槽学说和地台学说逐渐形成对立，此期间三个学派之间的术语不断创新，对比逐渐困难，因为这里面包含对这些构造单元动力成因的不同认识。这两个理论合称槽台学说，是板块构造理论建立之前近100年的主导性地学理论。它之所以归类为固定论，是因为它强调垂直运动，不仅仅陆地永远是陆地，海洋永远是海洋，而且强调各地质单元的位置永远不变（即不发生变位），只做上下的垂直运动。

这段历史中实际存在很多关于地球垂直运动的动力学机制探讨，遗憾的是在板块构造理论建立初期被全盘忽视。例如，最早Hall认为是重力荷载，后来Dana认为是地壳收缩的侧向收缩，还有1926年Daly（1871—1957）提出的深部断裂作用（也就是现代地质概念的拆沉作用，图3-5），类似现代的俯冲模式。而今，人们还在执着探讨乃至用最先进的超级计算技术开展垂直构造（vertical tectonics）的动力学机制模拟，称为动力地形研究，认为垂直隆升是长波长的，与地幔对流或深部地幔中板片过程有关（Liu，2014，2015），如美国大盆区沉积中心和沉降中心的迁移不是岩石圈变形水平运动所致，而是深部地幔中俯冲板片发生迁移的表现。实际上，从 3. 1. 2 节板块构造理论建立后的理论发展史可知，这些早期研究非常仔细而具体地讨论了在板块构造体制或理论下现今人们认为难以理解的克拉通盆地演化和板内变形的动力学问题。看来，现代的人们是受到了板块构造理论认为的“板块内部是刚性”这个理论信条的约束，实际上对比前人认识，某些理论信条是科学理论似乎前进的过程中科学家群体性“认可”的退步内容。

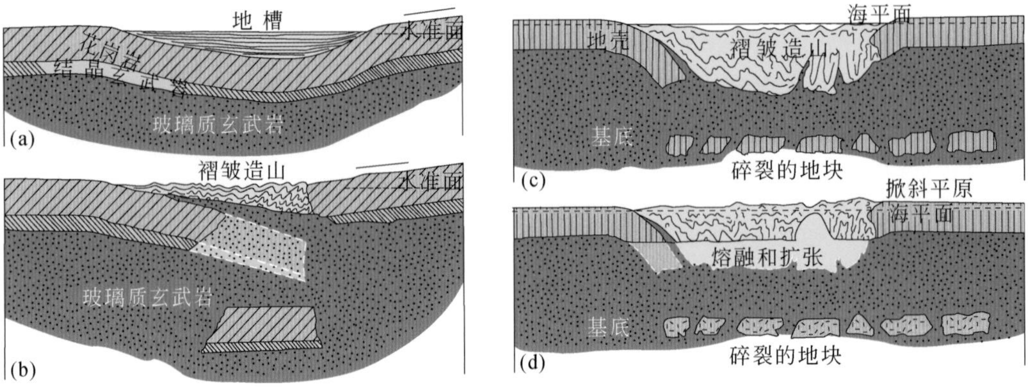

图 3-5　Daly 1926 年提出的深部断裂作用，即层状岩石的地向斜楔形体皱褶作用及大规模地壳块体重力滑动形成褶皱山脉的动力学模式，可见碎裂的冷地块会沉入热的软层中（Oreskes，1999）

现今，人们开展全球板块重建时，依然摆脱不了固定什么、移动什么的做法。选择固定参照系才可能认识运动的绝对性或相对性。固定中的相对活动，活动中的相对固定，在时空上，变化万千，这必然涉及不同尺度的驱动力问题，特别是多尺度地球系统动力学不得不面对的历史难题。但是，在固定论之前，早就有活动论想法，达·芬奇很早就注意到海岸线不是固定不变的，并提出“沧海桑田”之变是地壳运动的结果。这似乎也说明，达·芬奇很早就认识到地球表层系统的面貌是由地球深部动力控制的。

3. 1. 1. 5　膨胀说和收缩说、脉动说

固定论者很早意识到地球可能是不断收缩的，也就是后来人们在探索地球形成起源过程中意识到的“地球在不断发生热衰减”。收缩说是指地球由于不断变冷而收缩的大地构造假说，由艾利·德·博蒙（1798—1874）于 1829 年提出，为了解释地壳和岩石的褶皱和逆冲现象。随后，物理学家、地球物理学先驱开尔文（Lord Kelvin，1824—1907）提出了地球冷凝的物理模式。19 世纪下半叶以来，丹纳认为，地槽是在地球收缩而形成的坳陷基础上演化的，修斯对全球刚性地块和柔性地带构

造变动的成功解释，尤其是欧美各地推覆构造的发现，使收缩说思潮大为高涨，与地槽–地台学说一并，成为19世纪末至20世纪中叶的主要大地构造学说。

实际上，收缩说始于16世纪左右，当时有人将地球表面褶皱的山脉比作苹果干瘪的表皮皱褶，认为其道理相同。在艾利·德·博蒙提出收缩说后，杰弗里斯对此说加以了表述。18世纪康德–拉普拉斯的星云说问世后，许多地质学家接受这一观点，并把它应用到解释地球的许多问题。当时认为，地球最初是一团灼热的气体，后来因散热从外向内逐渐冷缩而变成熔融状态（现今人们还认为地核是由内向外冷却而逐渐长大的）。再进一步冷却后，在地球外表便形成一层坚硬的固体外壳，这就是地壳。但在地壳下的熔融物质继续冷却收缩，于是地壳和以下的熔融体之间出现了空隙。地壳因重力作用下陷［图3-5（b）~（d）］，地壳必然受到强大的水平挤压力，使地壳发生褶皱，形成山脉。内部的熔融物也顺着地壳下陷或褶皱产生的裂缝和断裂带，侵入地壳或喷出地表，这就是岩浆活动和火山活动。这个学说曾一度得到许多人的支持，人们根据此说论证地槽的成因，或用侧向挤压及模拟试验说明山脉的发生和发展，故收缩说对大地构造学的发展起到了推动作用。这意味着地球热冷却是地球形变的根本驱动力。

收缩说认为，地球由于放热变冷，不断收缩。在这个模式中，几百千米以下的地球内部仍然接近于地球形成初期的温度。而最外部的圈层，包括现今所指的岩石圈和上地幔，已经变得相对较冷。这样，在最外部圈层之下的部分由于迅速变冷收缩，而向地球内部分离（即现今理念的拆沉作用）。分离留下的空间由最外部圈层在重力作用下向内收缩来充填，这一收缩充填作用使地球最外部的圈层处在一种横向挤压的状态中。收缩说首次提出了具有明确物理基础的全球性地球变形的动力起因，较之以前各学派对地壳运动的本质认知上出现了一次明显进步，这在于它揭示了地壳水平运动的存在，属于活动论范畴。

但是，收缩说从提出开始就遇到难以克服的困难，主要是无法证实地球表面的构造确实是由收缩造成的，它对广泛分布的由正断层表现的张性区域也无法解释。它也不能解释地壳运动的时空规律，如地球上的山脉为什么具有定向性而不是杂乱无章的？构造运动为什么具有周期性，而且有时候强有时候弱？强烈的地壳运动为什么具有区域性？地壳为什么存在大规模的升降运动？为什么存在世界范围的拉张性的大裂谷？等等，可见，收缩说总体还属于固定论范畴，对这些现象都不能做出圆满的解释。

20世纪20年代中期，放射性射线发现后，人们认识到，地壳中同位素衰变放热可能导致地球（或地壳）热胀。冰期和间冰期的发现与证实，也表明地球表面可变冷也可变热。地球内部放射性热源发现以后，可以起着和收缩相反的作用，即地球内部过程不是单一的由热变冷，也可以由冷变热，这对收缩说提出了严重的挑战。据此，20 世纪 20 ~ 30 年代，林迪曼和希尔根贝格（Hilgenberg）分别提出了地球膨胀假说，这能很好解释褶皱造山之外的大规模裂解断陷的动力问题，作为对大陆崩裂机制的解释。30 年代以后，由于地球膨胀说，尤其是 60 年代海底扩张说的提出和证实，收缩说走向衰落。

林迪曼于 1927 年指出，地球表面的拉张裂谷和大洋的形成都是地球受热膨胀，其直径不断增大导致地壳拉伸、破裂。膨胀说根据物质相变，即在一定温度和压力条件下，地壳下层物质与地幔上部物质可以互相转化的原理，当地壳底部增温时，体积膨胀，引起地壳上升，隆起成山。上升地区遭受剥蚀，破坏物质搬运至沉积区，地壳下部压力加大，物质增多变重，导致地壳下降。相变也是 Anderson (2007) 提出的榴辉岩化驱动机制的根本所在。由于沉积岩是不良导体，地球内热不易散失，逐渐积累，温度升高，引起物质相变，地幔体积再次膨胀，地壳受到张力，进而破裂形成大洋盆地或大陆裂谷。此说与当代板块构造学说观点相似，只不过现今对地球内部物质的依赖温度和压力的黏塑性性状得到了深入研究，两者思想上并无二致，只是后者立论的依据得到现代高温高压实验的充实。

20 世纪 50 年代以来，膨胀说重新引起了研究者的兴趣；70 年代以后，与板块构造学说并列或与之相补充的大地构造学说，又取得新的发展。膨胀说提出后，引发了估计地球膨胀速率的研究，首先是从天体物理学提出万有引力常数随时间的推移在变小，从而引起地球重力加速度的变化和地球膨胀。1956 年，埃吉德根据古地理图上显生宙面积的扩大，得出地球半径以 0.5mm/a 的速率增大；1958 年，凯里在研究泛大陆（或联合古陆）和太平洋的重建时，得出地球膨胀速率自古生代末期以来约为 4.5mm/a；1965 年，霍姆斯根据一天的时间每一世纪增长 1/50 万秒的数据，估计出地球膨胀速率为 0.24 ~ 0.6mm/a；20 世纪 60 年代，希尔根贝格的研究得出二叠纪以来地球膨胀速率为 7.6 ~ 9.4mm/a；1977 年，又有人根据海底扩张和俯冲速率估计出 1.35 亿年前至今地球平均膨胀速率为 5.2mm/a。

膨胀说的地球驱动力是放射性生热导致的热膨胀作用。但是，膨胀说也不能解释褶皱收缩这个现象，因此，乔利于 1925 年提出脉动说（pulsation theory），这是认为地球既有收缩又有膨胀、呈周期性的交替发展的一种学说，是以此解释地壳运动机制的大地构造假说。虽然有人认为，最早的脉动说代表人物是乔利，他早在 1925 年就指出，放射性蜕变能引起热量的周期性积累和玄武岩壳的热化。但是也有人认为，1933 年美国学者布歇尔（Bucher）最早提出地壳脉动说，他试图协调统一地球收缩说和膨胀说两个对立观点，这似乎可以解释两者各自独立难以解释的地质现象。

脉动说认为，在地球的膨胀期，地壳受到引张作用，产生大规模的隆起与坳陷、大型裂谷和岩浆喷溢；在地球收缩期，地壳受到挤压作用，产生了褶皱山系，并伴有岩浆活动。1936 年，葛利普（Grabau）根据古生物发育情况的研究提出，古生代期间海平面升降运动使得有节奏地反复进行海进、海退的现象，也属脉动说。1940 年他著有《年代的韵律》一书。1943 年，施奈德罗夫（Shneiderov）试图用地球脉动说解释全球大地构造的发展，认为地球急剧膨胀使地壳引张而成大洋，缓慢收缩使地球挤压而成山脉，每次收缩都比上次膨胀幅度小，螺旋式发展。进入 21 世纪，杨巍然等（2018）倡导的开合构造大体与此类似，现今称为开合旋构造体系（图 3-6），而且杨巍然等（2018）将地球的驱动力归结为两类力的对抗统一或转换：热力与重力。但这两种力单独或联合都难以解释 20 世纪 80 年代发现的大陆深俯冲和超高压榴辉岩折返现象。

对于地球周期性胀缩脉动的原因有着不同的解释。一种观点与乔利一致，认为可从地球内部放射性热量聚集与消散来解释，聚热过程对应地球的膨胀过程，耗热过程对应着地球的收缩过程。另一种则从地球最初是冷的和固态的观点来解释，认为组成地球的微粒因冷而收缩，彼此吸引，导致微粒的较快运动；运动激化又使温度上升，物体发热，引起地球膨胀；在能量消耗后，地球内部的压实作用又占据了主导地位，再次产生收缩。迄今还有学者提出，地球冰期脉动变异韵律的产生同太阳这个巨大天体本身辐射强度的脉动变异状态存在着重要联系，故用脉动说来解释地球冰期起源，在漫长的地球历史发展进程中，存在着冰期和间冰期的脉动交替，温暖期和寒冷期的脉动变异。可见后一个观点认为地球脉动的驱动力来自地球外部的太阳辐射脉动，是从宇宙天体角度来寻求地球表层系统驱动机制的最早论述（除月球驱动海洋的潮汐论外）。脉动说最不能解释的就是地球上往往同时发生张裂和汇聚，这两类构造事件也可以不具有全球的同时性或同步性。

实际上，进入 20 世纪以来，传统的固定论受到了一种新兴的地球观——活动论的长期挑战。在大陆漂移学说、海底扩张学说、板块构造学说提出以前，膨胀说学派是极少数活动论者的重要代表，膨胀说一开始就是作为大陆分裂机制的解释而提出的。但是，按照最早提出的地球膨胀模式（图 3-7），石炭纪以后地球半径需要增长 2000km 以上，而热力学、相变理论和引力常数随时间变小的假说都认为这在理论上不可能。地质历史上大量事件也难以用地球单纯膨胀来解释。从收缩说的衰落和膨胀说的困难中，人们逐渐认识到，企图用单一的某种地球内部动力过程来说明全球一切大地构造问题不现实也不合理。20 世纪 70 年代以来，大多数地球科学家转而寻求较为全面的动力解释，对可以解释地球矛盾动力的地幔对流说等机制表现出较大的兴趣。

通古鉴今，从以上学术观念聚焦的研究对象和学术观点的演变，都可以看出人类早期对地球的认知是肤浅的，先是受神话世界启发，再到宗教人士对地狱的具象，经文艺复兴科学启蒙，地球或地球系统的驱动力最终归结为水、火两种动力起

<table>
<tr><th colspan="4">地质年代/Ma</th><th colspan="3">星子堆积阶段</th><th colspan="2">地球增生阶段</th><th colspan="4">开合构造阶段</th><th colspan="2">开合构造旋回及简要特征</th></tr>
<tr><td colspan="3">显生宙</td><td>250
540</td><td colspan="2" rowspan="6">上地幔—地壳分异系统</td><td rowspan="5">第三阶段</td><td rowspan="6">第二阶段</td><td rowspan="6">镶饰层</td><td colspan="3" rowspan="5"></td><td rowspan="8">现代地球</td><td rowspan="5">地壳镶饰沉积旋回</td><td>显生宙旋回:现代板块构造和内陆演化：几经开合至250 Ma潘吉亚超大陆形成</td></tr>
<tr><td colspan="3" rowspan="3">元古宙</td><td>850</td><td>元古宙晚期旋回:以罗迪尼亚超大陆裂解到冈瓦纳陆块群聚集为主要特征，850~800 Ma是全球又一个不稳定期。从635 Ma开始，埃迪卡拉动物群首发，635~541 Ma冈瓦纳陆块进入汇聚峰期，541 Ma寒武纪生物大爆发</td></tr>
<tr><td>1780</td><td>元古宙中期旋回:哥伦比亚超大陆的裂解形成全球范围的裂谷事件(开)，其后罗迪尼亚超大陆汇聚和新元古代雪球事件而造成δC^{13}的急剧变化(合)</td></tr>
<tr><td>2420</td><td>元古宙早期旋回:经雪球事件的宁静期后，2250 Ma开始岩浆活动爆发(开)2060~1780 Ma有机物沉积和石墨等形成(合)，随后全球板块构造出现</td></tr>
<tr><td colspan="3">太古宙</td><td>4030</td><td>太古宙旋回:早期多为英云闪长岩、科马提岩、拉斑玄武岩等铁镁质岩，组合有BIF等沉积层等(开)，晚期最重大的地质事件是新太古代超级事件(合)</td></tr>
<tr><td rowspan="3">冥古宙</td><td colspan="2">杰克山代</td><td>4404</td><td>第二阶段</td><td colspan="2" rowspan="4"></td><td rowspan="3">核幔地球</td><td>上地幔慢速堆积</td><td>杰克山代因缺乏直接的资料，而称为地质黑暗时期限，只能根据月球资料分析，在42亿年时仍有撞击作用(开)。岩石圈地幔可看成是冷的外壳(合)</td></tr>
<tr><td rowspan="2">混沌代</td><td>晚期</td><td>4460</td><td></td><td rowspan="2">原地球壳幔核分异系统</td><td rowspan="2">第一阶段</td><td rowspan="2">第一阶段</td><td rowspan="2">原地球</td><td rowspan="2">原地球</td><td>下地幔快速堆积旋回</td><td>强大的地核形成后，吸引力大增，在短短的大约60 Ma，接受了大量的陨击物质，使堆积的物质质量约占地球质量的60%(开)。由于撞击增温，原地球发生了一次重要的地球化学分异作用:过渡层为冷缩形成的外壳，类似月球壳，含K、REE和P组分(合):下地幔的成分相当L群分子</td></tr>
<tr><td>早期</td><td>4567</td><td>巨星子</td><td>核地球</td><td>地核直接吸积旋回</td><td>早期膨胀增生增大(开)，并含有大量重元素、重物质，它们之间虽进行开合运动，但处于无序状态。晚期为冷缩调剂增强(合)，成分相当M群分子。Halliday等(1996)测得地核形成年龄为4470Ma，D"可能是冷缩形成的外壳</td></tr>
</table>

图3-6　开合构造体系（杨巍然等，2018）

源。随后，多数争论是针对地球外貌的观察、描述与分类，以地表的山脉成因、沉积层成因、矿物岩石成因为线索，当时进行的动力学思考还是很粗浅的，不能说很多动力学争论是带有想象的，但应当说，要么带有浓烈的哲学推理，要么带有与之

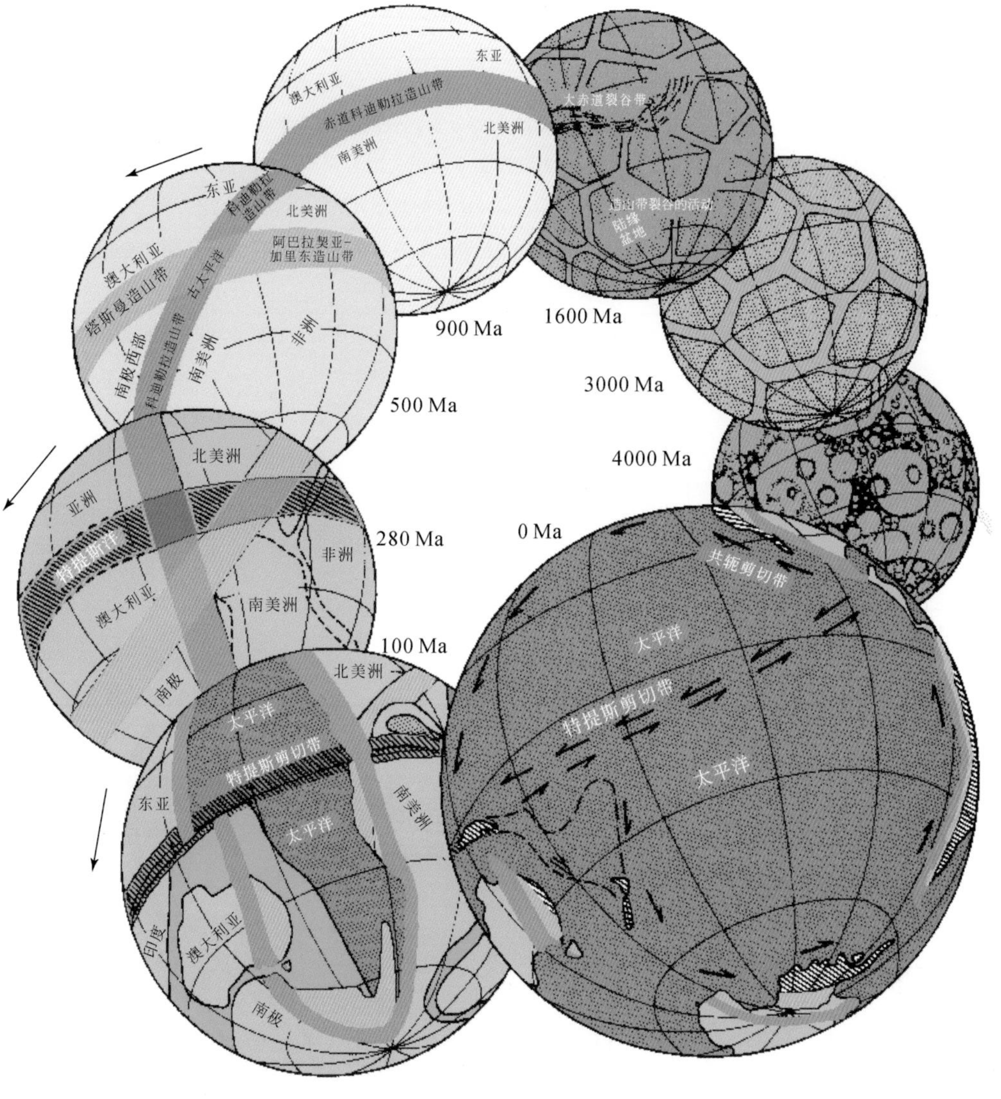

图 3-7　地球膨胀说

相反的宗教色彩。甚至在 1990 年之后，固定论学派还大有继承者在，如 Meyerhoff 等（1996）提出的涌动学说（Surge tectonics）吸收了部分板块构造概念，虽然也承认流动存在水平运动，但坚持海陆格局始终固定不动，将涌动通道置于岩石圈内部，而不是软流圈内。如图 3-8（b）可知，在他们的认识里，印度大陆志留纪—泥盆纪期间就已经在现今的位置，但这和现今古地磁等大量地质地球物理资料完全相左。

表 3-1 涌动通道的初步分类

通道	类别	说明
A. 海盆岩浆流通道	1. 主干通道	是洋中脊及其主要分支，长达数千千米，宽可达 1000～3000km
	2. 分支通道	这些是主干通道的大型分支，长度为数千千米，宽度一般为 200～600km。它们会发展成大陆性主干通道，把岩浆从洋中脊带到洋中脊以东的邻近大陆。这类通道总是从洋中脊的东侧分出［图 3-8（a）］
B. 陆缘岩浆流通道	1. 被动陆缘通道	所有陆缘似乎都处于活动岩浆流通道之下。事实上，岩浆流通道是被动陆缘存在的主要原因之一
	2. 主动陆缘通道	这些是位于弧后盆地底部的非常大的通道。它们相当高，受贝尼奥夫带控制
	3. 喷发通道	是宽 20～150km 的长线性通道，通常位于线性岛链和海山链之下。它们向东生长［图 3-8（a）］，一般表现为向东年龄递减，寿命通常较短。它们的西端通常位于两个火山弧交汇的地方
C. 大陆岩浆流通道	1. 主干通道	同海盆主干通道
	2. 分支通道	这些是宽度为 20～150km，长度为几百千米长的小通道，从主干通道的东侧分出

资料来源：Meyerhoff 等，1996。

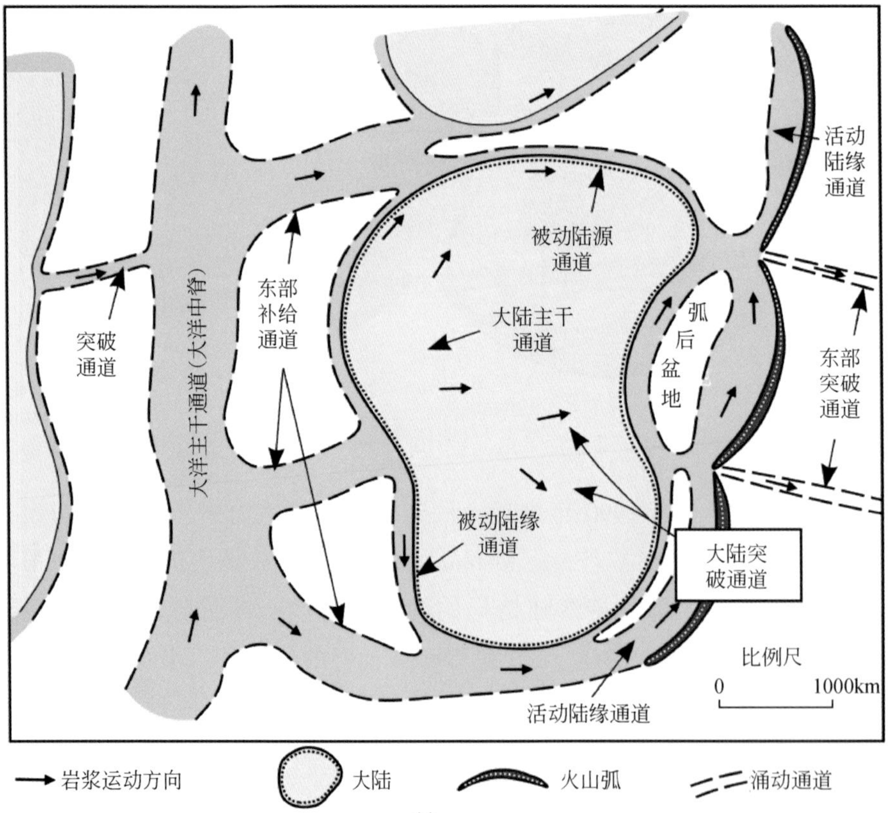

(a)

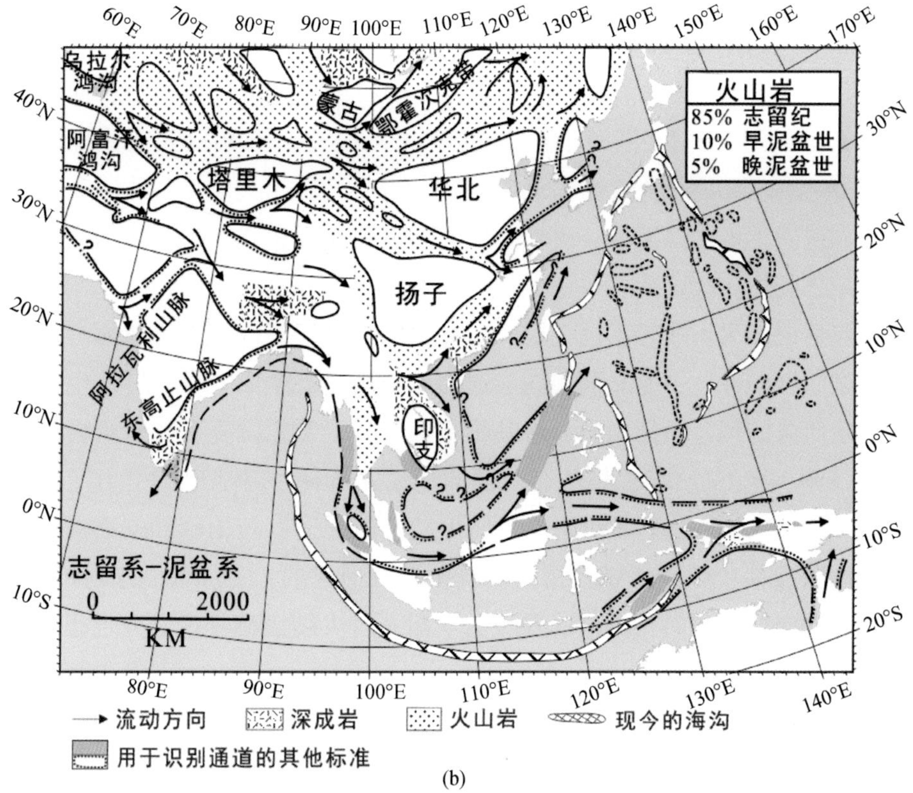

(b)

图 3-8　涌动通道分类［(a)，见表 3-1］和志留纪-泥盆纪东亚地区的涌动通道及流动方向（b）(Meyerhoff et al.，1996)

3.1.2　活动论的动力问题本源

3.1.2.1　大陆漂移学说

地球活动论的萌芽源于 1620 年 Francis Bacon（培根）记录的大西洋两岸岸线的相似性，但当时 Francis Bacon 没做任何解释。1658 年 Placet 对此给予了解释，认为大西洋两岸岸线的相似性是《圣经》中提到的大洪水所致，进而，他提出大洪水的动力学成因模式，认为可以解释大西洋两岸岸线的相似性，这一认识也可说是固定论中的水成论。就这样，这个认识延续了几个世纪。随后，北拉丁美洲的发现者伟大先驱 Alexander von Humboldt（洪堡，近代地理学创始人之一）进一步明确，大西洋是诺亚洪水事件形成的巨型河谷。这本来能产生活动论理论的发现却依旧未跳出固定论的范畴。

直到 1858 年，反洪水论的地球动力学模式才由 Antonio Snider Pellegrini 基于北美和欧洲的煤层与化石的相似性研究而提出；又过了半个世纪，在大量资料总结基础上，Frank B. Taylor 和 Howard B. Baker 两人于 1908 ~ 1910 年各自独立提出大陆漂移的观念，但他们将驱动力归结为潮汐力。无独有偶，1910 年圣诞节，德国气象学家 Alfred Wegener 基于南美洲和非洲开启了同样的研究，于 1912 年正式发表了他的著名专著 *Die Entstehung der Kontinente und Ozeane*，他提出大陆漂移的驱动力为潮汐力和地球自转的离极力。至此，活动论的大陆漂移学说正式诞生，活动论经历了近 350 年的演变才脱胎成型。

大陆漂移说认为：质轻的硅铝层大陆在重的硅镁层海底上发生漂移。大陆漂移有两个明显的方向性：一是从两极向赤道的离极运动，是由地球自转产生的离心力引起的。东西向的阿尔卑斯山脉、喜马拉雅山脉等，是大陆壳受到从两极向赤道挤压的结果［图 3-9（c）］。二是从东向西的运动，是日月对地球的引力产生的潮汐（摩擦力）作用引起的。美洲西岸的经向山脉，如科迪勒拉山脉和安第斯山脉，是美洲大陆向西漂移受到硅镁层阻挡，被挤压褶皱形成的；亚洲大陆东缘的岛弧群、小岛，是陆地向西漂移时留下来的残块。李四光对大陆漂移学说研究也很深入，于 1926 年提出了大陆车阀假说。

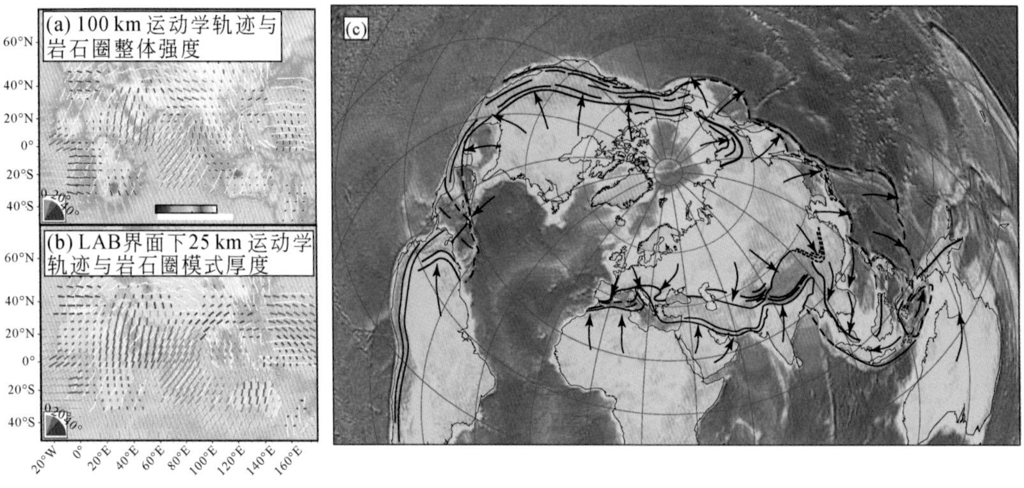

图 3-9　SL2013SV 各向异性方向（彩色符号）和地壳运动趋势方向对比

（a）由 Torsvik 和 Cocks（2017）计算获得的 100km 深处长期运动学轨迹（40Ma，白线），底图为 Tesauro 等（2013）获得的岩石圈整体强度；（b）Tesauro 等（2013）获得的岩石圈-软流圈界面下 25km 深处长期运动学轨迹（40Ma，白线），底图为 Tesauro 等（2013）获得的岩石圈模式厚度；（c）大陆地壳的挤压方向及相关地幔对流（Holmes，1931）；SL2013SV 是指 Schaeffer 和 Lebedev 于 2013 年提出的一个全球的垂直极化的剪切速度模型

但这个大陆漂移学说随后的经历并不平坦，很快遭到了 Stille、Chamberlain、Schuchert、Haarmann、Jeffreys、别洛乌索夫（B. B. Бверлоусов）等一大批权威的固定论者反对。当然，在这个学说处境艰难的时期，英国地质学家、地球物理学家霍

姆斯（Holmes）于1929年提出地壳下层（地幔）的对流假说（图3-10），有力支持了大陆漂移学说，但当时这一成就因未被活动论者所注意而被搁置，反而被固定论者所利用，直到20世纪90年代的固定论代表Meyerhoff还在继承他的地幔对流原初模型。实际上，Meyerhoff还最早提出了榴辉岩是玄武岩的高压相，这一成就直到2007年才被著名地球科学家Anderson用作固体地球驱动力的核心机制（见3.1.2.5节）。

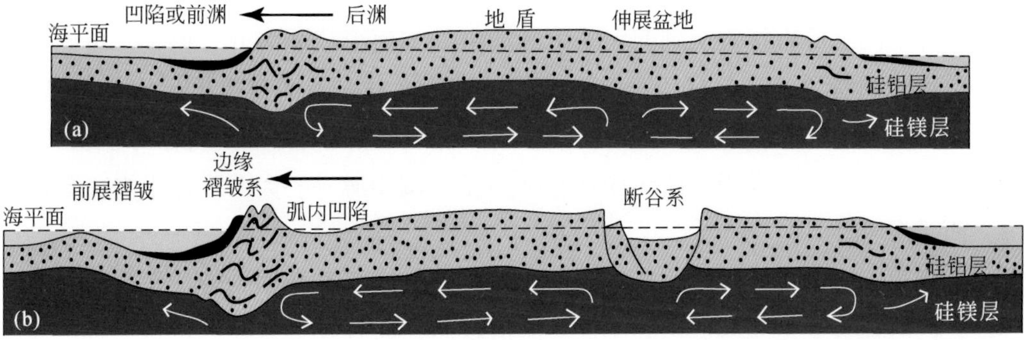

图3-10　地幔对流模式与陆壳断裂作用（Holmes，1931；du Toit，1938）

大箭头为伸展方向，黑色为造山相关沉积物。也有人认为这是霍姆斯1931年提出的地壳下层（地幔）的对流假说，该假说认为：对流发生在地温梯度较大的流体中，两股反向的平流经一定流程后，会与另一对流圈的反向平流相遇，此时，它们会一起转为下降流，回到地幔深处，构成一个封闭循环体系。上升流的平流方向相反而产生隆起和岩浆活动，此处地壳因受张力而断陷及大规模水平运动、海底扩张、大陆裂离而向两侧漂移。这个模型被活动论者用以说明水平运动，但也被固定论者用以解释垂向隆升和塌陷，只是两者的对流模型中对对流环结构以及对流环位置是迁移还是固定的推测有所不同

此外，早在大陆漂移学说正式被提出之前，奥地利构造地质学家、地质学先驱安普费雷尔（Ampferer，1875—1947）已于1906年提出山脉成因假说，当时他提出了“地质对流”“吞没带”“潜物质流”等新概念，可以说是对流理念用于地质学解释的先例，比地幔对流概念要早二十多年，他认为：地壳下物质的流动使物质发热、膨胀和上升，从而导致地壳隆起，上升流在地壳下横向流动产生下降流。他不仅以这种对流理论来解释花岗质岩浆的贯入、推覆体和平卧褶皱的成因，而且在大陆漂移学说提出后，以此论证了大陆漂移的可能性。如今，他的这个“底流说”的构造被改称为下地壳流动构造、下地壳深熔相伴的形变或“渠道流”（channel flow），依然是当前大陆动力学、大陆流变学研究的前沿课题。可见，本应当是大陆流变学推动大陆漂移学说进一步发展，但这个机会让给了非地质学家。直到20世纪50年代，古地磁技术得到快速应用，特别是海底磁条带的发现，催生了海底扩张学说，活动论才逐渐回归，大陆可以发生漂移才再次被广泛接受。

可见，大陆漂移学说遭到反对也在于其视野不够开阔。地球的已知现象，如褶皱等，其动力起因一切归结于大陆漂移，而大陆漂移的驱动力又简单归结为地球自

转和离极力（图 3-9）。对其运动方式，魏格纳认为陆壳漂浮在洋壳上滑动。当时，这很难被地球物理学家接受，因为硅铝层和硅镁层之间的摩擦阻力实在太大，难以发生相对运动。

3.1.2.2 海底扩张学说

海底扩张学说提出之前，人们对海底认识太少，因而，关于地球的驱动力问题探讨，都是围绕可直接观测到的大陆山脉或峡谷如何形成而展开。但是，英国海洋生物学家汤姆森（Thomson）1869 年在进行深海探测时，不仅提出了大洋环流说，而且 1872 ~ 1876 年他作为大西洋、太平洋、南极洲“挑战者号”科学考察负责人，根据温度变化，首先发现大西洋深处存在一条广阔山脉——大西洋洋中脊，当时称为大西洋海隆。

直到第二次世界大战后，这一发现才被更多海底调查数据支持，发现其具有全球性，同时证实了这条海底山脉不仅热流值较高，而且发育与其平行且对称的海底磁条带，它们都被加拿大地球物理学家威尔逊（Wilson）于 1965 年命名的转换断层切割。20 世纪 50 年代后期，科学家在船上测定了海底古地磁，发现洋中脊两侧的磁条带和多次反转的地磁极性。至此，人们进一步弄清了洋中脊形态、海底地热流分布异常、海底地磁条带异常、海底地震带和震源分布、岛弧及与其伴生的深海沟、海底年龄及其对称分布、地幔上部的软流圈等。

为了解释这些事实，瓦因和马修斯 1963 年提出用对称的海底扩张作用与交替的地磁场反转来解释海底对称磁条带成因的一个假说，认为洋壳是软流圈上升物质从洋中脊上涌并向两边扩张、推动洋壳向洋中脊两侧运动所生成。洋壳岩石在冷凝过程中获得热剩磁，其方向与当时的地磁场方向一致。由于地磁场频繁倒转而海底岩石固结后的磁性又相对稳定，在扩张的海底保存记录为正、负相间的磁条带。可见，海底犹如磁带，详细记录了地磁场变化和海底扩张的信息。但是，也有人认为赫斯（Hess）和迪茨（Deitz）于 1960 ~ 1962 年首先提出海底扩张说。因为美国地质学家赫斯在 1960 年不仅提出了洋中脊假说，而且系统论证了地球内部地幔对流产生新洋底的基本理论。1961 年迪茨基于霍姆斯地幔热对流理论、洋中脊假说，进一步论证了海底扩张，并提出海底沿海沟消亡、海底边生长边消亡和大陆漂移的 2 亿年旋回、有横向断裂的大洋盆地等新认识。后两个贡献可惜他当时没有命名，被后人当作威尔逊的贡献，而称为威尔逊旋回，或被威尔逊自己论证后改称横向断裂为转换断层。而且，特别要注意的是，当时理解的地幔对流只是洋壳或陆壳下（或莫霍面下）的地幔对流，人们并没有将对地幔对流的理解上升到可能是“软流圈层次对流”的认知。

海底扩张学说的提出，彻底解决了大陆漂移驱动力的难题，即大陆漂移是被动漂移，是硅铝壳的大陆被硅镁壳的洋壳驮载着发生运动，而不是大陆漂移学说最初认为的大陆主动在洋壳上滑动。1963年海底扩张学说提出之初到1968年板块构造理论建立期间，学者毫不犹豫地接受并强调，洋中脊热物质上涌是大陆漂移的主导推动力，这加速了洋中脊的调查和研究进程。后来，也因为洋中脊研究调查的深入，发现洋中脊扩张速率存在巨大差异，一些慢速、超慢速扩张脊及紧密相关的海洋核杂岩（1988年提出）等被发现，说明洋中脊推动力并不是沿所有洋中脊处处生效。可见，学者对板块构造理论的进一步研究否定了理论本身的结论和目标，进而质疑：岩浆供应不足的洋中脊还能否推动巨大的板块运动？接着人们认识到新的难题——类似太平洋板块这么大的板块如何被时不时间断、空间上也不连续且数量上属小股（尽管是岩浆供应充足）的岩浆驱动呢？尽管提出了大轮带小轮的传送带板块运动模型，但依然不能说明大洋板块内部复杂海山群的岩浆成因，因此，有人提出弥补措施：板内小尺度对流模型，但这同样不能解决大板块运动的驱动力问题。

特别是，这个学说认为，海底在海沟处消亡的驱动力就是洋中脊推力，因此，当洋中脊推力被否定时，板块俯冲消亡的驱动力也就成为未解之谜。尽管人们还是相信地幔对流对海底有拖曳作用，可以使得海底消亡，但当时已经测定了海底扩张速率，只是不知道地幔流动速率。后来人们发现：地幔流动速率比浅表的海底扩张速率低一个数量级的情况下，一个快速运动的海底块体怎么可能被一个慢速的地幔流动拖曳呢？这应当在板块下面产生黏滞阻力才对啊，进而人们否定地幔对流可以驱动板块运动。实际上，人们此时集体遗忘了霍姆斯1929年在提出热对流假说同时提出的相变理论。

3.1.2.3　板块构造理论

板块构造理论是大陆漂移说和海底扩张说的进一步发展。简单但严格的最初假设是：刚性和弹性岩石圈之下均为塑性软流圈，岩石圈可划分为少数几个大板块，板块严格按照欧拉定理做球面运动，板块俯冲和扩张是完全互补的运动，因而地球体积保持不变。地球体积不变这一认识直接否定了早期的收缩说、膨胀说和脉动说。板块构造理论继承了地幔对流的思想，但与以前认为的地幔对流发生在地壳之下不同，它认为岩石圈板块运动的直接条件是软流圈中的地幔对流作用，进而将板块驱动力本源下移到更深部的软流圈。然而软流圈这个概念也不是板块构造理论的创造，而是由 Barrel 于1914年命名，他基于强度将地球内部分成三圈，自上而下为岩石圈、软流圈及中心圈。

美国的威尔逊于1965年提出了两个全新的概念：一是转换断层，它构成了板块构造模式中最重要的特点；二是板块构造，是板块构造理论名称的由来。英国剑桥大学的麦肯齐（Mekenzie）1966年对地幔黏度及对流胞模式开展了研究，完善了板块在球面上的欧拉运动研究。美国普林斯顿大学的摩根（Morgan）1967 年勾勒完成了现代板块构造理论的基本轮廓。法国的勒皮雄（LePichon）于 1968 年划分了全球六大板块。最后，他们把海底扩张说的基本原理扩大到整个岩石圈，并总结提高为对岩石圈的运动和演化总体规律的认识，于 1968 年命名为板块构造学说或新全球构造理论。

尽管提出软流圈地幔对流是岩石圈板块驱动力，但是否真的和如何验证，迄今依然是举世瞩目的科学难题。很早有人设想在地壳或岩石圈下存在着热对流现象，并且有多个对流中心，上升流导致板块分裂，热幔物质涌出，冷却固结形成新洋壳。下降流导致板块俯冲，最后使板块消亡。至于热对流的形式，有人提出全地幔深对流模式（Orowan，1969），有人提出软流圈浅对流模式（Bowen，1971）等。连赫赫有名的物理学家薛定谔（Schrödinger）和海森堡（Heisenberg）等都用量子力学原理论述过板块运动的力学机制。

板块构造理论的核心内容之一是：板块内部是刚性的，变形主要集中在板块边缘。但实际上，这个认识也不是板块构造理论建立才提出的，而是修斯在论述地球收缩说时提出的，最早论述“当地球冷缩时，引起地壳侧向挤压，刚性地块很少形变，柔性地带因受刚性地块挤压而褶皱成山脉”（吴凤鸣，2011）。可见，这个最伟大的板块构造理论并无多少严格意义上的原始创新内容，但也可见其最伟大的创新就是伟大的系统性总结和正确继承或扬弃。

板块构造理论初期，人们认为洋中脊推力是板块运动的直接推动力，被长期认可。但作为板块边缘，除洋中脊受到重视外，俯冲带研究也得到广泛关注而爆发式展开。俯冲带双变质作用的研究和 20 世纪 80 年代后期榴辉岩的发现，都揭示了俯冲板片的相变过程，板片俯冲期间密度会加大，并因其重力作用拖曳板片俯冲到 150 ~ 300km，尽管板块构造理论最初并不知晓洋壳俯冲后的去向和后续过程、命运如何，也难以说明密度小的陆壳如何俯冲到密度大的地幔中。但 20 世纪 90 年代层析成像技术的飞速发展，清晰揭示出俯冲板片可进一步深达地幔过渡带，乃至核-幔边界，终结了早期双层还是全地幔单层对流形式的论争。现今大多数人普遍接受全地幔对流循环模式，且学者于 21 世纪初深化提出俯冲拖曳力是固体地球圈层的主导驱动力乃至形象的“俯冲黑洞”假说。然而，这个认识也并非新观点，俯冲拖曳力作为板块驱动力早在 1975 年就已经被美国国家科学院和法国科学院外籍院士——日本地球物理学家上田成野（Uyeda Seiya）提出。

20 世纪 90 年代也是计算机技术成熟的时代，数值模拟逐步兴起，更是强化了俯冲拖曳力主导性的这个理念。相对早期洋中脊推力是主导力而言，这是一种新的颠覆性思维，因而得到广泛而热情的响应，进而，俯冲启动的探讨变得热门起来，然而多数研究只是数值模拟的探索。数值模拟揭示，俯冲作用实际起始于板块构造体制出现之前的前板块构造阶段，但那种俯冲是热俯冲，是对称地幔对流驱动的，现代板块构造体制必须是冷俯冲和不对称地幔对流驱动。有人从物理知识推论，横向密度差是俯冲启动的起因，这种密度差最大的构造部位就是被动陆缘，然而现今大洋的被动陆缘尚未见现实的正在转变为活动大陆边缘的例子。因为探索俯冲起始问题不仅是解决板块驱动力问题，还可能是揭示板块构造起源的“一箭双雕”的重要问题，因而在持续发展，这里面要回答：冷俯冲的拖曳力是地史的哪个阶段开始运行的，即探讨板块驱动力的起源问题。特别是近来，数值模拟强调岩石圈作为冷板块边界层的作用，进而淡化核-幔边界热边界层的作用，引起了是 top-down（顶向下驱动，冷驱）还是 bottom-up（底向上驱动，热驱）的论争，这也激发了热力和重力这两种反向力联合驱动地球运转的一些现代议题。

3.1.2.4 地幔柱理论

20 世纪 70 年代以来，关于板块驱动力的问题，陆续提出一些新的论点，也有学者避开强调地幔对流的作用，认为地幔柱可能是重要的板块驱动力。但是，这使得争论显得更为复杂。实际上，板块构造理论提出不久，威尔逊首先发现夏威夷岛链可能是深部一个固定不动的热点间隔性“烧穿”上覆运动的板块所致，原初理念就是说：板块是主动运动的，热点是固定的和被动的；摩根发展了这个思想，提出热点是地幔深部地幔柱的地表表达，实际上，当年并没有去讨论地幔柱是板块的驱动力，更没提地幔柱是主动驱动板块的认识。

但是，1972 年，摩根根据卫星资料发现：在全球重力图上，重力高的地方往往是板块生长和活火山分布的地方。这也是后来 Anderson（1982）提出的非洲和南太平洋两个大地测量重力异常低的区域，即大地水准面高的区域，再后来有人认为这是两个“超级地幔柱”（Li and Zhong，2009；Condie，2011）。摩根设想从近地核处，有深部物质上升形成上升流，并把这种上升流称为地幔柱。据重力值推测，地幔柱的直径可达几百千米，因为深部密度较大的物质被热流向上带到软流圈，随后像蘑菇云一样向四周横向扩散并驱动板块移动。地幔柱有时冲破岩石圈，向上拱起形成巨大的穹窿，并具有相当高的热流值。地幔柱中熔融的岩浆喷出地表就形成火山。这些热流值高的隆起点和火山热点，或者说热点，就是地幔柱冲破岩石圈的地方。成串热点相关的裂谷相连，并持续扩展便形成洋中脊，如冰岛正好为位于大西洋洋中脊的一个热点。这些形成于洋中脊附近的活火山，随着海底扩张向两侧移动，形成对称分布的死火山链，且离热点越远，火山年龄越老。因此，火山链被认为是地幔柱或热点随海底扩张遗留下的运动痕迹。

尽管如此，一些地质学家研究大西洋打开机制时，发现它是递进式轴向拓展张裂过程（Foulger et al.，2020），一系列洋-陆转换带、海倾反射体（SDR）的研究成果似乎与并联式地幔柱同时活动导致大西洋打开的观点相左。此外，地幔柱尺度较小，难以驱动大型板块运动，而且板块在地表是镶嵌式拼接，运动方向并不是无定向的辐射状，因此，地幔柱作为板块驱动力也难以被人接受。更难协调的是，地幔柱或者“超级地幔柱”发生作用的时间在地史时期都很短暂，且具有幕式活动特点（Condie，2011），这很难解释板块相对稳定持续而有规律的运动速度场。

1994 年，Maruyama 等发表地幔柱相关的系统性论述，提出板块俯冲消减和重力拆沉形成冷地幔柱（cold plume）以及核–幔边界物质上涌形成热地幔柱（hot plume）。冷、热地幔柱的运动是地幔中物质运动的主要形式，构成全球尺度的物质循环，它控制或驱动了板块运动，导致岩浆活动、地震发生和磁极倒转，影响着全球性大地水准面变化、全球气候变化以及生物灭绝与繁衍等。热地幔柱上升可以导致大陆破裂、大洋开启；冷地幔柱回流则引起洋壳和陆壳深俯冲与板块碰撞。至此，地幔柱学说正式成为系统的理论（图 3-11），尽管迄今还不是共识，但也是当今重要的地球动力学模式之一，甚至更有利于解释早前寒武纪的前板块体制下的变形和科马提岩成因。

但是，值得澄清的是，地幔柱理论当初的想法也不是 1994 年才有的理念，早在固定论发展时期，1932 年的造陆理论或地壳升降理论中就有提出，只不过当初叫“地幔底辟”（mantle diapirism）。罗马尼亚地质学家穆拉塞克（Mpasek）是底辟理论（diapir-theory）的创始人，1968 年被马克斯维尔（Maxwell）发展为地幔底辟假说，后者认为底辟作用是构造活动的驱动力，如火山活动、岩浆侵入和变质作用等都是底辟的结果。再往前追溯，1712 年之前的地质学萌芽阶段就有这个观念（图 3-3）。地幔底辟的直接驱动力实际是密度差或密度倒转，根本驱动力可能是热或者成分差异。

在地幔柱模式中，大火成岩省是地幔柱活动的产物，上下地幔之间存在物质传输，上地幔是均一的和亏损的。而在板块模式中，大火成岩省是浅表过程（如伸展降压熔融）的产物，上下地幔没有物质交换，上地幔是非均一的（图 3-11）。

从以上历史回顾可以清晰看出，人们思想上始终摆脱不了“一个”终极驱动力的问题，非此即彼，争论不休，难以接受存在“多个”驱动力（或多解）的可能性，万物起源归一的理念不仅在哲学界的本源问题中争论了上千年，如春秋时期哲学家老子的《道德经》中所说“道生一，一生二，二生三，三生万物”，万有源于空无，而且在现代地质学、物理学、宇宙学中也体现得淋漓尽致，如宇宙大爆炸起源于一个奇点。实际上，在追求一种终极驱动力时，人们也常常发现，这种追求往往超越了本学科范畴，对本学科学术交流基本就落于“难以证实”。

在实际构造地质的动力学分析过程中，针对各地区域构造特征建立了成千上万的构造动力学模型，上述某种主驱动力也可能确实是某个区域主导的变形机制，这

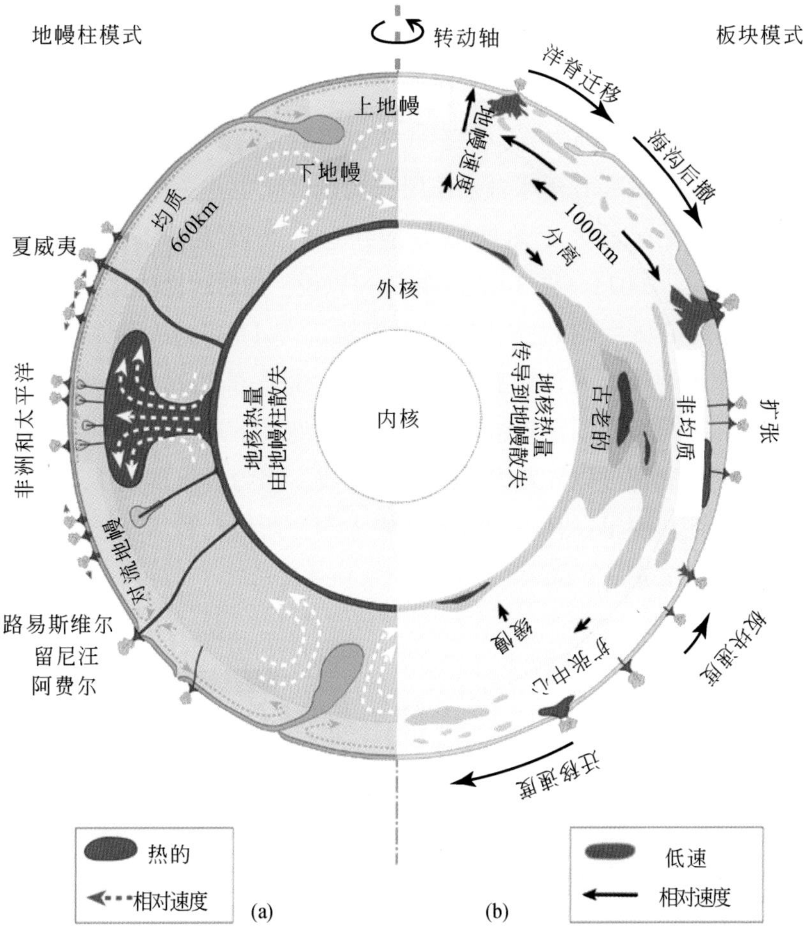

图 3-11 地幔柱模式（a）和板块模式对比（b）（Anderson，2000c）

实际都是正确的。但是，当把地球作为整体一个系统去分析动力学时，人们不免根据自己区域构造动力学分析的经验或结果，去构架全球的构造动力学体制机制，用地球系统内部的局部机制，去代替全局机制或系统机制。这就落入了以偏概全的方法论错误中。

实际上，整体系统的分析最终不能采用“庖丁解牛”式的研究，这就是宏观上的“析狗至微而无狗”。地球系统动力学分析方法的建立显得非常重要和紧迫，一个系统内部存在跨相态、跨时长、跨尺度、跨圈层、跨海陆等不同子动力学之间的物质及能量串级交换和在整体系统内的守恒，其机制复杂性可知，揭示各种子动力系统之间动力学机制的关联机制才是地球系统动力学要解决的，其他的都可交给区域或子系统动力学去构架。为此，下面就从构造角度来分析固体地球系统的整体动力学问题。

3.1.2.5 榴辉岩化驱动机制

在水火之争时期，前人就意识到水循环驱动地球表层地质地貌过程，塑造地球面貌。水有气、液、固三相变化，对塑造地球表面是至关重要的。但在上地幔条件下，榴辉岩可转变为玄武质岩浆，或玄武岩也可转变为榴辉岩，这些过程伴随着显著的密度变化，这些过程对全球岩浆作用和构造演化也是关键的。上地幔基性物质成分的相变效应要远远大于热膨胀效应，它们共同驱动榴辉岩引擎（eclogite engine）（Anderson，2007）（图 3-12）。也许可以说，物质转换的化学相变过程也是物理机械运动的驱动机制，而以往人们传统的思维定式只是考虑一种力驱动另一种力。

地幔中发生大规模熔融作用有几种途径：一是深部热物质绝热上升直到熔融；二是在地幔中加入低熔点的富集组分，如拆沉的岛弧下地壳，这也可以导致地幔加热上升。这两种机制都可以导致大火成岩省形成。因为拆沉的岛弧下地壳物质比俯冲的冷洋壳开始变热要早，且不会沉入地幔太深，所以与后者相比，前者受热和循环所需的时间尺度要短。

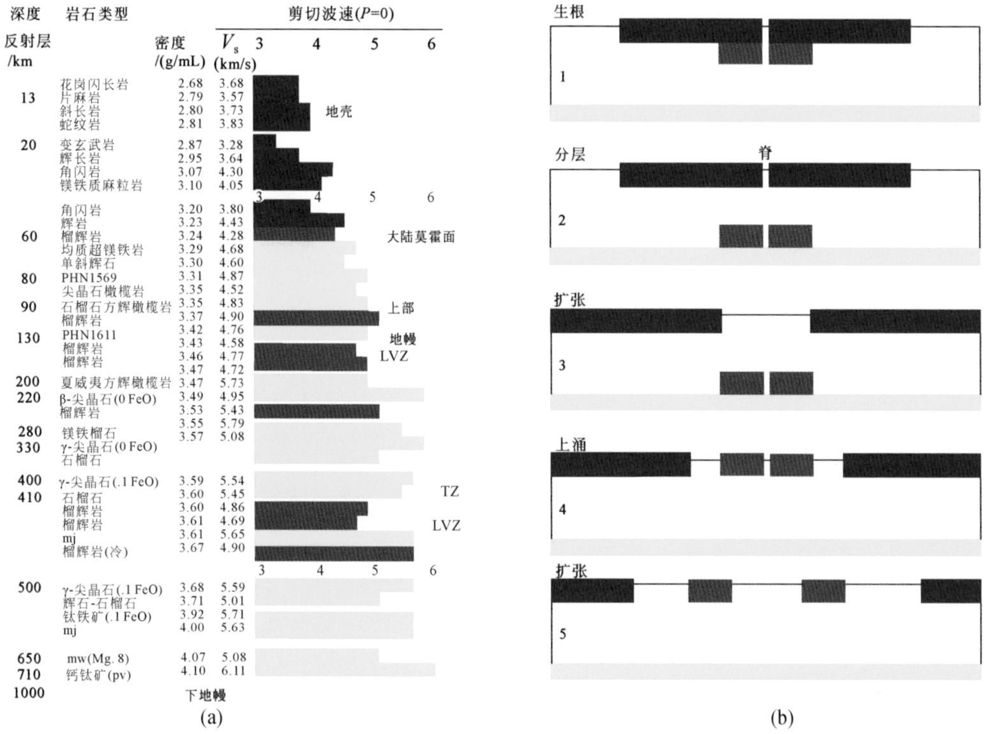

图 3-12 地壳和地幔的密度和剪切波速分层性（a）和榴辉岩化拆沉旋回的固体地球系统驱动力机制（b）（Anderson，2007）

图中 TZ 为过渡带，LVZ 为低速层。PHN 1569 和 PHN 1611 是莱索托金伯利岩筒中的两个橄榄岩捕掳体，mj（majorite，镁橄榄石），pv（perovskite，钙钛矿）是具有该矿物的结构，而不是代表相应的矿物名称；mw（magnesiowustite，方镁铁矿，（Mg，Fe）O）

岩浆生成的标准岩石学模式涉及具有均一地幔岩的地幔，偶有少量辉石岩岩脉，或者循环洋壳的加入。目前越来越清晰认识到，地幔中大型榴辉岩块体可能也是一个重要的富集组分来源。拆沉的陆壳在很多方面都不同于循环的 MORB。它没有经历俯冲带和海底过程，因而比 MORB 容易变热，并形成更大的榴辉岩斑块，也不会出现等量的非富集的方辉橄榄岩。图 3-12 展示了下地壳拆沉循环过程。地壳因构造和岩浆过程而增厚，最终形成致密的榴辉岩，榴辉岩拆沉进入地幔，到达中性浮力层位，开始加热，最终产生的熔体将上升，在地幔中形成热的富集斑块。如果上覆陆壳已经移离，结果形成一个板内岩浆省（Anderson，2007）。

在简单流体对流中，热膨胀是浮力的主要力源，但在地幔中，相变更为重要。当玄武岩转变为榴辉岩或熔体时，密度都会变化，这种变化远远胜过热膨胀的变化。致密下陆壳的拆沉是板块构造俯冲带和洋中脊过程的重要补充。这会引起抬升和岩浆作用，并使得显著不同的物质进入低熔点、致密的富集地幔。拆沉后，榴辉岩化下陆壳沉入比正常地幔橄榄岩熔点和地震波速相对都低的地幔中（图 3-12）。这些富集的基性块体沉入到不同深度，并在那里受热、熔融并返回到表面，因而这个地区常表现为熔融异常，经常为洋中脊部位。形成在洋中脊附近或轴部和三节点部位的大型熔融异常，可能就是诸如拆沉的富集型陆壳块体形态的地表表达。这往往在前一个超大陆的“被动陆缘”周边比较常见。例如，布维、凯尔盖朗、布罗肯海岭、克罗泽群岛、莫桑比克脊、马里昂、百慕大、里奥格兰德和沃尔维斯海脊，这些海台的同位素特征都显示具有下陆壳的组分（Anderson，2007）。

（1）榴辉岩循环

板块构造和拆沉过程不断使冷洋壳和热陆壳进入地幔。这些物质在高于其初始温度但低于正常地幔温度时发生熔融，通过传导从地幔中吸热增温，它们不管多冷，都依然是富集斑块。海沟和大陆在地表移动，下伏地幔则不断富集。洋中脊也在地表迁移，作为低压地带，不断泵吸抽取和夹带着其下部地幔的组成。有时迁移的洋中脊覆盖在软流圈内富集区上，一个熔融异常紧接发生一个岩浆增量的间断。洋中脊和海沟也可在任何地方消亡与变换。这里描述的对流型式，非常不同于地球动力学家通常的认识模式，而与施肥和割草更为类似。不只是深部地幔从海沟对流循环到洋中脊，浅部海沟和洋中脊也会随机进入地幔的不同区域。富集的高密度斑块会发生沉降，或多或少垂直进入地幔，并停歇在中性浮力地带，在这里受热增温并最终熔融。它们相对上覆板块和板块边界，或多或少相对稳定，但化学上与“正常”地幔显著不同。榴辉岩并不是千般一律的岩石类型，可以有多种密度和不同成分，可停留在地幔不同深度（Anderson，2007）。

（2）地幔分层性

地壳、地幔矿物和岩石的密度与剪切波速是分层的，假如时间足够长，地幔演化将转向中性密度的分层地幔。在整个地球、地壳和大陆岩石圈地幔中，这个密度分层也非常清晰。然而，在上地幔中，即使这个分层性清晰，那也是暂时的。尽管冷榴辉岩处于熔点以下，但榴辉岩在比周边地幔橄榄岩更低的温度下也可发生熔融。随着榴辉岩通过热传导从周边地幔中吸热增温，它将发生熔融并更具浮力，形成一个起起落落的构造型式（yo-yo tectonics）。

随着榴辉岩通过传导吸热增温，它将上升，绝热降压并形成更多熔体，它要么喷发，引起一个熔融异常，要么底侵在岩石圈下部，这取决于板块的应力状态。榴辉岩有较多的特性，取决于石榴石和 Fe、Na 含量。在浅层，榴辉岩比橄榄岩地震波速更高；在更深层，榴辉岩则形成低速层。冷而致密的下沉榴辉岩可能导致低速特征，而这个特征被误认为是热的上升地幔柱。随着榴辉岩熔融，它甚至会导致更低的剪切波速。榴辉岩有三个成因，第一个为俯冲的洋壳，第二个为深俯冲的陆壳，第三个为岩基和岛弧处拆沉的加厚地壳（此时形成的榴辉岩称为 arclogites，即弧榴辉岩）。玄武岩和辉长岩之间、榴辉岩和岩浆之间的密度差，与热膨胀和正常成分效应引起的密度变化相比，要大得多。如果没有榴辉岩引擎限制，地球外层的动力学将受热膨胀的强烈影响（Anderson，2007）。

（3）洋壳循环与地幔不均一性

如果按照现今洋壳循环速率运行 10 亿年，俯冲洋壳总量约仅占地幔的 2%，这在地幔中只可形成 70km 厚的一层。更惊人的结果是，为保持物质守恒，绝大多数俯冲洋壳并不需要再循环进入下地幔。下陆壳榴辉岩相堆晶岩循环速率表明，约一半的陆壳每 6 亿 ~25 亿年才循环一次。与大洋地壳相比，被侵蚀和拆沉的陆壳不可能永久或长期滞留在地幔中，也不可能保存在地幔很深处，这必然对全球岩浆作用和浅地幔的不均一性有重要影响。多种地幔岩浆源区，如洋中脊玄武岩、洋岛玄武岩、大陆溢流玄武岩等，可能受沉积物、交代洋壳、大洋岩石圈和拆沉的陆壳影响显著，但这些循环的组分不可能有效搅拌成这些玄武岩的地幔源区。然而，一个很好的均化器是熔融作用和喷发过程（Anderson，2007）。

3.1.2.6 冷的热边界层与热的热边界层驱动机制

Heezen（1960）追踪了非洲以南的大西洋洋中脊，发现其进入了印度洋。假如大西洋和印度洋洋中脊都正在扩张，那么对 Heezen 来说，非洲应当正在遭受挤压缩短，但是没有地质证据表明非洲正在遭受挤压缩短。因对地幔对流模式认识的局限，Heezen 对这个问题的解释是地球正在膨胀。Heezen 是在“对流胞”的范围考虑地幔对流，即一侧为活跃的上升流，另一侧为活跃的下降流，如图 1-8（a）所示。图 1-8（a）示意了大陆和洋中脊的位置，洋中脊位置在“对流胞”模式中是固定的，Heezen 推测在洋中脊下有热的、主动的上涌地幔流，并且如果洋中脊移动，它就会脱离上涌区并且停止扩张。这种型式仅当流体在下部受热，且只在受热不是太强烈并产生热上涌时才出现。另外一种对流模式则认为，如果流体内部受热，那么就没有热上升流［图1-8（b）］，这可能是地幔更精确的实际情况。虽然在主动的下降流之间一定有上升流，但只是被动地被下降流取代。如果没有热的主动上升流，那么洋中脊就可能出现在地表任何位置，或者来回移动。这样则可以用洋中脊之间正在彼此相对运动这一模式，很好地解释非洲、大西洋洋中脊和印度洋洋中脊的同期伸展。

对比这两种软流圈对流模式，不难发现，图1-8（b）中的驱动力机制是上部的下降流在主动驱动地球运转。如今这个论争拓展到了整体地幔对流循环模式，转变为冷的热边界层驱动的top-down机制还是热的热边界层驱动的bottom-up机制的论争。

3.1.2.7 主动与被动驱动机制

主动与被动驱动机制之争其实起始于地质学成立之初，也始终贯彻在现代地球动力学论争之中，这个问题也就是“先有蛋还是先有鸡”的传统思维，多数这类争论是看问题的尺度或视野所致。例如，裂谷是被动成因还是主动成因、岩浆是主动上升还是被动上涌的问题，这些都长期困扰着地质学家。后来，是地幔对流主动驱动板块运动，还是板块运动主动拖曳地幔对流，也成为争论不休的问题。如今，对洋中脊扩张主动推动板块还是俯冲带主动拖动板块、洋中脊主动扩张也产生了怀疑。俯冲后撤是主动后撤还是被强迫后撤也迄今无解。现今大地构造界最为激烈的争论就是地幔柱理论和板块构造理论了，到底是浅部减压主动导致深部地幔熔融，还是深部地幔受热主动上隆导致浅部减压熔融，也莫衷一是。

但是，随着讨论的深入，人们更倾向于俯冲作用是主动的，而洋中脊的扩张作用是被动的，俯冲板片的相变导致其拖曳力增加，使得板块在洋中脊-俯冲带系统内微弱的地形差异导致的重力势下发生俯冲更为可持续（图3-13）。这可以很好地解释因岩浆贫乏而无推动力的超慢速-慢速扩张脊为边界的板块的运动，也可以得出至少超慢速扩张脊为被动扩张，特别是西南印度洋洋中脊两侧的非洲板块、南极洲板块，这两个板块周边基本都没有俯冲边界，或主体为离散型板块边界，那么又是什么使得它们移动呢？这就需要更大的视野来回答。

目前，地球深部存在Tuzo和Jason两个下地幔低速异常区（LLSVPs，图3-13），在大地水准面上表现为异常高，即深部的核-幔边界附近上隆，正是这个上隆，导致其上覆板块在微弱的重力差作用下向周边下倾滑动。实际上，这两个大地水准面异常高，早在20世纪70~80年代就已经被发现（Anderson，2007），却始终不知道其地球动力学意义。人们不禁要问：什么导致核-幔边界这两个LLSVPs？这不得不从超大陆汇聚进行探讨。通过超大陆重建发现，超大陆聚集过程中，沿着环超大陆

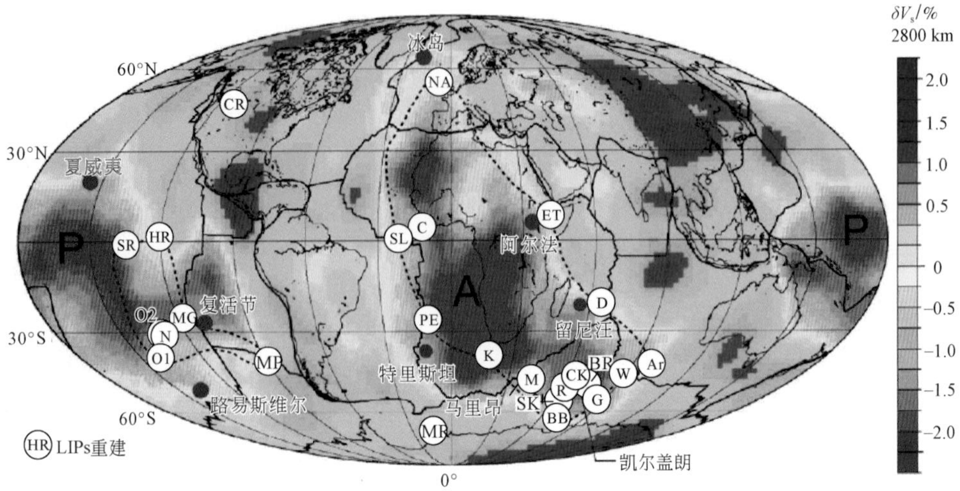

图 3-13　核–幔边界 SMEAN 剪切波异常（Becker and Boschi，2002）

图显示了现今非洲（A）和太平洋（P）“超级地幔柱”位置与侧向变化。白色圈为 201 ~ 15Ma 的大火成岩省位置（Burke and Torsvik，2004），大火成岩省名称字母缩略如下：C，CAMP；K，Karroo；Ar，Argo margin；SR，Shatsky Rise；MG，Magellan Rise；G，Gascoyne；PE，Parana – Etendeka；BB，Banbury Baslats；MP，Manihiki Plateau；O1，Ontong Java 1；R，Rajmahal Traps；SK，Southern Kerguélen；N，Nauru；CK，Central Kerguélen；HR，Hess Rise；W，Wallaby Plateau；BR，Broken Ridge；O2，Ontong Java 2；M，Madagascar；SL，S. Leone Rise；MR，Maud Rise；D，Deccan Traps；NA，North Atlantic；ET，Ethiopia；CR，Columbia River。红色点为 Courtillot 等（2003）认定的深起源热点

的俯冲带进入下地幔的板片，会聚集形成 LLSVPs，实质是冷的深俯冲板片在核–幔边界附近的堆积体，因而 V_s 速度较周边大，温度较周边地幔低，所以不能认为是“超级地幔柱”，实际上这些板片难以熔融，可以与超大陆一样稳定存在几亿年乃至 25 亿年。随着环超大陆俯冲带的后续俯冲物质遇到 LLSVPs 之前，会出现一些熔融，这些熔融物质难以推动 LLSVPs，因而只能围绕 LLSVPs 上升，最终碎片化并驱散超大陆的地幔柱生成带。如此过程，可以显然发现，是俯冲作用主动决定了地幔柱生成带的地幔柱随机性生成，而多数大火成岩省则是地幔柱遇到板块薄弱带时在地表的被动表达，只有极个别出现在板块内部。之后随着超大陆之下“盖子效应”的热聚集，超大陆也会裂解，进而转入下一个超大陆旋回。

从以上所述可知，似乎 Tuzo（图 3-13 中 A）是主动推动非洲、南极洲板块运动的，这也符合这两个板块周边无俯冲带拖曳力的情况。但实质上，从全球尺度看，Tuzo 确实就是板块的“主动”驱动力，但这种“主动”驱动力实际是植根于潘吉亚超大陆聚散期间的环超大陆俯冲系统的俯冲动力，并由俯冲物质转换而来的能量导致的，因此，如此理解，Tuzo 的“主动”驱动力依然是被动起源，与非洲–南极洲洋中脊（即西南印度洋洋中脊）被动扩张是一致的。实际上，自从潘吉亚超大陆形成后，Tuzo 就位于其下部，且连同位于泛大洋中间的 Jason（图 3-13 中 P），两者都偏于南半球；在 Tuzo 和 Jason 之间的东亚地区则不得不始终是一个下降流汇聚区

或冷地幔区域，其核-幔边界处于重力低势区，所以潘吉亚超大陆裂解期间，南半球冈瓦纳大陆始终处于序次裂解状态，序次裂解的板条（条带状微陆块）等碎片，总体在这个位势场中单向朝东亚重力位低势区持续汇聚，即向北半球集结，这个过程决定了东亚地区必然为侏罗纪以来或燕山期以来的大汇聚（superconvergence）区域，因此，东亚燕山期广泛变形的本质是亚美超大陆进入开启其聚合演化阶段的标志，这也就是当今地球的北半球以大陆为主而南半球以海洋为主的根本原因。这个现象非常普遍，但其板块驱动力研究方面意义非凡。

这个大汇聚过程的根本动力依然是东亚周边多条环形俯冲系统的板片拖曳力。因此，东亚的俯冲系统是地球现阶段板块运动的主驱动力，是全球性板块运动的发动机所在。当然，这个主动的大汇聚动力在亚美超大陆形成后，通过“盖子效应”、热聚集、相变等过程，会转换为新的强劲 LLSVPs。同时，原本的 Tuzo 和 Jason 两个 LLSVPs 因周边没有俯冲补给，而上涌的“主动”力会逐渐衰减，进而变得“主动”汇聚下沉。可见，主动与被动之争实际是人们的视野和看问题的尺度。当然，主动与被动机制也完全可以转换，之间存在一系列复杂过程，如相变、热聚集、地幔熔融等。

东亚中、新生代处于两大动力学体系作用下（图 3-14），最早是 Tapponnier 等（1982）提出印度-欧亚板块南北向汇聚碰撞可导致中国东部-东南亚一些块体的向东挤出，建立了东亚东、西部动力体系的关联。但依然存在三种不同认识：第一种认为亚洲西部碰撞构造驱动了亚洲东部边缘海的打开，地幔挤出向东流动，强迫俯冲带后撤（Tapponnier et al.，1982；Jolivet et al.，1990，1992，1994，2018）。以此观点，俯冲板块边界是被动的，并可以因为亚洲大陆大尺度形变而迁移（Peltzer and Tapponnier，1988）。第二种认为，大洋板块俯冲和相关边缘海盆地打开与碰撞构造是相对独立的，对亚洲陆内变形的时间、位置和样式都起着关键作用（LePichon and Angelier，1979；Northrup et al.，1995；Chough et al.，2000；Yin and Harrison，2000；Hall，2002；Lewis et al.，2002；Royden et al.，2008）。第三种认为，亚洲新生代变形不可能是上述板块边界过程的产物，而是壳-幔过程诱导的岩石圈热状态变化（England and Houseman，1989；England et al.，1992；Molnar et al.，1993；Harrison et al.，1997；Tapponnier et al.，2001）或侵蚀作用（Beaumont et al.，2001）的结果，这种地幔热状态的表征就是亚洲广泛发育的新生代火山岩浆活动（Flower et al.，1998；Wang et al.，2001；Ding et al.，2003；Ho et al.，2003；Chung et al.，2005；Pan et al.，2006；Mo et al.，2007）。但很多学者都遗忘了第四种观点，即西伯利亚向南的远程效应。第四种观点由美国构造地质学家 Willis 在其 1907～1913 年发表的系列著作中提出，不仅清晰标出了中朝地块，还论证提出了二叠纪—中生代西伯利亚强烈向南挤压、中生代特提斯闭合、新生代青藏高原隆升（吴凤鸣，2011）。但现今看，他界定的时间还是有问题。

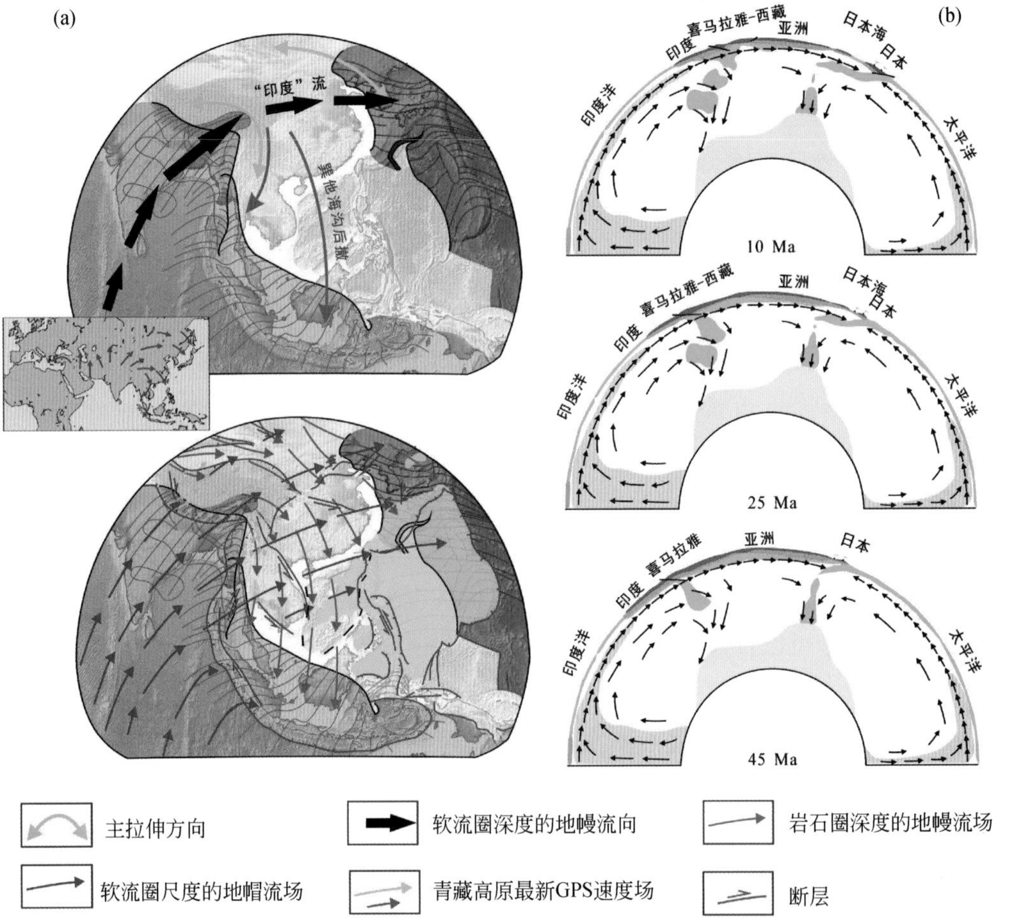

图 3-14　亚洲之下的印度地幔流动导致喜马拉雅和太平洋板片位移与形变及其岩石圈深度地幔流示意（Jolivet et al.，2018）

（a）软流圈流动驮载着印度大陆向北运移到亚洲一侧。示意性的板片形态是基于地震层析成像所绘（Replumaz et al.，2004；Amaru，2007；Li et al.，2008；van der Meer et al.，2010；Simmons et al.，2012；Agius and Lebedev，2013；Obayashi et al.，2013；Zhao et al.，2017）。流动推动着喜马拉雅下部的板片，且这些板片在碰撞带后方朝各个方向向太平洋陆缘延伸。印度向亚洲的楔入作用导致喜马拉雅山链和青藏高原形成于碰撞带前缘的挤压带。在亚洲东部，亚洲大陆的前缘表现为东向流动的软流圈之上发生伸展，伴随板片俯冲后撤。亚洲东部的这个伸展应力场使得边界条件不对称，也使得亚洲因为碰撞而发生形变，并不对称地形成了向东的主要走滑断裂（红色线条）。喜马拉雅的大陆碰撞和巽他海沟处的大洋俯冲之间的转换导致更表层的回流，这个回流拖动亚洲陆缘向南朝后撤的巽他海沟运动。（a）插图表示了阿拉伯-欧亚碰撞和印度-欧亚碰撞导致的欧亚大陆相对欧洲流动的主方向。（b）为地幔尺度的剖面图，展示了假想的流动型式。沿着南非到西太平洋的剖面表示了岩石圈和地幔可能的三阶段演化过程。LLSVP 上方的上涌和下地幔沉降部分与上地幔中水平流动发生脱耦（灰色线表示 660km 不连续面）。向北的流动推动印度大陆位于亚洲侧面，并使特提斯板片将拆沉的碎片滞留在后方的下地幔中，同时，流动多方向指向西太平洋俯冲带，使得太平洋板片后撤到日本之下。前两个阶段对应喜马拉雅地区 45Ma 和 25Ma 的两幕板片断离，后一个阶段（10Ma）对应日本海东缘的伸展向压缩的转换阶段。对于喜马拉雅，最简单的可能情形就是只有一个板片发生递进的上覆和拆沉及一次碰撞事件，也可预期存在更多复杂的演化

Li 等（2012a）基于中国东部地质证据提出，新生代东亚大陆形变的“西进东退”驱动力模式，是西太平洋俯冲动力系统与特提斯碰撞动力系统交锋的总体结果，中生代期间东部俯冲动力系统起主导作用，因而形成华北高原或宽阔的海岸山

脉；而进入新生代，65～45Ma 依泽奈崎板块俯冲消减殆尽，转为依泽奈崎-太平洋洋中脊深俯冲，中国东部普遍隆升，在新生代 NW-SE 向伸展下，盆地开启裂解为弥散性宽裂谷，由于板块年龄较小，俯冲驱动力减弱，而同期新特提斯碰撞动力系统增强，进而导致西部地幔流的东向挤出流动，西部的地幔东向挤出主动导致新生代 45Ma 之后西太平洋俯冲带发生被动东向后撤，东亚地区进而广泛出现右行张扭性裂解伸展；随着依泽奈崎-太平洋洋中脊深俯冲在东亚大陆下部的地幔过渡带发生向西迁移，太平洋板块年龄越来越大，进而冷洋壳冷却效应增大，到 23Ma 左右热俯冲导致裂解终止，东亚大陆所有盆地转入热沉降阶段；在 15Ma 左右，西部青藏高原碰撞到达极限，陆-陆碰撞阻止了进一步收缩和向地幔中注入更多物质，向东的地幔流减弱，同时西太平洋俯冲带由于菲律宾海板块这样一些热而小的洋壳板块俯冲，俯冲驱动力也减弱，东西部动力力量相当，导致两个动力系统作用范围都分别发生向东、向西的撤退，进而出现冲绳海槽、汾渭地堑的裂解。这一结果的新生代部分也被 Jolivet 等（2018）的新研究佐证，他们基于层析成像和 GPS 速度场等得出了同样的驱动力模式（图 3-14）。但是，Jolivet 等（2018）的成果缺乏对中生代的研究，中生代东亚所处的动力系统背景与新生代的不同，其东、西部分别为古太平洋、新特提斯洋俯冲动力系统，且东部的古太平洋俯冲动力系统强于西部的新特提斯洋动力系统，具有主动性，使得中国东部发生岩石圈尺度的侧向被动挤出，形成同期性质复杂的盆地群（Li et al.，2012b，2012c）。

3.2 板块驱动力的本质

3.2.1 板块运动的浅部因素

随着近 20 年 GPS 测量结果的累积，地球表层板块运动学特征已经揭示得极其清晰（图 3-15 和图 3-16），虽主要局限于各陆块的运动学特征表达，不过其结果正好弥补了 50 年来 DSDP 到 IODP 累积的大洋板块运动学检验结果无法描述陆地运动的缺憾。要解释这些最新成就，首先要根据研究范围和目的，确定固定的运动学参照系。参照系选择不同，会导致不同的运动学图像。例如，图 3-15 就是固定欧亚板块的参照系，西部反映的是阿拉伯板块向欧亚板块碰撞后，安纳托利亚地块相对欧亚板块的西向挤出；东部是印度板块与欧亚板块碰撞后，印支等块体相对欧亚板块向东的挤出。这些都是区域性局部动力过程导致的局部块体间相对运动，因此，这种运动学参照系的选择所揭示的动力学驱动机制也只是区域性的，基于此的板块形变驱动力机制也不具有全球性。

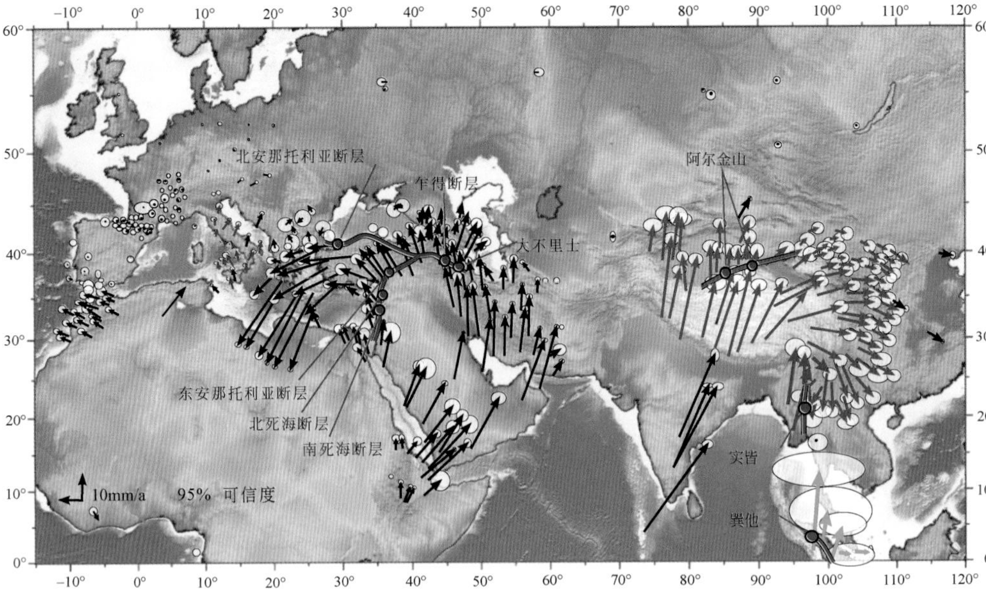

图 3-15　GPS 测定的现今青藏高原和伊朗高原块体运动速度（Vernant，2015）

固定欧亚参照系，不同颜色箭头来自不同研究人员

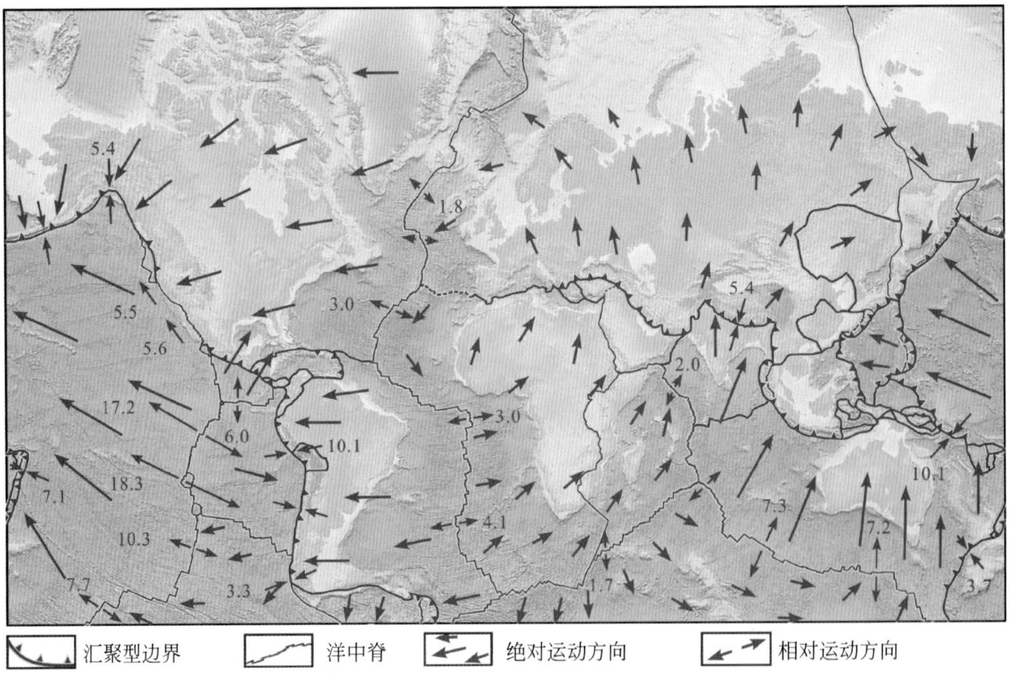

图 3-16　深源热点参照系下的全球运动学特征

揭示出两个汇聚区，一个为东南亚，另一个为加勒比海

为了揭示地球作为整体系统的动力学驱动力机制，必须建立整体地球系统的运动学。热点参照系是个选择，但有浅源和深源两类热点参照系（图 3-16 和图 3-17），得出的全球板块运动学结果也显著不同。

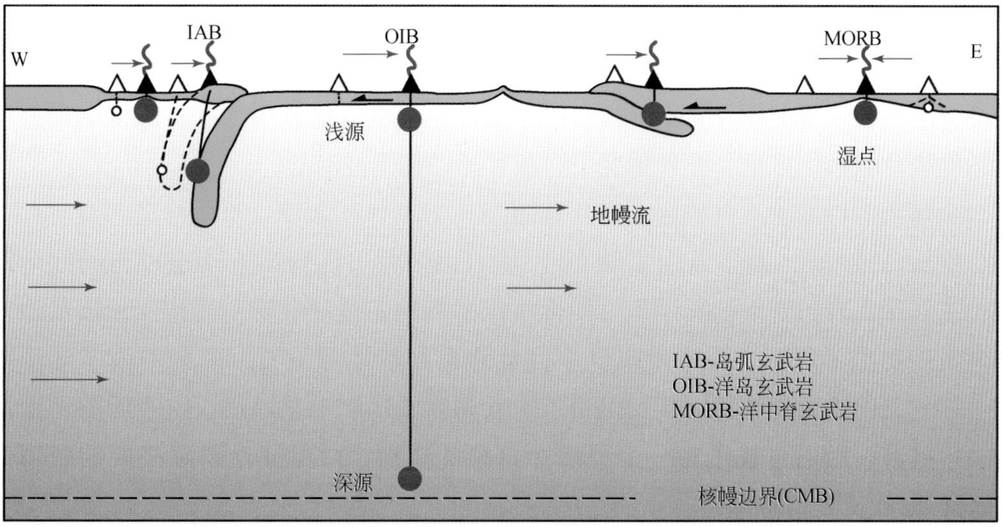

图 3-17　不同深度起源的火山链与深浅部两套热点参照系

红色箭头为火山活动迁移方向，红色圆圈代表热点，黑三角为年轻的火山产物，空三角为死亡的火山产物。洋中脊火山链可能起源于湿点（wetspots）或富水的软流圈，板块边界上的热点是非固定的，因为洋中脊和俯冲带都相对地幔彼此运动。太平洋热点来源较深，位于板内，可看作唯一可靠的热点参照系

对深源热点参照系而言，一些板块相对地幔向东运动［图 3-18（a）］，然而在浅源热点参照系下，所有板块都西漂，但速度不同［图 3-18（b）］。这些结果与剪切波分裂测定的各向异性和低角度安第斯板片一致（Russo and Silver，1994），两者都指示存在东向地幔流。类似的东向地幔流也在北美板块可见（Silver and Holt，2002），低角度的安第斯板片取决于俯冲板片的年龄。然而，大洋板块年龄还不足以解释西向陡而深、东向缓而浅的俯冲带不对称性（Cruciani et al.，2005）。事实上，大陆或大洋岩石圈俯冲对应的两侧地貌也经常具有不对称性，如地中海造山带（Doglioni et al.，1999）。

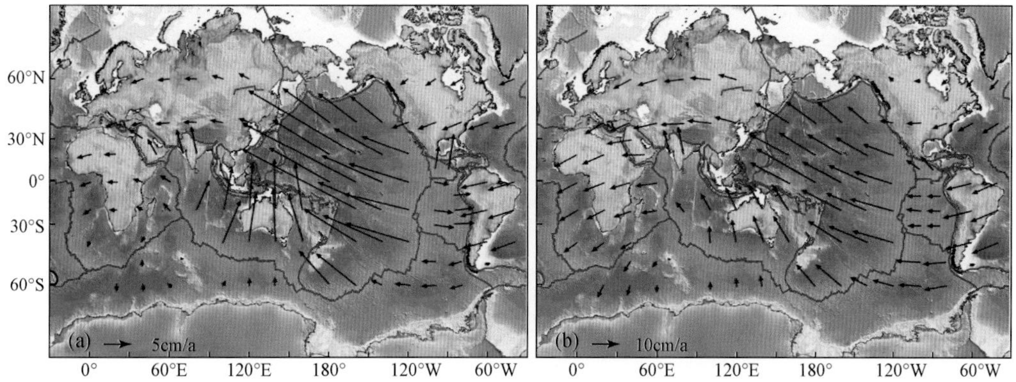

图 3-18　不同参照系下的现今速度场

（a）为相对深部热点参照系下的现今速度场，数据来自 HS3-NUVEL1A 模型（Gripp and Gordon，2002）；（b）为相对浅部热点参照系下的现今速度场，数据来自 NUVEL1A 相对板块运动模型

太平洋浅部热点的运动学限定了板块相对深部地幔整体向西运动［图3-18(b)］。据此，可预测沿东向或北东向俯冲的俯冲带的基本观测结果。但在这个参照系下，上覆板块下的板片移出地幔。由于板片不会沉入地幔中，这将降低驱动板块运动的板片拉力。可见，此种情况下，板片运动都是被动的。

全球构造特征的不对称性和岩石圈西漂（图3-19）表明，板块构造起源时存在一个旋转分量（Scoppola et al.，2006）。岩石圈西漂可能为以下三个过程的综合效应：①作用在岩石圈上的潮汐矩，使得西向扭矩加速地球旋转；②指向地幔或地核的高密度物质下降流，会略微降低惯性动量而加速地球旋转，部分平衡了潮汐拉力；③软流圈内出现较薄（3～30km）的低黏度低速层水化通道。这表明剪切增温和力学疲劳，因而自我维持一个或多个这样的通道，以保证岩石圈必要的脱耦带（Scoppola et al.，2006）。

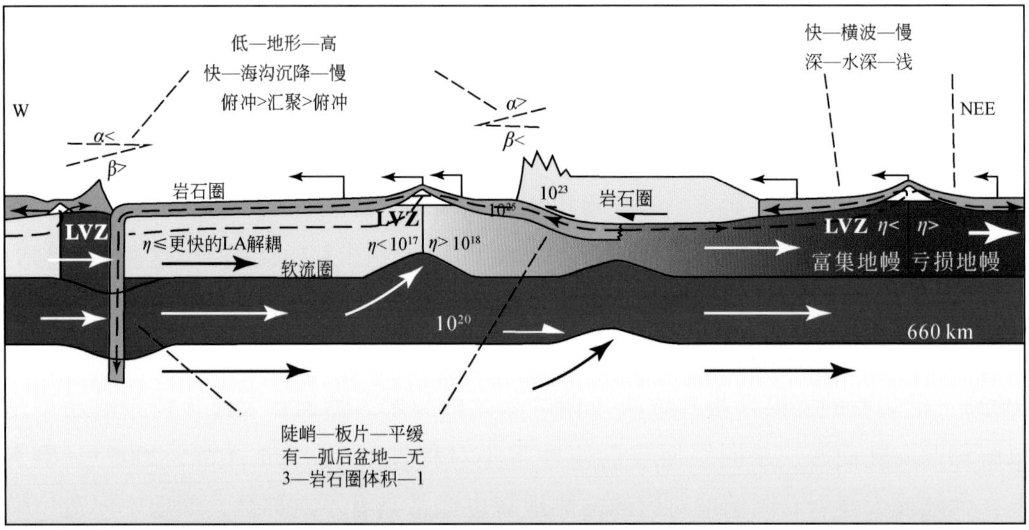

图3-19　板块特征的全球不对称性及其对地幔对流的约束（Carminati and Doglioni，2012）

对比西向与东向、NE向指向的俯冲带，其不对称性分别表现为：低和高的地形（α），高和低的前陆单斜（β），陡和缓的板片，弧后盆地形成与不发育，俯冲岩石圈体量为3∶1。因此，在裂解地带，洋中脊西侧和东侧表现为快和慢的S波速度、深和浅的水深差异。板块构造的这些不对称性指示一个岩石圈西漂极性。更快速的板块速度可能对应较低的黏度，洋中脊的软流圈亏损使得其黏性更大，进而增加了岩石圈-软流圈之间的耦合性，因此东侧的板块较慢。大洋岩石圈向东俯冲进入软流圈后，会发生熔融，使软流圈自身再度富集化。向西的俯冲作用可导致更深的物质循环。俯冲带可使相对岩石圈总体向东的地幔流动发生扰动或偏转。西倾的板片产生角流，然而，相反的东倾板片会导致下伏地幔出现一个向上的吸引力，这就是深源地震及东向和NE向俯冲带观察到深地震空白的起因

3.2.2　板块运动的深部根源

以上是针对浅源热点参照系下考虑的全球运动学结果，必然对其动力学模式建立产生影响，得到的机制揭示了地球整体旋转运动在全球动力学上的贡献。为了全

面揭示更深层整体地球动力学问题，还需要考虑全地幔运动状态。因此，Conrad 等（2013）建立了一个板块运动和地幔对流的双极与四极参照系（图 3-20），以探讨深部地幔过程与地表板块运动之间的关联，将板块重建的速度场和深部地幔流动型式联系起来。研究结果表明，现今南太平洋和非洲之下为下地幔横波低速异常区（LLSVPs），其环边为深部地幔柱生成带，它们基本稳定，且双极参照系下，板块汇聚极位于东亚，板块离散极位于南美，这与现今北半球总体汇聚，南半球总体裂解一致；四极参照系下，四极分布于构造赤道（注意：这个构造赤道与图 3-21 的完全相反，与本书作者基于东亚中生代晚期以来的地质事实理解的一致）两侧，四者之间正好 90°间隔［图 3-20（a）］，板块汇聚极位于菲律宾海板块和南美洲北部，离散极位于中太平洋和非洲裂谷，总体和现今状态一致，但南美北部汇聚值得怀疑［图 3-20（a）］。图 3-20（b）将地幔流动矢量的四极分布与板块运动的四极分布对应，发现具有完美的吻合，进而 Conrad 等（2013）得出地幔流动拖曳力是驱动板块运动的主驱动力。从某种意义上说，这证实了不对称的全地幔对流是驱动板块构造的根本动力，强力地支持了传统的板块构造理论中地幔对流是根本驱动力的表述。

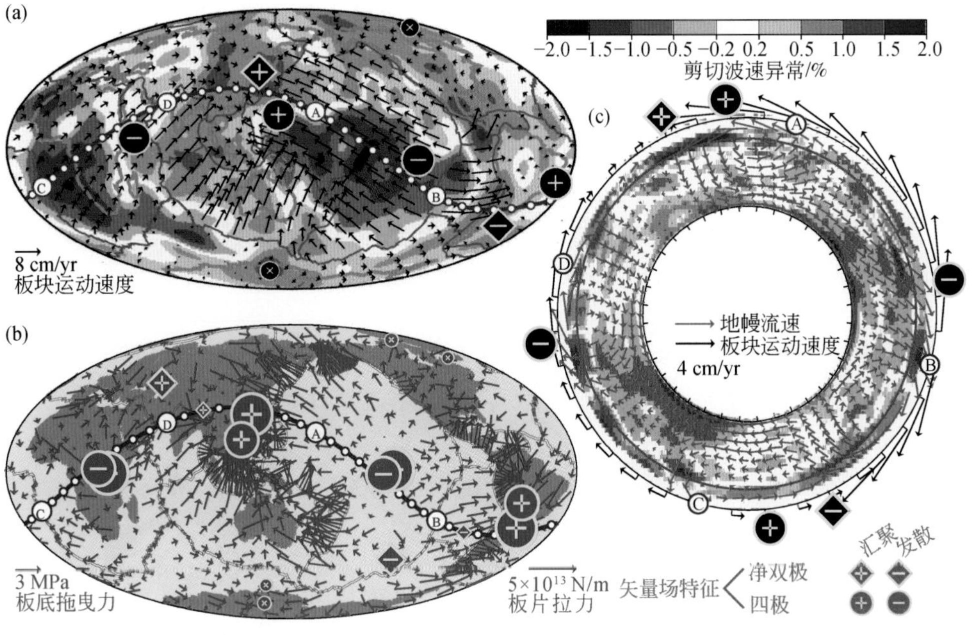

图 3-20　板块净运动特征与下伏地幔流的关系（Conrad et al.，2013）

（a）、（b）为双极、四极和净拉伸参照系下现今地表板块运动的净极位置分布，在（a）中为黑色符号，在（b）中蓝色为板拉力相关的板块驱动力净极位置，红色为板底拖曳力。（c）为过大圆 ABCD 的地幔剖面，表示了地震层析横波低速异常区［图中彩色部分，在图（a）中也表示了 2800km 深处的低速异常区］以及相关的地幔流场（绿色箭头）、表面板块运动（黑色箭头）和净双极及四极位置（黑色符号）

这里值得一提的是，构造赤道是现今全球岩石圈板块相对深部地幔的优势运动方位。它的方位不同于地理赤道，整体上表现为 NWW—SEE 向横贯全球，在东非-

中亚–东北亚表现为SW-NE向（刘仲兰等，2015）。然而，构造赤道并不是什么创新理念，只不过在前人思想上换了一个名词和一个位置罢了。如图3-21（a）所示，从西部的阿尔卑斯环（Alpine loop）或非洲岬（African promontory），到中部的喜马拉雅两侧构造节（syntax），再到班达弧（arc），人们在大陆漂移学说时期就提出，这些构造现象集中成带发育，是印度、澳大利亚板块向北漂移所致。针对这些构造，诸多区域性的构造动力学模型被提出，从西到东针对性提出了诸如最著名的阿尔卑斯弯山构造、陆陆碰撞、滑移线场理论、印支地块的挤出构造、多岛洋等。

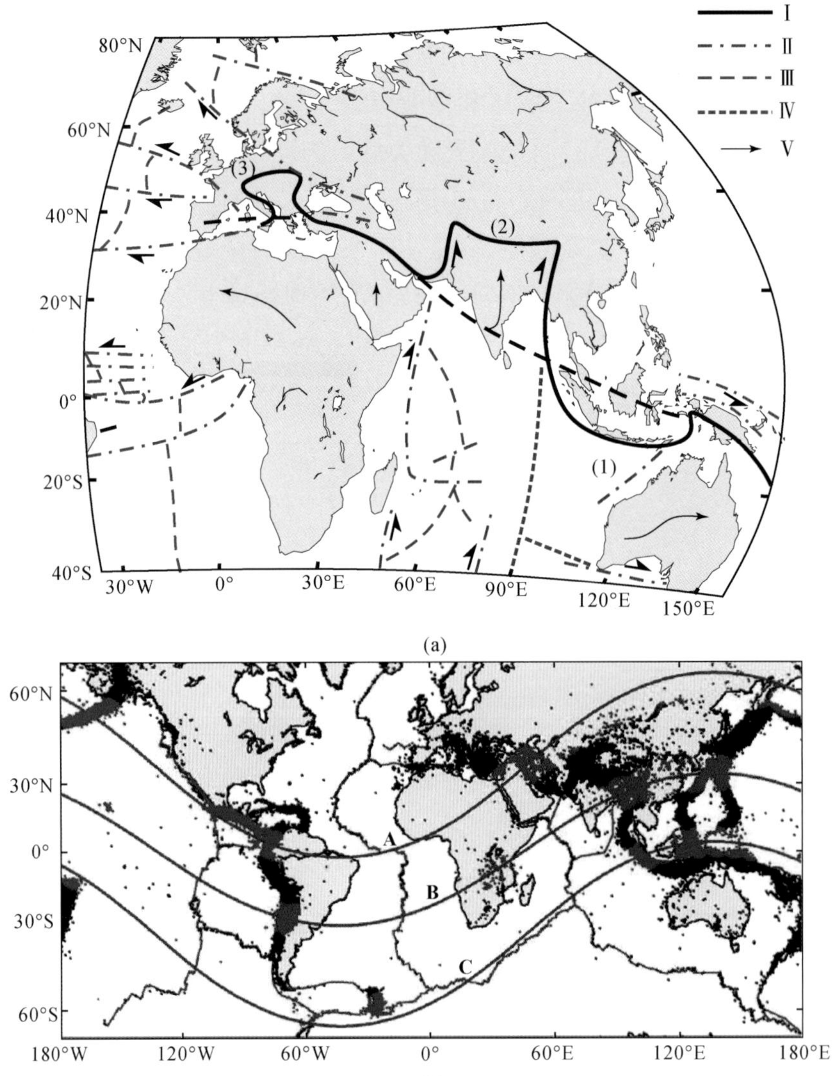

图3-21　两种构造赤道的理解

（a）特提斯带主构造线（van Bemmelen，1972），（b）红色为30km以深的强地震分布所显示的构造赤道及其南北纬30°（Doglioni et al.，2015）。（a）中Ⅰ为晚古生代构造带及其新生代变形；Ⅱ为走滑断层；Ⅲ为洋中脊中央裂谷；Ⅳ为巨型海岭构造；Ⅴ为冈瓦纳碎片漂移方向。（1）印度尼西亚班达弧地区，（2）喜马拉雅造山带，（3）阿尔卑斯地区。线A、B、C分别对应30°N、构造赤道、30°S

但是，这并没有彻底解决全球地球动力学的根本问题，在追索板块构造起源时，在板块构造体制出现之前的前板块构造体制下，地球形变的驱动力是什么？是什么因素导致板块起源，并使得全地幔对流成了板块构造体制下的板块驱动力？

3.2.3 一阶模式与二阶模式的对立和转换

Gurnis（1988）率先进行了超大陆集结机制的二维数值模拟，寻求长达亿年时间跨度的全球性驱动力机制。其结果表明，大陆在地幔下降流之上碰撞集结形成超大陆，随后由于热屏蔽效应，超大陆之下会形成地幔上升流，这个上升流又导致超大陆离散。实际上，大量陆块可能被不同的下降流俘获，因此具有大量下降流（俯冲带）短波长结构的地幔循环，如在古、中太古代的大多数时期，并不会导致超大陆集结［图 3-22（a）］。但已有板块重建结果表明，罗迪尼亚超大陆和潘吉亚超大陆确实以赤道附近的单一中心聚集，但这个超大陆单一中心集结的动力机制，可能来源于深部长波长地幔对流循环格局。大地水准测量可以用来指示地幔对流的结构变化，据大地水准面的二阶球谐异常特征（图 3-13），潘吉亚超大陆最终集结中心为东亚地区，是南太平洋（Jason）和非洲（Tuzo）之下两个大地水准面长波长的高异常所致，这两个大地水准面高异常是反对称的，且由潘吉亚超大陆的绝热效应导致。然而，潘吉亚超大陆以非洲为中心聚集时，南太平洋这个高异常不在超大陆之下。因此，超大陆集结的深部机制还存在一些亟待解决的问题，特别是三维模拟还有待深化。此外，还要考虑梯度较大的地幔黏度分层结构（依赖深度的黏度变化），以及依赖温度和成分的黏度结构对地幔循环的影响。

Zhong 等（2007）的三维模拟获得突破，其结果表明，带活动盖的地幔循环受一阶形态控制，即一个半球为上升流，另一个半球为下降流，正是这个一阶对流格局使得上升流推动、下降流拉动大陆块体集结碰撞形成超大陆［图 3-22（b）和（c）］。超大陆形成后，就会导致其下部新形成一个上升流，并使得地幔对流格局由一阶对流转变为二阶对流格局［图 3-22（d）和（e）］，即两个反对称的上升流。超大陆下部的上升流导致超大陆离散和火山活动、裂解作用等。超大陆裂解为多个大陆块体后，这些碎片化的陆块向构造赤道运移，最终，地幔对流格局再次回到一阶对流型式。构造赤道俯冲方向总体的单一倾向特征，驱使构造赤道的微小陆块在反向的半球再次聚集，从而使一阶对流再度转变为二阶对流格局。因此，这个过程反复进行，导致一个新超大陆出现。紧邻的两个超大陆之间构成一个超大陆旋回（图 3-22）。正是由于有大陆块体的调制，地幔循环才会在一阶和二阶对流格局之间来回摆动。未来还需要进行岩石圈的非线性变形机制和长波长地幔对流型式下，多个大陆块体参与的动态相互作用、长波长地幔对流型式的物理机制研究，包括地幔黏度结构对长波长地幔对流型式的推动作用，以及对对称和不对称一阶地幔下降流生长的控制作用等。更为重要的是，数值模拟不能仅仅模拟物理过程，还要考虑相变，即考虑化学过程驱动物理过程。

Zhong 等（2007）及 Zhang 等（2009）先后开展的超大陆聚合和裂解过程的全球动力学数值模拟还发现，超大陆聚合和裂解过程都需要大约 350Myr 的时长。据此，超大陆聚散一个周期总体需要 7 亿年，这和华北的地质事实极其吻合。25 亿年肯诺兰、18 亿年哥伦比亚、11 亿年罗迪尼亚、4 亿年原潘吉亚（潘吉亚超大陆只是其周期中间的一个环节，不是一个新的超大陆）、未来 3 亿年的亚美超大陆之间的时间间隔，也正好皆为 7 亿年。如果再往早前寒武纪推测，32 亿年是全球地幔变化急变时期，含金刚石榴辉岩的地幔出现；39 亿年是很多克拉通陆壳岩石记录的最早年龄，如华北克拉通的辽北鞍山和河北曹庄。

7 亿年超大陆旋回机制主要受瑞利–泰勒不稳定性控制。Zhong 等（2007）的数值模拟揭示，一种早期地球自由对流的最终结果是分散的太古宙克拉通会通过一阶球谐函数模式在 25 亿年的时候聚合形成统一的大陆，弥散性的地幔自由对流格局（Sawada et al.，2018）转变为第一个一阶地幔对流格局。25 亿年之后，一阶球谐函数与二阶球谐函数模式之间反复来回转换（图 3-22），这两个模式下超大陆旋回性地实现着超大陆的聚散和转换。

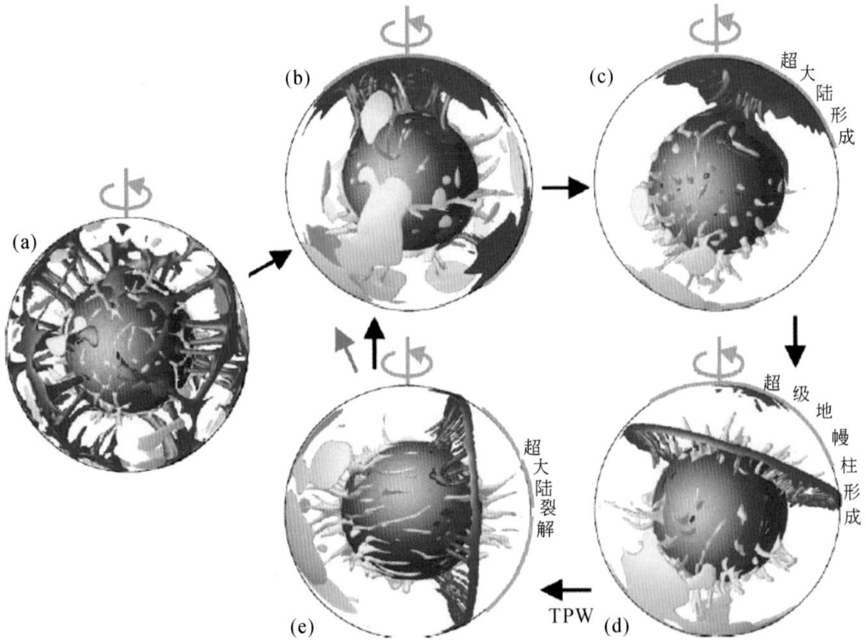

图 3-22　超大陆裂解和聚合动力学机制的数值模拟结果（Li and Zhong，2009）

（a）25 亿年前的自由、小尺度地幔对流；（b）小尺度对流最终转变为一阶地幔对流；（c）超级俯冲（下降流或冷幔柱）导致超大陆集结，启动第一个超大陆肯诺兰；（d）超大陆的热屏蔽效应使得其下部热聚集，出现二阶地幔对流，热驱散超大陆裂解，因环超大陆俯冲带的存在，最终导致聚合到超大陆主体的陆块最先裂离，直到整个超大陆裂解为一系列微陆块，沿同一方向向构造赤道运移聚集；（e）超大陆裂解的碎片最终彻底移离原始位置，且这个单向裂解与单向汇聚过程，导致下一个超大陆将于对跖极聚合，地球可能发生真极移，并进入下一个超大陆旋回聚合阶段（b）。蓝色为冷地幔，黄色为热地幔，红色为地核哥伦比亚超大陆裂解在华北表现为多幕基性岩浆事件，之间没有造山事件打断，表现为“一拉到底”（翟明国等，2014）的构造特点，其驱动机制令人迷惑难解。这个难题类似特提斯构造域表现出来的块体聚散机制，南半球的微板块或板条一味地裂解、始终向北单向聚合的现象（图 3-23），其机制与华北一味地裂解实际都是超大陆聚散机制的裂解机制部分，是一阶模式向二阶模式转变过程中产生的全球性事件群。

(a) 早志留世 (435Ma)　(b) 石炭纪—二叠纪 (290Ma)　(c) 二叠纪—三叠纪 (248Ma)

图 3-23　古生代期间冈瓦纳大陆北缘不同阶段裂解形成过大量微板块

3.2.4　南北半球与东西半球动力壁障机制

通过板块重建可以明显看出，在地球历史期间，有时某个带有大陆的板块整体近于向正北或向正南运动（图 3-24），是什么驱动力所致始终不明确。这些板块重建结果表明，新生代乃至古生代以来地球不仅存在南北半球动力学差异，而且可能还始终存在东西半球动力学差异。例如，500～400Ma，西伯利亚板块始终不越过可能的类似“东经 90°海岭”的东西半球分界而做由南向北的运动［图 3-24（a）］；130Ma 以来，印度板块始终不越过东经 90°海岭的东西半球分界，也做由南向北的运动。可见，中、新生代期间，东经 90°海岭–中国龙门山–贺兰山–六盘山一带的南北构造带，可能是一个全球性的南北走向动力学壁垒［图 3-24（b）］。

南北半球的动力学壁垒在某些时期不是很清楚，但新生代期间，一个显著现象是：印度板块快速北漂，而澳大利亚板块迟迟滞留南半球，且 16Ma 以来不越过新几内亚一带近东西走向的俯冲系统（东西走向动力学壁垒），而被迫做东西向运动，如一些微地块向西楔入东南亚，而另一些微地块从澳大利亚大板块撕裂后，向东后撤，形成新西兰一带的弧后盆地。再往前期历史追索，就是近东西向横贯地球赤道的大洋——特提斯洋（图 3-23）。至少从表部圈层系统看，这可能是古生代 400Ma

以来的构造赤道位置，是诸多微陆块聚合的地带。

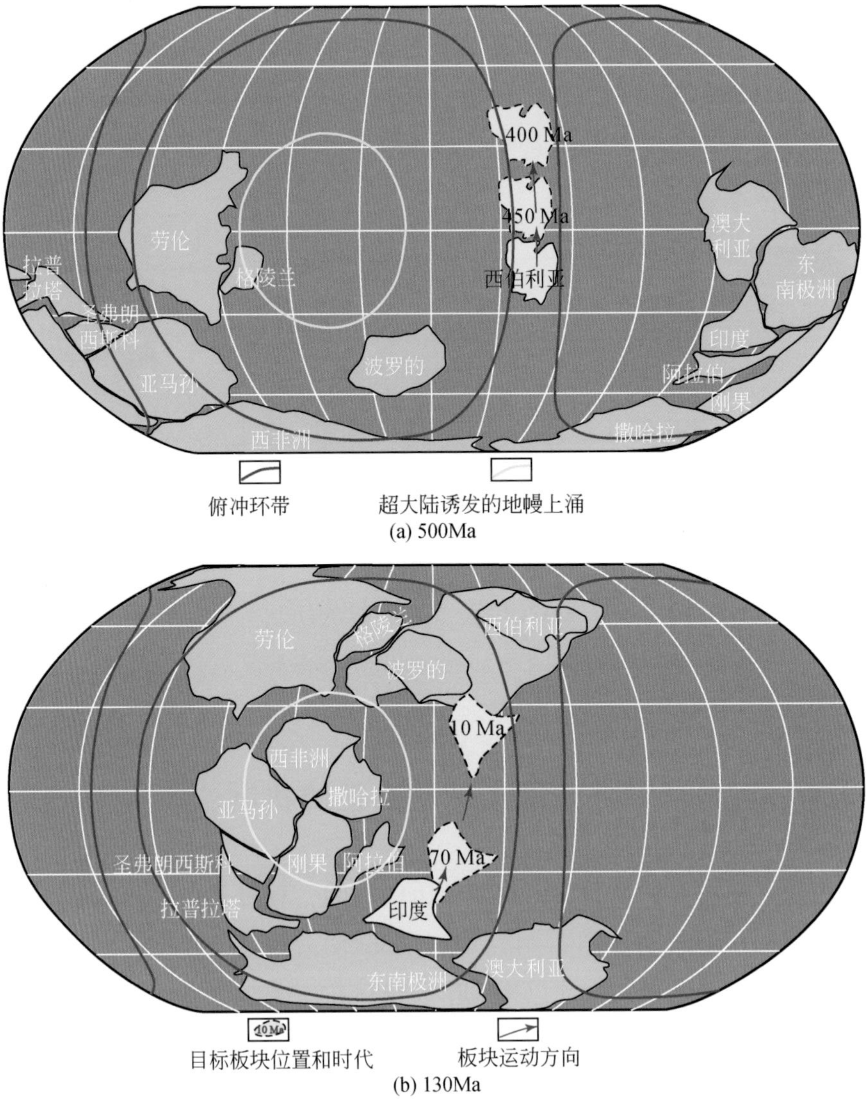

图 3-24　板块重建揭示的东西半球动力学壁垒（Mitchel et al.，2012）

3.2.5　前板块体制下变形的驱动机制

假如 40 亿年前最早的原始俯冲可能启动，到 30 亿年前初始板块构造在全球运行（赵振华，2017），那么这表明板块和板块边界变的广泛需要 10 亿年的时差。这个时差阶段动力学驱动机制是什么、发生了什么，迄今不是很清楚。但是，这是理解现代板块构造起源的基础，也是认识地球驱动力随时间演化而变化的关键。Bercovici 和 Ricard（2014）采用复合流变学的颗粒演化和破损演化以及耦合压力驱动的岩石圈流动模型，该模型中低压带等效于对流循环中下降流的吸引作用。模拟结果表明，在最简单情形下，驱动压力场的几次连续旋转作用约束了残留的破损薄弱带，这些薄弱带被岩石圈流动继承，形成一个近于完美的板块，它具有被动扩张和走滑边界，这个边界可一直存留并进一步局部化，即使流动只是俯冲作用所驱动时也如此。但是，对于更热的地表条件下，如金星表面，破损的累积和继承可忽略，因此，只有俯冲带可以保存，但板块构造不能扩张，这和观测是一致的。随着板块受驱动不断发展变化，其复杂性逐渐增加，如斜向俯冲、平行板块运动方向的走滑边界和小板块的散裂（Bercovici and Ricard，2014）。因此，岩石圈破损足可增强剪切局部化和长期软弱带发育，并与短暂的地幔流动和迁移的原始俯冲作用结合，导致弱板块边界的累积增加，进而事件性地形成只受俯冲驱动的完整构造板块。

前寒武纪地球动力学关注地球距今 45.6 亿～5.43 亿年的沉积、岩浆、变质、变形、地幔和岩石圈的动力学机制，是永恒的地球科学前沿研究内容。现今研究积累表明，早前寒武纪构造还难以完全用传统板块构造理论给予说明，板块构造起源的时间虽然可能因地而异，但主流认识是距今 27 亿～22 亿年，华北克拉通也是如此。学者对板块构造出现之前的前板块构造体制也已提出了多种认识：地幔柱理论、地幔翻转、重力构造、小板块构造、原始板块构造、初始板块构造、热管构造（Moore and Webb，2013）等。其中，重力构造被认为主要发生在冥古宙的地球层圈分异阶段，尤其是距今 45.4 亿～44.5 亿年地核形成和地幔的岩浆海阶段，也就是说，岩浆海或核幔分离阶段的地球系统的根本驱动力为重力不稳定性。

之后的太古宙期间，最为特色的构造就是卵形构造。迄今，对于地壳层次的卵形构造成因也有至少 8 种模式：底辟构造、中下地壳流动构造、水平渠道流、多期褶皱叠加构造、变形分解构造、龟裂–拗沉俯冲构造、卵形构造的多层 top-down 流变构造、岩基侵入–挠曲分解构造等，它们皆可出现在挤压、伸展、走滑构造背景下。

当然，对于 4.45Ga 左右的早期地球来说，大撞击作用也可能是地球短暂时期内的重要原初驱动力。大撞击可能引发广泛的地幔熔融和短暂的岩浆海（图 3-25），如此大的撞击事件也可能导致撞击体的核混合和最小乳化（minimal emulsification）。如果地幔是固态，小的撞击事件将形成小的熔浆池，其底部可能积聚金属（Badro and Walter，2015）。然而，也有人认为陨击作用也是板块构造体制出现后板块运动的重要或根本的驱动力，并且中生代以来具有 33Myr 的周期性，认为是太阳系穿越银道面时引发（万天丰，2018）。但实质上，陨击作用也是一种重力驱动机制，也是 top-down 机制。因此，总体上分析，无论是板块构造阶段还是前板块构造阶段，无论是渐变机制还是突变机制，全球构造过程似乎都是 top-down 的重力机制（李三忠等，2015a，2015b）。

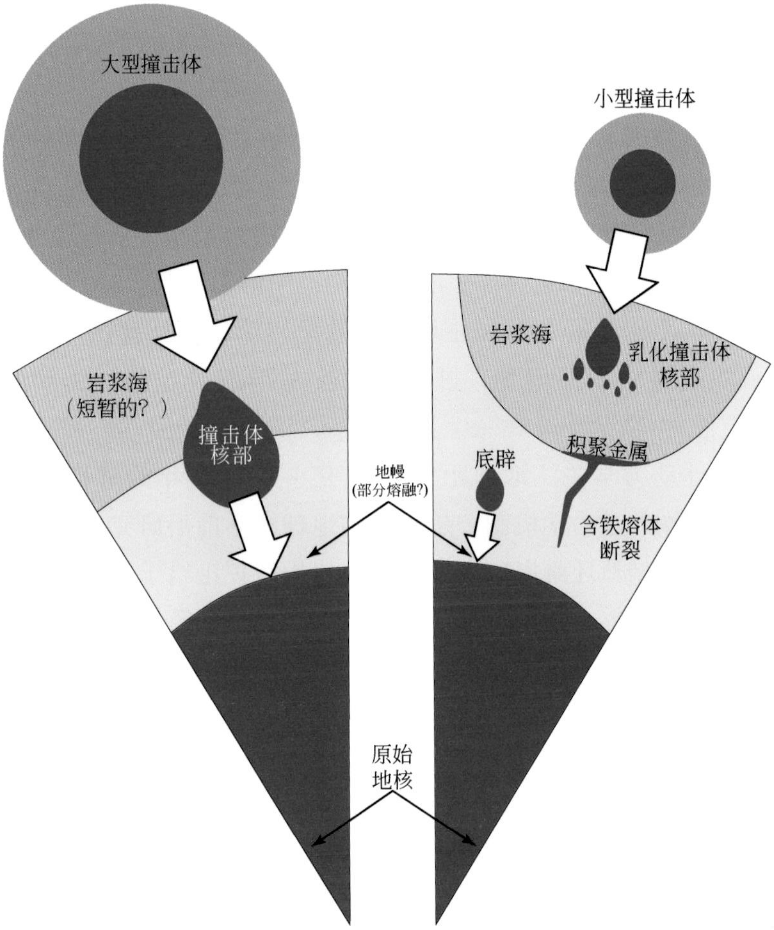

图 3-25　大撞击与小撞击的差异金属分凝机制

3.2.6　微板块驱动力与地球流变机制

极端高热状态的地球逐渐冷却，在其表层会形成一些相对冷而刚性的块体，可称为微地块。随着洋陆壳分异，微地块也出现微陆块和微洋块；随着俯冲作用启动或拆沉等过程发生，也可以出现微幔块（Li S Z et al.，2018a）。在板块构造体制出现后，一些微地块也具有微板块的属性，其驱动力具有复杂耦合性。

驱动微地块形成的力可能很单一，也可能很复杂，可以是长期或短期的重力（包括地球早期或晚期的陨石撞击作用），也可以是全球性或局部性的地球自旋、地幔涡旋（含地幔柱内部涡旋等各种地幔上涌，以及俯冲系统中冷幔柱等地幔下降与板片旋转）、地幔风、大小尺度的地幔对流，但最终动力起源表现上是热不均一性，尽管不同地史时期因热状态、热结构和物质组成存在不均一性差异，这些驱动力有所变化，但都很好研究和确定，因此就不用像传统板块构造理论那样因追求终极的或统一的板块驱动力而给理论自身带来危机。

微地块的动力学机制是随着地球热演化而进化的，千差万别，不具有统一的微观或区域动力学机制，即使都是对流驱动，对流形式在不同阶段也存在巨大不同，驱动对象也发生了巨变。但无论热状态如何，都归结为当时地球结构状态下不同圈层间流变学差异导致的重力不稳定性。因此，重力不稳定性是驱动地球运行的根本和终极机制。

从现今板块构造演化阶段的三维角度分析，表层微地块演变的驱动力还是来自常见的平面三节点的非稳定性，但还有曾被忽略的垂向上热点或地幔柱与上覆板块或地块的垂向交点的非稳定性；而最为根本的驱动力应当是地幔内部热结构或热状态的非稳定性，这种热的非稳定性在近 7 亿年以来或 25 亿年以来植根于核–幔边界（热边界层）的地幔柱生成带上升流的多变性，以及外部冷的热边界层的非稳定性，即岩石圈或壳层尺度的减压带（如各种断裂带）组合形式的多变性，及其冷的和热的热边界层之间更为复杂的对流循环过程或相互作用（Li S Z et al.，2018a）。

3.2.7 瑞利–泰勒不稳定性驱动机制

从太古宙全地幔尺度的地幔柱为主的构造驱动力机制，到地壳层次常见的卵形构造的早期“岩浆底辟”机制或晚期“地壳渠道流”机制，再到板块构造体制出现后的不对称地幔对流机制，实际上都是地球不同热演化阶段下，不同尺度、深度、广度热物质的底辟流变机制，归根结底是重力不稳定性使得地球不断在运行。

英国的瑞利是三位获得诺贝尔奖的地质学家之一，他 1886 年提出的弹性波理论使其于 1904 年荣获诺贝尔物理学奖［另外两个获得诺贝尔奖的地质学家是：美国化学家威拉得·利比（Willard Libby）1949 年宣布发明了^{14}C 测年法，并于 1960 年获得诺贝尔化学奖；美国地球化学家尤里（Urey）因发现氚元素，于 1934 年获得诺贝尔化学奖，1935 年当选为美国国家科学院院士］。他还提出了后人所称的瑞利–泰勒不稳定性理论。瑞利–泰勒不稳定性理论对理解整体地球全地史运行模式或驱动机制（不只是板块的终极驱动机制，还可能是前板块构造的终极驱动机制）是至关重要的。

瑞利–泰勒不稳定性理论认为，瑞利–泰勒不稳定性会引起流体内部密度不同区域之间的相互渗透。流体内部区域可以是由一个界面分开的两种不同的物质，也可以是一个界面分开的两部分平均密度不同的同种物质，这两个区域之间存在密度梯度。这种现象往往发生于重力场中低密度流体支撑高密度流体的情况，也称为重力不稳定性。

在会聚结构中的不稳定性问题有三个因素必须考虑：首先，较轻的流体加速较重的流体，即可形成瑞利-泰勒不稳定性；其次，“薄壁”效应通过外部瑞利-泰勒不稳定性表面扰动的贯通（feedthrough），使扰动出现在聚爆（implosion，物体迅速移动造成的空穴现象）球壳的内表面。这些内表面扰动影响球壳的压缩性能；最后，会聚作用随着球壳聚爆，扰动幅度和球壳厚度都在变化，从而使外部扰动对内表面扰动的耦合和影响发生变化。瑞利-泰勒不稳定性常出现在类似水在上、油在下的上重下轻的流体系统中，两层平行而不混溶的流体之间是稳定的，但是由于势能较大，它们要换位才能趋于稳定。实际上略微的扰动，就可能导致势能释放，这是由重力推动的，所以又称重力不稳定性。在重力加速度场中，如果大密度流体占据高势位，小密度流体占据低势位，那么边界上的不稳定性总是驱使大密度流体去占据低势位，而把小密度流体挤到高势位，这样才能使整个系统的势能降低。但是，地球的密度结构似乎不符合瑞利-泰勒不稳定性发生的条件，因为现今地球物理探测揭示地幔密度总是比地壳或岩石圈的密度大，且这已是常识。然而，这里依然要回到霍姆斯 1929 年提出的相变机制，这也被 Anderson（2007）年所推崇，称为榴辉岩化驱动机制（图 3-12）。

实际上，很早就有人试图用重力作用代替对流机制来解释板块运动，重力（即万有引力，使有质量物质之间的相互吸引力）是与自然界强力（构成原子核的短程强相互作用力）、弱力（粒子之间的短程相互作用力）和电磁力（带电荷粒子或具有磁矩粒子相互之间通过电磁场传递着的作用力）并列的四种基本力之一。哈珀（Harper）1975 年认为，板块前缘因冷却、加重、下沉，引起其从洋中脊向两侧滑动。可见，俯冲驱动力为板块运动的主驱动力，在板块构造理论提出 7 年后就有人提出，不是现今的最新认识。其依据是海沟处浅震是由正断层引起的。尽管这些正断层曾有人用板块推力使俯冲板块外缘隆起发生弯曲而张裂来解释，但更可能是受板片自身重力拖曳而形成，理由是：①冷却的板块密度增大；②下插的板块因压力增加，发生相变而密度增大；③洋中脊重力位势高，海沟处重力位势低，板块会像滑坡一样从洋中脊向海沟滑动；④Anderson（2007）提出标准温压下橄榄岩密度为 3.3～3.47g/cm^3，但榴辉岩密度为 3.45～3.75g/cm^3（图 3-12）。实际上，410km 以深，低密度的榴辉岩密度小于周边地幔密度，因而可滞留圈闭在这个深度带（即地幔过渡带），冷却后表现为低速层，但榴辉岩的成分、密度和地震波速变化很大，它们比橄榄岩熔点更低，因而容易突然受热而上升或被裹挟。如果地幔接近橄榄岩的正常固熔线，榴辉岩块体最终会受热熔融而上升。因冷洋壳可能含有钙钛矿相矿物，在 410km 处相对密度会大些（图 3-12），过厚的洋壳可能转变为榴辉岩，并变得比含有橄榄岩、二辉橄榄岩和一些低石榴石高镁榴辉岩的下伏上地幔更致密，因而又会转变为高速体，甚至积累到一定量，进而发生雪崩效应，并最终坠入下地幔。

总之，地质时间尺度内，可以把橄榄岩和榴辉岩都视作流体，因而标准温压下和410km以下榴辉岩都比橄榄岩重，这两种状况可发生在地球分层结构形成后的任何演化阶段，且都符合瑞利-泰勒不稳定性产生的条件：大密度流体占据高势位。因而，瑞利-泰勒不稳定性可以作为地球分层结构形成后任何演化阶段的驱动机制。板块体制出现后，板块可被俯冲板片拖曳下沉。哈珀还计算出，俯冲板片的拖曳力比洋中脊的推挤力大7倍。福赛斯（Forsyth）和上田诚也在1975年发文也认为俯冲板片向下的拉力在板块运动过程中起了重要作用。

3.3 中国大地构造学派的继承与创新

中国也不乏先贤。现代地质学在中国生根发芽虽然较晚，但中国大地构造界也建立了五大构造学派：地质力学、多旋回构造、地洼构造、波浪镶嵌构造、断块构造。可惜的是，这些学说都某种程度上具有固定论的烙印，学界将这些当作学术历史而弃之不顾，没有在新的地学技术和地质理论下去发扬光大，没有开展新的理解和探索，也没有看到这些理论是前人理论的发扬与光大，因而这些理论多数变成了地质史学专家的研究材料。

3.3.1 地质力学

地质力学是指中国地质学家李四光基于中国地质和东亚构造的研究，于20世纪40年代创立的一种构造地质学说。它主要是用力学的观点研究地质构造现象，研究地壳各部分构造形变的分布及其发生、发展过程，用来揭示不同构造形变间的内在联系。

最初研究始于1921年的中国北部石炭纪、二叠纪含煤地层研究。1924年以后，李四光对比了中国南部和北部石炭—二叠纪及地球上其他地区同一时期，特别是古生代以后的海进、海退现象，认为大陆上海水的进退，不仅是海平面的升降，可能还有由赤道向两极，反过来由两极向赤道的方向性运动的贡献。据此，他推断大陆运动也可能有这种方向。1926年，李四光发表《地球表面形象变迁的主因》，提出"大陆车阀说"。20世纪20年代末，李四光肯定了山字形构造的存在，山字形构造实际就是20世纪90年代兴起的构造地质学前沿研究——山弯或弯山构造。1929年他发表《东亚一些典型构造型式及其对大陆运动问题的意义》一文，概括了不同类型构造的特殊本质，建立了构造体系的概念，为地质力学奠定了基础。20世纪30年代确定了阴山、秦岭、南岭三条巨型纬向构造带，以及东亚地区华夏和新华夏构造体系、淮阳山字形构造等。1945年，李四光在《地质力学之基础与方法》一书中，率先将力学引入地质构造的分析，正式提出“地质力学”这个名词术语，地质力学理论始具雏形。

地质力学注重构造体系的分析，特别是活动构造的活动规律和动力来源，以及断层、褶皱等构造形迹形成的力学机理的分析，也注重研究地应力和地质因素对岩土工程的力学分析的影响，地质力学对矿产资源的普查勘探、对工程地质和地震地质的研究有积极意义。

地质力学主要基于当时固体力学发展背景而提出的，实际上，在当今时代，地质力学在中国地学界被抛弃太可惜。在基于超级计算技术的流体力学、构造流变学快速发展的今天，地球动力学的数值模拟都应当是力学与地质学结合的新发展，始终是国际地球科学前沿。学者一味追求创新，侧重挑剔前人学说太多毛病，而基于新技术正确继承的认知太少。例如，地质力学划分断裂体系，将不同年龄的断裂划归了一个构造体系，这在当时的地质年代学水平下是可以理解的，但地质年代学发展至今很成熟了，也未见有人根据新的年代学数据，系统重新划分构造体系，继承中断，因此导致对中国区域构造的驱动力分析也不够或不深入。再如，地质力学提出中国东部三个沉降带，这是中国地貌台阶显著的特征，但从动力学角度也没做深入研究，现今基于板块重建和岩石圈流变学或地幔动力学分析研究表明，这些地表系统的长期变化实质是太平洋俯冲动力系统的效应（Cao et al.，2018）。

3.3.2 多旋回构造学说

1894 年法国地质学家贝特朗（Bertrand）提出比较完整的沉积旋回思想，每个旋回代表一期基底变形。这实际是构造旋回的最早陈述。之后，直到 20 世纪 40 年代，德国地质学家施蒂勒进一步认为，一条地槽系只经历一个构造旋回就结束了地槽发展史，一条地槽系只经历一次造山运动，产生一期变质及变形，出现一套由超基性、基性到酸性的岩浆活动，以及与岩浆活动相对应的一期成矿作用，从而转化成褶皱系，这被后人视为单旋回构造学说。苏联著名大地构造学家哈因（Хаин Виктор Ефимович）也是地槽阶段性和旋回性理论创造者之一，此外，他还提出了地壳流变的规律性。黄汲清基于中国地质实际发现，地槽不仅经历多旋回构造运动转化成褶皱系，之后也仍有剧烈活动，使褶皱系上叠覆或叠加新的沉积、变质和变形以及新的岩浆活动和成矿作用。他于 1945 年在槽台学说的基础上提出多旋回构造学说，1954 年在其著作《中国主要地质构造单位》中系统化。

多旋回构造学说是一种关于地壳演化规律的学说。该学说认为，一条地槽系从发生、发展到结束，不止经历一个，而是若干个构造旋回。每个旋回都可以出现沉积、变质、变形、岩浆活动和成矿作用。每个旋回都使地槽系的一部分转化成褶皱带，最后一个旋回才使地槽全部转化成褶皱系。多旋回构造运动有广义和狭义两种概念。广义的多旋回，在空间上是全球性的，在时间上包括巨旋回、旋回和亚旋回；狭义的多旋回，在空间上主要指一条地槽系，在时间上指一个巨旋回之内的多旋回发展。其理论意义在于揭示了多旋回开合和多方向变换的地壳演化规律。构造运动是多旋回的，必然导致产生相应的多旋回岩浆活动、沉积作用、成矿成藏和成灾作用。如“多层生油，多层储油”就是多旋回构造学说在石油地质工作中的具体化。

将多旋回分为前期旋回、早期旋回、主旋回和后期旋回。巨旋回为全球每隔8亿~10亿年出现一次的构造事件和岩浆活动高峰所分割，巨旋回可包括若干亚旋回。巨旋回或亚旋回都具有全球性、同时性。8亿年以来的地质历史阶段称为新地巨旋回，可分为休伦旋回、加里东旋回、华力西旋回和阿尔卑斯旋回，各旋回时间跨度在2亿年左右。其中阿尔卑斯旋回又可分为印支亚旋回、燕山亚旋回、喜马拉雅亚旋回。

黄汲清认为，地壳的垂直运动与水平运动也是相互转化的。垂直运动有上升与下降之分，水平运动有扩张与压缩之别。上升与下降相互转化，扩张与压缩也相互转化。陆壳开裂转化成洋壳，是扩张运动的表现；洋壳闭合转化成陆壳，则是压缩运动的表现。扩张与压缩两种地球动力学机制的相互转化，使地壳时开时合，此开彼合。这种扩张与压缩的交替，犹如拉手风琴，黄汲清称之为“手风琴式运动”。地壳正是在这种不断开裂与拼贴的转化中由简单向复杂呈螺旋式进化。

可见，多旋回构造学说在板块构造理论占主导的时代发展并超越了槽台学说，承认水平运动，也发展了构造运动的旋回性。构造运动的旋回性也是当前讨论最为前沿的超大陆旋回周期、聚散机制问题。多旋回构造学说在新揭示的地球运行大规律面前还要持续发展，如华北克拉通在中、新元古代的近10亿年期间，表现为多幕裂解特征，期间无聚合标志，即所谓的“一拉到底”的特性，这似乎与多旋回构造学说完全矛盾，但这实质是哥伦比亚超大陆裂解期间旋转轴的变化所致。但是，如果人们放大时间深度、空间广度，这“一拉到底”的过程是哥伦比亚超大陆旋回的一个集中式裂解阶段，它与罗迪尼亚超大陆聚合阶段必将构成一个超大陆旋回。

3.3.3 地洼构造学说

地洼构造学说也称活化构造学说，由陈国达于1956年基于中国东部地壳发展的复杂性而提出。最初以阐明大陆地壳演化过程中继地槽区–地台区之后形成的第三构造单元这样的简单理论出现，其后形成从洋壳到陆壳，包括岩石圈的演化和运动及其规律和力源机制在内的具有全球性的一个新型综合大地构造及成矿学理论体系。这改变了100多年来大地构造属性的地槽区和地台区二元性认识，阐明了地壳中地槽、地台和地洼三者的性质区别和关系，阐明了漫长的地壳演化史中它们的历程和部分规律，推动了当时地质学的发展并在指导找矿等生产实践中做出了许多贡献。

以中国东部地区为例，按照地槽地台说，其现阶段的大地构造属性为地台区，称为“中国地台”或“华北地台”，并沿用至今。实际上，自中生代中期以后，华北地台经历了现今广泛讨论的“华北克拉通破坏”，出现了许多与地台特征不一致的新情况：地壳活动十分强烈，发生造山运动，断裂、褶皱广布，使原来水平的地台构造层受到明显改造，出现反差强烈的构造——地貌起伏，高峻山脉与深坳盆地相间，形成盆岭格局，伴随广泛的岩浆活动和变质作用。盆岭的强烈地貌反差，导致剥蚀与沉积作用盛行。这种盆岭格局也表现在中国新生代盆地中，随着沉积建造在区域性复杂动力成因的盆地中堆积形成，产生了油气、煤、盐类以及铀、铜等沉积矿床，如大港、胜利、中原、江汉以及中国东部大陆架上的许多新生代油田等，它们均形成于这种早期稳定而后期活化的大地构造环境。迄今，这一地区地震带和火山发育，新构造运动仍很显著。所有这些活动标志都不是典型地槽地台学说所能解释的。

迄今，地台活化或克拉通破坏的本质问题存在着不同的理解。陈国达根据自己长期实地考察研究结果得知，地台活化是地台区向活动区转化的产物，并于1956年初将其命名为（地台）活化区，后来又基于盆岭相间的地貌标志特征和格局，将山脉叫地穹，盆地叫地洼，1959年又称其活化区为地洼区。直到在20世纪70年代中期，这个学说形成了比较完整的理论体系。

地洼构造学说提出，从印支或燕山运动开始“中国地台”已大部分先后衰亡，地台区经活化转化为地洼区，进而陈国达提出地壳动定转化递进说，地壳是通过活动区与稳定区互相转化螺旋式发展的，即递进律。同时，地洼构造学说提出地洼递进成矿理论，认为不同大地构造单元各有成矿专属性，地洼阶段是一重要成矿阶段，有色金属、稀土、放射性元素及其他金属等矿床特多；后成构造单元可继承先存构造单元的现象普遍，矿种、矿床类型丰富多彩；先存矿床可受后阶段成矿作用的叠加、改造或再造，导致富化或富集，形成以五多（多成矿大地构造演化阶段、多物质来源、多成矿作用、多矿床类型、多控矿因素）为特色的多因复成矿床，在地洼区尤为多见，为寻找大型富矿的有利地区。

在成因机制上，地洼构造学说认为地洼形成的驱动力为“地幔蠕动、热能聚散交替”，以解释地壳发展过程中的动定转化更替、递迭上升前进，以及岩石圈块体在空间上的迁移和构造定向性。

地洼构造学说正好与板块构造学说提出的中生代以来南北大陆的解体、陆壳分裂漂移的总趋势相吻合。从地洼区和地洼型沉积建造的主要特征来看，地洼区实际上就是一些断陷盆地，典型的地洼区大都是大陆裂谷区。根据板块构造的观点，当地壳分裂时，必然引起分裂带及其周边地区地壳运动的再度活跃，因此地洼阶段可能并不是地壳发展的一个独立阶段，只是大陆分裂期间某些地区的构造特征。可见，人们当前研究的克拉通破坏如果上升到超大陆裂解、深部地球动力学（底侵、拆沉、热侵蚀、地幔交代等）或岩石圈流变学的认知高度，实际也是地洼构造学说的最新发展。

3.3.4 波浪镶嵌构造学说

一位著名物理学家说过：这个世界，一切都是“波”。中国地质学家张伯声 1962 年提出的波浪镶嵌构造学说，不仅应验了自然科学哲学中的这个重要命题，即物质的基本运动形式是波浪状的，而且认为整个地壳是由规模不等的稳定块体和活动带镶嵌而成的，它们在空间上相间排列，呈近等距的波浪状。这阐明了地壳的波浪状镶嵌结构的格局、运动规律和形成机制。这一学说属于地球脉动说范畴，是地球四面体理论的发展和更新，因而也被称为“新四面体理论”。

1959 年张伯声基于华北和华南地质发展异同的分析，提出了“天平式运动”的概念，认为相邻壳体在地史期间内，可以以介于其间的活动带为支点带，作天平式的摆动，同时，支点带本身也作激烈的波状运动。他认为这种运动具有普遍性。1962 年，张伯声提出了“镶嵌地壳”的观点，认为整个地壳可被多级活动带分割或焊接（或镶嵌）为多级壳体，全球地壳表现为几个系统的一级套一级的活动带与块体带的定向排列，因而在几个方向上表现出一级套一级的波浪状镶嵌构造。1964 年他建立地壳波浪运动的概念，指出全球地壳有四大波浪系统，即北冰洋–南极洲波系、太平洋–欧非波系、印度洋–北美波系和南大西洋–西伯利亚波系。

1）地壳中相对稳定和具有相对独立性的、一般不呈单向延伸的块体称为镶嵌块体。各级镶嵌块体由于受到几个方向的活动带的切割与围限，多呈斜方形，或三角形或多边形，实际就是类似显微构造研究中的弱变形域。镶嵌块体的级别大小可从超大陆到矿物颗粒（如变斑晶）等。活动带是各种尺度上相对活动的、具带状或线状延伸的构造单元。在特定条件下，活动带和镶嵌块体可以互相转化。地壳尺度的活动带只表现出为数不多的几个方向（同一地区一般只明显表现出 2 个或 3 个构造方向，最多不超过 6 个）；其空间尺度规模大者为宽数百至数千千米、延伸上万千米内含有大量次级和更次级的镶嵌地块与活动带的环球性构造活动带，如中亚造山带，小者如宽数米至数十米的节理带以及更小的岩石节理、劈理域、矿物解理等。

2）大小不同的镶嵌块体分别在对应级别的活动带两侧一直进行着一上一下或

一左一右的往返剪切运动，或做一前一后的周期性推拉运动，从而形成一级套一级的地壳波浪。地块之间的往返剪错运动形成正弦曲线状的地壳横波，它又可分为由一上一下地往返剪错形成的“蚕行式”地壳波浪及由一左一右地往返剪错形成的“蛇行式”地壳波浪；地块之间的周期性推拉运动形成一疏一密的地壳纵波，又叫作“蠕行式”地壳波浪。这些描述无疑是当今大陆流变学研究的重要内容，也在板块构造理论提出之前就解决了“板块登陆”的难题，可见波浪镶嵌构造学说从来就没将板块内部当作刚性的块体，而这一点恰恰是板块构造理论扼杀自己的、搬起石头砸自己脚的根本所在。

3）全球 X 形共轭构造网络叠加于四大地壳波系之上，使全球地壳形成以斜向为主的波浪状镶嵌构造格局。级级相套的地壳波浪导致镶嵌构造的相互交织与级级叠加，即高一级块体可分解次一级活动带和次一级块体，高一级活动带内也可分解为多个次一级活动带及许多小型块体。全球级镶嵌构造是环太平洋、特提斯两个环球性活动带与北方劳亚古陆、南方冈瓦纳古陆及泛大洋或古太平洋三个巨大“壳块”的镶嵌。空间上近等间距性、交织性、叠加性和干涉性的活动带、岩浆带、沉积带、变质带以及成矿带等都是石化的地壳波浪遗迹。特别是对东亚构造研究，最为重要的是如今称为古太平洋-太平洋俯冲动力系统、特提斯俯冲-碰撞动力系统（或针对新生代称为印度-欧亚碰撞动力系统）、古亚洲洋动力系统三者长波长的岩石圈变形叠加形成了如今看到的波浪镶嵌的盆山结构，是当今板内构造研究的核心内容。

4）地壳演化过程表现为周期性收缩与膨胀且以收缩为主要趋势的脉动。这种脉动是长周期中套有多级短周期的驻波运动，因而地球的演化呈现出“准球体—负准四面体—准球体—正准四面体……”的反复变换，从而激发全球四大地壳波浪系统的周期性活动，使全球造山带规律分布和旋回造山。脉动还导致地球自转速率周期性变更，从而形成全球 X 形共轭构造网络。

5）地球多级驻波式脉动是陆壳起源和演化的根本驱动机制，因而也是多数全球性重大地质事件的共同起因。其中，早期陆核的分布特征恰恰反映了第一代（负准四面体）和第二代准四面体的顶点所在位置，北方陆壳成熟度普遍高于南方陆壳恰是它们属于不同时代的佐证，南极洲和北冰洋的对趾性表明地壳演化中先在性对后期地表形态的影响；全球性海进事件多与冷事件近乎同时，是准球体阶段的产物，地球因膨胀而吸热；全球性海退事件、热事件以及造山运动、推覆构造等近于同时，是准四面体（无论正、负）阶段的产物，此时水平挤压力增大，地球因收缩而放热；正、负准四面体的变换还导致全球裂谷系统做半球规模的周期性转换以及次一级海水进退的半球性变更；地磁极性的阶段性反转恰是地球演化的驻波运动模式“准球体—负准四面体—准球体—正准四面体……”形态转换对外核液态电离层形态的制约而导致的磁效应；磁极在准球体阶段的多变，是次级驻波运动所造成的次级正、负准四面体反复变更的体现，因为磁场强度在磁极反复多变阶段一般均弱于磁极长期不变阶段。

波浪镶嵌构造学说主要立论于中国陆内壳体构造特征研究，对洋-陆边缘构造特征研究较薄弱，对大洋洋底构造更是未曾解释，欠缺模拟实验及定量化研究，对壳下深部研究也还不够。今后研究重点是：①上地幔波动；②地球脉动式多圈层协同与演化机制；③拉伸与挤压构造在时空上的波动式互换过程；④地球驻波运动与地磁极性倒传的必然联系及其细节；⑤气候变迁或波动的细节及同海侵-海退、造山和岩浆事件相耦合的程度；⑥地球化学旋回同成矿作用的时空波动规律；⑦灾变事件的周期性及其同更大体系波动式演化的关系。由以上分析可知，该学说实际是大陆流变学研究大陆岩石圈变形和演化机制的核心内容，是长波长或多级波长岩石圈变形分析的基本内容。

3.3.5 断块构造学说

断块构造学说是中国地质学家张文佑于1958年提出，于1974年完善，并运用力学分析与历史分析相结合的方法研究地球岩石圈构造及演化的一种大地构造理论。它是以地质力学为基础，吸取了地槽地台学说和板块构造学等的有关内容，在研究中国及邻区大地构造特征和模拟实验的过程中建立且发展起来的。

断块就是被岩石圈中不同深度的断裂及层间滑动断裂所切割成的块体，各块体之间在物质组成、构造滑动性和地质演化诸方面均有明显的差异。地球岩石圈固结之后，断裂活动就占据了主导地位。地球表层断块是一级岩石圈断块内部的次一级断块，为二级断块，比岩石圈断块薄。它被地壳断裂切割和围限，可沿莫霍面滑动。现代大洋为被火山岩带断裂所分割的断块，现代大陆为被地壳断裂所切割的台隆和台陷、槽隆和槽陷。断块构造说强调块缘的形成与形变研究，因为它们是认识断块形成演化及其运动学和动力学的主要标志；同时也重视块内结构不均一性的研究，因为块内各种不均一地质因素，都可在同一区域应力场情况下导致块内应力的分布形式和边界条件的变化，使块内应变图像变得十分复杂。

恩格斯曾指出，一切运动都存在于吸引与排斥的相互作用中。实际上吸引常表现为地球的重力引力收缩作用，排斥常表现为地球的热力膨胀作用。引力收缩可与大地构造作用中的挤压相比，热力膨胀则可与拉张相当。在地球演化过程中，排斥表现为地核-地幔-地壳的分异或大洋型地壳与大陆型地壳的分异、拉张作用，使断块间做相背运动，导致统一的大陆破碎解体，进而转化为过渡型或大洋型地壳；吸引则表现为各层圈之间的熔融作用或大陆型地壳、大洋型地壳以及它们之间的挤压作用，使断块间做相向运动并发生汇聚，导致过渡型或大洋型地壳转化为大陆型地壳等。一个时期或（和）一个地区的挤压，必伴有另一个时期或（和）另一个地区的拉张；反之亦然，如洋中脊的扩张与海沟岛弧带挤压的对立统一。然而，挤压或收缩、拉张或膨胀都不是均一的，既表现为其幅度和速度的不同，又表现在挤压和拉张的相对性，即在总体挤压背景中，幅度小的和速度慢的相对幅度大的与速度快的则表现为相对的拉张；反之亦然。因深层膨胀引起浅层拉张和深层收缩引起浅层挤压而导致深层与浅层各层之间的层间滑动。这样又引起了水平运动与垂直运动的对立统一关系，以及基底与盖层、高速层与低速层、硬岩层与软岩层之间相互作用的辩证关系。

断块构造分析方法坚持地质力学分析与地质历史分析相结合的原则。地质力学分析是基础，强调各构造要素的空间组合；地质历史分析是综合，着重各类地质体的时间演化。其内容应包括正确运用和认识下述几个方面的对立统一关系：①形成（或建造）分析与形变（或改造）分析相结合。形成是形变的基础，同期形成决定同期形变，前期形变控制后期形成。②构造的现存形式与历史演化的分析相结合。历史演化是现存形式的基础，即构造的继承性与构造的新生性的相互关系。③构造的空间分布与时间发展的分析相结合。空间分布是基础，时间发展演化是综合。④小（微）型构造与大型构造的分析相结合。小型构造研究是大型构造研究的基础，即构造的相似性与非相似性的统一。⑤浅层构造与深层构造的分析相结合，即深层控制浅层，浅层影响深层，或者说基底控制盖层，盖层影响基底，并需充分注意同一构造组合在不同构造位的差异及其内在联系。

断块构造说认为，应力集中是产生构造应变的前提，而地质体的不均一性和作用力的不均一性是决定应力集中的主要因素。因此，不均一性分析是大地构造和构造地质研究的关键。因此，不均一性分析也是断块构造说主要特色之一。当然，均一和不均一具相对性。应力往往在不均一处集中，而成为构造运动的起点，决定了大地构造演化中空间上的不平衡性，以及时间上的渐变与突变或连续性与阶段性的统一。这是正确认识不同构造空间中构造位和构造系分布规律的基础，正确划分构造阶段、构造旋回、构造幕和形变期次的大地构造演化规律的前提。

断块的运动学问题主要涉及断块的活动方式。相邻断块的活动一般表现为水平运动和垂直运动两种方式。水平运动表现为拉张、挤压以及剪切，时空上此拉彼压。一个总体的拉张时期内可以有短暂的相对挤压阶段发生，反之亦然。需要指出的是，由于地球结构的不均一性，单纯的拉张和挤压是少见的，一般都伴有同一运动系统的剪切，即剪切-拉张（横张，transtension）、剪切-挤压（横压，transpression）。两断块间的剪切-拉张（或剪切-挤压）必伴有它们和相邻断块间的剪切，导致块体的旋转。此外，断块在水平运动中各层圈的运动速度往往存在差异，导致不同深度层次的剪切。垂直运动表现为块体的隆起和凹陷。由于断块各部分在其隆起和下陷时的速度与幅度不同，往往产生断块的抬斜运动或掀斜运动。从力学分析角度来看，水平运动和垂直运动是同一运动的两个侧面，如隆起导致表层拉伸和深部挤压，凹陷则使表层挤压和深部拉张。反之，断块间的背向水平运动（拉张）形成凹陷、裂谷至深海盆地，而相向水平运动（挤压）则造成隆起和山脉。当然，作为同一运动的两个侧面的水平运动和垂直运动，何者为主，要根据时间、地点和边界条件作具体分析，如高角度断层面上的垂直位移大于水平位移，而低角度断层面上的位移状况则相反。同一条逆冲断裂，表层以垂直运动为主，而深层则往往以水平运动为主。

断块活动的驱动力问题涉及三个统一：断块运动学与动力学的统一，驱动断块的力与形成断块的力的统一以及水平与垂直运动的统一。地球的形成和发展都处在自转与公转的运动中，而自转与公转都受引力和热力的控制。地球内部物质在引力作用下发生分异和收缩，使重的组分向下聚集，导致地球转动惯量减小，自转角速度增大，离心力增大，造成高纬度向低纬度地区挤压；热力作用则引起体积膨胀或某种方式的热对流，使下地壳和上地幔物质沿断裂冲入地壳上部，轻的组分向表层聚集，导致地球转动惯量增大，自转角速度变慢。在这种质量再分配中（包括外部天体的影响），地球自转轴也发生一定的偏移，地球内部各层圈的相对扁率也会发生变化。可见，断块构造学说很早就从宇宙天体的认识高度，合理解释了真极移的发生机制。上述变化均可导致离极力、科氏力、旋转速度不均一效应与极移应力的产生。这些力的量级尽管不大，但它们在不均一处集中又在漫长的地质历史时期内起作用，则存在着推动全球构造运动的可能性。各断块间的相互错动、碰撞与拉开，就是在这些过程的相互交替和联合作用下发生的。

断块构造说将通过以下问题的深入研究进一步充实和完善：地球深部地质作用过程；不同层次层间滑动断裂的活动方式及其机制；断块的运动方式（包括幅度和速率）与时间演化的统一及其所伴生的形成和形变分析；岩石圈的物质组成、演化模式及其动力学问题等，并加强全球地质的对比研究。

总结中国五大大地构造学说可知，板块构造理论并没有比这些理论先进多少，这五大学说的命名也很超越板块构造理论，板块构造理论名称中“板块”只是构造单元类型或现象的描述，当然，多旋回构造学说、地洼构造学说、断块构造学说也都是针对地球的某个现象、属性或单元给予的命名，但地质力学、波浪镶嵌构造学说的名称很有机制意味。

3.4 驱动力研究的方法论与认知论

从上述对板块驱动力探索和认知的长期历史演变走来，有必要分析一下对这个问题的认知论和方法论。现代地球科学起源于欧洲，但自从现代人类生存空间扩大到美洲后，看问题的视野也扩大到了全球并放眼全球规律，人类对地球的认识也因此发生了巨大变化。当21世纪初人们回顾这段地质学历史的时候，清晰地发现，革命性的认知还是从固定论向活动论的转变，而不是板块构造理论是革命性的，固定论向活动论转变的成就不亚于社会生活中推翻了2000年的封建制。因为板块构造理论从本质上说，没有任何新认识，只是通过一些新概念的设立，将当时已有的诸多零碎成果进行了融合或系统整合。真正的革新认识，还是固定论向活动论的转变，这使得欧洲学者率先提出了大陆漂移学说，而美洲学者当时还坚决反对这个新理念。

这种欧美之间的差异性学术继承直到现在依然如此，因为欧洲早期发展位于大西洋活跃的裂解场所，阿尔卑斯是典型的挤压逆冲推覆造山带，因而是早期活动论起源场所，当地学者从骨子里喜欢追寻水平运动的动力机制，奠定了诸多经典地质理论。尽管美洲也面向大西洋，但哥伦布发现美洲之后，才带来了科学，当时其大开发的西部是最为典型的克拉通内部稳定区，以垂直运动为典型特征，因此，美国本土的地质学家迄今还是受自身生长的构造环境约束，更倾向于研究垂直运动起因，如现在通过动力地形将深部过程与浅部系统演变相耦合，在探索不同圈层之间的动力学耦合机制方面具有开创性，但实际这种学术思想也早在20世纪50～70年代乃至有固定论时就已经被讨论（图3-26）。

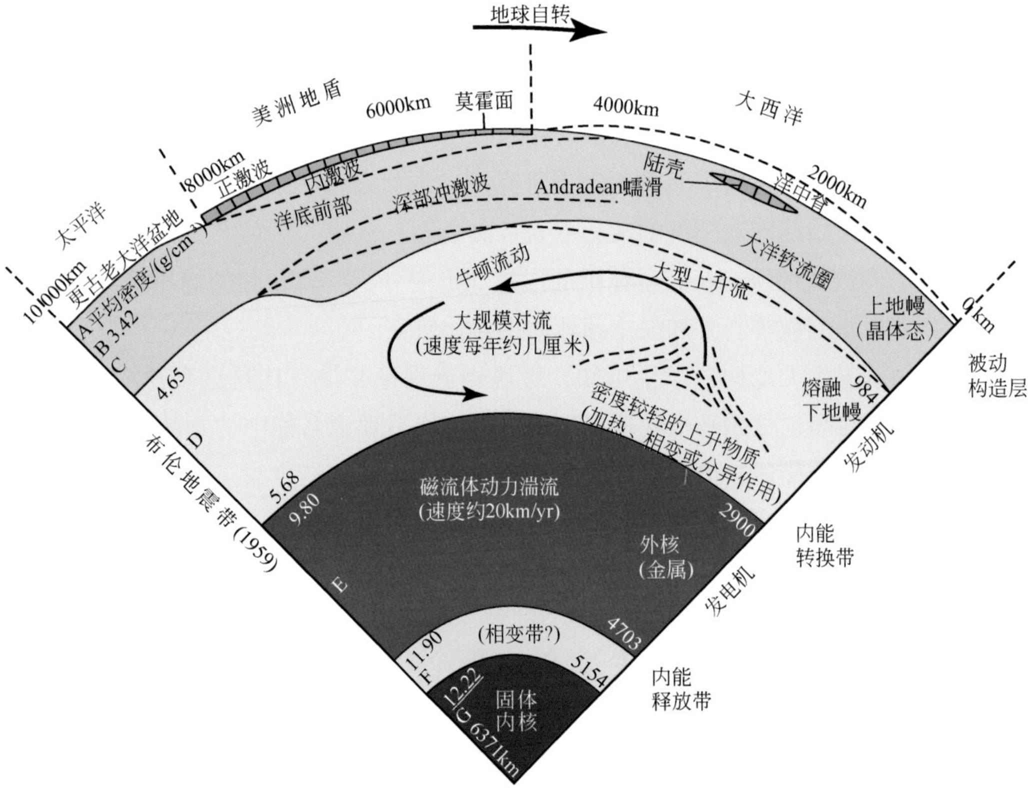

图3-26　地球内部释放能量及其向外传导、事件性低温辐射的链式反应过程（van Bemmelen，1972）

A. 上地壳；B+C. 上地幔；D. 下地幔；E. 外核；F. 过渡带；G. 内核

也许是研究者的国家倾向或资助研究机构的政策导向，个人的视野难以摆脱自己生长或认知环境的约束，因而早期研究很少有全球视野的成果，但第二次世界大战让人类的全球视野成了看待问题的常态。我们常说立足中国，放眼世界。实际上应当是立足世界，放眼世界；乃至立足宇宙，放眼全球。2018 年、2019 年国家自然科学基金委员会开始资助“特提斯地球动力系统”“西太平洋地球系统多圈层相互作用”，不再局限于国家领土范围开展基础科学研究，开拓全球视野认知地球动力，这是巨大的指导性突破。当然，在和平年代，人们追逐时代性技术和方法的应用，在各种学术刊物需求新数据、新认识的催促下，人们不再安静地去搜寻超过 10 年前的研究资料、认知和思想，以为自己创新性地提出了很多认识，而其研究实际前人早已意识并加以论证过，这造成了时代性的集体遗忘现象。可见，要深度认知全球动力学问题，需要有负责任的大国来资助对全人类有贡献的研究，同时，还要资助对科学历史认知的研究。新时代下，联合国各类机构当然也具有推动地球系统理念下的地球系统动力问题研究的重要责任。

前人认为，能量在逐级外溢的过程中转换为各种形式：吸热地球化学、物理化学过程会产生一个平衡或扰动效应，进而积累重力势能，重力势能周期性地通过物质循环释放。物质循环就是平衡过程，进而恢复流变学平衡。正是这些周期性过程构成了“地球的脉动”（Umbgrove，1947）。但是地球并不只是表现出这种周期性，而且其表面还上下波动，是多种快慢不同的“脉动”的综合体现。地球动力学过程被一系列大型波动打断，具体如图 3-26 所示，下地幔物质循环形成了一个巨大的起伏（undation，即现今称为的大地水准面高），外围被上地幔和地壳圈层包绕。重力势能在这些外部圈层中积累，而通过流动过程得以释放，其释放部位为上涌部位的顶部，这曾被称为滑板（glide- plank）机制。这将导致大陆漂移和漂移的岩石圈板片（在板块构造出现之前，前人将板块称为板片）后缘新洋盆打开（曾被称为大西洋型大洋化作用）。在这个巨型起伏的顶部，围压的降低和地温梯度的变陡，引发玄武质岩浆与上地幔物质分离、异常上地幔条件下软流圈岩浆（asthenolith）的形成。软流圈岩浆上升形成洋中脊隆起。在外部圈层顺着上–下地幔界面的巨型起伏顶部发生扩张期间，上地幔顶部到固体地表顶部的扩张速率可能发生逆转。上地幔底部滑板的速率可能比上地幔中部向外围运动的速率要快，这也得到日本和南美深部地震震源机制的证实（Ritsema，1964）。然而，接近地表的滑板（包括岩石圈和软流圈）要快于上地幔中部，伴随发生中浅源地震。这些现象都可以用起伏理论（undation theory）给予合理解释。然而，板块构造理论将这些统称为贝尼奥夫（Benioff）效应的俯冲带，但没有对这些地震的集中性、地震空白区和震源机制的偶发性反转做出合理解释。

地幔对流在现今人们的理念中显然对板块运动起重要驱动作用。但实际上，地幔对流的提出比板块构造理论的建立要早40年，当初提出地幔对流是固定论学者为解释地盾边缘的地壳（或地槽）变形作用而提出。他们认为地幔对流是对称的，尽管它会发生运动或流动，但对流环或对流胞不会发生迁移和演变，所以这个对流循环模式依然停留在固定论的认识层面，这也是Heezen所犯的错误。但后来海底扩张学说和大陆漂移学说的结合，催生了地幔对流可能是不对称的、对流胞是可迁移的活动论认知，这样，大陆方可漂移，海底方可不对称更新。从这段历史可见，葬送固定论的人不是活动论者，而是固定论者自己。也可见，在认知自然面前，人在生死更迭、理论也在不断演进，自然界依然在发展。

板块驱动力问题仍然没有解决，问题出在哪里？问题可能出在人类认知的对象：板块。人们在研究中分类、分级进行探索的精神激励下，将地球表层板块划分越来越细，这就是前文所说的"析狗至微而无狗"。细致分析板块后反而把研究对象的"板块"理念放弃了，这可能是创新和更进步的开端。

本书认为，微地块或微板块对探索板块驱动力与驱动力起源更具价值，因为这不仅可以拓展到早期地球研究，还可以拓展到深部地震层析揭示的各种高速异常体（微幔块）的分析，无论是从时间尺度还是从空间深度，都将板块构造理论向前大大丰富和拓展，但仍需要更多的项目支持和培养更多的科学家来攻坚克难，最终从构造地质学的角度为地球系统科学理论的建立做出贡献。

事实上，地球系统动力学问题是板块驱动力问题的升级版或当代版，正如社会科学中研究整体社会行为一样，社会由个体（或家庭）组成，社会中的个体原本具有丰富多彩的客观自然的行为，一个自然角度认知的社会运行机制在全面包容所有个体行为时才能客观地反映社会原本的自然运行规律，才可容纳所有个体的行为方式，而不管这些个体行为是"正常的或合理的"还是"犯罪的或不合理的"。例如，"法律"是包容了所有人行为的一个参照系，符合大多数人的行为规范的视为守法，违背的视为犯法，但不管如何，"法律"也是对犯法有概括的认知体现。总之，就是说个体行为不能代替社会行为，社会行为也不能只反映个体行为。这就是人们常说的"1+1"不等于2的问题，而可能存在多解。

地球系统的驱动力如果从宇宙观角度思考，正如海底扩张学说直接否定了地球膨胀论、收缩论和脉动说一样，地球自形成岩浆海以来，其半径就基本没有变化。因而，从太阳系起源的星云假说出发，在太阳星云吸积过程中，行星的物质组成差异导致其大小差异，而控制地球大小的自身重力与热力不同于其他行星，这种差异促使其地核存在液态外核，液态外核的不断变浅可能是地磁场演变的驱动机制，进而影响地磁场强度，改变地球磁场抵御太阳风的能力。因此，重力、热力连同地磁圈三者的动态复杂演变，使得40亿年至今地球始终可以总体保持其大气圈层不被太阳风吹散，而使生命得以宜居。这才是地球表层系统的最高一级控制地球深部动力系统。此外，地球大小还决定了日地距离，这个距离也受重力（万有引力）控制。同时适宜的日地距离控制着地球适宜生命居住的环境，如适宜的温度和液态水。

因此，从宇宙或太阳系角度看待地球系统时，需要深入认识地球重力、热力和电磁力（地磁场）如何与太阳系、银河系或更大尺度的宇宙动力系统耦合，如地磁场如何与太阳风相互作用导致地表气候分带变化，特别是古气候变化的构造尺度、轨道尺度和亚轨道尺度各有不同的驱动机制，这些内外动力体系又如何协同调节古气候变化。米兰科维奇轨道尺度气候变化的起点是天文因素变化导致的地球轨道三要素（偏心率、地轴倾斜度、岁差）的周期性变化，即驱动力是由于太阳系各星体作用于地球的引力场的周期性摄动，以及由此引起的地球轨道参数的周期性变化和到达地球大气圈顶部太阳辐射能量纬度配置与季节配置的周期性改变。这些作用作为“外强迫”（external forcing）驱动气候波动，因而气候变化存在着2万年地球自转轴进动变化周期（称为岁差）、4万年地球黄道与赤道的交角变化周期和10万～40万年地球公转轨道的偏心率变化周期。复杂系统的演变是多因素影响的总结果，存在多解可以理解，其余迄今无法想象。

科学研究同样也应当包容多解，而不能因为多解就被斥之为不可知论或不科学，也不能说基于数据或有数据就是科学，无数据就是伪科学。如今，进入大数据时代，没有数据的科学就显得不是科学，发表成果也成了困难，也不被很多期刊所接受，这些认知可能都不妥。即使是大数据也不是通常理解的“数据”，包括图像、声音等，需要人去加工同化、技巧处理、归类融合，方可变为智慧数据（smart data），而且也存在多解性，实际上多解是一种灵活的可知论。在自然科学中也是如此，地球整体构造动力学机制分析，不能落入强调某个个体行为机制代替整体系统行为机制的狭隘性，放宽视野方可接近客观自然，“参悟天地”。

实际上，在地球系统动力学研究中，“不同层级”的研究者，各自针对自己感兴趣的整体自然系统中“不同层级”问题，在做着同等重要的工作，因为这不是工作性质或级别的划分，而是自然系统性质决定的工作内容的自然划分。地球系统动力学的研究需要视野，并且应包容更多的多学科学者和兴趣爱好者协同努力。纵观地质学发展历史，尽管当前这个时代技术是突飞猛进的，但相比前人，除了数据更为精确、界定更为明确外，在地质学思想上毫无进步可炫耀，且缺乏伟大思想者的开拓，正如哲学领域缺乏苏格拉底、柏拉图、老子、孔子这样千年不朽的圣人哲思。相信将来不久的某天，地球动力学问题会发生思想的突破，结合现今计算机技术、人工智能，必将获得前无古人、后无来者的创新成就。

第4章 地球系统驱动机制

地球具有南极和北极。后来，青藏高原被人们誉为地球的第三极。它们被统称地表“三极”，是地球表层系统动力学的重要调控开关，得到科学界广泛关注，在全球变化、全球变暖、深时地球、宜居地球等前沿领域研究中，地表“三极”是必需的研究对象。但是，在构造、轨道、千年、年际等不同时间尺度上，地表“三极”主体驱动的是作为流体或固体状态的地表系统的演变，而不能代表整个地球系统的动力学要素。为此，本书基于海底构造研究，提出海底“三极”，即太平洋 LLSVP（也称 Jason）、非洲 LLSVP（也称 Tuzo）和东亚环形俯冲系统（图 3-13）。这里将集中讨论的海底“三极”实质上位于岩石圈以下的不同地幔区域中，因此其实质是地球深部动力“三极”，因其地表投影多数在海底区域，所以本书称为海底“三极”。这里试图探讨海底“三极”作为中生代以来地球固体壳幔系统的三个核心动力驱动要素的可能性，从地球系统整体探讨，地球系统驱动的 bottom-up 趋势，可能是地表“三极”长期演变的关键控制因素。那么如何通过内外各自“三极”来统控全球，理解细微？本书将从新生代地球系统角度，构架内、外各自“三极”之间的关联。

4.1 地表“三极”

与固体地球系统对比，地表系统也具有一级尺度的圈层结构，大气圈、水圈都受密度控制而分层，如大气圈可分为六层，包括电离层、对流层、平流层等；最大的水圈——海洋也可以分为表层水、中层水、深层水和底层水。整个地球的一级圈层包括地表圈层和固体地球圈层，且都受重力控制分异而成。不同圈层之间存在复杂的相互作用，从而塑造了复杂的地球系统行为。除了这种圈层结构外，地球同一圈层或邻近圈层之间还存在着极端环境，如控制地表系统的三个极端环境，包括北极、南极和青藏高原（图 4-1）。这三个极端区域不是一成不变，而是不断演化发展的。

深海沉积记录可以揭示两极（北极和南极）、海洋和气候变化历史，因而大洋钻探直接推动了古海洋学的建立和发展。目前，人们已通过各种手段重建古海洋和古气候变化信息。例如，针对古海水温度变化，可采用有孔虫转换函数、Mg/Ca 值、烯酮不饱和度 $U_{37}^{K'}$、古菌脂类环化指数 TEX_{86} 等可以很好地记录古海表水温变

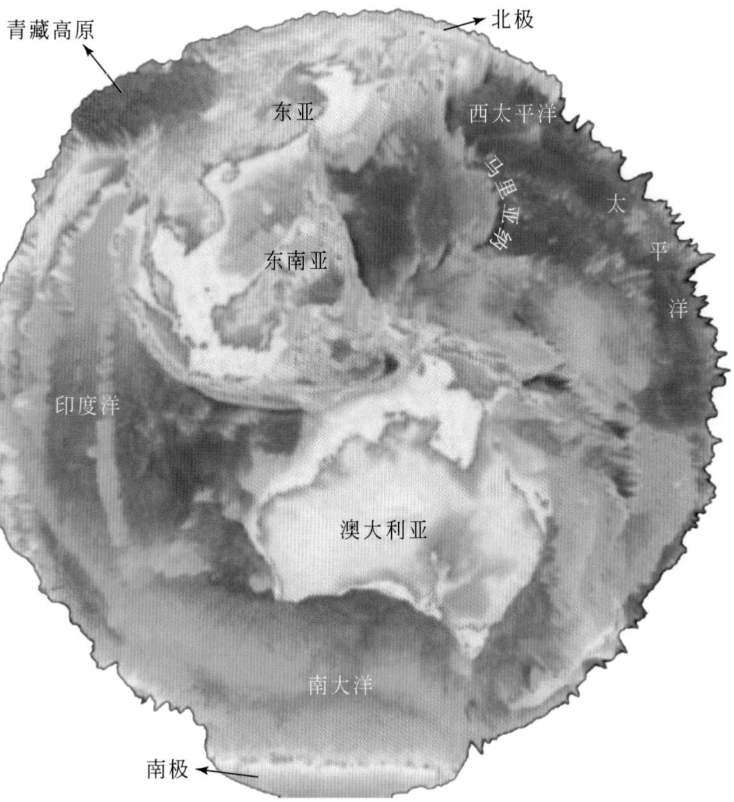

图 4-1　地表“三极”（北极、南极和青藏高原）示意（纵向比例尺放大了 10 倍）

化；有孔虫氧同位素值可很好地指示冰盖变化；有孔虫壳体的硼同位素（$\delta^{11}B$）、B/Ca 比、单体烯酮碳同位素 $\delta^{13}C_{37:2}$、颗石藻碳同位素差值可以重建大气 CO_2 浓度（刘丰豪和党皓文，2018）；季风演化可以用风力强度和季风降雨强度进行替代，其中风力强度包括风场变化引起的海洋上升流强度、表层水温度、温跃层结构、海洋生产力、海底氧化还原、陆源风尘沉积通量等；季风降雨强度包括河流入海通量、陆地植被类型、降雨同位素、营养盐输入、化学风化强度、表层水盐度等（黄恩清和田军，2018）。

4.1.1　北极冰盖形成与地表系统演变

在百万年尺度上，55 ~ 50Ma 北冰洋尚为暖水湖相沉积，淡水蕨类植物发育，表层水温在 10 ~ 23℃（Brinkhuis et al., 2006；Sluijs et al., 2006），而现今北极冰盖形成出现于 3Ma（图 4-2），第四纪地球整体进入小冰期旋回，并表现在 2.7Ma 北太平洋冰筏碎屑沉积（Pruecher and Rea, 2001）、2.6Ma 深海氧同位素显著正漂（Zachos et al., 2001），呈现万年冰期旋回。另外，万年尺度上，地表系统的变动也很显著：1.1 万年左右海平面下降，一些大陆架，如东海和南海北部等大陆架接受陆相沉积，同时也存在风化作用。但也存在短暂的全球变暖阶段，即整体冰期中短暂的暖期，如东海 7000 年前开始的海平面上升，特别是 1 万年以来北极冰川的退缩，形成了北大西洋中北部海底的冰碛沉积和北美大陆五大湖。随后，全球海平面上升，一些陆架转为海相沉积。千年尺度上，人类在地中海区域的长期征伐，轴心地带的进退攻掠，无不与气候的变动同步（许倬云，2019）。可见，北极冰盖的生消进缩对地表系统和人类行为有着强烈影响。地表的沉积系统、生态系统、气候系统、冰水系统无不受其制约。

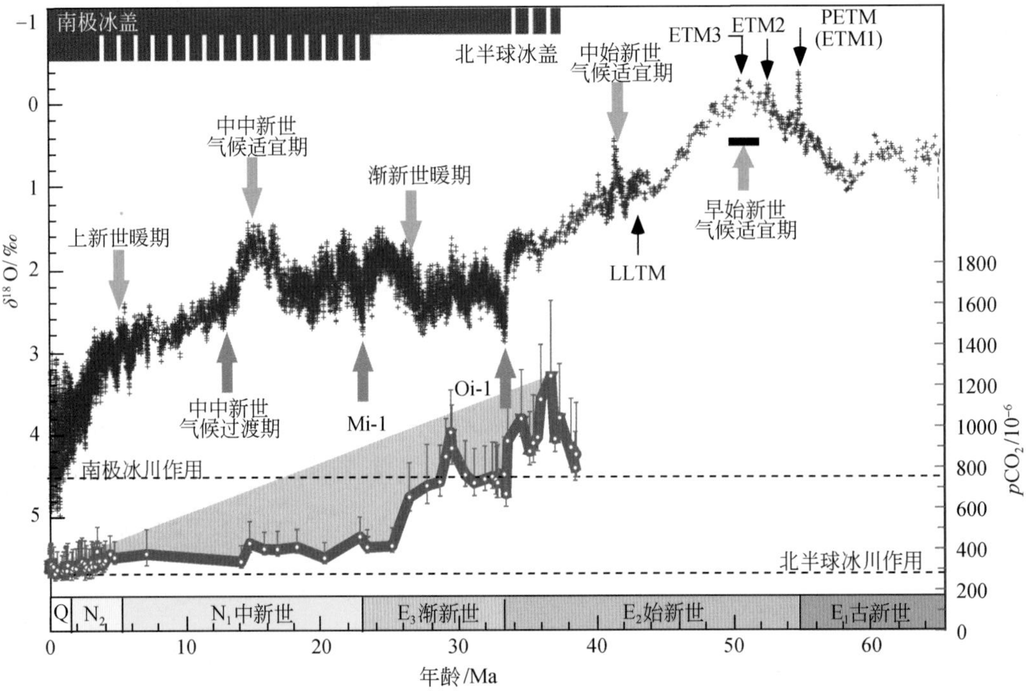

图 4-2　40Ma 以来 CO_2 浓度和 $\delta^{18}O$ 变化（Zhang et al.，2013；Zachos et al.，2008）

对北极冰盖的成因存在多种观点：①最早被认为是北美和中美洲之间的巴拿马海峡通道关闭（Haug and Tiedemann，1998），导致大西洋-太平洋水体混合减弱和向北流动的墨西哥湾流增强，进而影响了低纬度热量和水汽向北半球高纬度地区输送，为北半球大陆冰盖形成提供了必要条件。但是，有研究揭示巴拿马海峡通道关闭形成于中中新世（Montes et al.，2015），早于北极冰盖形成，所以该观点尚存争论。②印尼海峡通道的收缩所致（Cane and Molnar，2001）。③北太平洋海水分层有利于北极冰盖的形成（Haug et al.，2005）。④亚洲隆起导致西伯利亚水系向北流，淡水进入北冰洋促使北极冰盖的形成（Wang，2004）。⑤南极冰盖导致大洋环流改变引发了太平洋和大西洋深层水温降低，这有利于北极冰盖的形成（Woodard et al.，2014），即可能是不对称或单极冰盖导致了南北半球之间热量的输送。

4.1.2 南极冰盖形成与地表流体系统演变

南极冰川作用开始于34Ma左右（图4-2），南极冰盖成因的传统认识是：①28.5Ma德雷克深水海峡通道和33.5Ma塔斯马尼亚海峡通道的打开所致（Kennett and Shacklenton，1976；Livermore et al.，2005）。大洋钻探揭示，45Ma开始就有冰碛或冰水沉积，导致环南极洋流形成，致使南极与热带发生热交换的隔离，而处于“冰箱”效应。②温室气体CO_2浓度变化所致，从始新世的1000×10^{-6}下降到34～31Ma的600×10^{-6}以下（Pagani et al.，2005），导致32.8Ma南极稳定的大冰盖形成（Galeotti et al.，2016）。

南极冰盖的形成不是一蹴而就的，体现在多个气候转型事件上。例如，55～48Ma的古新世—始新世极热事件（PETM），表现为比现今温度平均高10～12℃、纬度间温差较小、南极底层水变暖、底栖有孔虫灭绝、碳和氧同位素负漂、海底碳酸盐强烈溶解，深海碳酸钙补偿深度面（CCD）上升，造礁生物种群巨变，大规模甲烷或水合物泄漏（Kennett and Scott，1991；Bijl et al.，2009；McInerney and Wing，2011）；34Ma南极大冰盖扩张事件（Oi-1），表现为底层水温剧烈降低5～6℃、底栖有孔虫氧同位素值增加、深海CCD面加深1000m，大气CO_2浓度从3000ppm降低为350ppm、洋流和碳循环巨变（Coxall et al.，2005）；23Ma的Mi-1全球变冷事件，表现为海洋氧同位素值增加；15Ma前后的Ni-1事件，表现为17～14.7Ma全球气温平均比现今高3～8℃、13.6～8Ma发生的一系列降温事件、13.9～13.8Ma底栖有孔虫氧同位素值增加、海平面大幅下降、早—中中新世大洋碳同位素值长期负漂背景上叠加的6次正值事件、表层水氧同位素变幅超过底层水指示的大洋环流重组事件、中中新世有机碳埋藏和大气CO_2浓度下降指示的全球变冷以及经向温差加大指示的大气环流增强事件（Miller et al.，1991；Raymo and Ruddiman，1992；Holbourn et al.，2005；Pound et al.，2012；Tian，2013）。Oi-1事件被认为与南极冰盖形成有关，而Mi-1和Ni-1事件都与南极冰盖演变有关，后两次事件之间的气候变化主要动力来自南极冰盖的扩展和退缩的制约。

特别是Ni-1事件，可能导致全球大洋环流传送带的形成，其关键在于中中新世15Ma左右的冰岛海岭沉降于海平面之下。这可能造成全球深水环流的根本变化，北冰洋底层水冷而重，进而南流。而大西洋表层水因巴拿马海峡通道关闭而促使温暖海水沿墨西哥湾流北流（Montes et al.，2015）。最终，北大西洋底层水，通过北大西洋深层流经整个大西洋，下插进入环南极洋流，变成温暖而盐度增高的上升暖流，携带大量氧气及营养盐在南极辐合带上涌，驱替表层冷而盐度低的表层水，其高蒸发率则提供了南极冰盖必备的水汽，促使南极冰盖发育。

4.1.3 青藏高原隆升与地表流体系统演变

现今季风系统发育于全球各大陆，可分为东亚、北非、南非、北美、南美、印度、澳大利亚等子系统，总体受太阳–地球能量传送控制，但也受地形的强烈影响。除了地–气相互作用外，海–气相互作用也是气候系统的关键。季风系统是当今地球上范围最大的低纬区气候系统，是热带辐合带（intertropical convergence zone，ITCZ）季节性迁移的结果，以2万年氧同位素周期、40万~50万年碳同位素周期为特征，季风演变贯穿整个地质历史时期。全球季风通过降水和化学风化等过程影响着从陆地到海洋的物质供给，进而影响海洋生产力、碳循环、水循环等。

本书只取地球的地表第三极青藏高原为例，说明地表系统演变与高原演变关系。青藏高原形成的根本动力来自印度板块与欧亚板块于55Ma（吴福元等，2008）、47Ma（Matthews et al.，2016）或34Ma（Ali and Aitchison，2005）以来的陆–陆碰撞，但最晚于14Ma拼贴（Xiao et al.，2017），而Hou和Cook（2009）根据矿床特征将青藏高原造山过程划分为三个阶段，65~41Ma的主碰撞汇聚、40~26Ma的晚碰撞转换、25~0Ma的后碰撞地壳伸展，且青藏高原所有的斑岩型铜矿都形成于26~13Ma，峰期为16Ma（Hou et al.，2015）。学者公认，青藏高原隆升的空间范围不断变化，而且经历了多阶段隆升变化。青藏高原的多阶段隆升历史尚存在不同认识，不同学者强调的关键隆升时期差别较大，如65~35Ma、40~23/35Ma、23~10/25~17Ma、10~0/12~8Ma、5/3Ma、1.3Ma（Li et al.，2015；王国灿等，2011）等观点。进而，这些认识衍生出黄土风成沉积的起始时间也存在巨大差异的多种观点：最近发现最老干旱化时间可到51Ma（Li J X et al.，2018），但也有人强调34Ma出现黄土沉积（Sun and Windley，2015），或黄土最早起始于22Ma（Guo et al.，2002），塔克拉玛干初始沙漠化也始于~26.7~22.6Ma（Zheng et al.，2015），代表夏季季风增强相关的华南古长江贯通也发生在~23Ma（Zheng et al.，2013）。进而，东亚季风起始时间也出现相应争论。此外，江河湖海的流域系统演变、贯通等时间也莫衷一是，时代、境界、层面和格局之争始终不断（Zheng et al.，2013），尚无确定的标杆完全可靠，没有固定的模式可完全遵循。

青藏高原隆升形成了全球最活跃的区域亚洲季风系统，包括105°E以东的东亚季风和以西的印度季风。印度季风可能形成于~8Ma（Kroon et al.，1991），此时，青藏高原大致隆升到现今高度的一半。IODP 354航次揭示，自早中新世以来，孟加拉扇沉积物记录（迄今揭示的最老记录为~27Ma）的化学风化程度很弱，这与喜马拉雅南麓洪泛平原现代沉积物记录相似，都与在强季风降雨背景下的山体滑坡、物理侵蚀和快速堆积埋藏过程产生的信号一致。与此同时，8~7Ma中印度洋逆冲体系出现（Royer and Sandwell, 1989; Bull and Scrutton, 1990, 1992; Chamot-Rooke et al., 1993; van Orman et al., 1995; Delescluse et al., 2008),可能阻挡了南部南极北移的深层水,导致中深层水通风程度减弱,进而发育体积庞大的缺氧水体,马尔代夫25~13Ma微弱缺氧信号向13~12.9Ma缺氧水体扩张转变验证了这一观点(Betzler et al., 2018)。

东亚季风跨纬度的范围相对较大,夏季风可远至45°N。古近纪时期,青藏高原尚未隆升,东亚受行星风系影响表现为干旱气候特征,新近纪转变为东亚季风风系控制的湿润环境(Sun and Wang, 2005)。南海ODP 184航次钻探表明,黑炭碳同位素波动在30~23Ma稳定,而~23Ma之后才出现大幅振荡,可能意味着东亚季风系统建立的记录。此后,在18~10Ma全球温暖气候背景下,伴随强盛的东亚夏季风出现较强的降雨;8~7Ma之后,东亚夏季风强度和范围萎缩,亚洲内陆干旱化程度加剧(Clift et al., 2014)。由此可见,~8Ma以来青藏高原快速隆升使印度季风加强,东亚季风减弱。

此外,新生代南北两极冰盖的不对称生长和启动时间的差异可能导致南北半球热量输送发生变化,进而导致大洋环流巨变和气候的显著转型。3Ma的中上新世暖期,低纬度赤道地区存在持续的厄尔尼诺气候状态,西太平洋暖池成为地球表层海水的高温区,东太平洋冷舌区域表层水成为低温区,以浅温跃层、强上升流和高生产力为特点。但是,也有研究表明,自12Ma以来,西太平洋暖池区海水温度降低了约4℃(Zhang et al., 2014)。尽管东西太平洋降温趋势相似,但3Ma以来二者温差逐渐加大。这可能与澳大利亚板块与欧亚板块碰撞导致的印尼海峡通道关闭以及非洲板块与欧亚板块碰撞导致的地中海海峡通道关闭有关。在3Ma以前,温暖的赤道太平洋海水可直接进入印度洋,给非洲地区提供了丰沛的水汽(Cane and Molnar, 2001),且10.2~3.1Ma阿拉伯海中层水并不缺氧;但上新世和更新世,阿拉伯海中层水3.2~2.8Ma缺氧,在~1Ma时进一步加强。而高空东风激流携带大量风尘入海,2.8Ma和1.7Ma风尘通量显著增加,表明非洲大陆显著干旱化,促进了人类演化谱系上新分支的产生。

尽管气候长期变化与高、低纬度区或不同时间尺度的气候过程,以及大气-海洋-陆地的地表系统水循环和碳循环等物质能量循环过程密切相关,但古气候研究认为气候变化除了冰盖驱动机制外,热带驱动假说也不容忽视(翦知湣和金海燕,2008)。ENSO现象、东亚-印度-澳大利亚季风体系、青藏高原隆升之间相互作用是否存在必然联系?是否它们进而导致全球物质能量向东南亚集聚?太阳辐射量的岁差周期变化直接对热带气候过程、中低纬海-气耦合、季风降雨及碳循环效应也可能调控了地球气候演变。

4.2 海底“三极”

地幔是最大的固体地球圈层,地幔过程是驱动固体地球的核心圈层。人们探索固体地球驱动力，只认识占地球表面三分之一的陆壳或大陆岩石圈是不全面的，必须认知覆盖地球表面积三分之二的海底洋壳或大洋岩石圈。在这种情况下，地幔过程在海底的表现极为重要。海底存在三个动力学意义上而不是地形或气候意义上的极端环境，即太平洋 LLSVP（Jason）、非洲 LLSVP（Tuzo，实际上三分之二在大西洋和印度洋之下）和东亚环形俯冲体系（图 3-13 和图 3-20），它们实质是三个地幔极端区域。新生代期间，这三个海底或地幔区域也异常活跃（Young et al.，2019）。有人认为三者并非静止，但也有人认为源自太古代大陆岩石圈地幔的坠离构造（drip tectonics，浅而热的俯冲引起洋壳脱碳，富碳流体/熔体进而引起大陆岩石圈地幔深熔，大陆岩石圈地幔因稳定性破坏而坠离）且 25 亿年以来就固定不动、始终如此（Homrighausen et al.，2018），它们不仅控制了全球固体地球动力过程（图 4-3），而且控制了太古代以来的 HIMU 和其对

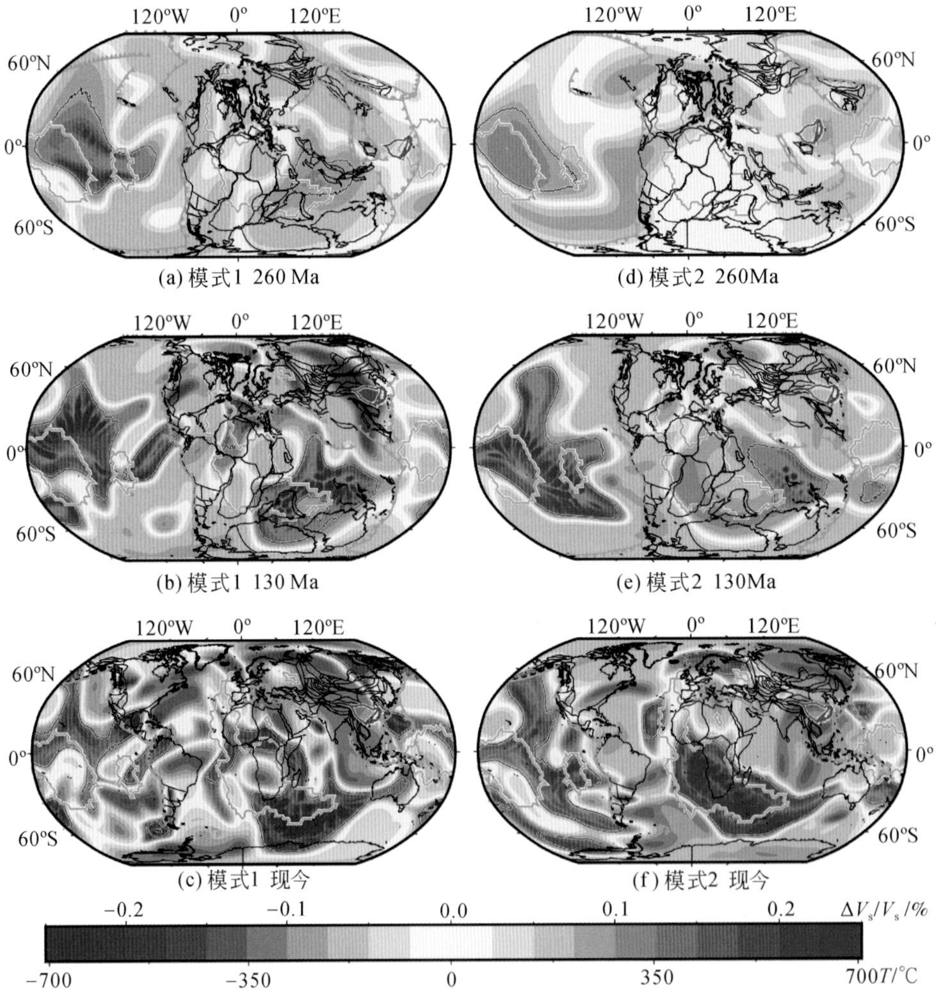

图 4-3　基于地幔流模式预测的 2677km 深处的地幔温度异常

棕色等值线为致密物质的 50% 集中区，绿色线条代表 LLSVPs 圈闭区，黑色线条为重建的现今海岸线位置，粉色线条标注的为华南，灰色线为俯冲带，箭头指向上盘。但由于这种重建是基于板块重建的地幔结构重构，板块重建不对，如图（d）与 Torsvik 等（2008b）的 297Ma 的非常不同，结果也仅只能作为参考。从重构结果可以看到的是，两个 LLSVPs 并不是对等的，强弱和结构会随着上部板块聚散行为、进入下地幔的板片行为的滞后效应而发生变化

应的现代板块体制下洋壳俯冲形成的 FOZO（也称年轻的 HIMU）或 C（也称类 HIMU）地幔储库（Homrighausen et al., 2018）、DUPAL 异常分布（Zhang et al., 2016）。

核-幔边界这两个 LLSVPs 的形成可能与潘吉亚超大陆汇聚相关（图 3-20）。其 V_S 速度和温度均较周边地幔低，难以熔融，可以像超大陆一样长期稳定存在。从存在的持续时间上，LLSVPs 显然与短暂的“超级地幔柱”不可同日而语，所以不能认为是“超级地幔柱”。随着环超大陆俯冲带下沉到达这里的后续俯冲板片发生水平运动，推挤两个 LLSVP 区，改变其形状，促进地幔柱在其边界处发育，甚至可能为 LLSVP 提供物质。因此，俯冲作用决定了地幔柱生成的随机性，多数大火成岩省被动出露于板块薄弱带，只有极个别出现在板块内部。只有在这些传统“板内”（如非洲）的地幔柱（图 3-13 中的 ET）才可导致地形上拱抬升，板缘的地幔柱一般因热耗散快而难以产生这类地形特征，不会产生盖子效应，但热聚集在超大陆之下会产生盖子效应，导致超大陆裂解，进而转入下一个超大陆旋回。实际上，LLSVPs 上部的地幔温度结构也随着岩石圈板块的变化在不断变化（图 4-3），因此，不能仅仅依据温度结构来认定其属于“超级地幔柱”，LLSVPs 是热-化学对流循环，而不是简单的传统物理对流的结果。

4.2.1 东亚环形俯冲系统与东亚超级汇聚

燕山期以来，Tuzo 和 Jason 之间的东亚地区长期为下降流汇聚区（Homrighausen et al., 2018），冷的俯冲板片下插进入地幔，形成冷地幔区域（图 3-13 和图 3-20），其核-幔边界处于重力低势区，该区俯冲板片拖曳力较强。潘吉亚超大陆裂解期间，南半球冈瓦纳大陆北缘始终处于裂解状态，序次裂解的板条或微陆块等碎片，在全球位势场中单向裂解并持续单向汇聚到东亚低势区，即向北半球集结（Honza and Fujioka, 2004; Müller et al., 2008; Seton et al., 2012; Suo et al., 2014, 2015; Liu et al., 2016; Replumaz et al., 2014; Zahirovic et al., 2015, 2016; Gibbons et al., 2015; 刘一鸣等, 2019; 周洁等, 2019; 姜素华等, 2019），形成东亚环形俯冲系统。因此，侏罗纪以来或燕山期以来的大汇聚和东亚燕山期广泛变形的本质是亚美超大陆进入聚合演化阶段的标志（Li et al., 2012a, 2012b, 2012c, 2018b）。这个长期演变阶段先后形成了由里到外的多个半环形俯冲系统，如东亚内侧为燕山期半环形俯冲系统，而外侧为新生代的东亚环形俯冲系统，这也与俯冲后撤相关。东亚环形俯冲系统是地球新生代板块运动的主驱动力，大量小型板块聚合形成了地表复杂的多岛洋海陆格局，进而控制海洋环流和大气环流、海-气相互作用等，不仅是现今全球性板块运动的发动机所在，也是地表系统的长期地形强迫和演变的边界条件。可以预见，亚美超大陆形成后，盖子效应、热聚集、相变等过程会导致该区俯冲板片在核-幔边界形成新的强劲 LLSVP，而 Tuzo 和 Jason 两个 LLSVPs 因周边没有俯冲补给，上涌动力会衰减。因而，LLSVPs 和环形俯冲系统的角色或功能会发生转换，而其各自的空间位置不一定变化。

东亚环形俯冲系统直接的后果是：①燕山期以来海陆格局的巨变，沟-弧-盆-海山等地形地貌复杂，特别是新生代青藏高原隆升、印尼海峡通道的关闭、台湾造山带形成、南海打开与死亡。②这些地形地貌的变化直接改变大气环流，引起东亚季风向北偏移，或者台湾造山带改变黑潮路线，澳大利亚-欧亚碰撞直接形成印尼贯穿流，这些复杂水文动力环境的改变又调节着全球物质和能量中小尺度的串级、混合、对流、耗散等。因此，这个海底“三极”直接与地表“三极”的青藏高原对应。③环形俯冲系统直接导致物质能量的深循环，即俯冲工厂，指一些洋壳深俯冲过程中，发生各种岩石、元素迁移和变化，在俯冲带发生脱碳脱水等循环或过程；在俯冲盘海底，可发生蛇纹石化吸水过程及蛇纹石化泥底辟、氢气形成和甲烷等有机质合成；在海沟处，形成地球最深生境，甚至可能存在无机碳转换为有机碳、独特的水-岩反应等；在地表岛弧地带，不仅控制近海海流格局，而且岛弧火山喷发也会释放 CO_2，进而影响全球气候变化和大气环流。特别是俯冲系统物质循环过程中的水循环、碳循环、生命元素循环、成矿元素循环尤为重要，能够形成独特的热液系统、冷泉系统、生态系统、成矿系统、成藏系统、灾害系统，对于热液成矿过程、独特生物群落和生态系统形成机制、生命起源、全球变化等具有重要的探索价值。然而俯冲系统多圈层碳循环过程和规律、碳埋藏和碳释放机理、碳通量分配规律、地幔过渡带是否在碳富集或碳储库等都不明晰。④深俯冲系统的深部物质循环与转化机制涉及多个圈层、复杂界面过程，无机界-有机界相互作用、海水-海底相互作用、地质流体-岩石相互作用、洋壳-地幔相互作用、俯冲的沉积物与地幔楔作用、熔体与矿物相互作用等尚不清晰，这些多界面的相互作用是一个物理和化学过程、无机和有机过程及其相互作用的综合过程，特别是其中的地球化学反应不仅能引起地幔楔内部复杂转变和汇聚区独特岩浆-成矿系统，如火成碳酸岩侵入及伴生的稀土矿产，而且决定浅表营养盐的时空分布、环境多样性形成、生物多样性演替。⑤俯冲系统也是大地震发育地带，伴随相关海底灾害链，如海底滑坡、水合物分解、海底岩浆穿刺、油气泄漏等。

4.2.2 太平洋 LLSVP、大火成岩省与超大洋

太平洋海域核-幔边界附近的 LLSVP 为下地幔横波低速异常区，也简称为 Jason，用于纪念 Jason Morgan。在大地水准面上，Jason 表现为异常高区域，意味着深部的核-幔边界附近存在穹隆区。这个整体略微上穹的地形导致其上部的板块在微弱的重力作用下向周边下倾滑动。实际上，Tuzo 和 Jason 大地水准面异常高早在 20 世纪 70 ~

80 年代就已经被发现（Anderson，2007），却始终不知道其地球动力学意义。

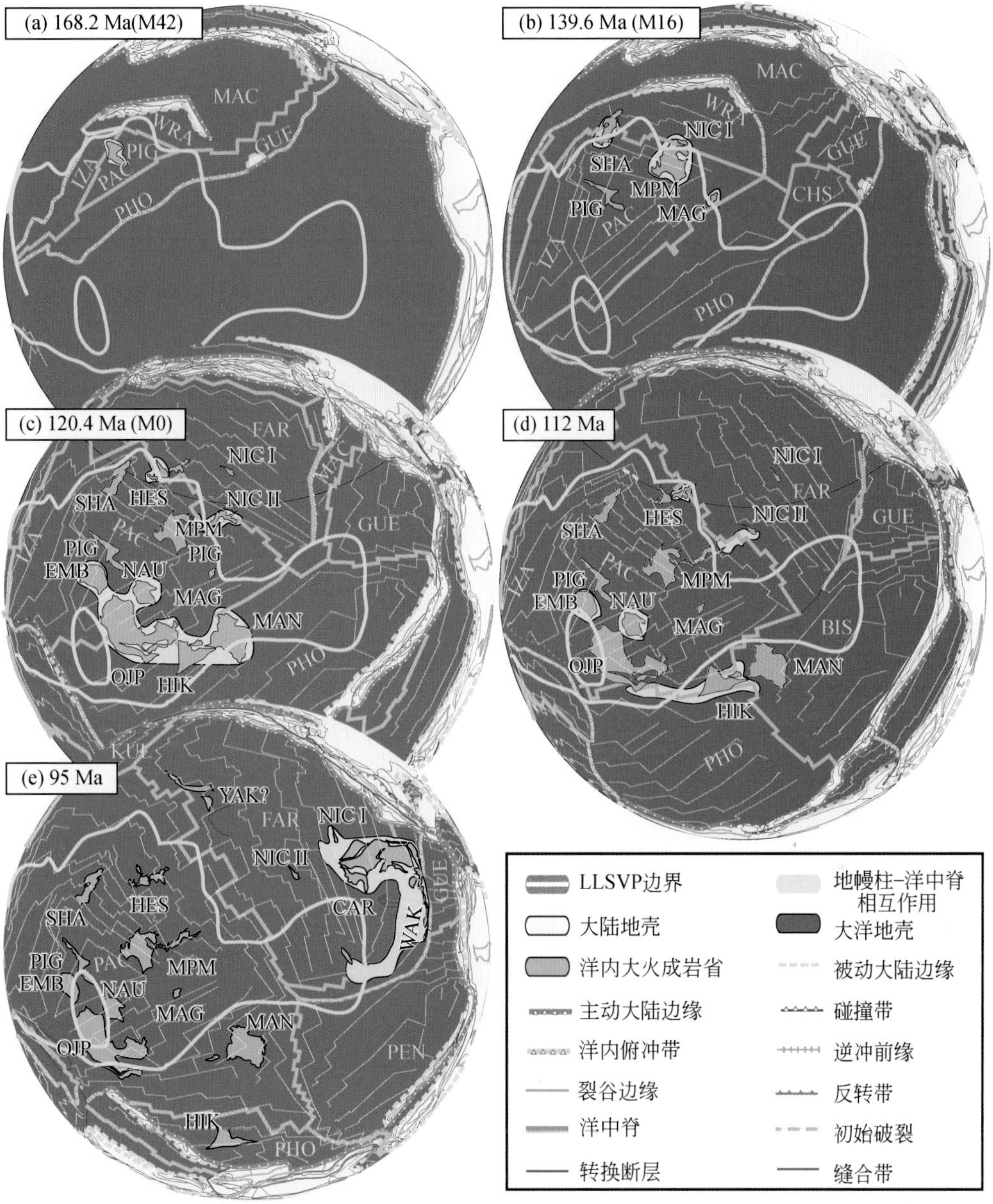

图 4-4　中生代环太平洋及古太平洋内的板块运动学和大火成岩省重建（Madrigal et al.，2016）

黄绿色曲线圈定了太平洋下地幔低速区（LLSVP），洋中脊用浅蓝色粗线表示，磁线理用天蓝色细线表示。（a）168.2Ma（M42）太平洋板块初始形成，同时皮加费塔（Pigafetta）盆地（PIG）形成；（b）139.6Ma（M16）为太平洋下地幔低速区北北东部边缘的活动上涌时期，太平洋板块东北侧脊-柱相互作用触发了沙茨基海隆（SHA）形成于大约 144Ma，尼科亚 I（NIC I）海台和中太平洋海山群（MPM）形成于大约 140Ma，麦哲伦海隆（MAG）形成于大约 135Ma；（c）120.4Ma（M0）为一个新的活动上涌时期，太平洋板块南侧脊-柱相互作用激发了翁通爪哇海台（OJP），马尼希基（MAN）和希库朗基海台（HIK）形成事件。尼科亚 II（NIC II）海台也属于这次事件，其喷发发生在太平洋下地幔低速区北部边缘脊-柱交接区。还是这次，中太平洋海山群再次活跃，形成了几个具有 OIB 典型特征的次级水下海山。同时，太平洋下地幔低速区西缘附近的东马里亚纳海盆（EMB）先后发生了 127Ma 和 120Ma 的板内岩浆脉冲事件；（d）112Ma 太平洋下地幔低速区南缘依然活动，并与洋中脊相互作用，形成了希库朗基海台、瑙鲁海盆（NAU）和东马里亚纳海盆；（e）95Ma 太平洋下地幔低速区最东缘变得活跃，在与洋中脊相互作用的地区形成了加勒比海台（CAR）。板块名称缩写如下：BIS（Biscoe），CHS（Chonos），FAR（法拉隆），GUE（格雷罗），IZA（依泽奈崎），KUL（库拉），MAC（Mackinley），PAC（太平洋），PEN（Penas），PHO（菲尼克斯），WAK（Washikemba），WRA（Wrangellia）和 YAK（Yakutat）

从现今 Jason 上方的海底构造格局分析，该区发育大量的微小板块（刘金平等，2019；赵林涛等，2019；汪刚等，2019；牟墩玲等，2019；甄立冰等，2019；王光增等，2019；孟繁等，2019），如新几内亚、斐济等岛弧地区大量发育的微地块，且多数为微洋块。所以，Jason 不仅改变大陆边缘洋-陆格局，而且改变海底地形地貌。西太平洋大量的海山群总体起源于地幔柱或小尺度对流，而这些地幔柱和小尺度对流主体受 Jason 控制。

实际上，自中生代以来，Jason 就始终控制着太平洋大火成岩省的形成。在海底洋中脊不断调整过程中，当其运移到 Jason 的地幔柱生成带之上时，可能由于减压，大火成岩省往往直接形成于地幔柱-洋中脊相互作用的地带，板块重建验证了这一点（图 4-4）。特别是，大火成岩省集中爆发时期，释放大量温室气体 CO_2，成为全球碳循环中的一个重要碳源，进而控制地表系统的大气环流演变。

4.2.3 非洲 LLSVP、超大陆与微陆块单向裂解漂移

非洲 LLSVP 也称为 Tuzo，用于纪念 Tuzo Wilson，是主动推动非洲、南极洲板块运动的根本动力来源。当前人们普遍认为俯冲系统是板块驱动力来源，但是在非洲、南极洲板块周边并无俯冲带，因而也无俯冲板片的拖曳力。然而，古地磁揭示这两个板块并非静止，而是在不断发生运动，只是运动速度极其缓慢。从全球尺度看，这两个板块运动的“主动”驱动力只能是 Tuzo 。这种“主动”驱动力起源于潘吉亚超大陆汇聚期间环超大陆的环形俯冲系统的俯冲动力。实际上，自从潘吉亚超大陆形成后，Tuzo 就位于其下部，偏于南半球。

在潘吉亚超大陆稳定期间，Tuzo 虽然形成在超大陆之下（图 3-20），但潘吉亚的裂解部位常常出现在 Tuzo 的地幔柱生成带之上，也常见微板块（李园洁等，2019；李阳等，2019）。例如，南大西洋的火山型被动陆缘最初形成位置就是 Tuzo 的西南边界部位，而现今 Tuzo 的西南边界正处于南大西洋的洋中脊部位。西南印度洋是超慢速扩张脊，但该区发育大量地幔柱，这些地幔柱也位于 Tuzo 的东南边界处，该区也是南极洲板块与非洲板块分离的部位，现今正对应西南印度洋洋中脊。Tuzo 的北部边界现今正对应非洲的东非裂谷或红海-亚丁湾，这些地带现今依然是微板块形成地带，一系列裂解的微板块都向北单向漂移。这种裂解格局实际自冈瓦纳大陆裂解（约 180Ma）开始就如此。因此，非洲 LLSVP 各种效应大体可能对应地表“三极”的南极。非洲 LLSVP 导致了南半球冈瓦纳大陆的裂解和南极洲板块的孤立，进而逐渐形成地表的环南极洋流系统，进而地表的南极也被隔离而出现冰盖。

4.2.4 深部地球动力系统驱动机制

上述可见，地球3亿年或5亿年或25亿年以来，深部地幔存在三个极端动力区域，第一个为南太平洋下的地幔低速区Jason，第二个为2.5亿年前潘吉亚超大陆下或现今南大西洋–非洲–西南印度洋下的地幔低速区Tuzo，第三个为东亚环形俯冲系统。前两个周边为上升流系统，后者周边为下降流系统。

板块重构研究显示，无论是全球板块的平均运动还是单个板块的运动，都具有随时间变化的特征（Zahirovic et al.，2015）。有些变化难以用俯冲板片拖曳力和吸力来解释，而与地幔柱活动关系密切。例如，新生代初期67～65Ma，印度板块的运动速率突然提高，同时期非洲板块运动减速，这可能与约67Ma到达岩石圈底部的留尼汪地幔柱头的作用有关（Cande and Stegman，2011）。将地幔柱活动与板块运动相联系，成为探索两者之间的相互关系和相互作用、深入认识板块运动驱动力的新的突破口。板块与地幔柱相互作用、地幔柱活动对板块构造的显著影响不仅仅表现在某些特定时段，而且体现在板块构造形成以来地球系统的长期演化中。最典型的例子是以约7亿年为周期的超大陆的聚合与裂解，反映全球尺度俯冲系统与“超级地幔柱”活动的周期性耦合演化关系（图4-5）（陈凌等，2020）。在超大陆聚合过程中，俯冲构造起主导作用，导致大陆汇聚；而在超大陆裂解过程中，“超级地幔柱”构造活跃，促进超大陆弱化和裂解。大陆于地幔下降流处碰撞集结形成超大陆，之后，超大陆之下形成上升地幔流，又导致超大陆离散。已有的板块重建结果表明，罗迪尼亚超大陆和潘吉亚超大陆以赤道附近的单一中心聚集，其中，潘吉亚超大陆裂解后的最终集结中心为东亚地区，由南太平洋（Jason）和非洲（Tuzo）之下的两个反对称的大地水准面长波长的高异常所致。

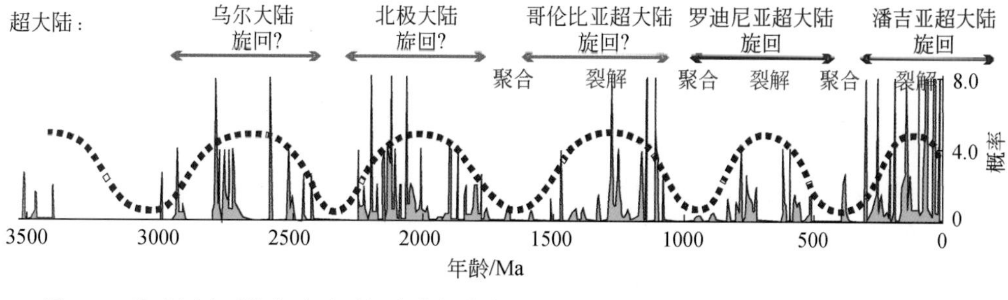

图4-5 地球历史时期超大陆时间演化与大火成岩省事件概率分布的对比（陈凌等，2020）

大火成岩省较为集中的时期对应地幔柱活动强烈、俯冲作用较弱的超大陆裂解期；大火成岩省较少发育的时期对应地幔柱活动弱、俯冲作用强的超大陆聚合期

地幔柱与俯冲板片构成了地幔对流的上升流和下降流。事实上，两者在地幔的

不同深度和不同空间尺度上均发生相互作用，进而影响地幔对流模式和动力运行过程，并反馈到地球浅表的板块运动方式上（陈凌等，2020）。在俯冲板片下沉和地幔柱上升过程中，两者在地幔内部不同环境下的相互作用可能产生截然不同的结果。在上地幔浅部，地幔柱到达岩石圈底部后与上覆板块发生相互作用，这一过程涉及大陆/超大陆裂解、大洋张开等威尔逊旋回基本过程以及大陆改造与破坏等重大地质问题。即便是在俯冲构造主导、俯冲板片为板块运动提供90%以上驱动力的现今，地幔柱也显著影响着从浅部到核幔边界甚至地核的地球整体行为和动力运行过程。

克拉通的寿命一般归因于中等至正浮力和高机械强度岩石圈的持续存在，它们使克拉通地壳免受下伏的地幔动力学的影响。南美洲和非洲的克拉通岩石圈的大部分分别在中生代期间和自中生代以来经历了显著的变化，如广泛分布的白垩纪隆升和火山作用，现今的高地形、薄地壳，以及地震上为快速但浮力中等的上地幔异常。这些观测结果反映了白垩纪晚期—新生代早期深层岩石圈根部的地幔柱触发的拆沉，其导致岩石圈的浮力永久增加。从那时起，这些地区的岩石圈已经进行了热重建，这一点已被当今的低热流、高地震波速和重新排列的地震各向异性证实。因此，克拉通岩石圈最底部的原始成分比软流圈地幔密度更大，其在受到下伏地幔上涌扰动时可以被去除。因此，岩石圈上部的浮力使克拉通保持稳定。

Hu 等（2018）通过使用各种观测约束条件研究了克拉通岩石圈的密度结构和时间演化，约束条件包括地形演化、重力异常、地震层析成像和各向异性、构造重建及地幔流。为了避免中—新生代俯冲作用对克拉通演化的潜在影响，重点放在与南大西洋被动边缘接壤的克拉通上，包括南美洲和非洲的前寒武纪地区（图 4-6）。这些大陆的一个显著特征是在圣弗朗西斯科（Sãn Francisco）、刚果和卡拉哈里（Kalahari）克拉通内部或边缘普遍存在较高的地表地形（1km 或更高）[图 4-6（a）]。这些地区的海拔与其他克拉通（如西非、亚马孙和北美克拉通）的地形形成鲜明对比，后者大部分地势较低。这种高地形是自中生代晚期开始形成的［图 4-6（b）］，这表现为早期海相-陆相沉积环境的出现和广泛存在的白垩纪火山喷发事件以及相关的地表隆升。

能否在当今的地幔中发现滞留的拆沉岩石圈？三维地幔地震结构（图 4-7）揭示了南大西洋边缘岩石圈之下的地幔内部存在多个巨大的高速异常，这些地幔结构在不同的层析成像模型中相似，因此可以被很好地解释。由于这些区域自中生代早期以来就没有经历过俯冲作用，这些异常不能代表俯冲板片的效应。根据边缘驱动对流，它们之前被解释为沿岩石圈边缘的冷下行区（cold downwelling）（King and Ritsema，2000）。相反，也可以认为它们代表岩石圈地幔的沉降部分。

这一模型得到了另一项研究的支持，该研究通过同时将地幔流预测值与面波各向异性和剪切波分裂的观测值相匹配，将与纳兹卡板块俯冲相关的地幔流和图 4-7

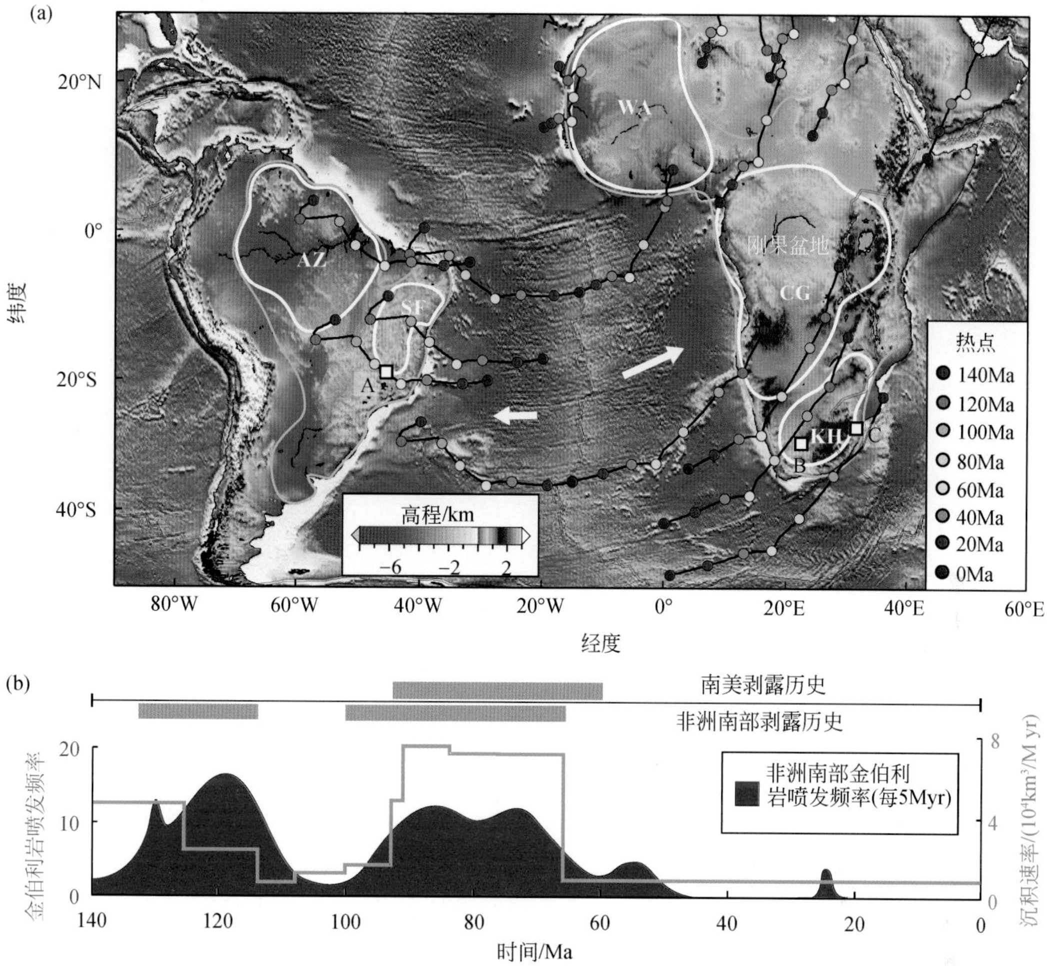

图 4-6　南大西洋边缘的地形和构造演化历史（Hu et al.，2018）

（a）KH、CG 和 SF 克拉通的异常高海拔。相比之下，AZ 和 WA 克拉通表示为低地形。白色和蓝绿色轮廓勾勒出主要的克拉通和前寒武纪地盾。彩色点和黑线是重建的热点轨迹。粗的白色箭头表示新生代板块的平均运动方向。白色方块（A～C）是白垩纪的几次火山喷发。（b）非洲南部的金伯利岩（红色区域）年龄，沿非洲南部海岸的累积沉积速率（绿线）和高地形克拉通（CG、KH 和 SF）的去顶历史（unroofing history）（粗灰色条带）。KH 代表卡拉哈里；CG 代表刚果；SF 代表圣弗朗西斯科；AZ 代表亚马孙；WA 代表西非

中的其他高速异常的情况进行定量评估（Hu et al.，2017）。为了适应区域和局部各向异性观测值，要求纳兹卡板片是地形下沉的主要原因，而其他高速异常大多是被动漂移并产生可忽略的垂直地幔流（图 4-7）。该结果要求南大西洋上地幔异常接近中等浮力。

根据 Hu 等（2017）的俯冲模型，上覆板块之下的地幔，如南美，经历了压力梯度驱动的泊肃叶流（Poiseuille flow）。相反，在远离俯冲带的板块下面，地幔经历了板块运动驱动的库埃特流（Couette flow）（图 4-7）。因此，现今的地幔结构进一

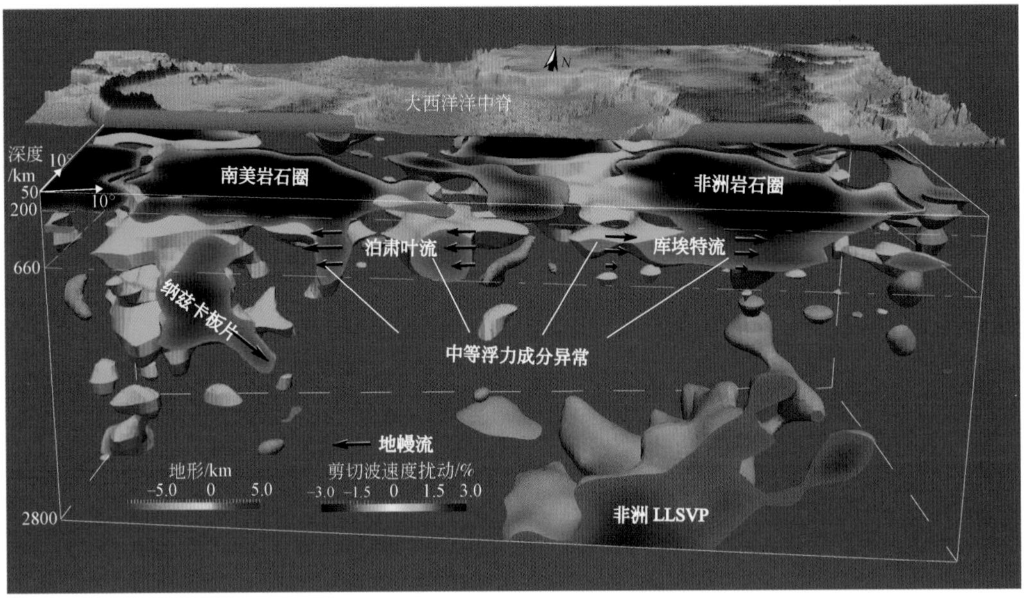

图 4-7　南大西洋及邻区岩石圈和下伏地幔的地震结构（Hu et al.，2018）

三维可视化基于 S40RTS 地震层析模型（Ritsema et al.，2011），快速结构的体积显示异常率> 0.8%，慢速结构的体积异常率<−1.0%。顶部的颜色显示了地形对比。黑色箭头指示新生代地幔流，变化的高速地幔结构的解释根据地震各向异性的地球动力学模型（Hu et al.，2017）推断。值得注意的是，纳兹卡俯冲驱动了南美板块下方上地幔的整体向西漂移。LLSVP 代表大型横波低速异常区

步支持了岩石圈拆沉的假说，因为对这些高速异常的几何学特征、位置的最好解释是在南美板块和非洲板块自白垩纪开始分离后残留的岩石圈碎片（图 4-7）。拆沉物质保留在大西洋南美一侧的趋势可能反映了下降的纳兹卡俯冲板片驱动了更强的西向上地幔泊肃叶流（图 4-7）。

为了使克拉通岩石圈地幔拆沉，其密度必须大于周围软流圈的密度［图 4-8（a）］。另外，研究区克拉通现今地形的上升明显高于白垩纪隆升所反映的拆沉前地形，并且现今的残余地形为正值，因此拆沉的岩石圈也必须比随后形成的热边界层密度更大。这个假设还解释了为什么“完整克拉通”（如西非和亚马孙）的地形要比“拆沉的克拉通”（如圣弗朗西斯科、刚果和卡拉哈里）低。传统观点认为克拉通根部在所有深度处都具有大致中等的浮力（Jordan，1978；Carlson et al.，2005；Lee et al.，2011），Hu 等（2018）的观点与传统观点相反。Hu 等（2018）认为克拉通的岩石圈地幔高度亏损并且具成分浮力，也许比从地幔捕虏体中推断出的还要高（Lee et al.，2011）。在完整的克拉通中，较低的岩石圈地幔更富集，并且向下逐渐划分为一个纯热边界层，其包含富含高密度矿物的带或层（深度大于 200km）［图 4-8（a）］。

Hu 等（2018）的模型与完整克拉通下部石榴橄榄岩的发育相一致，如前新生

代卡拉哈里克拉通，其平均克拉通岩石圈（150 ~ 250km）深度具有很高的地震波速（Adams and Nyblade，2011）。如果石榴橄榄岩的密度比橄榄岩高约10%（Lee et al.，2011），假设一个高密度层的厚度为50km，则相对于中等浮力最低的岩石圈而言，剩余地形和重力额外需要20%的石榴橄榄岩。因此，该高密度层可能是在克拉通形成过程中被交代置换，和/或代表了来自深地幔的玄武质熔体的长期底侵堆积。

Hu等（2018）的岩石圈密度模型还解释了南大西洋下方显著的上地幔高速地震异常的几种神秘特性（图4-7），且远离俯冲带的区域也存在此类异常。值得注意的是，由致密的石榴石橄榄岩和质轻的方辉橄榄岩组成的拆沉岩石圈［图4-8（b）］应具有较小的初始负浮力，其幅度也将随着温度而升高、随深度而减小。在660km深度处，较热的拆沉根部（delaminated root）内延迟的后石榴石（post-garnet）转化作用将产生额外的正浮力，并进一步阻止其渗透到下地幔中。这个模型首先解释了上地幔底部的拆沉物质的停滞［图4-7和4-8（c）］，其次解释了它们的最小净浮力，从而避免了地震各向异性所要求的局部对流的产生。最后这些异常的高地震速度（图4-7）与相对较低温富集的钙镁榴石和石榴石一致。各向异性重新排列的最小深度（约100km）与通常在各大陆下面广泛发现的岩石圈中部不连续面（mid-lithosphere discontinuity，MLD）相关（Wittlinger and Farra，2007；Stixrude and Lithgow-Bertelloni，2011）。这种相关性表明，MLDs可能代表岩石圈内部的一个力学薄弱层，在该层以下，剪切变形（>100km）和最终拆沉（>150 ~ 200km）可能比上面的岩石圈层中更容易发生。

综上所述，Hu等（2018）的结果表明，当受到地幔过程的充分扰动时，克拉通地幔岩石圈的地幔最下部可能会被剥离［图4-8（b）］，而亏损的浮力岩石圈则趋于保持稳定，因此其地壳保持了克拉通属性［图4-8（c）］。图4-8强调了克拉通岩石圈失稳的关键特征，在此过程中，致密根部的变形和剥离有利于形成金伯利岩火山作用、地表均衡隆升（图4-6），且莫霍面变浅和地壳减薄。下部岩石圈被剥离的区域要花费数千万年才能恢复热能，但是新的热边界层（thermal root）的密度仍将小于完整岩石圈根部的密度。与受俯冲作用影响的克拉通（如东亚和北美洲西部）和受地幔柱影响的克拉通（如南半球的克拉通）相比，缺乏中生代热点活动和附近俯冲的克拉通（如北半球的克拉通）自中生代以来就没有经历过拆沉作用，因此显示出负的残余地形和正的地幔重力异常。

最近的层析成像反演推断，在中–南印度洋之下，有一个板片状的高地震速度异常（SEIS）（Wang et al.，2018）。尽管以前的地表观测已经认为这个区域存在俯冲，但新的反演结果与从上地幔延伸至核幔边界（CMB）的北倾板片一致。Wang等（2018）认为，这个板片状的高地震速度异常起源于古特提斯洋的一个大洋板片，其在三叠纪—侏罗纪沿一条南倾的洋内俯冲带发生了消减。SEIS通过相对较浅

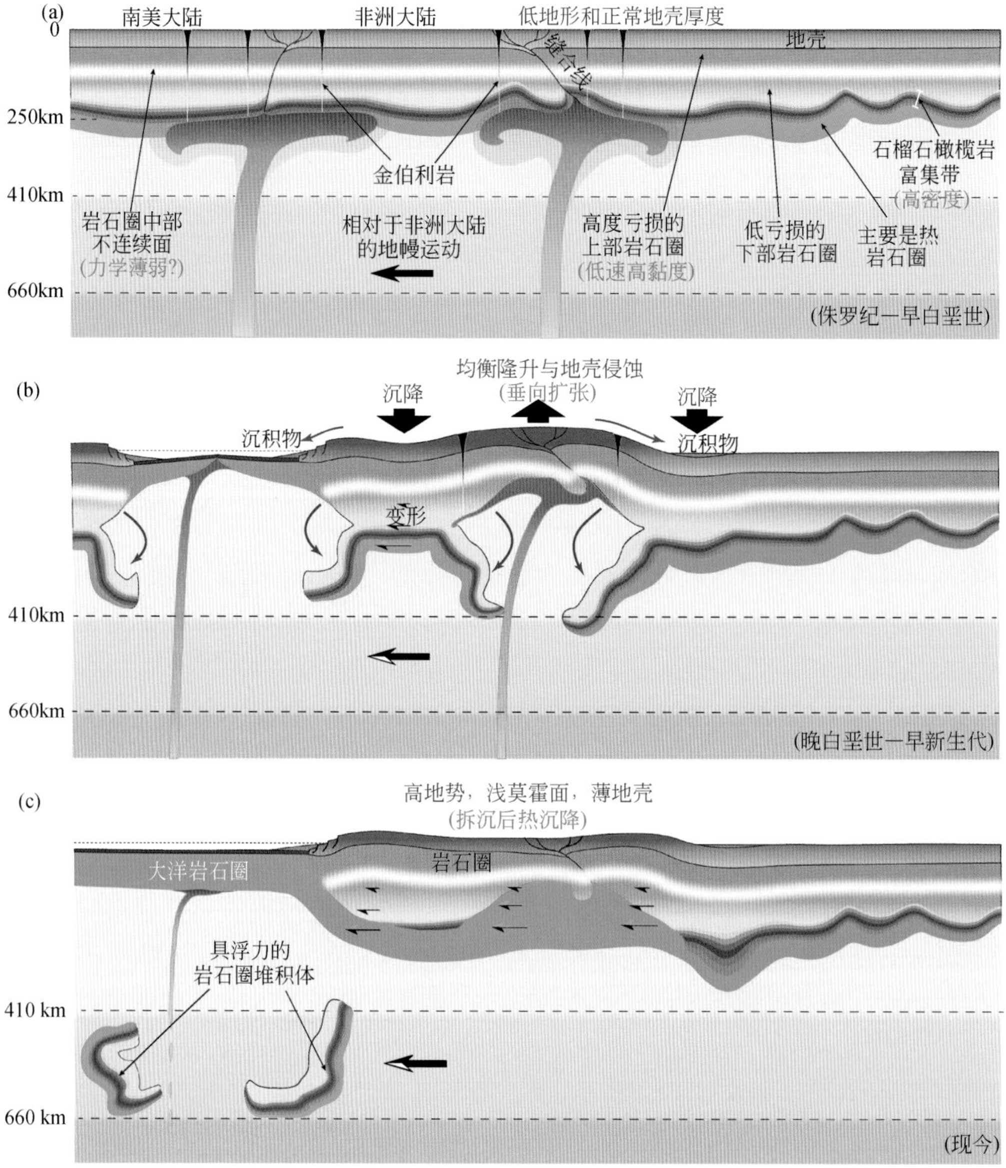

图 4-8　自白垩纪以来的克拉通岩石圈演化示意（Hu et al.，2018）

（a）持续的地幔柱活动通过加热和交代作用削弱了完整的克拉通岩石圈，形成了金伯利岩。（b）剥离的深层岩石圈地幔，包括石榴石橄榄岩层和一些方辉橄榄岩岩石圈。地表和莫霍面都均衡隆升，侵蚀作用使地壳变薄。（c）岩石圈中部不连续面以下的岩石圈的内部剪切作用和拆沉区域新的热边界的增长都记录了近期的地幔变形。由于整体为中等浮力，破坏的岩石圈分段停滞在下地幔上方。与完整的岩石圈相比，高地形和浅莫霍面都反映出新的热岩石圈的密度较低

的深度和与俯冲几何形状相反的现今俯冲极性，对板片下降动力学的传统概念提出了挑战。地球动力学模型显示，由热化学堆积体（thermochemical pile）施加的上升地幔流，可在浅层深度使下降的 SEIS 板片保持并停滞达 100Myr 以上。来自上升地幔流的阻力的空间分布可以反转板片倾角，从而产生与地震反演和特提斯构造域的

地质约束相一致的结构。结果表明，俯冲板片可以以低于 1cm/a 的速率下降穿过下地幔，甚至通过与背景地幔流的相互作用而反转其俯冲极性。

地幔对流受低温下降板片和热化学堆积体产生的上升地幔流的影响（模型 1，图 4-9）。来自非洲堆积体（African pile）的上升流使板片南部保持并抬升。板片北

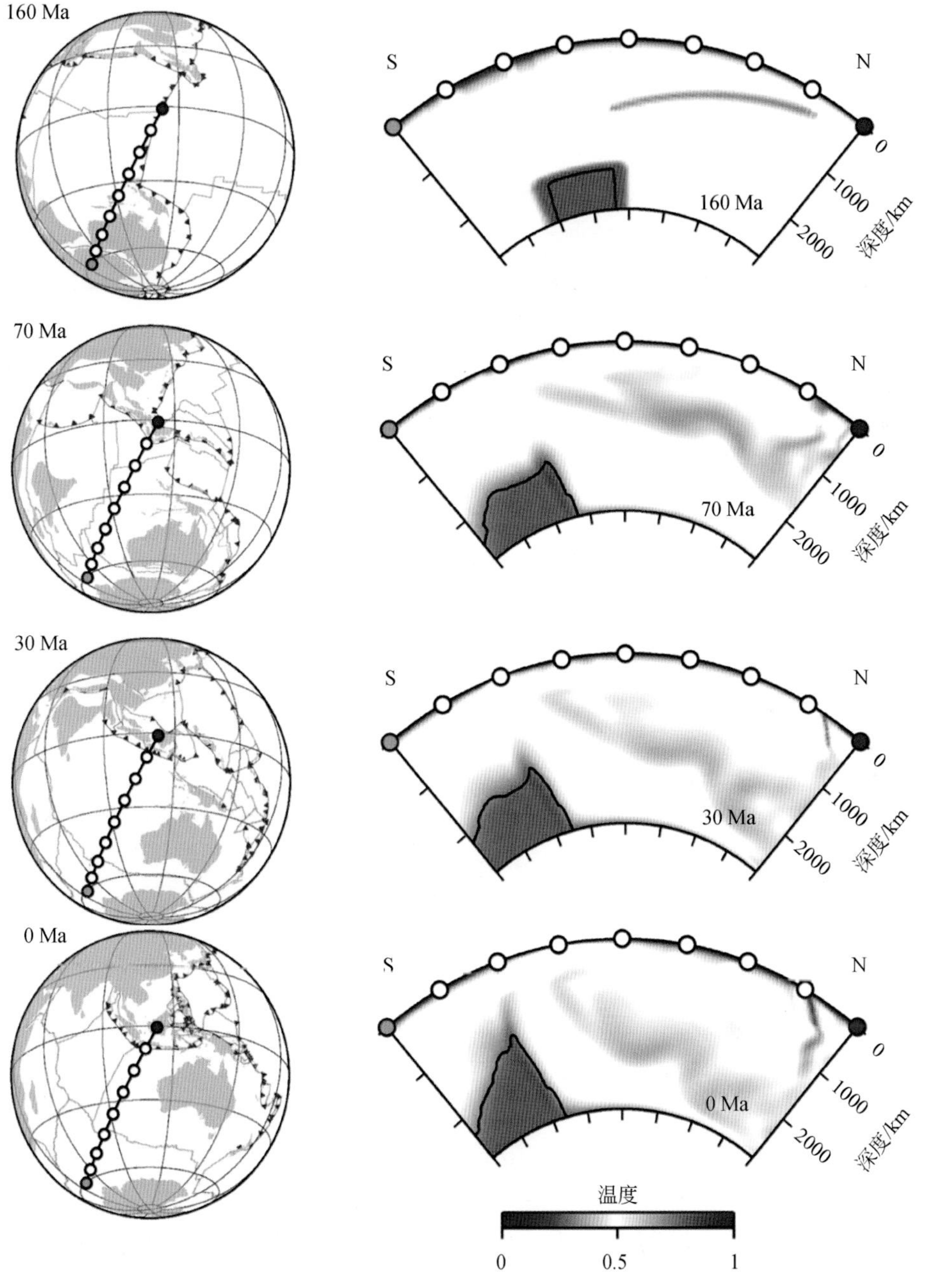

图 4-9　模型 1 的结果显示了综合的中生代俯冲板片与南印度洋下部的非洲堆积体之间的相互作用（Wang et al.，2018）

左列显示 Zahirovic 等（2016）的板片重建。右列显示地幔的无量纲温度场的横截面。黑线代表非洲热化学堆积体（African thermochemical pile）的范围

部没有热化学堆积体位于其下方，受负浮力驱动而垂直下沉。由于来自地幔流的阻力分布不均匀，板片逐渐在地幔中翻转。从 70Ma 开始，板片的倾向从南倾向北倾反转。白垩纪期间的东特提斯俯冲带和印度尼西亚周围俯冲带，将巨量的俯冲板片带入 25°S ~0°以下的地幔中（图 4-9 横截面的北部）。累积的负浮力将板片推至最深的地幔中。在 0Ma 时，南部板片仍位于上地幔约 400km 深度处，而北部板片已到达核幔边界。板片几何形状通常与 LLNL 层析成像中的 SEIS 异常一致（图 4-10）（Simmons et al.，2015）。

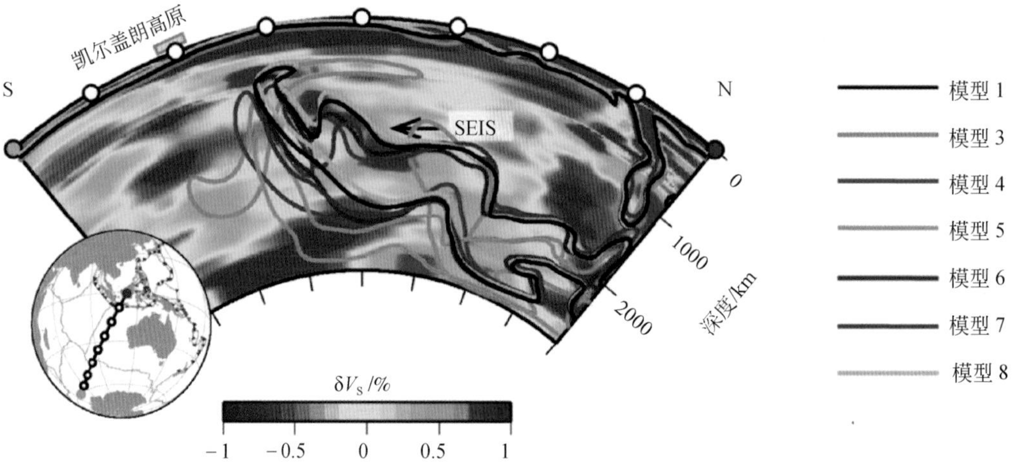

图 4-10　全球模型的简要结果及其与地震观测结果的对比（Wang et al.，2018）

等值线表示的是比俯冲板片引起的周围地幔温度低 10% 的地幔。地幔结构随时间的演变如图 4-9 所示。背景是 LLNL-G3D-JPS 模型（Simmons et al.，2015）

在模型 1 中，非洲热化学堆积体逐渐上升到中地幔深度处（约 1200km）。比热化学堆积体快，最初围绕非洲堆积体的热地幔对流到热化学堆积体的顶部，然后上升到上地幔。这导致非洲堆积体的侧边界处发生急剧的热转变。同时，下沉的板片到 70Ma 时已经将非洲堆积体向南推了大约 15°，随后在核幔边界上方稳定地保持了一段时间。在剖面中（图 4-9），最初的“方形”热化学堆积体逐渐演变成钟形结构，且向北略微倾斜。

4.3　地球“六极”的动力学关联

海底“三极”和地表“三极”合称地球“六极”。显生宙以来，地球经历了 4 个冰期，虽然现今也有人认为与全球大气 CO_2 含量的长期变化相关（Royer et al.，2004），但人们更着眼于从天文因素寻找根源，发现以上冰期都与太阳经过银河系旋臂的时间相对应（Shaviv and Veizer，2003）。但实际上，这4个冰期也分别对应地球自身演化的巨变阶段，如460～420Ma形成原潘吉亚超大陆（Li et al.，2018b）、340～250Ma潘吉亚超大陆聚合、190～150Ma东亚大汇聚和冈瓦纳大陆裂解、50Ma以来现代海陆格局形成且地表系统巨变。而这一切变动可能都与海底“三极”密切相关，海底“三极”至少是驱动5亿年或3亿年来（Burke et al.，2008）地球固体圈层的板块构造运动的根本所在，对地球表层系统中南极、北极、青藏高原的地表“三极”的形成与演化具有决定性作用。特别是，这三个深部极端异常区对应的地表区域也是当今微小板块形成与演变的场所，具有重要的科学意义。那么，这海底“三极”是如何影响地表“三极”的呢？这需要从更长的时间尺度来探索其动力学之间的关联。

为了更好地理解34Ma以来冰期演化，这里先回顾最近的暖期事件。中晚白垩世（113～83.6Ma）是2亿年来典型的极端暖期，也是全球地幔柱或大火成岩省活动集中爆发期（Larson，1991），且南美大陆和非洲大陆快速分离，为洋壳快速增生期。该时期火山排气造成大量温室气体CO_2短期快速增高，其大气CO_2含量是现今4～10倍（Bice and Norris，2002），Sr、Os和Nd同位素揭示陆地风化加强（Selby et al.，2009）。此时，海平面达到显生宙以来最高值（Miller et al.，2005），全球水循环加速，沉积物通量增加，海洋营养物质增加，加之火山喷发带来大量铁元素在内的营养盐较多，海洋生产力显著上升，全球硅质生物繁盛，大洋酸化，钙质生物数量骤减，碳酸盐台地消失，沉积物中一些金属元素（Zn、Cd、Co、Cr、Cu、Mo、Ni、V、U）含量显著上升（Brumsack，2006），大洋底层水缺氧事件（OAEs）（Schlanger and Jenkyns，1976）和极高有机质含量（TOC）的黑色页岩发育（Jenkyns，2010）、油气丰富（Irving et al.，1974），全球底层水平均温度为8～20℃（78Ma），在白垩纪极热期（CMT）的北大西洋底层水甚至高达20～28℃（97～91Ma）（Friedrich et al.，2012），海表水温（SST）可达33～34℃（Norris et al.，2002），远高于现今最高的29℃。此外，南美和非洲分离也导致南北大西洋水体沟通，非洲与欧亚碰撞导致地中海变窄，改变了全球大洋底层水环流模式，造成迥异的100Ma环流模式（Roth，1986）和73～68Ma的环流模式（Voigt et al.，2013）。这些现象足以表明，地球深部动力过程对地表系统的控制和决定性作用。

新生代早期绝大多数时间两极无冰或少冰，发生了一系列快速变暖的极端气候事件，包括PETM（55Ma左右）、ETM2、ETM3、LLTM、MECO（40～41.5Ma）事件（图4-2）。对于PETM事件，其诱因存在多种认识，包括不合理的星体撞击事件观点和合理的海底水合物分解主流观点，但后者的触发因素争论较大，包括底层水升温、大洋环流改变、地幔熔融物质上涌或北大西洋大火成岩省玄武岩溢流、海底地震触发、海岸侵蚀或海底滑坡等。此外，还有火山排气的非主流观点，认为由格陵兰与欧亚大陆分离引起。对于 MECO 事件，其诱因迄今有三种认识：大气 CO_2 浓度短暂上升导致有孔虫碳同位素正漂、全球海平面上升导致原来的陆架转为深海而成为碳酸盐埋藏区、中始新世印度-欧亚碰撞变质释放的 CO_2 增强或全球洋中脊和岛弧火山排气增强（Bohaty and Zachos，2003），但后两者没有得到证实。无论如何，40Ma 左右全球深部动力诱发的构造事件确实不容忽视。因此，这个时期的深浅部地球动力系统关联依然值得深入探索。

4.3.1 板块分离、海峡通道开启与南极冰盖形成

DSDP 第 29 航次和 ODP 第 189 航次大洋钻探证实，33.5Ma 澳大利亚板块和南极洲板块分离，形成塔斯马尼亚海峡通道，打通了南大洋海洋的相通性，导致环南极洋流形成，南极环流进而隔断了北方传送的热量和温暖的表层洋流的输入，使得南极“冰箱”效应放大，进而促进了南极冰盖形成（Kennett，1977）。

大陆持续分离，南极持续变冷，古近纪相对温暖的“间冰期”转变为新近纪“冰期”，这一地表系统事件具有全球性。板块分离还导致地表系统一系列变化，气候变冷、沉积区水深快速加深、封闭海盆转变为开放大洋、海底还原环境转变为氧化环境、黑色泥岩转变为白色碳酸盐岩沉积、有机碳含量快速降低等（Exon et al.，2001）。在南极洲，分离之前长期稳定的冈瓦纳大陆，长期遭受风化剥蚀而形成丘陵地形，由于气候温暖潮湿，且洪水泛滥，大量长英质碎屑物质输送入海，使南极大陆边缘沉积物供给得到保障。同时由于沉积速率和地壳沉降（地壳分离导致的热衰减）速率一致，南极大陆边缘处于浅海相沉积补偿状态。

同时，澳大利亚板块和南极洲板块的分离也打开了东南印度洋，形成深水大洋通道，促进了全球底层水环流，进而形成全球性大洋传送带。大洋传送带导致营养盐全球性再分配，南极上升流携带大量营养盐上升，北极沉降的含氧底层流也带来大量氧，环南极磷虾繁盛，大量海洋高等鱼类发育，形成低级到高级完整的海洋食物链，鱼类洄游、以鱼类为生的鸟类迁徙都与此密切相关。

4.3.2 板块汇聚、海峡通道关闭与高原隆升

南半球冈瓦纳大陆的裂解，导致印度-澳大利亚板块向北漂移，南侧环南极洋流形成的同时，裂离的大陆板块向北汇聚，其中印度板块与欧亚板块碰撞形成青藏高原、阿拉伯板块与欧亚板块碰撞形成伊朗高原，新特提斯洋关闭。前者初始碰撞时间存在一些争论，大体有 47 ~ 45Ma（吴福元等，2008；Matthews et al.，2016）、35Ma

(Ali and Aitchison, 2005)、15Ma (Xiao et al., 2017) 之争。从印度洋微板块形成分析，47Ma 可能性较大 (Suo et al., 2020)。高原隆升事件具有阶段性，可能存在34 ~ 30Ma、23 ~ 20Ma、10Ma、8Ma、3Ma 等阶段，其中 23 ~ 20Ma 的观点为主流，视为主隆升期。板块碰撞效应较多，以往只关注找矿效应，如今更多关注环境效应。

板块碰撞导致强烈变形，岩石破碎，物理风化加强和沉积物供给增加，同时地形抬升，季风形成，导致相关干旱气候分带的北移、东亚黄土沉积及沙漠出现，随之，高原北侧适宜草原生物的水草环境变化为生物生存的恶劣环境，如导致三趾马灭绝；而高原南侧则是印度季风带来的大量降水难以逾越高原的高地势，进而导致了当地丰富的生物多样性，世界上一半以上的人口也集中在这些区域。这些显著变化大多数完好地记录在印度东侧的印度洋孟加拉扇中。ODP 第 116 航次钻探揭示，20Ma 之前青藏高原隆升而成为印度洋主要物源区，巨大的源汇效应导致了印度洋显著的海洋化学效应。7.4Ma 前后该海域沉积速率、黏土矿物组成、Nd 同位素、有机碳同位素等风化强度都暗示了重大的环境变化。7Ma 之后，泛滥平原区 C4 植物的有机质组分显著增加，说明发生了快速埋藏。而印度西侧的阿拉伯海区的 ODP 钻探则揭示了季风加强等古环境演变。

澳大利亚板块向北漂移相对较晚，与欧亚板块碰撞最终关闭了东西向的新特提斯洋，形成了复杂的地形，太平洋–印度洋之间海洋逐渐隔离，形成复杂的印尼贯穿流。复杂地形、洋流格局等变化促进了 ENSO (厄尔尼诺、拉尼娜、南方涛动) 形成，导致气候系统巨变。

4.3.3 板块分离、大洋传送带形成与北极冰川

对于北极地区深部结构构造，人们理解较少，北冰洋打开的深部动力学机制，也不是很明确。但是，可以肯定的是，大西洋打开到贯通是个渐变过程，且中大西洋先打开，随后南大西洋从南向北逐渐打开，北大西洋裂解形成 (Gernigon et al., 2019)。这些过程的根源都是核–幔边界的 Tuzo。大西洋贯通后，南极表层水经热带大洋变暖后，向北极流动转而变冷下沉，逐渐形成全球深海大洋传送带的重要开关。

北极冰川的融化使得岩石圈发生重力卸载而表现为弹性回跳，当冰川融化速度大于固体岩石圈的弹性回跳速度时，形成了北美洲沿着古冰川前缘的大型湖泊。

4.4 地球系统动力学研究趋势

4.4.1 地球系统驱动力与重力引擎

地球的自身重力和热力与其他星球不同，这种不同导致其存在液态外核，而液态外核的变化又驱动了地磁场演变。因此，重力、热力连同地磁场三者的动态复杂演变使得40亿年至今地球始终可以保持大气圈层不被太阳风吹散，而使生命得以宜居。这才是最高一级的控制地球表层系统的地球深部动力系统。此外，地球大小还决定了日地距离，这个距离也受重力（万有引力）控制。同时适宜的日地距离控制着地球上适宜生命居住的环境，如适宜的温度和液态水。

因此，从宇宙或太阳系角度看待地球系统时，需要深入认识地球重力、热力和电磁力（地磁场）如何与太阳系、银河系或更大尺度的宇宙动力系统耦合，例如，地磁场如何与太阳风相互作用导致地表气候分带变化，特别是古气候变化的构造尺度、轨道尺度和亚轨道尺度各有不同的驱动机制，这些内外动力体系又如何协同调节古气候变化。尽管沉积所记录的古环境因子的波谱或曲线中不同波长或不同尺度旋回信息的提取尚不够，或者点对点的环境记录的驱动因素分析尚不够精细，但相信未来精细深入的解释和信号分离，可能会发现更多古环境控制因素。

对于深部地球系统而言，Veevers（1990，1994）设计了一个涉及次大陆热量循环和释放的潘吉亚超大陆循环模式（图4-11）。基于大陆岩石的放射性普遍强于大洋岩石的事实，Holmes（1928）描述了一个产生于大陆下方的上升对流系统（“季风”），这些上升的气流会在各个方向上向顶部扩散。Fischer（1984）识别出了一个全球温暖和寒冷气候状态交替的气候超旋回，且他把超级旋回归因于地幔对流模式与活力的变化，引起了大气二氧化碳的变化并造成了温室效应。例如，火山作用和海平面变化这两个关键现象就是这一原因的体现。Anderson（1982）发现，大西洋-非洲残余大地水准面的高度与三叠纪潘吉亚超大陆的中心部位重合，并将其解释为潘吉亚超大陆绝热体下的热量储存。这种观点为潘吉亚超大陆聚合和裂解循环周期的机制提供了解决方案，也得到大陆聚合和裂解过程随时间变化的数值模拟结果证实（Gurnis，1988）。绝热隔离效应在显生宙全球尺度的地幔系统中起着重要作用（Collins，2003）。Worsley等（1984）进一步将海平面升降与构造作用联系起来。Humler和Besse（2002）指出，大陆影响了地幔的大规模热结构。

图4-11所示的5个阶段也得到了相关地层和岩浆事件（图4-12）校准。阶段1期间，伴随着洋中脊活动减弱，地球由单一的超大陆和泛大洋组成，泛大洋洋中脊

的长度和宽度以及其扩张量和俯冲量都达到最低值，相对应的较小地表和地幔物质循环速率将导致 CO_2 排放最小，同时太阳能长波辐射导致了寒冷气候状态（冰期）。以下三种效应导致了海平面以上大陆的自由度达到峰值：①泛大洋洋中脊短而窄，交代作用减弱；②靠近大洋，裂解的陆壳薄且面积最小，导致超大陆陆壳平均厚度最大；③超大陆（季风型的）内部自身的热量储库加速地幔柱在超大陆内部形成，导致了高位大地水准面，地表变得以干旱为主。超大陆下面的热量积累很快就导致了超大陆地壳和岩石圈局部减薄，首先在阶段 2 期间，通过克拉通基底的下沉和造山带基底的垮塌导致第一期伸展；接着是阶段 3 期间，大陆之间的初始裂谷作用导致第二期伸展。超大陆在阶段 4 期间裂解，超大陆内部裂解导致小洋盆扩张，使得超大陆演变为分散的大陆和大洋。新生大洋的洋中脊和泛大洋的残留洋中脊总长度以及其扩张和俯冲的总量达到最大值，相应的地表和地幔物质循环速率都最大，导致了大量的 CO_2 排放，并且通过太阳能的最小波长辐射导致了温暖气候状态（间冰期）。

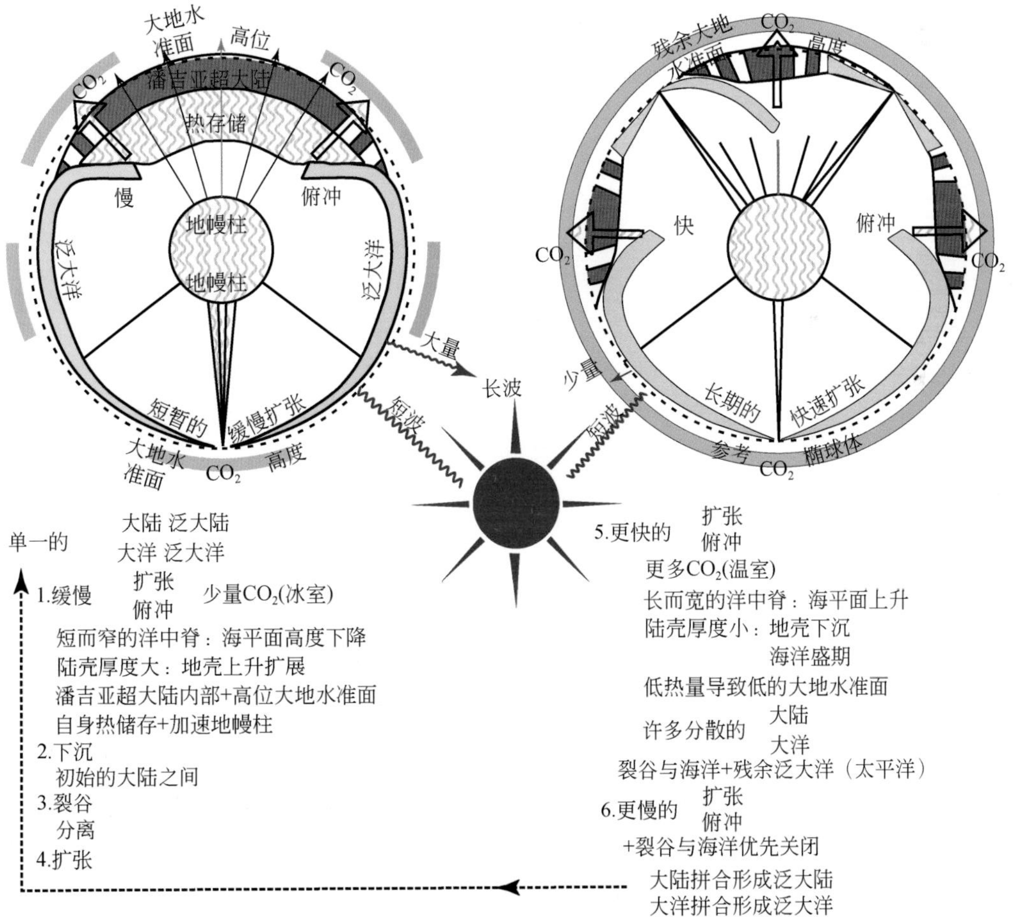

图 4-11　单一的大陆（潘吉亚）和单一的大洋（Panthalassa）与分散的大陆和大洋的五阶段交替演化模式（Veevers，1990）

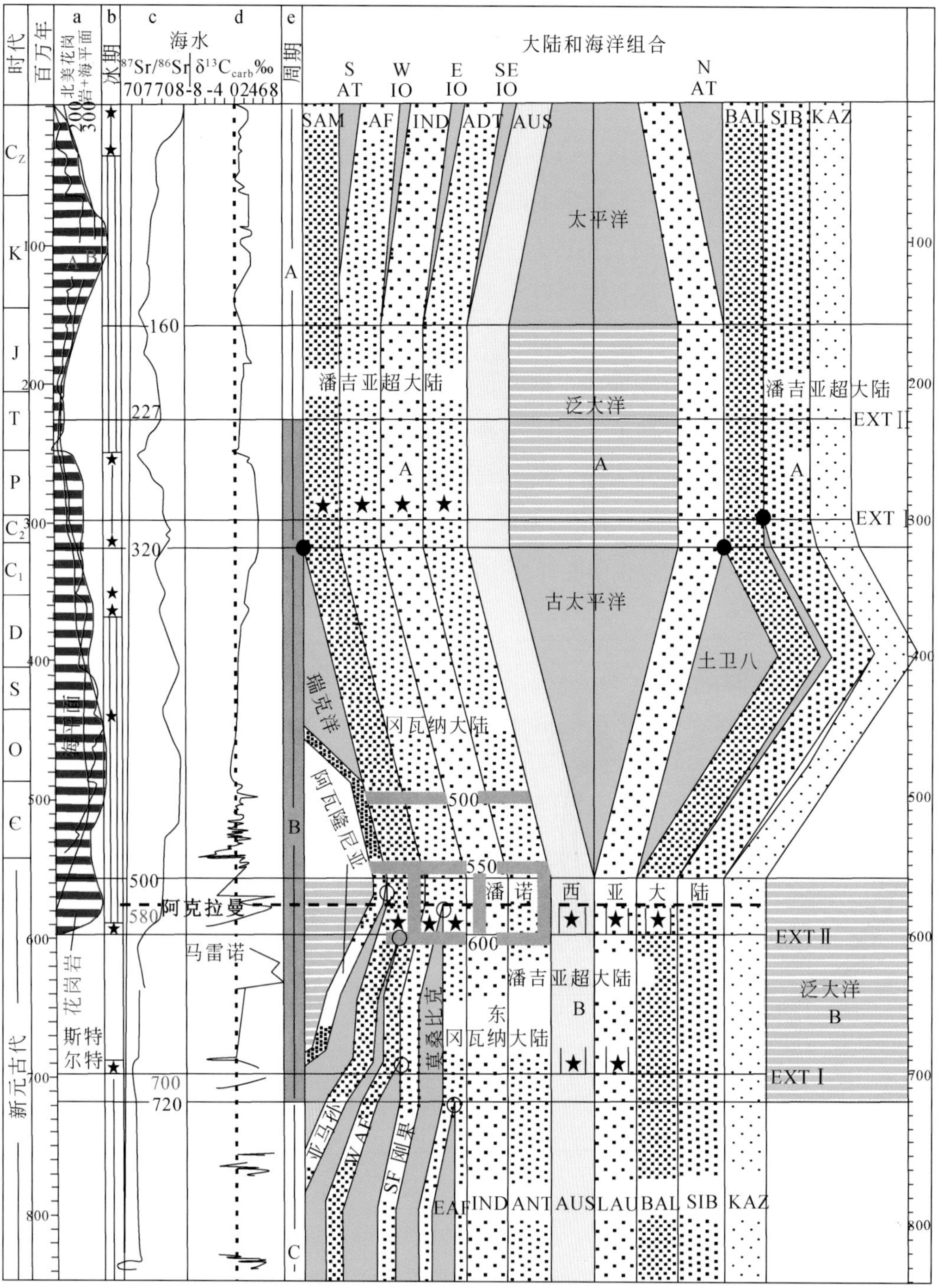

图4-12　850～0Ma大陆与大洋的重组过程及其相应的海平面、花岗岩、冰期、海水中锶和碳同位素变化规律

(a) 显生宙以来的海平面变化，A来自Hallam (1992)；B来自Fischer (1984)；(b) 冰期 (星号)，冰期 (空白)，间冰期 (G)；(c) 海水中$^{87}Sr/^{86}Sr$；(d) $\delta^{13}C_{carb}$；(e) 大陆和海洋的聚集和分离：AF-非洲 (Africa)，AMAZON-亚马孙 (Amazonas)，AN-南极洲 (Antarctica)，AUS-澳大利亚 (Australia)，BAL-波罗的海 (Baltica)，EAF-东非地体 (East African terranes)，IND-印度 (India)，KAZ-哈萨克斯坦 (Kazakhstania)，LAU-劳伦古陆 (Laurentia)，SIB-西伯利亚 (Siberia)，SAM-南美 (South America)，SF-旧金山 (Sãn Francisco)，WAF-西非 (West Africa)，AT-大西洋 (北部-中部) [Atlantic (north-central)]，IO-印度洋 (西-东-东南) [Indian (west-east-southeast)]。其中，没有显示的为基梅里地体群、华北、华南和特提斯 (Audley and Hallam，1988)，碰撞拼贴形成的超大陆A-泛大洋由实心圆圈表示；超大陆B-泛大洋和冈瓦纳古陆则由空心圆表示。时间分别为720～690Ma、600～580Ma和570Ma。南美-非洲地区的数据修改自Veevers (2003)

相反，下列三种因素导致海平面上方大陆的自由度达到最小值：①长而宽的洋中脊可发生更多的水-岩反应；②与大洋相邻的薄（裂谷）陆壳面积最大，将导致陆壳平均厚度最小；③超大陆储热层迅速消耗以及地幔柱活动减弱，反映为低位大地水准面，这个时期的地球是海洋发育期，以海水覆盖为主（阶段5）。通过快速扩张导致大规模的储热消耗，导致阶段6期间缓慢扩张和俯冲以及裂谷与海洋的优先闭合，进而使得大陆最终拼贴成超大陆，大洋合并成泛大洋，从而返回到阶段1。

对于地表系统而言，米兰科维奇理论并不能完全解释冰期旋回，除了轨道周期和千年周期之外，还存在构造尺度。虽然构造运动的万年尺度和千年尺度行为的研究尚不深入，正因为缺失这个环节的研究，古气候学家和古海洋学家侧重避开构造因素探讨轨道周期与千年周期。轨道周期取决于地球的轨道参数，包括公转椭圆轨道的偏心率、地轴倾斜的斜率、地球公转轨道上的岁差或进动（汪品先等，2018）。偏心率决定其10万年和40万年的长期变化周期，而斜率决定4万年变化周期，岁差决定2万年变化周期。尽管如此，还存在冰进期和冰消期的“不对称难题”、冰期旋回的“十万年难题”，这必然还要考虑冰盖自身演化动力、热带海-气相互作用等。例如，南海ODP 1143和1146站位5Ma以来有孔虫碳同位素表现出很规律的40万~50万年周期，其在偏心率40万年周期的低值期的碳同位素重值阶段，早于更新世以来的几次冰盖重大增长期，包括布容期（约0.43Ma）、中更新世气候转型期（约1Ma）（Wang et al.，2003）。然而，偏心率很难直接驱动大洋碳循环的变化。研究表明，大洋碳循环的长周期变化实质受偏心率-岁差相互关系决定的热带地区水热循环控制（刘丰豪和党皓文，2018），碳循环和水热循环是地球气候系统最核心的两个“运行系统”。通过“热带驱动”机制，温跃层和表层水的赤道流、西边界流、印尼穿越流等中低纬度联动导致辐射量变化对全球季风体系产生作用；通过“冰盖驱动”机制，冰盖反照率、地表辐射能量平衡、北半球西风带、大西洋经向翻转流等渠道的高低纬度联动导致全球气候变化。热带驱动和冰盖驱动构成了气候变化的两大动力机制，称为“双重驱动”假说（Wang et al.，2010）。

此外，千年尺度古海洋古气候快速变化事件也是高低纬度联动的结果，其驱动机制普遍认为是大洋传送带（Broecker et al.，1985），表现在冰芯氧同位素快速波动（如Dansgaad-Oeschger事件、新仙女木事件、Heinrich事件）、冰消期冰量快速消减、海平面快速上升、大气CO_2浓度快速增加、海洋环流改组、水文和热量循环重整等。例如，大量冰融淡水使得海水淡化分层，进而抑制北大西洋深层水形成，使得大西洋经向翻转流减弱，阻止低纬度热量向高纬度输送，进而使北半球降温，气候变冷。作为互补过程，向北输送的热量变为向南传输，引起南极升温和冰融事件，使得南极深层水减少，进而热量再北送，北极再升温，从而这个循环造成“两极跷跷板”式的气候变化。

虽然如前文所说，从地球系统动力角度分析，似乎是 bottom-up 机制控制，但实际上，地球内部动力系统的一系列过程的最终根本动力依然是重力。因此，地表系统动力不是简单地受深部动力因素控制，而是受重力所控制，至少一级分层结构如此。现今研究讨论更多的是侵蚀造山，而不是增生-碰撞造山。造山和成山虽然有别，但因为很多造山带碰撞并未都立即形成高大山脉，因而造山即成山的同时性遭到很多质疑，如中亚增生造山带也未形成高大的山脉，因此当前更多的考虑是，侵蚀作用导致因重力不稳定性，弹性回跳使上覆物质搬运迁移到势能较低的区域就位，地表物质卸载导致深部地幔响应，而抬起形成隆起。进而，地表的侵蚀作用作为地表系统驱动深部地幔系统的切入点，成为了 top-down 机制的核心。因此，无论是地表系统还是深部壳幔系统，整体地球系统的总驱动机制依然是 top-down 机制，根本驱动力依然是重力。

4.4.2 多圈层相互作用与流固耦合

国际海底相关科学计划始终关注多圈层相互作用研究，包括以下几个重要计划：①1968 年正式开启并持续了 50 年不断的 DSDP—ODP—IODP—IODP 计划，其关注内外动力对海底边界层形成和演变的效应，特别是沉积记录的全球变化信息，更是催生了多圈层相互作用的古海洋学革命；②1990 年以来的 MARGINs 计划和 2010 年以来的 GeoPRISMs 计划，更多关注固体圈层之间的相互作用，提出了俯冲工厂、源-汇过程、深碳循环等理念；③1990 年以来的 InterRidge 计划，则关注洋中脊的系列构造-岩浆-成矿过程，现今又与深部生物圈、生命起源等生物圈研究前沿建立联系，是水圈-生物圈-岩石圈研究共同关注的焦点。这些科学计划也有着系统的观测计划支持，如 OOI、NEPTUNE、DONET 等。它们的总体科学目标无外乎钻穿洋底莫霍面、认识大陆边缘、揭示海底地震等灾害机制、构建沉积源-汇过程、探索全球变化、检验板块构造理论、发展古海洋学和建立地球系统理论。

海底圈层流固耦合是实现这些科学目标的关键：①突破流固耦合的研究壁垒，有助于构建整体地球系统理论；②超越岩石圈的板块驱动力思维局限，有助于检验地球系统圈层耦合下壳幔系统的动力机制；③构建多圈层耦合背景下的四维源-渠-汇过程与沉积动力，有利于实现深时层序分析，服务油气水合物精准勘探与环境评价，也有助于解码复杂局地气候因子。为此，建议在新的学科发展阶段，设立一些全球重大科学计划，如实施海底“三极”、深时源-渠-汇、海底微循环、海底透视的“印太海底计划”等，可望在海底“三极”动力、深时源-汇过程、海底微循环与成矿、海底结构透视、海底微板块成因等方面获得重大突破。

当前，国家自然科学基金委员会的“西太平洋地球系统多圈层相互作用”重大计划是针对第一个动力“极端”Jason设定的、“特提斯地球动力系统”重大计划是针对第二个动力“极端”Tuzo设定的、“东亚环形俯冲动力系统”的重大项目是针对第三个动力“极端”设定的。因此，中国具有很好的研究基础，可以开展有关地球系统驱动力的更高端学术目标的综合研究。

从深部到浅部，认知古环流-气候系统的演变规律，对于理解当前气候变化以及人类的影响、调整人-地关系具有重要意义。然而，受制于当前数据资料和研究水平的限制，对于古环流-气候系统演变规律和影响机制的认识仍非常有限，这是一个前沿问题，也是一个难点问题。难点在于：①目前对古气候和古环流的重建主要依赖于化学元素的测量，如何准确地将这些化学元素信息转换为温度和流速等物理要素，仍面临着很大的挑战。②地质时间尺度上的海陆格局变迁、关键海峡通道开闭、海平面以及海底地形地貌的变化对环流和气候系统变率都存在着重要的调控作用，但是对于古海陆格局、古山高水深、古海平面的恢复，近年来国际上相关研究刚刚起步，属全新的前沿研究领域。③地球气候系统模式是认知古环流-气候系统的演变规律的核心工具，地球气候系统模式近些年虽然得到了快速发展，但仍有很大不足。发展多运动形态耦合、包含多圈层相互作用的深时地球气候系统模式是准确重构古环流-气候系统、精准预测未来气候变化的关键突破点，也是未来的主流发展方向。因此，当前研究迫切需要关注以下关键科学问题。

（1）水圈-大气圈多尺度能量串级及其气候效应

海洋和大气是一个高度耦合的系统。海洋中包含着海洋环流、中尺度涡、亚中尺度运动、内波、湍流等多尺度运动，浅表的运动能量主要来源于风和潮汐，深部的运动能量可能来自温盐、密度差异，而能量耗散过程和串级过程复杂，从强迫尺度传递到湍流尺度（即能量串级）以维持海洋的平衡态。这对于驱动深海大洋跨等密度面湍流混合有着重要作用。后者通过控制海水中热量和物质的垂向输运，又反过来调节大洋环流的强度，进而影响到整个气候系统。海洋中小尺度过程占据了海洋中超过70%的动能，但是，现今对海洋中小尺度过程和混合的变异机理，以及海-气耦合作用、各种跃层和锋面通量的观测还缺乏深入认识或系统工作，特别是深海大洋混合的时空分布特征和驱动机理是当前海洋学研究的基础前沿问题。

此外，海-气相互作用在整个气候系统中起着至关重要的作用。但是海-气相互作用也存在多尺度不同机理，特别是中小尺度海-气相互作用在全球海洋的时空特征和作用机理、物质能量交换、多尺度海洋-大气动力过程对整个气候系统调节机制等，都是关键科学问题。高精度、四维海-气耦合新模式的发展和数值实验亟待解决。

（2）水圈-岩石圈流固耦合和化能生命系统效应

迄今，海洋学研究对深层海洋的动力过程认识依然较少。深海大洋复杂的动力过程受到海底地形变化和流固界面物质与能量交换过程的制约。深海环流系统在地形和岸界作用下表现出高度复杂的空间结构，复杂多变的海底地形为打破地转平衡提供了有利条件，加速能量从海洋中尺度涡到更小尺度过程的串级，但其作用机理及其在海洋能量过程中的重要性还未得到深入认识。特别是，海底流固界面存在显著的物质和热量交换，水-岩或流-岩相互作用制约着深部生物圈的化能生命系统的演变。流固界面物质和热量交换的通量和时空分布特征可能不仅对海洋深部环流影响，而且会影响到气候系统变化，如热液系统、岩浆系统。

（3）水圈-大气圈-生物圈耦合及其生态和气候效应

海洋生态系统是地球上最大的生态系统，遍布近海面大气、海洋水体（尽管浅层海洋也存在约30%海洋“荒漠”）、海底边界层，也是地球上最大的活跃碳库，对延缓CO_2在大气中的快速积累及其引发的全球变暖效应起到重要作用。海洋生态系统不仅取决于海水的生物、化学、物理性质，而且高度依赖海水的动力环境。海洋-大气不同尺度的运动结合在一起，共同决定了生物群落所接受的光照、营养盐、溶解氧和水温等关键环境要素，也决定了鸟-鱼相互作用过程等。反过来，海洋生态系统深刻影响着海洋中碳等关键元素的循环，控制着海洋对大气中CO_2的吸收能力，对整个气候系统产生显著的作用。因此，开展水圈-生物圈耦合的海洋多尺度相互作用、物理海洋过程与生物地球化学过程、生态过程、生命生理过程之间互作研究，对于全面认识海洋生态系统、充分认知海洋中微观的物质（元素、同位素、营养盐等）和能量循环过程，更准确地开展未来大气CO_2浓度及气候变化预测、1950年或2000年以来的“人类世”海洋酸化（Zeebe，2012）（1950年以来，人口总数、风化率、大气CO_2含量、全球气温和海平面都发生了异动，与过去10 000多年来的变化趋势截然不同，但也有专家建议自2000年开始划分出“人类世”）、深海微塑料循环规律研究与污染控制，具有重要科学价值。

4.4.3 地圈-生物圈共演化与宜居地球

迄今为止，宇宙生命的寻找结果表明，唯有地球是具有生命的星球。地球科学与生命科学的共同科学前沿命题就是：生命何以起源于地球？地球何以为生命宜居？地球生命是已知唯一的生命形式，最早的微生物化石出现在3800Ma，硅质岩中最老生命为3465Ma。然而地质历史上早期生命的记录非常少，一方面是由于前寒武纪之前的微生物化石记录甚至生物标记物很少找到，另一方面常规生物标记物能提供的信息也十分有限。

而现代海底的极端环境，是人们认为不适宜生命生存的自然环境，包括无光、高温、高盐、高压、高毒、低氧、低温、低pH、强还原等突破常规生命代谢极限的环境，其中蕴含着代表早期生命的“活化石”。将“活化石”细胞的生理生化特点与现有的地质记录相对比印证，不仅能深化对地球早期环境及其变化过程的认识，还能有助于发现新的生物标记物，如海底热液环境含有各种还原性气体、保持着较高的化学及温度梯度，类似于早期地球原始环境，被认为是生命的发源地。生命如何诞生？生命如何适应常规概念下的不宜居无机环境？生命过程又如何塑造地球并使之转变为宜居？对地球宜居性起了何种作用？作了何种贡献？这些都是地圈-生物圈共演化要解决的难题。

已有许多研究发现，深海微生物占独特的“深部生物圈”的90%生物量，也是最初级的生命形态，多种多样的古菌、细菌、噬菌体广泛分布于整个海洋环境，特别是深海平原、海山、热液、冷泉等特殊极端环境。独立于光合作用之外的深海化能过程，造就了独特的生态系统和生命过程，一些新发现、新认识已经冲击了人们的传统生命概念。

深海独特的环境条件下发生着非凡的生物地球化学循环，也不断地改变生命孕育环境，生命-环境的复杂互动过程选择出了多种多样的微生物，也决定了深海大型生物的共生多样性、分布格局及其决定机制。作为深部生物圈窗口之一的海底现代热液生态系统中生存的微生物，可能保存了与早期生命相似的基因组结构，成为代表早期生命的“活化石”，这种仅存于热液环境中微生物的古DNA可以解析亿年尺度的生命演化历史。因此，海底极端环境下生命演化过程的研究将为环境变迁和生命演化、地质过程与生命起源、深时地球系统和宜居地球建立提供有力的科学依据。深海化能微生物与大型生物间的共生关系奠定了深海化能生态系统的产生与演化。从洋脊增生系统到俯冲消减系统下极端生态环境中，关键科学问题有深海不同水层生境之间有着复杂的化能、光合、电活性微生物之间能量转换传递过程、元素地球化学循环及有机物合成的分子机制，深海光合生态系统与化能生态系统关系，深海大型动物起源、演化与连通性及环境适应的分子机制，大型生物-微生物共生体系的维持机制及协同演化、关键生理生化特征、重要基因和分子机制。

特别是，地球“六极”的深海大洋多尺度水文动力环境可显著影响或驱动营养盐时空配置、能量分配、边际生命形式、生物多样性地理格局、生态系统演变、不同生境间物种与基因交流。地球科学和生命科学深度融合有助于深入理解深海极端环境的成因、深海界面过程与生命诞生、生态系统演化和生物区系格局形成机制。特别应关注深海复杂地形区环流、内潮及湍流等多尺度动力过程能量串级机制和深海混合过程及其对环流水团变异的反馈机制，对建立深海生物区系格局中多尺度动力环境和水体特性、极端生境中生物多样性和连通性的内在关联，具有重要意义。

对于深时地球，关键在于揭示宜居地球的深时演变，为此，未来必须获得高分辨率季风记录、发展季风替代性指标、揭示跨区季风之间的内在联系和事件关系、拓展大洋钻探的关键调查海域、开展多学科联合攻关、增强多圈层耦合的地球系统动力学模拟手段，最终揭示非宜居地球向宜居地球转变的关键过程，以推动浩瀚宇宙中宜居星球的寻找，同时，有助于规范人类行为、保护人类家园。

本书提出深地动力系统的“三极”，分别为 Tuzo、Jason 和东亚环形俯冲系统，这“三极”主体发育于海底之下的深部地幔，因此称为海底“三极”。地表“三极”和海底“三极”统称地球“六极”，是全球变化（变暖或变冷）、深时地球、深地动力、地球系统、宜居地球等地球科学前沿研究领域难以回避的研究对象，是地球多圈层相互作用的六个纽带和突破口，也是寻求地球系统动力学机制的关键所在。Tuzo 和 Jason 是现今分别位于非洲、太平洋之下的大型横波低速异常区，它们控制了大火成岩省、微板块的形成和演化，也控制了集中式火山去气作用，进而引起大气循环变化；它们还不断衍生微板块，并将其向北驱散，这些微板块围绕东亚环形俯冲系统不断聚集，导致大量物质深俯冲，促进深部物质循环，同时，在岛弧地带释放大量温室气体，改变地表系统大气环流；板块聚散伴随海陆格局变迁，同时，也改变着全球海峡通道、高原隆升和垮塌，调节着地表流体系统的运行：包括大洋环流和大气环流。冰盖形成与演化也受其控制。海底“三极”也是地史时期超大陆聚散的根本控制因素，而地表系统的百万年内的多尺度周期性变化主要受公转偏心率、地轴斜率和岁差控制，气候变化受热带驱动和冰盖驱动双重控制。总之，尽管早期地球以后逐渐具有地球宜居性，但地圈-生物圈相互作用极其复杂，地球“六极”研究可作为宜居地球研究的突破口和生长点。

参 考 文 献

陈凌，王旭，梁晓峰等．2020. 俯冲构造 vs. 地幔柱构造-板块运动驱动力探讨．中国科学（D 辑），50（40）：501-514.

黄恩清，田军．2018. 水文循环和季风演变//中国大洋发现计划办公室，海洋地质国家重点实验室（同济大学）．大洋钻探五十年．北京：科学出版社，99-111.

翦知湣，金海燕．2008. 大洋碳循环与气候演变的热带驱动．地球科学进展，23：221-227.

姜素华，张雯，李三忠，等．2019. 西北太平洋洋陆过渡带新生代盆地构造演化与油气分布特征．大地构造与成矿学，43（4）：839-855.

李三忠，戴黎明，张臻，等．2015a. 前寒武纪地球动力学（Ⅳ）：前板块体制．地学前缘，22（6）：46-64.

李三忠，郭玲莉，戴黎明，等．2015b. 前寒武纪地球动力学（Ⅴ）：板块构造起源．地学前缘，22（6）：65-76.

李阳，李三忠，郭玲莉，等．2019. 拆离型微地块：洋陆转换带和洋中脊变形机制．大地构造与成矿学，43（4）：779-794.

李园洁，李三忠，姜兆霞，等．2019. 海洋磁异常及其动力学．大地构造与成矿学，43（4）：678-699.

刘丰豪，党皓文．2018. 水文循环和季风演变//中国大洋发现计划办公室，海洋地质国家重点实验室．大洋钻探五十年．北京：科学出版社，70-83.

刘金平，李三忠，索艳慧，等．2019. 残生微洋块：俯冲消减系统下盘的复杂演化．大地构造与成矿学，43（4）：762-778.

刘一鸣，李三忠，于胜尧，等．2019. 青藏高原班公湖-怒江缝合带及周缘燕山期微地块聚合与增生造山过程．大地构造与成矿学，43（4）：824-838.

刘仲兰，李江海，张华添，等．2015. 构造赤道及其地球动力学意义．大地构造与成矿学，39（6）：1041-1048.

孟繁，李三忠，索艳慧，等．2019. 跃生型微地块：离散型板块边界的复杂演化．大地构造与成矿学，43（4）：644-664.

牟墩玲，李三忠，索艳慧，等．2019. 裂生微地块构造特征及成因模式：来自西太平洋弧后扩张作用的启示．大地构造与成矿学，43（4）：665-677.

汪刚，李三忠，姜素华，等．2019. 增生型微地块的成因模式及演化．大地构造与成矿学，43（4）：745-761.

汪品先，田军，黄恩清．2018. 全球季风与大洋钻探．中国科学（D 辑），48：960-963.

王光增，李三忠，索艳慧，等．2019. 转换型微板块类型、成因及其大地构造启示．大地构造与成矿学，43（4）：700-714.

王国灿，曹凯，张克信，等 . 2011. 青藏高原新生代构造隆升阶段的时空格局 . 中国科学（D 辑），41（3）：332-349.

万天丰 . 2018. 论全球岩石圈板块构造的动力学机制. 地学前缘，25（2）：320-335.

吴凤鸣 . 2011. 大地构造学发展简史 . 北京：石油工业出版社，1-215.

吴福元，黄宝春，叶凯，等 . 2008. 青藏高原造山带的垮塌与高原隆升 . 岩石学报，24（1）：1-30.

许汝纮 . 2019. 从希腊诸神到最后的审判 . 海口：海南出版社，1-274.

许倬云 . 2019. 万古江河—中国历史文化的转折与开展 . 长沙：湖南人民出版社，1-540.

杨巍然，姜春发，张抗，等 . 2018. 开合旋构造体系及其形成机制探讨：兼论板块构造的动力学机制 . 地学前缘，26（1）：337-355.

袁珂 . 2019. 中国神话通论 . 成都：四川人民出版社，1-401.

翟明国，胡波，彭澎，等 . 2014. 华北中-新元古代的岩浆作用与多期裂谷事件 . 地学前缘，21（1）：100-119.

赵林涛，李三忠，索艳慧，等 . 2019. 延生微地块：洋脊增生系统的复杂过程 . 大地构造与成矿学，43（4）:715-729.

赵振华 . 2017. 地质历史中板块构造启动时间 . 大地构造与成矿学，41（1）：1-22.

甄立冰，李三忠，郭玲莉，等 . 2019. 延生型微板块成因机制模拟研究进展 . 大地构造与成矿学，43（4）：730-744.

周洁，李三忠，索艳慧，等 . 2019. 碰生型微地块的分类及其形成机制 . 大地构造与成矿学，43（4）：795-823.

Abbott D A, Burgess L, Longhi J, et al. 1993. An empirical thermal history of the Earth's upper mantle. Journal of Geophysical Research, 99: 13835-13850.

Adams A, Nyblade A. 2011. Shear wave velocity structure of the southern African upper mantle with implications for the uplift of southern Africa. Geophysical Journal International, 186: 808-824.

Agius M R, Lebedev S. 2013. Tibetan and Indian lithospheres in the upper mantle beneath Tibet: Evidence from broadband surface-wave dispersion. Geochemistry Geophysics Geosystems, 14 (10): 4260-4261.

Aid K, Richards P G. 1980. Quantitative seismology: Theory and methods. San Francisco: WH Freeman.

Airy G B. 1855. Schreiben des Herrn Airy, Astronomer Royal, Directors der Greenw. Sternwarte, an den Herausgeber. Philosophical Transactions of the Royal Society, 145: 101-104.

Aki K, Richards P G. 1980. Quantitative Seismology: Theory and Methods. New York: W. H. Freeman.

Albarède F. 1998. Time-dependent models of U-Th-He and K-Ar evolution and the layering of mantle convection. Chemical Geology, 145: 413-429.

Albarède, F. 1995. Introduction to Geochemical Modeling, Cambridge: Cambridge University Press: 1-543.

Ali J R, Aitchison J C. 2005. Greater India. Earth-Science Reviews, 72 (3-4): 169-188.

Allègre C J. 1997. Limitation on mass exchange between the upper and lower mantle: the evolving convection regime of the Earth. Earth and Planetary Science Letters, 150: 1-6.

Allègre C J, Othman D B, Polve M, et al. 1979. The Nd-Sr isotopic correlation in mantle materials and geodynamic consequences. Physics of the Earth and Planetary Interiors, 19: 293-306.

Allègre C J, Staudacher T, Sarda P. 1987a. Rare gas systematics: formation of the atmosphere, evolution and structure of the earth's mantle. Earth and Planetary Science Letters, 81: 127-150.

Allègre C J, Hamelin B, Provost A, et al. 1987b. Topology in isotopic multispace and the origin of mantle chemical heterogeneities. Earth and Planetary Science Letters, 81: 319-337.

Allègre C J, Sarda P, Staudacher T. 1993. Speculations about the cosmic origin of He and Ne in the interior of the Earth. Earth and Planetary Science Letters, 117: 229-233.

Allègre C J, Poirier J P, Humler E, et al. 1995. The chemical composition of the Earth. Earth and Planetary Science Letters, 134: 515-526.

Amaru M L. 2007. Global Travel Time Tomography With 3-D Reference Models. Utrecht: Utrecht University: 1-174.

Anderson D L. 1982. Hotspots, polar wander, Mesozoic convection and the geoid. Nature, 297 (5865): 391-393.

Anderson D L. 1989. Theory of the Earth. Boston, MA: Blackman Science: 366.

Anderson D L. 1993. Helium-3 from the mantle: primordial signal or cosmic dust? Science, 261: 170-176.

Anderson D L. 1998a. The helium paradoxes. Proceedings of the National Academy of Sciences, 95: 4822-4827.

Anderson D L. 1998b. A model to explain the various paradoxes associated with mantle noble gas geochemistry. Proceedings of the National Academy of Sciences, 95: 9087-9092.

Anderson D L. 2000a. The statistics of helium isotopes along the global spreading ridge system and the central limit theorem. Geophysical Research Letters, 27: 2401-2404.

Anderson D L. 2000b. The statistics and distribution of helium in the mantle. International Geology Review, 42: 289-311.

Anderson D L. 2000c. Thermal State of the Upper Mantle, No Role for Mantle Plumes. Geophysical Research Letter, 27: 3623-3626.

Anderson D L. 2007. New Theory of the Earth. New York: Cambridge University Press, 1-384.

Aubouin J. 1965. Developments in Geotectonics 1: Geosynclines. Amsterdam: Academic Press: 1-335.

Aubouin J. 1958. Essai sur l'évolution paléogéographique et le développement tecto-orogénique d´un système géosynclinal: le secteur grec des Dinarides. Bull. Soc. Géol. France, 8 (6): 731-748.

Audley C M G, Hallam A. 1988. Introduction//Audley C M G, Hallam A. Gondwana and Thetys. Geological Society, London, Special Publications, 37: 1-4.

Badro J, Walter M. 2015. The Early Earth: Accretion and Differentiation. New Jersey: American Geophysical Union, 1-181.

Ballentine C J, Barfod D N. 2000. The origin of air-like noble gases in MORB and OIB. Earth and Planetary Science Letters, 180: 39-48.

Ballentine C J, Lee D C, Halliday A N. 1997. Hafnium isotopic studies of the Cameroon line and new HIMU paradoxes. Chemical Geology, 139: 111-124.

Ballmer M D, Schmerr N C, Nakagawa T, et al. 2015. Compositional mantle layering revealed by slab stagnation at ~1000-km depth. Science advances, 1 (11): e1500815.

Barfod D N, Ballentine C J, Halliday A N, et al. 1999. Noble gases in the Cameroon line and the He, Ne, and Ar isotopic compositions of HIMU mantle. Journal of Geophysical Research, 104: 29509-29527.

Barrell J. 1914. The strength of the earth's crust. Journal of Geology, 22: 655-683.

Beaumont C, Jamieson R A, Nguyen M H, et al. 2001. Himalayan tectonics explained by extrusion of a low-viscosity crustal channel coupled to focused surface denudation. Nature, 414: 738-742.

Becker T W, Boschi L. 2002. A comparison of tomographic and geodynamic mantle models. Geochem. Geochemistry, Geophysics, Geosystems, 3 (1): 1003.

Becker T W, Kellogg J B, O'Connell R J. 1999. Thermal constraints on the survival of primitive blobs in the lower mantle. Earth and Planetary Science Letters, 171: 351-365.

Bédard J. 2006. A catalytic delamination-driven model for coupled genesis of Archaean crust and sub-continental lithospheric mantle. Geochimica et Cosmochimica Acta, 70: 1188-1214.

Bercovici D, Ricard Y. 2014. Plate tectonics, damage and inheritance. Nature, 508: 513-516.

Bercovici D, Schubert G, Glatzmaier G A. 1989a. Three-dimensional, spherical models of convection in the Earth's mantle. Science, 244: 950-955.

Bercovici D, Schubert G, Glatzmaier G A, et al. 1989b. A Zebib, Three dimensional thermal convection in a spherical shell. Journal of Fluid Mechanics, 206: 75-104.

Bercovici D, Schubert G, Glatzmaier G A. 1992. Three-dimensional, infinite Prandtl number, compressible fluid in a basally heated spherical shell. Journal of Fluid Mechanics, 239: 683-719.

Bercovici D, Ricard Y, Richards M A. 2000. The relation between mantle dynamics and plate tectonics: A primer. Geophysical Monograph-American Geophysical Union, 121: 5-46.

Betzler C, Eberli G P, Lüdmann T, et al. 2018. Refinement of Miocene sea level and monsoon events from the sedimentary archive of the Maldives (Indian Ocean). Progress in Earth and Planetary Science, 5 (1): 1-18.

Bice K L, Norris R D. 2002. Possible atmospheric CO_2 extremes of the Middle Cretaceous (late Albian-Turonian). Paleoceanography, 17: 1-17.

Bijl P K, Schouten S, Sluijs A, et al. 2009. Early Palaeogene temperature evolution of the southwest Pacific Ocean. Nature, 461: 776-779.

Bohaty S M, Zachos J C. 2003. Significant Southern Ocean warming event in the late Middle Eocene. Geology, 31: 1017-1020.

Bowen R. 1971. The new global tectonics. Science Progress, 59 (235): 369-388.

Brandon A D, Walter R J, Morgan J W, et al. 1998. Coupled Os-186 and Os-187 evidence for core-mantle interaction. Science, 280: 1570-1573.

Brinkhuis H, Schouten S, Collinson M E, et al. 2006. Episodic fresh surface waters in the Eocene Arctic Ocean. Nature, 441: 606-609.

Broecker W S, Peteet D M, Rind D. 1985. Does the ocean-atmosphere system have more than one stable mode of operation? Nature, 315 (6014): 21-26.

Brumsack H J. 2006. The trace metal content of recent organic carbon-rich sediments: Implications for Cretaceous black shale formation. Palaeogeography Palaeoclimatology Palaeoecology, 232: 344-361.

Buffett B A, Huppert H E, Lister J R, et al. 1996. On the thermal evolution of the Earth's core. Journal of Geophysical Research, 101: 7989-8006.

Bukowinski M S T. 1976. The effect of pressure on the physics and chemistry of potassium. Geophysical Research Letters, 3: 491-494.

Bull J M, Scrutton R A. 1990. Fault reactivation in the central Indian Ocean and the rheology of oceanic lithosphere. Nature, 344: 855-858.

Bull J M, Scrutton R A. 1992. Seismic reflection images of intraplate deformation, central Indian Ocean, and their tectonic significance. Journal of the Geological Society, 149: 955-966.

Bunge H P, Richards M A, Baumgardner J R. 1996. Effect of depth-dependent viscosity on the planform of mantle-convection. Nature, 379: 436-438.

Bunge H P, Richards M A, Baumgardner J R. 1997. A sensitivity study of three-dimensional spherical mantle convection at 108Rayleigh number: Effects of depth-dependent viscosity, heating mode, and an endothermic phase change. Journal of Geophysical Research: Solid Earth, 102: 11991-12007.

Bunge H P, Richards M A. 1996. The origin of large scale structure in mantle convection: effects of plate motions and viscosity stratification. Geophysical Research Letters, 23: 2987-2990.

Burke K, Torsvik T H. 2004. Derivation of large igneous provinces of the past 200 million years from long-term heterogeneities in the deep mantle. Earth and Planetary Science Letters, 227 (3-4): 531-538.

Burke K, Steinberger B, Torsvik T H, et al. 2008. Plume Generation Zones at the margins of Large Low Shear Velocity Provinces on the core-mantle boundary. Earth and Planetary Science Letters, 265 (1-2): 49-60.

Busse F H. 1975. Patterns of convection in spherical shells. Journal of Fluid Mechanics, 72: 67-85.

Busse F H, Riahi N. 1988. Mixed-mode patterns of bifurcations from spherically symmetric basic states. Nonlinearity, 1: 379-388.

Campbell I H. 1998. The mantle's chemical structure: insights from the melting products of mantle plumes// The Earth's Mantle: Composition, Structure and Evolution. Cambridge: Cambridge University Press, 259-310.

Campbell I H, Griffiths R W. 1990. Implications of mantle plume structure for the evolution of flood basalts. Earth and Planetary Science Letters, 99: 79-83.

Campbell I H, Griffiths R W. 1992. The changing nature of mantle hotspots through time: implications for the chemical evolution of the mantle. Journal of Geology, 92: 497-523.

Campbell I H, Griffiths R W, Hill R I. 1989. Melting in an Archaean mantle plume: heads it's basalts, tails it's komatiites. Nature, 339: 697-699.

Campbell I H, Cordery M J, Davies G. 1995. The relationship between mantle plumes and continental flood basalts//Proceedings of the International Field Conference and Symposium on Petrology and Metallogeny of Volcanic and Intrusive Rocks of the Midcontinent Rift System. Duluth: Contin. Educ. and Ext., Univ. of Minn, 22-24.

Cande S C, Stegman D R. 2011. Indian and African plate motions driven by the push force of the Réunion plume head. Nature, 475: 47-52.

Cane M A, Molnar P. 2001. Closing of the Indonesian seaway as a precursor to east African aridification around 3-4 million years ago. Nature, 411: 157-162.

Cao X Z, Flament N, Müller D, et al. 2018. The dynamic topography of Eastern China since the latest Jurassic Period. Tectonics, 37: 1274-1291.

Carlson R W, Pearson D G, James D E. 2005. Physical, chemical, and chronological characteristics of continental mantle. Reviews of Geophysics. 43 (1): RG1001.

Carminati E, Doglioni C. 2012. Alps vs. Apennines: The paradigm of a tectonically asymmetric Earth. Earth-Science Reviews, 112: 67-96.

Castillo P. 1988. The DUPAL anomaly as a trace of the upwelling lower mantle. Nature, 336: 667-670.

Chamot-Rooke N, Jestin F, de Voogd B, et al. 1993. Intraplate shortening in the central Indian Ocean determined from a 2100-km-long north-south deep seismic reflection profile. Geology, 21: 1043-1046.

Chandrasekhar S. 1961. Hydrodynamic and Hydromagnetic Stability. New York: Oxford University Press.

Chase C G. 1981. Oceanic island Pb: two-stage histories and mantle evolution. Earth and Planetary Science Letters, 52: 277-284.

Chough S K, Kwon S T, Ree J H, et al. 2000. Tectonic and sedimentary evolution of the Korean peninsula: a review and new view. Earth-Science Reviews, 52: 175-235.

Christensen U R, Hofmann A W. 1994. Segregation of subducted oceanic crust in the convecting mantle. Journal of Geophysical Research, 99: 19867-19884.

Chung S L, Chu M F, Zhang Y Q, et al. 2005. Tibetan tectonic evolution inferred from spatial and temporal variations in post-collisional magmatism. Earth-Science Reviews, 68: 173-196.

Clague D A, Dalrymple G B. 1989. Tectonics, geochronology and origin of the Hawaiian-Emperor volcanic chain//The Eastern Pacific Ocean and Hawaii. Colorado: The Geological Society of America: 188-217.

Clare B W, Kepert D L. 1991. The optimal packing of circles on a sphere. Journal of Mathematical Chemistry, 6 (1): 325-349.

Clift P D, Wan S M, Blusztajn J. 2014. Reconstructing chemical weathering, physical erosion and monsoon intensity since 25 Ma in the northern South China Sea: A review of competing proxies. Earth-Science Reviews, 130: 86-102.

Clouard V, Bonneville A. 2001. How many Pacific hotspots are fed by deep-mantle plumes? Geology, 29: 695-698.

Coffin M F, Eldholm O. 1994. Large igneous provinces: crustal structure, dimensions and external consequences. Reviews of Geophysics, 32: 1-36.

Collins W J. 2003. Slab pull, mantle convection, and Pangean assembly and dispersal. Earth and Planetary Science Letters, 205 (3): 225-237.

Coltice N, Ricard Y. 1999. Geochemical observations and one layer mantle convection. Earth and Planetary Science Letters, 174 (1-2): 125-137.

Condie K C. 2011. Earth as an Evolving Planetary System. Armsterdam: Acdemic Press, 199-259.

Condie K C, Aster R C. 2010. Episodic zircon age spectra of orogenic granitoids: the supercontinent connection and continental growth. Precambrian Research, 180: 227-236.

Conrad C P, Steinberger B, Torsvik T H. 2013. Stability of active mantle upwelling revealed by net characteristics of plate tectonics. Nature, 498: 479-482.

Cordery M J, Davies G F, Campbell I H. 1997. Genesis of flood basalts from eclogite- bearing mantle plumes. Journal of Geophysical Research, 102: 20179-20197.

Courtillot V, Davaille A, Besse J, et al. 2003. Three distinct types of hotspots in the earth's mantle. Earth and Planetary Science Letters, 205: 295-308.

Cox A, Hart R B. 1986. Plate tectonics: How it works. Palo Alto: Blackwell Scientific Publications.

Coxall H K, Wilson P A, Paelike H, et al. 2005. Rapid stepwise onset of Antarctic glaciation and deeper calcite compensation in the Pacific Ocean. Nature, 433: 53-57.

Cruciani C, Carminati E, Doglioni C. 2005. Slab dip vs. lithosphere age: no direct function. Earth and Planetary Science Letters, 238 (3-4): 298-310.

Dalrymple G B. 2001. The age of the Earth in the twentieth century: a problem (mostly) solved. Geological Society Special Publication, 190: 205-221.

Davies G F. 1984. Geophysical and isotopic constraints on mantle convection: an interim synthesis. Journal of Geophysical Research, 89: 6017-6040.

Davies G F. 1988. Ocean bathymetry and mantle convection, 1. Large- scale flow and hotspots. Journal of Geophysical Research, 93: 10467-10480.

Davies G F. 1990. Comment on 'Mixing by time-dependent convection' by U. Christensen. Earth and Planetary Science Letters, 98: 405-407.

Davies G F. 1992. On the emergence of plate tectonics. Geology, 20: 963-966.

Davies G F. 1995. Punctuated tectonic evolution of the earth. Earth and Planetary Science Letters, 136: 363-379.

Davies G F. 1999. Dynamic Earth: Plates, Plumes and Mantle Convection. Cambridge: Cambridge University Press, 1-460.

Davies G F. 2002. Stirring geochemistry in mantle convection models with stiff plates and slabs. Geochimica et Cosmochimica Acta, 66: 3125-3142.

Davies G F. 2007. Mantle regulation of core cooling: a geodynamo without core radioactivity? Physics of the Earth and Planetary Interiors, 160: 215-229.

Davies G F. 2008. Episodic layering of the early mantle by the "basalt barrier" mechanism. Earth and Planetary Science Letters, 275 (3-4): 382-392.

Davies G F. 2009. Reconciling the geophysical and geochemical mantles: plume flows, heterogeneities and dis-equilibrium. Geochemistry Geophysics Geosystems, 10: doi: 10. 1029/2009GC002634.

Davies G F. 2010. Noble gases in the dynamic mantle. Geochemistry Geophysics Geosystems, 11: Q03005, doi: 10. 1029/2009GC002801.

Davies G F, Richards M A. 1992. Mantle convection. Journal of Geology, 100: 151-206.

Davies R, England P C, Parsons B, et al. 1997. Geodetic strain of Greece in the interval 1892-1992. Journal of Geophysical Research: Solid Earth, 102 (B11): 24571-24588.

de Boor C. 1978. A practical guide to splines. New York: Springer-Verlag.

Delescluse M, Montesi L G J, Chamot- Rooke N. 2008. Fault reactivation and selective abandonment in the oceanic lithosphere. Geophysical Research Letters, 35 (16): 134-143.

DeMets C, Gordon R G, Argus D F, et al. 1994. Effect of recent revisions to the geomagnetic reversal time scale on estimates of current plate motions. Geophysical research letters, 21 (20): 2191-2194.

DePaolo D J, Wasserburg G J. 1976. Inferences about magma sources and mantle structure from variations of 143Nd/144Nd. Geophysical Research Letters, 3: 743-746.

Dhuime B, Hawkesworth C J, Cawood P. 2011. When continents formed. Science, 331: 154-155.

Dietz R S. 1961. Continent and ocean basin evolution by spreading of the sea floor. Nature, 190 (4779): 854-857.

Ding L, Kapp P, Zhong D L, et al. 2003. Cenozoic volcanism in Tibet: evidence for a transition from oceanic to continental subduction. Journal of Petrology, 44: 1833-1865.

Doglioni C, Harabaglia P, Merlini S, et al. 1999. Orogens and slabs vs their direction of subduction. Earth-Science Reviews, 45: 167-208.

Doglioni C, Carminati E, Crespi M, et al. 2015. Tectonically asymmetric Earth: From net rotation to polarized westward drift of the lithosphere. Geoscience Frontiers, 6: 401-418.

Donnelly K E, Steven L G, Charles H L, et al. 2004. Origin of enriched ocean ridge basalts and implications for mantle dynamics. Earth and Planetary Science Letters, 226: 347-366.

du Toit A L. 1938. Amerika und eurafrika: the origin of the Atlantic-Arctic ocean. International Journal of Earth Sciences, 91 (1 Supplement): 43-50.

Duncan R A, Richards M A. 1991. Hotspots, mantle plumes, flood basalts, and true polar wander. Reviews of Geophysics, 29: 31-50.

Eiler J M. 2001. Oxygen isotope variations of basaltic lavas and upper mantle rocks. Reviews in Mineralogy and Geochemistry, 43: 319-364.

Eiler J M, Valley J, Stolper E. 1996a. Oxygen isotope ratios in olivine from the Hawaiian Scientific Drilling Project. Journal of Geophysical Research, 101: 11807-11813.

Eiler J M, Farley K A, Valley J W, et al. 1996b. Oxygen isotope constraints on the sources of Hawaiian volcanism. Earth and Planetary Science Letters, 144: 453-468.

Eiler J M, Farley K A, Valley J W, et al. 1997. Oxygen isotope variations in ocean island basalt phenocrysts. Geochimica et Cosmochimica Acta, 61: 2281-2293.

Eiler J M, Farley K A, Stolper E M. 1998. Correlated helium and lead isotope variations in Hawaiian lavas. Geochimica et Cosmochimica Acta, 62: 1977-1984.

England P, Searle M. 1986. The Cretaceous- tertiary deformation of the Lhasa Block and its implications for crustal thickening in Tibet. Tectonics, 5 (1): 1-14.

England P, Houseman G. 1989. Extension during continental convergence, with application to the Tibetan Plateau. Journal of Geophysical Research Atmospheres, 94: 561-569.

England P, Molnar P. 1997. Active deformation of Asia: From kinematics to dynamics. Science, 278 (5338): 647-650.

England P, LeFort P, Molnar P, et al. 1992. Heat sources for Tertiary metamorphism and anatexis in the Annapurna-Manaslu region, central Nepal. Journal of Geophysical Research, 97: 2107-2128.

Ernst R E, Buchan K L. 2001. The use of mafic dike swarms in identifying and locating mantle plumes. Geological Society of America, 352: 247-265.

Exon N F, Kennett J P, Malone M J, et al. 2001. Proceedings of the Ocean Drilling Program. Intial Reports, 189: 1-98.

Farley K A, Poreda R. 1992. Mantle neon and atmospheric contamination. Earth and Planetary Science Letters, 114: 325-339.

Farley K A, Neroda E. 1998. Noble gases in the Earth's mantle. Annual Review of Earth and Planetary Sciences, 26: 189-218.

Farley K A, Basu A, Craig H. 1993. He, Sr and Nd isotopic variations in lavas from the Juan Fernandez Archipelago, SE Pacific. Contributions to Mineralogy and Petrology, 115: 75-87.

Farley K A, Maier- Reimer E, Schlosser P, et al. 1995. Constraints on mantle 3He fluxes and deep- sea circulation from an oceanic general circulation model. Journal of Geophysical Research: Solid Earth, 100: 3829-3839.

Farnetani C G, Samuel H. 2005. Beyond the thermal plume paradigm. Geophysical Research Letters, 32: L07311, doi: 10. 1029/2005GL022360.

Faure G, Hurley P M. 1963. The isotopic composition of strontium in oceanic and continental basalt: application to the origin of igneous rocks. Journal of Petrology, 4: 31-50.

Fischer A G. 1984. The two Phanerozoic supercycles//Berggren W A, van Couvering J A. Catastrophes and Earth History. Princeton: Princeton University Press: 129-150.

Fleitout L, Froidevaux C. 1982. Tectonics and topography for a lithosphere containing density heterogeneities. Tectonics, 1 (1): 21-56.

Flesch L M, Haines A J, Holt W E. 2001. Dynamics of the India-Eurasia collision zone. Journal of Geophysical Research: Solid Earth, 106 (B8): 16435-16460.

Flower M F J, Chung S L, Lo C H, et al. 1998. Mantle Dynamics and Plate Interactions in East Asia. Washington, D C: American Geophysical Union: 67-88.

Forsyth D, Uyeda S. 1975. On the relative importance of the driving forces of plate motion. Geophysical Journal International, 43 (1): 163-200.

Foulger G R, Doré T, Emeleus C H, et al. 2020. The Iceland Microcontinent and a Continental Greenland-Iceland-Faroe Ridge. Earth Science Reviews, 206: 102926

Foulger G L, Natland J H, Presnall D C, et al. 2005. Plates, Plumes and Paradigms. Special Paper, Geological Society of America, 388.

Friedrich O, Norris R D, Erbacher J. 2012. Evolution of Middle to Late Cretaceous oceans-A 55 m. y. record of Earth's temperature and carbon cycle. Geology, 40: 107-110.

Furbish D J. 1997. Fluid Physics in Geology. Oxford: Oxford University Press.

Galeotti S, DeConto R, Naish T, et al. 2016. Antarctic ice sheet variability across the Eocene- Oligocene boundary climate transition. Science, 352 (6281): 76-80.

Galer S J G, O'Nions R K. 1985. Residence time of thorium, uranium, and lead in the mantle with implications for mantle convection. Nature, 316: 778-782.

Galer S J G, O'Nions R K. 1989. Chemical and isotopic studies of ultramafic inclusions from the San Carlos volcanic field, Arizona: a bearing on their petrogenesis. Journal of Petrology, 30: 1033-1064.

Gast P W, Tilton G R, Hedge C. 1964. Isotopic composition of lead and strontium from Ascension and Gough Islands. Science, 145: 1181-1185.

Gernigon L, Franke D, Geoffroy L, et al. 2019. Crustal fragmentation, magmatism, and the diachronous opening of the Norwegian-Greenland Sea. https://doi.org/10.1016/j.earscirev [2019-04-11].

Gibbons A D, Zahirovic S, Müller R D, et al. 2015. A tectonic model reconciling evidence for the collisions between India, Eurasia and intra-oceanic arcs of the central-eastern Tethys. Gondwana Research, 28: 451-492.

Glatzmaier G A. 1988. Numerical simulations of mantle convection: Time-dependent, three-dimensional, compressible, spherical shell. Geophysical and Astrophysical Fluid Dynamics, 43: 223-264.

Goldreich P, Toomre A. 1969. Some remarks on polar wandering. Journal of Geophysical Research, 74: 2555-2567.

Glatzmaier G A, Schubert G, Bercovici D. 1990. Chaotic subductionlike downflows in a spherical model of convection in the Earth's mantle. Nature, 347: 274-277.

Gordon R G, Horner-Johnson B C, Kumar R R. 2005. Latitudinal shift of the Hawaiian hotspot: motion relative to other hotspots or motion of all hotspots in unison relative to the spin axis (i. e. true polar wander)? Geophysical Research Abstracts, 7: 10233.

Graham D W, Jenkings W J, Schilling J G, et al. 1992. Helium isotope geochemistry of midoceanic ridge basalts from the South Atlantic. Earth and Planetary Science Letters, 110: 133-147.

Graham D W, Castillo P R, Lupton J E, et al. 1996. Correlated He and Sr isotope ratios in South Atlantic near ridge seamounts and implications for mantle dynamics. Earth and Planetary Science Letters, 144: 491-503.

Griffiths R W, Campbell I H. 1990. Stirring and structure in mantle plumes. Earth and Planetary Science Letters, 99: 66-78.

Gripp A E, Gordon R G. 2002. Young tracks of hotspots and current plate velocities. Geophyical Journal International, 150: 321-361.

Guo Z T, Ruddiman W F, Hao Q Z, et al. 2002. Onset of Asian desertification by 22 Myr ago inferred from loess deposits in China. Nature, 416: 159-163.

Gurnis M. 1988. Large-scale mantle convection and the aggregation and dispersal of supercontinents. Nature, 332: 695-699.

Hager B H, O'Connell R J. 1981. A simple global model of plate dynamics and mantle convection, Journal of Geophysical Research, 86 (B6): 4843-4867.

Haines A J. 1982. Calculating velocity fields across plate boundaries from observed shear rates. Geophysical Journal International, 68 (1): 203-209.

Haines A J, Holt W E. 1993. A procedure for obtaining the complete horizontal motions within zones of distributed deformation from the inversion of strain rate data. Journal of Geophysical Research: Solid Earth, 98 (B7): 12057-12082.

Haines A J, Jackson J A, Holt W E, et al. 1998. Representing distributed deformation by continuous velocity fields, Sci. Rep. 98/5. Lower Hutt, Wellington New Zealand: Institute of Geological and Nuclear Sciences.

Hall J. 1859. Geology of New York State. Science, 37: 237-249.

Hall R. 2002. Cenozoic geological and plate tectonic evolution of SE Asia and the SW Pacific: Computer-based reconstructions, model and animations. Journal of Asian Earth Sciences, 20: 353-432.

Hallam A. 1989. Great Geological Controversies. Oxford: Oxford University Press, 1-244.

Hallam A. 1992. Phanerozoic sea-level changes. New York: Columbia University Press.

Halliday A, Rehkämper M, Lee D C, et al. 1996. Early evolution of the Earth and Moon: new constraints from Hf-W isotope geochemistry. Earth and Planetary Science Letters, 142 (1-2): 75-89.

Hanan B B, Graham D W. 1996. Lead and helium isotope evidence from oceanic basalts for a common deep source of mantle plumes. Science, 272: 991-995.

Harris C, Smith H S, LeRoex A P. 2000. Oxygen isotope composition of phenocrysts from Tristan da Cunha and Gough Island lavas: variation with fractional crystallization and evidence for assimilation. Contributions to Mineralogy and Petrology, 138: 164-175.

Harrison T M, Ryerson F J, Le Fort P, et al. 1997. Late Miocene-Pliocene origin for the Central Himalayan inverted metamorphism. Earth and Planetary Science Letters, 146: 1-8.

Hart S R. 1984. A large-scale isotope anomaly in the Southern Hemisphere mantle. Nature, 309: 753-757.

Hart S R. 1988. Heterogeneous mantle domains: signatures, genesis and mixing chronologies. Earth and Planetary Science Letters, 90: 273-296.

Hart S R, Schilling J G, Powell J L. 1973. Basalts from Iceland and along the Reykjanes Ridge: Srisotopic geochemistry. Nature, 246: 104-107.

Hart S R, Hauri E H, Oschmann L A, et al. 1992. Mantle plumes and entrainment: isotopic evidence. Science, 256: 517-520.

Haskell N A. 1993. The viscosity of the asthenosphere. American Journal of Science, 33: 22-28.

Haug G H, Tiedemann R. 1998. Effect of the formation of the Isthmus of Panama on Atlantic Ocean thermohaline circulation. Nature, 393: 673-676.

Haug G H, Ganopolski A, Sigman D M, et al. 2005. North Pacific seasonality and the glaciation of North America 2. 7 Million years ago. Nature, 433: 821-825.

Hauri E H. 1996. Major element variability in the Hawaiian mantle plume. Nature, 382: 415-419.

Hauri E H, Hart S R. 1997. Rhenium abundances and systematics in oceanic basalts. Chemical Geology, 139: 185-205.

Hauri E H, Whitehead J A, Hart S R. 1994. Fluid dynamic and geochemical aspects of entrainment in mantle plumes. Journal of Geophysical Research, 99: 24275-24300.

Hedge C E, Walthall F G. 1963. Radiogenic strontium-87 as an index of geologic processes. Science, 140: 1214-1217.

Heezen B C. 1960. The rift in the ocean floor. Scientific American, 203 (4): 98-110.

Heezen B C. 1962. The deep-sea floor. Continental drift. New York: Academic Press.

Hellinger S J. 1981. The uncertainties of finite rotations in plate tectonics. Journal of Geophysical Research: Solid Earth, 86 (B10): 9312-9318.

Hess H H. 1960. Evolution of ocean basins. Report to Office of Naval Research. Contract No. 1858 (10),

NR081-067: 1-38.

Hill R I, Campbell I H, Davies G F, et al. 1992. Mantle plumes and continental tectonics. Science, 256: 186-193.

Hilton D R, McMurty G M, Kreulen R. 1997. Evidence for extensive degassing of the Hawaiian mantle plume from helium-carbon relationships at Kilauea volcano. Geophysical Research Letters, 24: 3065-3068.

Hilton D R, McMurty G M, Goff F. 1998. Large variations in vent fluid CO_2/He-3 ratios signal rapid changes in magma chemistry at Loihi seamount, Hawaii. Nature, 396: 359-362.

Hilton D R, Thirlwall M F, Taylor R N, et al. 2000. Controls on magmatic degassing along the Reykjanes Ridge with implications for the helium paradox. Earth and Planetary Science Letters, 183: 43-50.

Hiyagon H. 1994. Retention of solar helium and neon in IDPs in deep sea sediment. Science, 263: 1257-1259.

Ho K S, Chen J C, Lo C H, et al. 2003. Ar40-Ar39 dating and geochemical characteristics of late Cenozoic basaltic rocks from the Zhejiang-Fujian region, SE China: eruption ages, magma evolution and petrogenesis. Chemical Geology, 197: 287-318.

Hofmann A W. 1988. Chemical differentiation of the Earth: the relationship between mantle, continental crust, and oceanic crust. Earth and Planetary Science Letters, 90: 297-314.

Hofmann A W. 1997. Mantle chemistry: the message from oceanic volcanism. Nature, 385: 219-229.

Hofmann A W. 2003. Sampling mantle heterogeneity through oceanic basalts: isotopes and trace elements// Carlson R W, Holland H D, Turekian K K. Treatise on Geochemistry: The Mantle and Core, 2: 1-44.

Hofmann A W, Hart S R. 1978. An assessment of local and regional isotopic equilibrium in the mantle. Earth and Planetary Science Letters, 38: 4-62.

Hofmann A W, White W N. 1980. The role of subducted oceanic crust in mantle evolution. Carnegic Institution of Washington Yearb, 79: 477-483.

Hofmann A W, White W M. 1982. Mantle plumes from ancient oceanic crust. Earth and Planetary Science Letters, 57: 421-436.

Hofmann A W, Jochum K P, Seufert M, White W M. 1986. Nb and Pb in oceanic basalts: new constraints on mantle evolution. Earth and Planetary Science Letters, 79: 33-45.

Hofmeister A M. 1999. Mantle values of thermal conductivity and the geotherm from phonon lifetimes. Science, 283: 1699-1706.

Holbourn A, Kuhnt W, Schulz M, et al. 2005. Impacts of orbital forcing and atmospheric carbon dioxide on Miocnene ice-sheet expansion. Nature, 438 (7067): 483-487.

Holmes A. 1928. The problem of geological time. Third part: The convergence of evidence. Scientia, 22 (43): 7.

Holmes A. 1931. The Problem of the Association of Acid and Basic Rocks in Central Complexes. Geological Magzine, 68 (6): 241-255.

Holmiae. 1712. Actorum chymicorum Holmiensium parasceve. Acta et Tentamina Chymica.

Holt W E, Haines A J. 1993. Velocity fields in deforming Asia from the inversion of earthquake - released strains. Tectonics, 12 (1): 1-20.

Holt W E, Haines A J. 1995. The kinematics of northern South Island, New Zealand, determined from geologic strain rates. Journal of Geophysical Research: Solid Earth, 100 (B9): 17991-18010.

Holt W E, Shen-Tu B, Haines J, et al. 2000. On the determination of self-consistent strain rate fields within zones of distributed continental deformation. Geophysical Monograph Series, 121: 113-141.

Homrighausen S, Hoernle K, Hauff F, et al. 2018. Global distribution of the HIMU end member: Formation through Archean plume-lid tectonics. Earth-Science Reviews, 182: 85-101.

Honda M, McDougall I, Patterson D B, et al. 1991. Possible solar noble- gas component in Hawaiian basalts. Nature, 349: 149-151.

Honza E, Fujioka K. 2004. Formation of arcs and back- arc basins inferred from the tectonic evolution of Southeast Asia since the Late Cretaceous. Tectonophysics, 384: 23-53.

Hou Z Q, Cook N J. 2009. Metallogenesis of the Tibetan collisional orogen: A review and introduction to the special issue. Ore Geology Reviews, 36: 2-24.

Hou Z Q, Yang Z M, Lu Y J, et al. 2015. A genetic linkage between subduction- and collision- related porphyry Cu deposits in continental collision zones. Geology, 43 (3): 247-250.

Hu J, Faccenda M, Liu L. 2017. Subduction-controlled mantle flow and seismic anisotropy in South America. Earth and Planetary Science Letters, 470: 13-24.

Hu J S, Liu L J, Faccenda M, et al. 2018. Modification of the Western Gondwana craton by plume-lithosphere interaction. Nature Geoscience, 11: 203-210.

Humler E, Besse J. 2002. A correlation between mid- oceanic ridge basalt chemistry and distance to continents. Nature, 419 (6907): 607-609.

Irving E, North F K, Couillard R. 1974. Oil, climate and tectonics. Canadian Journal of Earth Sciences, 11: 1-17.

Ito G, Mahoney J J. 2006. Melting a high $^3He/^4He$ source in a heterogeneous mantle. Geochemistry Geophysics Geosystems, 7 (5): 1-20.

Jackson J, Haines J, Holt W. 1992. The horizontal velocity field in the deforming Aegean Sea region determined from the moment tensors of earthquakes. Journal of Geophysical Research: Solid Earth, 97 (B12): 17657-17684.

Jackson J, Haines J, Holt W. 1994. A comparison of satellite laser ranging and seismicity data in the Aegean region. Geophysical research letters, 21 (25): 2849-2852.

Jagoutz E, Palme H, Baddenhausen H, et al. 1979. The abundance of major, minor and trace elements in the Earth's mantle as derived from primitive ultramafic nodules. Proceedings of the Lunar Science Conference, 10: 2031-2050.

James D E. 1981. The combined use of oxygen and radiogenic isotopes as indicators of crustal contamination. Annual Review of Earth and Planetary Sciences, 9: 311-344.

Jarvis G T, McKenzie D P. 1980. Convection in a compressible fluid with infinite Prandtl number. Journal of Fluid Mechanics, 96: 515-583.

Javoy M, Pineau F. 1991. The volatiles record of a "popping" rock from the mid- Atlantic ridge at 14°N: Chemical and isotopic composition of gas trapped in the vesicles. Earth and Planetary Science Letters, 107: 598-611.

Jenkyns H C. 2010. Geochemistry of oceanic anoxic events. Geochemistry Geophysics Geosystems, 11 (3):

1-30.

Jochum K P, Arndt N T, Hofmann A W. 1991. Nb-Th-La in komatiites and basalts: constraints on komatiite petrogenesis and mantle evolution. Earth and Planetary Science Letters, 107: 272-289.

Jochum K P, Hofmann A W, Seufert H M. 1993. Tin in mantle-derived rocks: constraints on Earth evolution. Geochimica et Cosmochimica Acta, 57: 3585-3595.

Jolivet L, Davy P, Cobbold P. 1990. Right-lateral shear along the northwest Pacific margin and the India-Eurasia collision. Tectonics, 9: 1409-1419.

Jolivet L, Fournier M, Huchon P, et al. 1992. Cenozoic intracontinental dextral motion in the Okhotsk-Japan Sea region. Tectonics, 11: 968-977.

Jolivet L, Tamaki K, Fournier M. 1994. Japan Sea Opening history and mechanism-a synthesis. Journal of Geophysical Research, 99: 22237-22259.

Jolivet L, Faccenna C, Becker T, et al. 2018. Mantle Flow and Deforming Continents: From India-Asia Convergence to Pacific Subduction. Tectonics, 37: 2887-2914.

Jones C H, Unruh J R, Sonder L J. 1996. The role of gravitational potential energy in active deformation in the southwestern United States. Nature, 381 (6577): 37.

Jordan T H. 1978. Composition and development of the continental tectosphere. Nature, 274: 544-548.

Kárason H, van der Hilst R D. 2000. Constraints on mantle convection from seismic tomography. The History and Dynamics of Global Plate Motion, 121: 277-288.

Karson J A, Kelley D S, Fornari, D J, et al. 2015. Discovering the Deep: A Photographic Atlas of the Seafloor and Ocean Crust. Cambridge: Cambridge University Press.

Katsura T. 1995. Thermal diffusivity of olivine under upper-mantle conditions. Geophysical Journal International, 122: 63-69.

King S, Ritsema J. 2000. African hot spot volcanism: small-scale convection in the upper mantle beneath cratons. Science, 290: 1137-1140.

Kellogg L H, Turcotte D L. 1990a. Mixing and the distribution of heterogeneities in a chaotically convecting mantle. Journal of Geophysical Research, 95: 421-432.

Kellogg L H, Wasserburg G J. 1990b. The role of plumes in mantle helium fluxes. Earth and Planetary Science Letters, 99: 276-289.

Kellogg L H, Hager B H, Van Der Hilst R D. 1999. Compositional stratification in the deep mantle. Science, 283: 1881-1884.

Kennet B L N, Engdahl E R. 1991. Travel times for global earthquake location and phase identification. Geophysical Journal International, 105: 429-466.

Kennett J P. 1977. Cenozoic evolution of Antarctica glaciation, the circum-Antarctic Ocean, and their impact on global paleoceanography. Journal of Geophysical Research, 82: 3843-3860.

Kennett J P, Shacklenton N J. 1976. Oxygen isotopic evidence for the development of the psychronosphere 38 Myr ago. Nature, 260: 513-515.

Kennett J P, Scott L D. 1991. Abrupt deep-sea warming, palaeocenographic changes and benthic extinction at the end of Palaeocene. Nature, 353 (6341): 225-229.

Kerr R C, Meriaux C. 2004. Structure and dynamics of sheared mantle plumes. Geochemistry Geophysics Geosystems, 5 (12): 1-42.

Kogiso T, Hirschmann M M, Reiners P W. 2004. Length scales of mantle heterogeneities and their relationship to ocean island basalt geochemistry. Geochimica et Cosmochimica Acta, 68: 345-360.

Kohlstedt D L, Evans B, Mackwell S J. 1995. Strength of the lithosphere: constraints imposed by laboratory experiments. Journal of Geophysical Research, 100: 17587-17602.

Kostrov V V. 1974. Seismic moment and energy of earthquakes, and seismic flow of rock. Izv. Acad. Sci. USSR Phys. Solid Earth, 1: 23-44.

Kroon D, Steens T, Troelstra S R. 1991. Onset of monsoonal related upwelling in the Western Arabian Sea as revealed by planktonic foraminifers// Proceedings of the Ocean Drilling Program. TX: College Station, 117: 257-263.

Kumagai I, Davaille A, Kurita K, et al. 2008. Mantle plumes: Thin, fat, successful, or failing? Constraints to explain hot spot volcanism through time and space. Geophysical Research Letters, 5 (16): L16301.

Kurz M D, Kammer D P. 1991. Isotopic evolution of Mauna Loa volcano. Earth and Planetary Science Letters, 103: 257-269.

Kurz M D, Geist D. 1999. Dynamics of the Galapagos hotspot from helium isotope geochemistry. Geochimica et Cosmochimica Acta, 63: 4139-4156.

Kurz M D, Jenkins W J, Hart S R. 1982. Helium isotopic systematics of oceanic islands and mantle heterogeneity. Nature, 297: 43-46.

Kurz M D, Garcia M O, Frey F A, et al. 1987. Temporal helium isotopic variations within Hawaiian volcanoes: Basalts from Mauna Loa and Haleakala. Geochimica et Cosmochimica Acta, 51: 2905-2914.

Langmuir C H, Vocke R D, Hanson G N, et al. 1978. A general mixing equation with applications to Icelandic basalts. Earth and Planetary Science Letters, 37: 380-392.

Larson R L. 1991. Latest pulse of the Earth: evidence for the mid-Cretaceous superplume. Geology, 19: 547-550.

Larson K M, Freymueller J T, Philipsen S. 1997. Global plate velocities from the Global Positioning System. Journal of Geophysical Research: Solid Earth, 102 (B5): 9961-9981.

Lassiter J C, Hauri E H. 1998. Osmium isotope variations in Hawaiian lavas: evidence for recycled oceanic lithosphere in the Hawaiian plume. Earth and Planetary Science Letters, 164: 483-496.

Lay T, Hernlund J W, Buffett B A. 2008. Core-mantle boundary heat flow. Nature Geoscience, 1: 25-32.

Lee C T A, Luffi P, Chin E J. 2011. Building and destroying continental mantle. Annual Review of Earth & Planetary Sciences, 39 (39): 59-90.

Leitch A M, Davies G F, Wells M. 1998. A plume head melting under a rifting margin. Earth and Planetary Science Letters, 161: 161-177.

Leitch A M, Davies G F. 2001. Mantle plumes and flood basalts: enhanced melting from plume ascent and an eclogite component. Journal of Geophysical Research, 106: 2047-2059.

Lekic V, Cottaar S, Dziewonski A, et al. 2012. Cluster analysis of global lower mantle tomography: A new class of structure and implications for chemical heterogeneity. Earth and Planetary Science Letters, 357: 68-77.

LePichon X, Angelier J. 1979. Hellenic arc and trench system — key to the neotectonics evolution of the eastern Mediterranean area. Tectonphys, 60: 1-42.

Lewis C L E, Knell S J. 2001. The age of the Earth: From 4004 B C to A D 2002. London: The Geological Society, 1-288.

Lewis J C, Byrne T B, Tang X M. 2002. A geologic test of the Kula-Pacific Ridge capture mechanism for the formation of the West Philippine Basin. Geological Society of America Bulletin, 114: 656-664.

Li C, van der Hilst R, Engdahl E R, et al. 2008. A new global model for P wave speed variations in Earth's mantle. Geochemistry Geophysics Geosystems, 9 (5): Q05018.

Li J X, Yue L P, Roberts A P, et al. 2018. Global cooling and enhanced Eocene Asian mid-latitude interior aridity. Nature Communication, 9: 3026.

Li S Z, Zhao G C, Dai L M, et al. 2012a. Cenozoic faulting of the Bohai Bay Basin and its bearings on the destruction of the eastern North China Craton. Journal of Asian Earth Sciences, 47: 80-93.

Li S Z, Santosh M, Zhao G C, et al. 2012b. Intracontinental deformation in a frontier of super-convergence: A perspective on the tectonic milieu of the South China Block. Journal of Asian Earth Sciecnes, 49: 313-329.

Li S Z, Zhao G C, Dai L M, et al. 2012c. Mesozoic Basins in eastern China and their Bearings on the deconstruction of the North China Craton. Journal of Asian Earth Sciences, 47: 64-79.

Li S Z, Suo Y H, Li X Y, et al. 2018a. Microplate Tectonics: New insights from micro-blocks in the global oceans, continental margins and deep mantle. Earth-Science Reviews, 185: 1029-1064.

Li S Z, Zhao S J, Liu X, et al. 2018b. Closure of the Proto-Tethys Ocean and Early Paleozoic amalgamation of microcontinental blocks in East Asia. Earth-Science Reviews, 186: 37-75.

Li Y L, Wang C S, Dai J G, et al. 2015. Propagation of the deformation and growth of the Tibetan-Himalayan orogen: A review. Earth-Science Reviews, 143: 36-61.

Li Z X, Zhong S J. 2009. Supercontinent-superplume coupling, true polar wander and plume mobility: Plate dominance in whole-mantle tectonics. Physics of the Earth and Planetary Interiors, 176: 143-156.

Lin S C, van Keken P E. 2005. Multiple volcanic episodes of flood basalts caused by thermochemical mantle plumes. Nature, 436: 250-252.

Lin S C, van Keken P E. 2006. Dynamics of thermochemical plumes: 2. Complexity of plume structures and its implications for mapping mantle plumes. Geochem. Geophys. Geosyst, 7 (3): 1-18.

Lithgow-Bertelloni C, Silver P G. 1998. Dynamic topography, plate driving forces and the African superswell. Nature, 395: 269-272.

Liu B, Li S Z, Suo Y H, et al. 2016. The geological nature and geodynamics of the Okinawa Trough, Western Pacific. Geological Journal, 51 (SI): 416-428.

Liu L. 2014. Rejuvenation of Appalachian topography caused by subsidence-induced differential erosion. Nature Geoscience, 7: 518-523.

Liu L. 2015. The ups and downs of North America: Evaluating the role of mantle dynamic topography since the Mesozoic. Reviews of Geophysics, 53: 1022-1049.

Livermore R, Nankivell A, Eagles G, et al. 2005. Paleogene opening of Drake passage. Earth and Planetary Science Letters, 236: 459-470.

Lupton J E, Craig H. 1975. Excess 3He in oceanic basalts: evidence for terrestrial primordial helium. Earth and Planetary Science Letters, 26: 133-139.

Lyubetskaya T, Korenaga J. 2007. Chemical composition of Earth's primitive mantle and its variance: 1. Method and results. Journal of Geophysical Research, 112: 1-21.

Madrigal P, Gazel E, Flores K E, et al. 2016. Record of massive upwellings from the Pacific large low shear velocity province. Nature Communication, 7: 13309.

Mattey D, Lowry D, Macpherson C. 1994. Oxygen isotope composition of mantle peridotite. Earth and Planetary Science Letters, 66: 388-406.

Matthews K J, Müller R D, Sandwell D T. 2016. Oceanic microplate formation records the onset of India-Eurasia collision. Earth and Planetary Science Letters, 433: 204-214.

Maruyama S. 1994. Plume tectonics. Journal of the Geological Society of Japan, 100 (1): 24-49.

Matyska C, Moser J, Yuen D A. 1994. The potential influence of radiative heat-transfer on the formation of megaplumes in the lower mantle. Earth and Planetary Science Letters, 125: 255-266.

Mazor E, Heymann D, Anders E. 1970. Noble gases in carbonaceous chondrites. Geochimica et Cosmochimica Acta 34: 781-824.

McDonough W F, Sun S S. 1992. The composition of the Earth. Chemical Geology, 120: 223-253.

McDougall I. 1979. Age of shield-building volcanism of Kauai and linear migration of volcanism in the Hawaiian Island chain. Earth and Planetary Science Letters, 46: 31-42.

McDougall I, Tarling D H. 1963. Dating of polarity zones in the Hawaiian islands. Nature, 200: 54-56.

McDougall I, Honda M. 1998. Primordial solar noble-gas component in the earth: consequences for the origin and evolution of the earth and its atmosphere. //Jackson I. The Earth's Mantle: Composition, Structure and Evolution. Cambridge: Cambridge University Press, 159-187.

McInerney F A, Wing S L. 2011. The Paleocene-Eocene Thermal Maximium: a perturbation of carbon cycle, climate, and biosphere with implications for the future. Annual Review of Earth and Planetary Sciences, 39: 489-516.

McKenzie D. 1972. Active tectonics of the Mediterranean region. Geophysical Journal International, 30 (2): 109-185.

McKenzie D P. 1969. Speculations on the consequences and causes of plate motions. Geophysical Journal International, 18 (1): 1-32.

McKenzie D. 1978. Active tectonics of the Alpine—Himalayan belt: the Aegean Sea and surrounding regions. Geophysical Journal International, 55 (1): 217-254.

McKenzie D, Parker R. 1967. The North Pacific: an example of tectonics on a sphere. Nature, 216 (5122): 1276-1280.

McKenzie D, Richter F M. 1981. Parameterized convection in a layered region and the thermal history of the Earth. Journal of Geophysical Research, 86: 11667-11680.

McKenzie D, Jackson J. 1983. The relationship between strain rates, crustal thickening, palaeomagnetism, finite strain and fault movements within a deforming zone. Earth and Planetary Science Letters, 65 (1): 182-202.

McNamara A K, Zhong S. 2005. Thermochemical structures beneath Africa and the Pacific Ocean. Nature, 437: 1136-1139.

Mcnamara A K, Keken P E V. 2000. Cooling of the Earth: A parameterized convection study of whole versus layered models. Geochemistry, Geophysics, Geosystems, 1: 1027, doi: 10.1029/2000GC000045.

Meibom A, Sleep N H, Chamberlain C P, et al. 2002. Re-Os isotopic evidence for long-lived heterogeneity and euilibration processes in the Earth's upper mantle. Nature, 418: 705-708.

Meschede M, Warr L N. 2019. The Geology of Germany: A Process-Oriented Approach. Berlin: Springer, 1-304.

Meyerhoff A A, Taner I, Morris A E L, et al. 1996. Surge Tectonics: A New Hypothesis of Global Geodynamics. Dordrecht: Kluwer Academic Publishers: 1-323.

Miller K G, Wight J K, Fairbanks R D. 1991. Unlocking the ice house: Oligocene-Miocene oxygen isotopes, eustacy, and margin erosion. Journal of Geophysical Research, 96: 6829-6848.

Miller K G, Kominz M A, Browning J V, et al. 2005. The Phanerozoic record of global sea-level change. Science, 310: 1293-1298.

Mitchell R N, Kilian T M, Evans D A D. 2012. Supercontinent cycles and the calculation of absolute palaeolongitude in deep time. Nature, 482 (7384): 208-211.

Mitrovica J X, Forte A M. 1997. Radial profile of mantle viscosity: results from the joint inversion of convection and postglacial rebound observables. Journal of Geophysical Research, 102: 2751-2769.

Mo X X, Hou Z Q, Niu Y L, et al. 2007. Mantle contributions to crustal thickening during continental collision: Evidence from Cenozoic igneous rocks in southern. Lithos, 96: 225-242.

Molnar P, England P, Martinod J. 1993. Mantle dynamics, the uplift of the Tibetan Plateau, and the Indian monsoon. Reviews of Geophysics, 31: 357-396.

Montes C, Cardona A, Jaramillo C, et al. 2015. Middle Miocene closure of the central American seaway. Science, 348: 226-229.

Moore W B, Webb A A G. 2013. Heat-pipe Earth. Nature, 501: 501-505.

Moreira M, Sarda P. 2000. Noble gas constraints on degassing processes. Earth and Planetary Science Letters, 176: 375-386.

Morgan J P, Morgan W J, Price E. 1995. Hotspot melting generates both hotspot swell volcanism and a hotspot swell? Journal of Geophysical Research, 100: 8045-8062.

Morgan W J. 1968. Rises, trenches, great faults and crustal blocks, Journal of Geophysical Research, 73: 1959-1982.

Morgan W J. 1971. Convection plumes in the lower mantle. Nature, 230 (5288): 42-43.

Morgan W J. 1972. Plate motions and deep mantle convection. Memoirs-Geological Society of America, 132: 7-22.

Morgan W J. 1981. Hotspot tracks and the opening of the Atlantic and Indian Oceans. New York: Wiley, 443-487.

Müller R D, Royer J Y, Lawver L A. 1993. Revised plate motions relative to the hotspots from combined Atlantic and Indian Ocean hotspot tracks. Geology, 21 (3): 275-278.

Müller R D, Sdrolias M, Gaina C, et al. 2008. Long-term sea level fluctuations driven by ocean basin dynamics. Science, 319: 1357-1362.

Müller R D, Seton M, Zahirovic S, et al. 2016. Ocean basin evolution and global-scale plate reorganization events since Pangea breakup. Annual Review of Earth and Planetary Sciences, 44: 107-138.

Murphy J, Nance R, Gutierrez-Alonso, et al. 2009. Supercontinent reconstruction from recognition of leading continental edges. Geology, 37: 595-598.

Natland J H, Winterer E L, 2005. Fissure control on volcanic action in the Pacific. Plumes. Plates and Paradigms, 388: 687-710.

Newsom H E, White W M, Jochum K P, et al. 1986. Siderophile and chalcophile element abundances in oceanic basalts, Pb isotope evolution and growth of the Earth's core. Earth and Planetary Science Letters, 80: 299-313.

Nimmo F, Price G D, Brodholt J, et al. 2004. The influence of potassium on core and geodynamo evolution. Geophysical Journal International, 156: 363-376.

Niu Y, Batiza R. 1997. Trace element evidence from seamounts for recycled oceanic crust in the eastern equatorial Pacific mantle. Geochemistry Geophysics Geosystems, 3: 471-483.

Norris R D, Bice K L, Magno E A, et al. 2002. Jiggling the tropical thermostat in the Cretaceous hothouse. Geology, 30: 299-302.

Northrup C J, Royden L H, Burchfiel B C. 1995. Motion of the Pacific plate relative to Eurasia and its potential relation to Cenozoic extension along the eastern margin of Eurasia. Geology, 23: 719-722.

O'Neill, Hugh S C, Palme H. 1998. Composition of the silicate Earth: implications for accretion and core formation. The Earth's Mantle: Composition, Structure and Evolution, 3-126.

O'Neill C, Müller D, Steinberger B. 2005. On the uncertainties in hot spot reconstructions and the significance of moving hot spot reference frames. Geochemistry, Geophysics, Geosystems, 6 (4): Q04003.

O'Neill C, Lenardic A, Moresi L, et al. 2007. Episodic Precambrian subduction. Earth and Planetary Science Letters, 262: 552-562.

O'Nions R K. 1987. Relationships between chemical and convective layering in the Earth. Journal of the Geological Society, 144: 259-274.

O'Nions R K, Oxburgh E R. 1983. Heat and helium in the Earth. Nature, 306: 429-431.

O'Nions R K, Tolstikhin I N. 1994. Behaviour and residence times of lithophile and rare gas tracers in the upper mantle. Earth and Planetary Science Letters, 124: 131-138.

O'Nions R K, Evensen N M, Hamilton P J. 1979. Geochemical modeling of mantle differentiation and crustal growth. Journal of Geophysical Research, 84: 6091-6101.

Obayashi M, Yoshimitsu J, Nolet G, et al. 2013. Finite frequency whole mantle P wave tomography: Improvement of subducted slab images. Geophysical Research Letter, 40: 5652-5657.

Oreskes N. 1999. The Rejection of Continental Drift-Theory and Method in American Earth Science. New York: Oxford University Press: 1-419.

Orowan E. 1969. The origin of the oceanic ridges. Scientific American, 221 (5): 102-119.

Pagani M, Zachos J C, Freeman K H, et al. 2005. Marked decline in atmosphere carbon dioxide concentrations during the Paleogene. Science, 309: 600-603.

Pan G T, Mo X X, Hou Z W, et al. 2006. Spatial-temporal framework of the Gangdese Orogenic Belt and its evolution. Acta Petrologica Sinica, 22: 521-533.

Parsons B. 1981. The rates of plate creation and consumption. Geophysical Journal Royal Astronomical Society, 67: 437-448.

Parsons B, Sclater J G. 1977. An analysis of the variation of ocean floor bathymetry with age. Journal of Geophysical Research, 82: 803-827.

Patterson C. 1956. Age of meteorites and the Earth. Geochimica et Cosmochimica Acta, 10: 230-237.

Peltzer G, Tapponnier P. 1988. Formation and evolution of strike- slip faults, rifts, and basins during the India-Asia collision: an experimental approach. Journal of Geophysical Research, 93: 15085-15117.

Pertermann M, Hirschmann M M. 2003. Partial melting experiments on a MORB-like pyroxenite between 2 and 3GPa: constraints on the presence of pyroxenite in basalt source regions from solidus location and melting rate. Journal of Geophysical Research, 108: doi: 10. 1029/2000JB000118.

Pineau F, Javoy M. 1994. Strong degassing at ridge crests—the behavior of dissolved carbon and water in basalt glasses at 114N, Mid-Atlantic ridge. Earth and Planetary Science Letters, 123: 179-198.

Pollack H N, Hurter S J, Johnson J R. 1993. Heat flow from the Earth's interior: analysis of the global data set. Reviews of Geophysics, 31: 267-280.

Porcelli D, Wasserburg G J. 1995a. Mass transfer of xenon through a steady-state upper mantle. Geochimica et Cosmochimica Acta, 59: 1991-2007.

Porcelli D, Wasserburg G J. 1995b. Mass transfer of helium, neon, argon, and xenon through a steady-state upper mantle. Geochimica et Cosmochimica Acta, 59: 4921-4937.

Porcelli D, Halliday A N. 2001. The possibility of the core as a source of mantle helium. Earth and Planetary Science Letters, 192: 45-56.

Poreda R J, Farley K A. 1992. Rare gases in Samoan xenoliths. Earth and Planetary Science Letters, 133: 129-144.

Poreda R J, Schilling G, Craig H. 1986. Helium and hydrogen isotopes in ocean ridge basalts north and south of Iceland. Earth and Planetary Science Letters, 78: 1-17.

Pound M J, Haywood A M, Salzmann U, et al. 2012. Global vegetation dynamics and latitudinal temperature gradients during the Mid to Late Micene (15. 97–5. 33 Ma). Earth-Science Reviews, 112 (1): 1-22.

Prévot M, Mattern F, Camps P, et al. 2000. Evidence for a 20° tilting of the Earth's rotation axis 100 million years ago, Earth and Planetary Science Letters, 179: 517-528.

Pruecher L M, Rea D K. 2001. Volcanic triggering of late Pliocene glaciation: Evidence from the flux of volcanic glass and ice-rafted debris to the North Pacific Ocean. Palaeogeography Palaeoclimatology Palaeoecology, 173: 215-230.

Raymo M E, Ruddiman W F. 1992. Tectonic forcing of late Cenozoic climate. Nature, 359 (6391): 117-122.

Reilinger R E, McClusky S C, Oral M B, et al. 1997. Global Positioning System measurements of present-day crustal movements in the Arabia-Africa-Eurasia plate collision zone. Journal of Geophysical Research: Solid Earth, 102 (B5): 9983-9999.

Reisberg L, Zindler A. 1986. Extreme isotopic variations in the upper mantle; evidence from Ronda. Earth and

Planetary Sciencc Letters, 81: 29-45.

Replumaz A, Karason H, van der Hilst R, et al. 2004. 4-D evolution of SE Asia's mantle from geological reconstructions and seismic tomography. Earth and Planetary Science Letters, 221: 103-115.

Replumaz A, Capitanio F A, Guillot S, et al. 2014. The coupling of Indian subduction and Asian continental tectonics. Gondwana Research 26: 608-626.

Richards M A, Duncan R A, Courtillot V E. 1989. Flood basalts and hot- spot tracks: plume heads and tails. Science, 246: 103-107.

Richardson R M. 1992. Ridge forces, absolute plate motions, and the intraplate stress field. Journal of Geophysical Research: Solid Earth, 97 (B8): 11739-11748.

Ritsema R A. 1964. Some reliable fault plane solutions. Pure and Applied Geophysics, 59 (1): 58-74.

Ritsema J, Deuss A, van Heijst H J, et al. 2011. S40RTS: a degree-40 shear-velocity model for the mantle from new Rayleigh wave dispersion, teleseismic traveltime and normal-mode splitting function measurements. Geophysical Journal International, 184: 1223-1236.

Roth P H. 1986. Mesozoic palaeoceanography of the North Atlantic and Tethys oceans//Summerhayes C P, Shackleton N J. North Atlantic Palaeoceanography. London: Geological Society of London Special Publication: 299-320.

Roy- Barman M, Allègre C J. 1994. $^{187}Os/^{186}Os$ ratios of midocean ridge basalts and abyssal peridotites. Geochimica et Cosmochimica Acta, 58: 5043-5054.

Royden L H, Burchfiel B C, van der Hilst R D. 2008. The geological evolution of the Tibetan plateau. Science, 321: 1054-1058.

Royer D L, Berner R L, Montanez I P, et al. 2004. CO_2 as a primary driver of Phanerozoic climate. GSA Today, 14: 4-10.

Royer J Y, Sandwell D T. 1989. Evolution of the eastern Indian Ocean since the Late Cretaceous: Constraints from Geosat altimetry. Journal of Geophysical Research: Soild Earth (1978 – 2012), 94 (B10): 13755-13782.

Rudnick R L, Fountain D M. 1995. Nature and composition of the continental crust: a lower crustal perspective. Reviews of Geophysics, 33: 267-309.

Russo R M, Silver P G. 1994. Trench- parallel flow beneath the Nazca plate from seismic anisotropy. Science, 263: 1105-1111.

Salters V J M, Dick H J B. 2002. Mineralogy of the mid- ocean- ridge basalt source from neodymium isotopic composition of abyssal peridotites. Nature, 418: 68-72.

Sarda P, Graham D. 1990. Mid-ocean ridge popping rocks: implications for degassing at ridge crests. Earth and Planetary Science Letters, 97: 268-289.

Sarda P, Staudacher T, Allègre C J. 1988. Neon isotopes in submarine basalts. Earth and Planetary Science Letters, 91: 73-88.

Sawada H, Isozaki Y, Sakata S, et al. 2018. Secular change in lifetime of granitic crust and the continental growth: A new view from detrital zircon ages of sandstones. Geoscience Frontiers, 9 (4): 1099-1115.

Schaeffer A J, Lebedev S. 2013. Global shear speed structure of the upper mantle and transition zone. Geophysical Journal International, 194: 417-449.

Schilling J G. 1973. Icelandic mantle plume: geochemical evidence along the Reykjanes Ridge. Nature, 242: 565-571.

Schilling J G. 1975. Rare-Earth variations across ‘normal segments’ of the Reykjanes Ridge, 60°-53°N, mid-Atlantic ridge, 29°S, and East Pacific Rise, 2°–19°S, and evidence on the composition of the underlying lowvelocity layer. Journal of Geophysical Research, 80: 1459-1473.

Schlanger S O, Jenkyns H C. 1976. Cretaceous oceanic anoxic events: causes and consequences. Geologie en Mijnbouw, 55: 179-184.

Schubert G, Spohn T. 1981. Two-layer mantle convection and the depletion of radioactive elements in the lower mantle. Geophysical Research Letters, 8: 951-954.

Sclater J G, Jaupart C, Galson D. 1980. The heat flow through the oceanic and continental crust and the heat loss of the earth. Reviews of Geophysics, 18: 269-312.

Scoppola B, Boccaletti D, Bevis M, et al. 2006. The westward drift of the lithosphere: A rotational drag? Geological Society of America Bulletin, 118 (1/2): 199-209.

Selby D, Mutterlose J, Condon D J. 2009. U-Pb and Re-Os geochronology of the Aptian/Albian and Cenomanian/Turonian stage boundaries: Implications for timescale calibration, osmium isotope seawater composition and Re-Os systematics in organic-rich sediments. Chemical Geology, 265: 394-409.

Seta A, Matsumoto T, Matsuda J I. 2001. Concurrent evolution of 3He/4He ratio in the Earth's mantle reservoirs for the first 2 Ga. Earth and Planetary Science Letters, 188: 211-219.

Seton M, Müller R D, Zahirovic S, et al. 2012. Global continental and ocean basin reconstructions since 200 Ma. Earth-Science Reviews, 113: 212-270.

Shankland T J, Nitsan U, Duba A G. 1979. Optical absorption and radiative heat transport in olivine at high temperature. Journal of Geophysical Research, 84: 1603-1610.

Shaviv N, Veizer J. 2003. Celestial drvier of Phanerozoic climate? GSA Today, 402: 4-10.

Shen-Tu B, Holt W E, Haines A J. 1995. Intraplate deformation in the Japanese Islands: A kinematic study of intraplate deformation at a convergent plate margin. Journal of Geophysical Research: Solid Earth, 100 (B12): 24275-24293.

Shen-Tu B, Holt W E, Haines A J. 1999. Deformation kinematics in the western United States determined from Quaternary fault slip rates and recent geodetic data. Journal of Geophysical Research: Solid Earth, 104 (B12): 28927-28955.

Shirey S B, Walker R J. 1998. The Re-Os isotope system in cosmochemistry and high-temperature geochemistry. Annual Review of Earth and Planetary Sciences, 26: 423-500.

Silver P G, Carlson R W, Olson P. 1988. Deep slabs, geochemical heterogeneity, and the large-scale structure of mantle convection: investigation of an enduring paradox. Annual Review of Earth and Planetary Sciences, 16: 477-541.

Silver P G, Holt W E. 2002. The mantle flow field beneath western north America. Science, 295: 1054-1057.

Simmons N A, Myers S C, Johannesson G, et al. 2012. LLNL-G3Dv3: Global P wave tomography model for improved regional and teleseismic travel time prediction. Journal of Geophysical Research, 117: B10302.

Simmons N A, Myers S C, Johannesson G, et al. 2015. Evidence for long-lived subduction of an ancient tectonic plate beneath the southern Indian Ocean. Geophysical Research Letters. 42, 9270-9278.

Sleep N H. 1990. Hotspots and mantle plumes: some phenomenology. Journal of Geophysical Research, 95: 6715-6736.

Sluijs A, Schouten S, Pagani M, et al. 2006. Subtropical Artic Ocean temperatures during the Palaeocene/Eocene thermal maximium. Nature, 441: 610-613.

Smith A D. 2003. Critical evaluation of Re-Os and Pt-Os isotopic evidence on the origin of intraplate volcanism. Journal of Geodynamics, 36: 469-684.

Smithies R H, van Kranendonk M J, Champion D C. 2005. It started with a plume-early Archaean basaltic proto-continental crust. Earth and Planetary Science Letters, 238: 284-297.

Snow J E, Reisberg L. 1995. Os isotopic systematics of the MORB mantle: results from altered abyssal peridotites. Earth and Planetary Science Letters, 133: 411-421.

Sobolev A V, Hofmann A W, Sobolev S V, et al. 2005. An olivine-free mantle source of Hawaiian shield basalts. Nature, 434: 590-597.

Sobolev A V, Hofmann A W, Kuzmin D V, et al. 2007. The amount of recycled crust in sources of mantle-derived melts. Science, 316: 412-417.

Spandler C, Yaxley G, Green D H, Rosenthal A. 2008. Phase relations and melting of anhydrous K-bearing eclogites from 1200 to 1600℃ and 3 to 5 GPa. Journal of Petrology, 49: 771-795.

Spiegelman M, Reynolds J R. 1999. Combined dynamic and geochemical evidence for convergent melt flow beneath the East Pacific Rise. Nature, 402: 282-285.

Stacey F D. 1992. Physics of the Earth. 3rd ed, Brisbane: Brookfield Press: 1-513 .

Stacey F D, Loper D E. 1984. Thermal histories of the core and mantle. Physics of the Earth and Planetary Interiors, 36: 99-115.

Staudacher T, Sarda P, Richardson S H, et al. 1989. Noble gases in basalt glasses from a Mid-Atlantic Ridge topographic high at 14 degrees N; geodynamic consequences. Earth and Planetary Science Letters, 96: 119-133.

Stefanick M, Jurdy D M. 1984. The distribution of hot spots. Journal of Geophysical Research, 89: 9919-9925.

Stein C A, Stein S. 1992. A model for the global variation in oceanic depth and heat flow with lithospheric age. Nature, 359: 123-129.

Steinberger B. 2000. Plumes in a convecting mantle: Models and observations for individual hotspots. Journal of Geophysical Research: Solid Earth, 105 (B5): 11127-11152.

Steinberger B, O'Connell R J. 1998. Advection of plumes in mantle flow: implications for hotspot motion, mantle viscosity and plume distribution. Geophysical Journal International, 132 (2): 412-434.

Steinberger B, Torsvik T H. 2008. Absolute plate motions and true polar wander in the absence of hotspot tracks. Nature, 452 (7187): 620.

Steinberger B, Torsvik T H. 2010. Toward an explanation for the present and past locations of the poles. Geochemistry, Geophysics, Geosystems, 11 (6), doi: 10.1029/2009GC002889.

Steinberger B, Sutherland R, O'connell R J. 2004. Prediction of Emperor-Hawaii seamount locations from a revised model of global plate motion and mantle flow. Nature, 430 (6996): 167.

Stixrude L, Lithgow-Bertelloni C. 2011. Thermodynamics of mantle minerals-II. Phase equilibria. Geophysical Journal International, 184 (3): 1180-1213.

Stuart F M. 1994. Speculations about the cosmic origin of He and Ne in the interior of the Earth-comment. Earth and Planetary Science Letters, 122: 245-247.

Sun J M, Windley B F. 2015. Onset of aridification by 34 Ma across the Eocene-Oligocene transition in Central Asia. Geology, 43 (11): 1015-1018.

Sun S S, McDonough W F. 1989. Chemical and isotopic characteristics of oceanic basalts: implications for mantle composition and processes. Geological Society, London, Special Publications, 42: 313-345.

Sun X, Wang P. 2005. How old is the Asian monsoon system? Palaeobotanical records from China. Palaeogeography, Palaeoclimatology, Palaeoecology, 222: 181-222.

Suo Y H, Li S Z, Zhao S J, et al. 2014. Cenozoic Tectonic Jumping of Pull-apart basins in East Asia and its Continental Margin: Implication to Hydrocarbon Accumulation. Journal of Asian Earth Sciences, 88 (1): 28-40.

Suo Y H, Li S Z, Zhao S J, et al. 2015. Continental Margin Basins in East Asia: Tectonic Implication of the Meso-Cenozoic East China Sea Pull-apart Basins. Geological Journal, 50: 139-156.

Suo Y H, Li S Z, Cao X Z. 2020. Large-scale asymmetry in thickness of crustal accretion at the Southeast Indian Ridge due to deep mantle anomalies, GSA Bulletin, https: //doi. org/10. 1130/B35673. 1.

Tackley P J. 2000. Mantle convection and plate tectonics: toward an integrated physical and chemical theory. Science, 288: 2002-2007.

Tackley P J, Stevenson D J, Glatzmaier G A, et al. 1993. Effects of an endothermic phase transition at 670km depth in a spherical model of convection in the Earth's mantle. Nature, 361: 699-704.

Takahashi E, Nakajima K, Wright T L. 1998. Origin of the Columbia River basalts: melting model of a heterogeneous plume head. Earth and Planetary Science Letters, 162: 63-80.

Tapponnier P, Mattauer M, Proust F, et al. 1981. Ophiolites, sutures, and large-scale tectonic movements in Afghanistan. Earth and Planetary Science Letters, 52, 355-371.

Tapponnier P, Peltzer G, Le Dain A Y, et al. 1982. Propagating extrusion tectonics in Asia: New insights from simple experiments with plasticine. Geology, 10: 611-616.

Tapponnier P, Xu Z Q, Roger F, et al. 2001. Geology-oblique stepwise rise and growth of the Tibet plateau. Science, 294: 1671-1677.

Tarduno J A, Duncan R A, Scholl D W, et al. 2003. The Emporer Seamounts: southward motion of the Hawaiian hotspot plume in Earth's mantle. Science, 301: 1064-1069.

Tatsumoto M. 1978. Isotopic composition of lead in oceanic basalt and its implication to mantle evolution. Earth and Planetary Science Letters, 38: 63-87.

Ten A A, Yuen D A, Podladchikov Y Y, et al. 1997. Fractal features in mixing of non-Newtonian and Newtonian mantle convection. Earth and Planetary Science Letters, 146 (3-4): 401-414.

Tesauro M, Kaban M K, Cloetingh S A P L. 2013. Global model for the lithospheric strength and effective elastic thickness. Tectonophysics, 602: 78-86.

Thatcher W, Foulger G R, Julian B R, et al. 1999. Present- day deformation across the Basin and Range province, western United States. Science, 283 (5408): 1714-1718.

Tian J. 2013. Coherent variations of the obliquity components in global ice volume and ocean carbon reservoir over the past 5 Ma. Science China Earth Sciences, 56 (12): 2160-2172.

TolL H, Hager B H, Rob D van der Hilst. 1999. Compositional stratification in the deep mantle. Science, 283: 1881-1884.

Torgersen T. 1989. Terrestrial helium degassing fluxes and the atmospheric helium budget— implications with respect to the degassing processes of continental crust. Chemical Geology, 79: 1-14.

Torsvik T H, Cocks L R M. 2017. Earth History and Palaeogeography. Cambridge: Cambridge University Press, 1-317.

Torsvik T H, Smethurst M A, Burke K, et al. 2006. Large igneous provinces generated from the margins of the large low-velocity provinces in the deep mantle. Geophysical Journal International, 167: 1447-1460.

Torsvik T H, Müller R D, van der Voo, R. 2008a. Global plate motion frames: toward a unified model. Reviews of Geophysics, 46: RG3004.

Torsvik T H, Smethurst M A, Burke K, et al. 2008b. Long term stability in deep mantle structure: Evidence from the ~300 Ma Skagerrak-Centered Large Igneous Province (the SCLIP) . Earth and Planetary Science Letters, 267 (3-4): 444-452.

Torsvik T H, Steinberger B, Gurnis M, et al. 2010a. Plate tectonics and net lithosphere rotation over the past 150 My. Earth and Planetary Science Letters, 291: 106-112.

Torsvik T H, Burke K, Steinberger B, et al. 2010b. Diamonds sampled by plumes from the core- mantle boundary. Nature, 466 (7304): 352-355.

Torsvik T H, Van der Voo R. 2002. Refining Gondwana and Pangea paleogeography: Estimates of Phanerozoic non-dipole (octupole) fields. Geophysical Journal International, 151: 771-794.

Tozer D C. 1965. Heat transfer and convection currents. Philosophical Transactions of the Royal Society A, 258: 252-271.

Trull T. 1994. Influx and age constraints on the recycled cosmic dust explanation for high 3He/4He ratios at hotspot volcanoes. Noble Gas Geochemistry and Cosmochemistry, 77-88.

Turcotte D L, Oxburgh E R. 1967. Finite amplitude convection cells and continental drift. Journal of Fluid Mechanics, 28: 29-42.

Turcotte D L, Schubert G. 1982. Geodynamics. New York: John Wiley & Sons.

Turcotte D L, Schubert G. 2001. Geodynamics: Applications of Continuum Physics to Geological Problems. 2nd edn. Cambridge: Cambridge University Press, 528.

Umbgrove J H F. 1947. The Pulse of the Earth. Holland: Springer Science, Business Media, Dordrecht: 1-357.

van Bemmelen R W. 1972. Geodynamic Models—An Evaluation and a Synthesis. Amsterdam: Elsevier Publishing Company, 1-267.

van der Meer D G, Spakman W, van Hinsbergen D J J, et al. 2010. Towards absolute plate motions constrained by lower-mantle slab remnants. Nature Geoscience, 3 (1): 36.

van Hunen J, van den Berg A P, Vlaar N J. 2002. On the role of subducting oceanic plateaus in the development of shallow flat subduction. Tectonophysics, 352 (3-4): 317-333.

van Keken P E, Zhong S. 1999. Mixing in a 3D spherical model of present day mantle convection. Earth and Planetary Science Letters, 171: 533-547.

van Keken P E, Ballentine C J, Porcelli D. 2001. A dynamical investigation of the heat and helium imbalance. Earth and Planetary Science Letters, 188: 421-443.

van Orman J, Cochran J R, Weissel J K, et al. 1995. Distribution of shortening between the Indian and Australian plates in the central Indian Ocean. Earth and Planetary Science Letters, 133: 35-46.

van Schmus W R. 1995. Natural radioactivity of the crust and mantle. Global Earth Physics, A Handbook of Physical Constants, AGU Reference Shelf, 1: 283-291.

Veevers J J. 1990. Tectonic-climate supercycle in the billion-year plate-tectonic eon: Permian Pangean icehouse alternates with Cretaceous dispersal-continents greenhouse. Sedimentary Geology, 68 (1): 1-16.

Veevers J J. 1994. Pangea: Evolution of a supercontinent and its consequences for Earth's paleoclimate and sedimentary environments//Klein G D. Pangea: Paleoclimate, Tectonics, and Sedimentation During Accretion, Zenith, and Breakup of a Supercontinent. Special Paper-Geological Society of America, 288: 12-23.

Veevers J J. 2003. Pan-African is Pan-Gondwanaland: Oblique convergence drives rotation during 650–500Ma assembly. Geology, 31 (6): 501.

Vernant P. 2015. What can we learn from 20 years of interseismic GPS measurements across strike-slip faults? Tectonophysics, 644-645: 22-39.

Vidale J E, Schubert G, Earle P S. 2001. Unsuccessful initial search for a midmantle chemical boundary with seismic arrays. Geophysical Research Letters, 28: 859-862.

Voigt S, Jung C, Friedrich O, et al. 2013. Tectonically restricted deep-ocean circulation at the end of the Cretaceous greenhouse. Earth and Planetary Science Letters, 369-370: 169-177.

von Herzen R P, Cordery M J, Detrick R S, et al. 1989. Heat flow and thermal origin of hotspot swells: the Hawaiian swell revisited. Journal of Geophysical Research, 94: 13783-13799.

Wang H L, Wang Y Y, Gurnis M, et al. 2018. A long-lived Indian Ocean slab: Deep dip reversal induced by the African LLSVP. Earth and Planetary Science Letters, 497: 1-11.

Wang J, Yin A, Harrison T M, et al. 2001. A tectonic model for Cenozoic magmatism in the eastern Indo-Asian collision zone. Earth and Planetary Science Letters, 188: 123-133.

Wang P. 2004. Cenozoic deformation and the history of sea-land interaction in Asia. Continent-Ocean interaction within East Asian marginal seas. Washington DC, AGU Geophysical Monograph Series, 149: 1-22.

Wang P X, Tian J, Cheng X, et al. 2003. Carbon reservoir changes preceded major ice-sheet expansion at the mid-Brunhes event. Geology, 31 (3): 239-242.

Wang P X, Tian J, Lourens L. 2010. Obscuring of long eccentricity cyclicity in Pleistocene oceanic carbon isotope records. Earth and Planetary Science Letters, 290: 319-330.

Wasserburg G J, DePaolo D J. 1979. Models of earth structure inferred from neodymium and strontium isotopic abundances. Proceedings of the National Academy of Sciences of the United States of America, 76:

3594-3598.

Watts A B, Ten Brink U S. 1989. Crustal structure, flexure and subsidence history of the Hawaiian Islands. Journal of Geophysical Research, 94: 10473-10500.

Wdowinski S, O'Connell R J. 1991. Deformation of the central Andes (15-27 S) derived from a flow model of subduction zones. Journal of Geophysical Research: Solid Earth, 96 (B7): 12245-12255.

Wen L X, Anderson D L. 1997. Layered mantle convection: a model for geoid and tomography. Earth and Planetary Science Letters, 146: 367-377.

Wessel P. 1993. A re-examination of the flexural deformation beneath the Hawaiian islands. Journal of Geophysical Research, 98: 12177-12190.

White R, McKenzie D. 1989. Magmatism at rift zones: the generation of volcanic continental margins and flood basalts. Journal of Geophysical Research, 94: 7685-7730.

White W M. 1985. Sources of oceanic basalts: radiogenic isotopes evidence. Geology, 13: 115-118.

White W M. 2018. Encyclopedia of Geochemistry: A Comprehensive Reference Source on the Chemistry of the Earth. Springer, 236: 1419-1421.

Whitehead J A, Luther D S. 1975. Dynamics of laboratory diapir and plume models. Journal of Geophysical Research, 80: 705-717.

Wilson J T. 1963a. A possible origin of the Hawaiian Islands. Canadian Journal of Physics, 41 (6): 863-870.

Wilson J T. 1963b. Evidence from islands on the spreading of the ocean floor. Nature, 197: 536-538.

Wilson J T. 1965. A new class of faults and their bearing on continental drift. Nature, 207: 343.

Wilson J T. 1966. Did the Atlantic close and then re-open? Nature, 211: 676-681.

Wilson J T. 1973. Mantle plumes and plate motions. Tectonophysics, 19 (2): 149-164.

Wittlinger G, Farra V. 2007. Converted waves reveal a thick and layered tectosphere beneath the Kalahari super-craton. Earth and Planetary Science Letters, 254: 404-415.

Woodard S C, Rosenthal Y, Miller K G, et al. 2014. Antarctic role in Northern Hemisphere glaciation. Science, 346 (6211): 847-851.

Worsley T R, Nance D, Moody J B. 1984. Global tectonics and eustasy for the past 2 billion years. Marine Geology, 58 (3-4): 373-400.

Xiao W J, Ao S J, Yang L, et al. 2017. Anatomy of composition and nature of plate convergence: Insights for alternative thoughts for terminal India- Eurasia collision. Science China Earth Sciences, 60 (6): 1015-1039.

Yasuda A, Fujii T, Kurita K. 1994. Melting phase relations of an anhydrous mid-ocean ridge basalt from 3 to 20 GPa: implications for the behavior of subducted oceanic crust in the mantle. Journal of Geophysical Research, 99: 9401-9414.

Yaxley G M, Green D H. 1998. Reactions between eclogite and peridotite: mantle refertilisation by subduction of oceanic crust. Schweizerische Mineralogische and Petrographische Mitteilungen, 78: 243-255.

Yin A, Harrison T M. 2000. The Tectonic Evolution of Asia. New York: Cambridge University Press, 208-226.

Young A, Flament N, Maloney K, et al. 2019. Global kinematics of tectonic plates and subduction zones since the late Paleozoic Era. Geoscience Frontiers, 10: 989-1013.

Zachos J C, Dickens G R, Zeebe R E. 2008. An early Cenozoic perspective on greenhouse warming and carbon-cycle dynamics. Nature, 451: 279-283.

Zahirovic S, Müller R D, Seton M, et al. 2015. Tectonic speed limits from plate kinematic reconstructions. Earth and Planetary Science Letters, 418: 40-52.

Zahirovic S, Matthews K J, Flament N, et al. 2016. Tectonic evolution and deep mantle structure of the eastern Tethys since the latest Jurassic. Earth-Science Reviews, 162: 293-337.

Zeebe R E. 2012. History of seawater carbonate chemistry, atmospheric CO_2 and ocean acidification. Annual Reviews of Earth and Planetary Science, 40: 141-165.

Zhang N, Zhong S, Mcnarmara A K. 2009. Supercontinent formation from stochastic collision and mantle convection models. Gondwana Research, 15 (3-4): 267-275.

Zhang Y G, Pagani M, Liu Z, et al. 2013. A 40- Million- Year history of atmospheric CO_2 . Philosophical Transactions of the Royal Society A: Mathematical, Physical and Engineering Sciences, 371: 1-20.

Zhang Y G, Pagani M, Liu Z. 2014. A 12-Million-Year temperature history of the tropical Pacific Ocean. Science, 344 (6179): 84-87.

Zhang Z, Li S Z, Suo Y H, et al. 2016. Formation mechanism of the global Dupal isotope anomaly. Geological Journal, 51 (S1): 644-651.

Zhao D, Isozaki Y, Maruyama S. 2017. Seismic imaging of the Asian orogens and subduction zones. Journal of Asian Earth Sciences, 145: 349-367.

Zheng H B, Clift P D, Wang P, et al. 2013. Pre- Miocene birth of the Yangtze River. PNAS, 110 (19): 7556-7561.

Zheng H B, Wei X C, Tada R, et al. 2015. Late Oligocene- early Miocene birth of the Taklimakan Desert. PNAS, 112 (25): 7662-7667.

Zhong S J, Zhang N, Li Z X et al. 2007. Supercontinent cycles, true polar wander, and very long-wavelength mantle convection. Earth and Planetary Science Letters, 261 (3-4): 551-564.

Zhong S. 2006. Constraints on thermochemical convection of the mantle from plume heat flux, plume excess temperature, and upper mantle temperature. Journal of Geophysical Research, 111: B04409.

Zindler A, Hart S R. 1986. Chemical geodynamics. Annual Review of Earth and Planetary Sciences, 14: 493-570.

Zindler A, Jagoutz E. 1988a. Lead isotope systematics in spinel lherzolite nodules. Chemical Geology, 70: 58-68.

Zindler A, Jagoutz E. 1988b. Mantle cryptology. Geochimica et Cosmochimica Acta, 52: 319-333.

Zindler A, Hart S R, Frey F A, et al. 1979. Nd and Sr isotope ratios and rare earth element abundances in Reykjanes Peninsula basalts: evidence for mantle heterogeneity beneath Iceland. Earth and Planetary Science Letters, 45: 249-262.

Zindler A, Staudigel H, Batiza R. 1984. Isotope and trace element geochemistry of young Pacific seamounts: implications for the scale of upper mantle heterogeneity. Earth and Planetary Science Letters, 70 (2): 175-195.

索　引

后　　记

大海的浩瀚激起了人类的好奇心，触发了人类的惊奇感。无垠的深海不断丰富着人类的想象力，海底更是蕴藏着人类的新需求。抱着一颗深入认识了解洋底的心，我们耗时多年编撰了这套《洋底动力学》。《洋底动力学》第一批5本书试图带领读者深度“认识海洋”，其中第一册《系统篇》的编著目的是：一本书通览地球系统。为此，编者们耗费大量时间、精力去完成这项艰巨的任务。自2016年动笔至今，历时5年，其间多次大幅调整书稿目录，不断开拓新视野、不断补充学习新理论、不断吸纳新技术、不断融合国内外新成果、不断凝练这套书的新内容、不断收集及清绘成果新图件，希望通过不断的修改、完善、补充，呈现给读者一些能传递更多信息的图文。

《洋底动力学：系统篇》这一册全部初稿首先由主编本人初步构架、整理、初编完成，最终经过本书其他作者的系统补充、修改和完善，总体上明确了从洋底动力学角度入手，围绕统一的地球系统过程，按不同圈层（大气圈与大气系统、水圈与河海系统、冰冻圈与冰川系统、土壤圈与地球关键带、生物圈与生态系统、人类圈与人地系统、岩石圈与板块系统、对流圈与地幔系统、地磁圈与跨圈层系统）层层深入、逐步展开内容，最后以物质、能量循环为纽带贯穿各圈层系统，强调从占地球三分之二的大洋的洋底动力过程，以窥整体地球系统的运行规律和运作模式。《洋底动力学》这套书坚持万事万物都是关联的理念，试图将与洋底动力过程有联系的一切过程，包括人类影响，合理并逻辑性地纳入。然而，撰稿过程中发现，本套书内容涉及宇宙科学、行星科学、大气科学、海洋科学、流体力学、极地科学、土壤学、环境科学、生命科学、地理科学、固体力学、地球化学、地球物理学、技术科学、数据科学、哲学等近20门学科，考虑涉及学科跨度之大、涉猎之广，个人能力所限，不好把握全部内容，不得不邀请相关专家先后加盟本套书的修改、补充和完善，《洋底动力学》编著者队伍也不断壮大，教授、副教授有30多人。值得欣慰的是，这些专家不断交流对话，互为借鉴，也逐渐融为了一个多学科交叉的研究队伍，不仅增进了友谊，还不断交流产生了一些新的学术思想，切实开始了以洋底动力学为核心，开展海–陆耦合、流–固耦合、深–浅耦合的综合集成研究。

地球科学博大精深，地球就像一个生命体，每个生长阶段有每个生长阶段的特征，每个圈层好比人体的一个系统，每个系统又关联着各种器官或组织，各自功能独特，却又协调作用，各分支系统合作共同支撑整个系统，协调系统的整体行为，而这种整体系统行为又不为任何一个分支系统所拥有。因此，迄今依然无法从某个单一学科用几句话来概括说清地球系统的本质过程和机理，难以找到类似物理学界那样的爱因斯坦方程、量子力学中的量子纠缠、遗传学中的DNA双螺旋结构等简洁表达。地球各个圈层都遵循的而非单个圈层才有的或只有系统才有的根本机制是什么，这个问题涉及的知识无比宽广。我自己边写书也边琢磨，要建立“地球系统理论”到底从何入手？地球系统的本质内涵在哪里？思考中的深切体会是：很难做到“只言片语，能通万物；究其一理，能察万端”。

书中也涉及各种各样关键过程的计算公式，但实际上很多公式、反应式都以物质、能量守恒为根本出发点。编写这些公式和反应式时，常让我回忆起研究生期间我的老师授课的场景。讲授“计算方法”的王老师、“固体力学”的常老师在讲授时一黑板一黑板地推导公式；讲授“物理化学”的李老师面对面教我们三位博士生基元反应时的复杂计算推导，也是一张纸写满接着另一张。当时的感觉是：公式好复杂啊！好麻烦啊！如今，编撰这套书的过程中，重新捡起丢失多年的数学、物理、化学、生物知识，串联起多学科知识之后，我对公式有了新的认识与感受，特别是将公式与地质现象结合理解后，更是对前人钦佩有加。尽管本套书所列公式之外还有更多重要公式未能纳入，但我深刻地感受到公式是解释、解决科学问题的利器！随着现代科学技术发展，地球科学各分支学科定量化发展、大数据驱动的发展态势越来越显著，为此，考虑到未来一代创新型人才培养需要，本套书也列举了上千个关键公式和反应式，权作引导式量化思维。

类似地，在编写生物圈部分时，各种（古）生物名称涌现。虽然读大学时，“古生物学”“地史学”两门课程的老师兢兢业业教授，我也为记忆各种拉丁名称、地层名称努力过，但实在太多了，且实在拗口，之后也不从事这方面专门研究，因此几乎忘光了，现在也只有 *Trilobite*、*Fusulina* 两个还记得住。但是，编撰本套书过程中让我重新捡起了这些知识，对于枯燥的生物种类划分，若建立起它们与重大地史事件之间的联系后，从“进化”道理上理解了，才发现原来当年老师们教授的“枯燥”知识也这么有趣，不用死记硬背，趣味中就记牢了。基于这些体会，我在编写时也想着如何让编写的内容更有趣，而不是枯燥的灌输式、刻板的章节化。所以，本套书希望做到的是：从头到尾“讲理”、道法自然“过程”、顺应时空“流转”。

地球的运行是复杂的，实际不同圈层因物质构成和属性不同，运行时间尺度千差万别，不同时间跨度长短、不同空间跨度大小的过程复杂交错，导致不同领域专家难以跨界解释地球系统如何协同耦合发展进化至今。我们当前能做的就是将人类对整个地球系统现有的理解和知识先整合到一起，以地球系统过程为编撰脉络，试图让读者感受到各个圈层内部和之间各种过程的自然发生、各种作用和进程的相互协调。我们翻阅了国内外很多教材和专著，虽然不乏各个圈层独立的系统论述，但从地球46亿年以来全面且科学地介绍某个圈层的书籍寥若晨星。例如，很多气象学的书都会讲大气圈，但全面介绍从太古代到现今的大气圈物质组成、演化的几乎没有，因此，我们在书中以“深时”理念贯穿整体。对其他圈层，也是如此组织的：例如，对于生物圈，我们把古生物内容浓缩了纳入其中，给读者一个从生命起源到智慧初现的整体全面认知；对于冰冻圈，我们将地史冰期也纳入其中。最为关键的是，我们以自己的理解，试图构建各个圈层在不同地史时期之间协同演变导致的重大地史事件，试图洞察地球系统的进化历程和核心机制。我也试图以个人对地球的研究经验，来阐明对自然界结构、过程、机制的探索心得，例如，当前构造地质学专业的研究生们，他们接受的教育存在很多缺失，诸如固体力学、弹性力学、塑性力学、物理化学等基本没有为他们开设，这大大约束了他们对变形的力学分析、地球动力学运行机制的理解，就是他们比较熟悉的构造地质学也不能灵活运用。比如，研究含油气盆地，必然涉及地震剖面解释，他们在解释断层时，从地震剖面上能识别出不同几何样式的断裂就很满足了。但实际上，这是远远不够的，因为这样看到的只是一条“死”的断层或静止的影像，没有揭示断裂如何运动和演化。含油气断陷盆地构造研究的灵魂在于将各层 T_0 构造图上的断裂合理组合成体系，分清期次，进而构建出立体形态来，并从不同地震剖面的各种地质标志反复对比后，让断裂“活动”起来，在脑海中闪现或深刻理解其成核、拓展、链接、生长、死亡过程，乃至其控盆、控烃、控源、控圈效应。虽然俗话说，眼见为实，但科学研究中，真实的世界不是眼见的世界时，才是独具慧眼之时，才是创新开启之始。为此，本套丛书也始终强调五项基本内容：时空格架、运动过程、演化历史、微观机制、宏观效应。万事万物都在纷繁复杂地“流”动、进化中，宇宙、地球、生命、人类、社会、思想、宗教、科学、技术、知识等都在不断演替，这些都综合体现在地球系统过程中，地球系统的进化更是难以一时认透，难以全面把握。本套丛书只好赶海拾贝，在此拮取人类浩如烟海的部分相关知识，遗漏不可避免。

这套书的编撰实在艰辛，团队成员和科学出版社周杰编辑都付出了巨大辛劳。特别是，老师们首先要带着学生从软件的使用学起，教导学生如何甄别图件的核心内容，如何突出呈现要表达的学术思想，对书中的大多数图件，都耐心对比多家类似图件，并绘制了多次，定稿前反复修改图线、配色等以期达到科学艺术化。尽管还未达到《中国科学》或《科学通报》封面插图专家的水平，但最后竟意外地培养、锻炼、提升了学生的作图能力，更是加深了他们对每张图件内涵的理解。

如今这套书即将付梓出版，长期压在我脑海中的任务得以完成，内心倍感轻松。回顾这套书的写作和编撰，也不免有些感慨。2009 年“洋底动力学”两篇姊妹篇论文发表后，2010 年我就开始着手成书的构架、资料的收集、知识的系统整理、初稿的编辑和融合，乃至相关人才的培养，直到 2016 年《洋底动力学》书稿才初步完成。2017 年 11 月，我受国家留学基金委员会资助，到澳大利亚昆士兰大学做高级访问学者，在南半球焦金流石的炎炎夏日，我利用难得的“封闭”时段静心修整书稿，一度伏案到“扶然而起、杖然而行”的地步。回到国内至今又过去了 3 年，这期间许多的专家学者又加入作者队伍，因此更希望《洋底动力学》能编著得好一些，能超越国际上一些经典著作，在国际上能独具特色。2020 年初突如其来的新冠肺炎疫情爆发，我们都不能出门。对我来说，真是难得的整块时间，所以，2020 年 1～6 月集中修改了此套书初稿，并陆陆续续提交给出版社。希望我们的付出能让读者们收获一二。

为使书稿系统性，书中纳入了多个学科的内容，其中难免有些不是我们本行的内容，考虑系统地重建视野、重构知识、重识地球、重塑框架、重新定位的必要，确保知识的科学性，我们也一一去查找、追踪了大量原始文献的出处，其中，仅国际专著，就查阅了 2000 多本；也根据关键词下载阅读了大量最新相关国际论文，篇数已经是无法准确说清。考虑太多的引用可能导致书的可读性太差，我们只是选择性地列举了一些重要的参考文献。因此，如有特别重要的引用遗漏，还请原作者和读者谅解。

本丛书立足多层次读者需求，部分内容在中国海洋大学崇本学院的本科拔尖人才班、未来海洋学院拔尖研究生班试讲，基于学生反馈信息，也作了调整，但依然保留了很多深入的内容。所以，在基础知识和前沿研究进展方面作了一些平衡。

当我写完这 5 本书后，心里无比轻松，因而再回头集中精力准备理顺南海海盆打开模式的研究。2020 年 5 月我正好承担了一个课题，利用油田大量的地震剖面全面研究珠江口盆地的构造成因，因为“珠江口盆地”（我认为它是成因密切相关的多个独立盆地构成，可称为盆地群）耗费几代人的努力仍未明确其构造演化的前世今生，而这个盆地正是开启“南海海盆打开之谜”的金钥匙。于是，2020 年 7 月 8 日，我们团队核心成员来到深圳检查了核酸后，迫不及待地跑去了南山书城买书。这次收获巨大，我发现了四本新书：第一本是德国畅销书作家、作曲家和音乐制作人弗兰克·施茨廷（Frank Schätzing）著、丁君君和刘永强翻译的《海——另一个未知的宇宙》（四川人民出版社，2018 年 7 月出版，德语书名为：*Nachrichten aus einem unbekannten Universum-Ein Zeitreise durch die Meere*）；第二本是美国著名生物学家马伦·霍格兰（Mahlon Hoagland）和画家伯特·窦德生（Bert Dodson）合著、洋洲和玉茗翻译的《生命的运作方式》（北京联合出版公司，2018 年 12 月出版，英文书名为 *The Way Life Works*）；第三本是英国生物化学家尼克·莱恩（Nick Lane）著、免疫学研究员梅麦芒翻译的《生命进化的跃升　40亿年生命史上10个决定性突变》(文汇出版社，2020年5月出版，英文书名：*Life Ascending- The Ten Great Inventions of Evolution*)；第四本是英国古生物和地层学教授理查德·穆迪（Richard Moody)、俄罗斯科学院古生物研究所首席科学家安德烈·茹拉夫列夫（Andrey Zhuravlev)、英国著名科普作家杜戈尔·迪克逊（Dougal Dixon）及英国古脊椎动物和比较解剖学家伊恩·詹金斯（Ian Jenkins）合著，由古生物和地层学博士王烁及生物化学和分子生物学硕士王璐翻译的《地球生命的历程》(人民邮电出版社，2016年5月出版，英文书名 *The Atlas of Life on Earth- The Earth, Its Landscape and Life Forms*)。我如饥似渴地花了20天时间一个字不漏地读完了。真是相见恨晚，万万没想到：这四本书正是我们《洋底动力学：系统篇》的科普版，非常通俗易懂，特此，激动地建议读者阅读《洋底动力学：系统篇》之前，阅读这四本科普书及国际著名大学都开设的公共课参考书——美国的大卫·克里斯蒂安、辛西娅·斯托克斯·布朗、克雷格·本杰明的《大历史——虚无与万物之间》一书，这非常有助于理解我们在这套书中对复杂自然系统的科学解读。

迄今，欣慰地看到《海底科学与技术》丛书中的11本在5年内一一付梓，这也是我们团队20年科研教学实践的结晶。今后，海底科学与探测技术教育部重点实验室将持续支持这套丛书其他教材或教学参考书的建设，本套丛书也作为科研反哺教学的一个成果，更希望能满足新时代国家海洋强国的人才急需，提供给学生或读者一些营养，期盼对大家有所启发。

主编：

2020年7月29日于深圳